時兆文化

臺安醫院婦產專科醫師暨策略長
周輝政

台北市中醫師公會理事長
陳潮宗

臺安醫院小兒專科醫師
王和順

臺安醫院營養課課長
林子又

天母皮膚科診所院長
陳柏菁

孕婦飛輪暨產後雕塑教練
Summer

彩妝＆服裝達人
林葉亭

審訂推薦

內附媽寶養生DVD

孕期、產後營養滿點
NEWSTART新起點
NEWSTART臺安醫院新起點素食食譜

全程呵護準媽咪及新生兒的需求。本書從計畫懷孕、分娩、產後調養、育兒照護一應俱全，並提供全方位孕期中醫藥膳食譜、素食食譜、寶寶食譜，滿足準媽媽的需要，安心度過漫長孕期，快樂迎接健康寶寶！

編者／鄭鄭
京中日友好醫院婦產科副主任醫師

孕媽咪
喜樂寶典

joy
mami
Baby Care Book

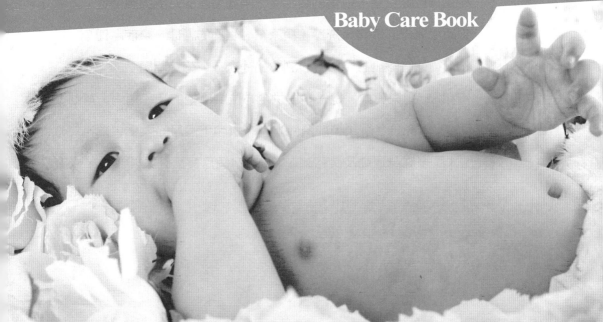

懷孕生子是大自然中最奇妙的生命恩賜，原本生育對人類來說是一件最自然的事情，但由於現代社會忙碌，工作壓力讓許多職業婦女面臨不孕的問題，所以每到門診時間，為此困擾而求診的女性比比皆是，要如何孕育一個健康寶寶，更是每一位想懷孕的女性最關心的課題。

懷胎十月尤其影響新生兒的一生，而且胚胎在母體孕育成長的過程，更是決定了寶寶出生時先天的健康條件。相信對於第一次懷孕的女性，不但要面對身心靈的變化，對於懷孕及育兒種種問題，總是有著過分的擔憂和不安……

※ 如何在懷孕的過程給腹中的胎兒最好的環境與照顧？

※ 如何在懷孕期間養好身體，預備作一個身心健康的準媽媽呢？

※ 哪些藥物對胎兒有致命或副作用？

※ 選擇自然生產，或是剖腹生產？兩種生產的好處與風險性？

※ 新生兒母乳哺育、洗澡、換尿布、生病的護理、急症處理？

※ 寶寶何時該施打預防針、副食品補充……等等問題？

《孕媽咪喜樂寶典》是一本提供全方位實用型的孕兒指南，幫助準備懷孕的父母充分了解〈孕前預備〉、〈懷孕十個月的大小事〉、〈分娩〉、〈產後健身運動及美容〉、〈0～24個月寶寶健康照護〉、〈產

前、月子、寶寶飲食食譜〉各個知識主題，以及提出懷孕、產後、育兒各個階段的問題及其因應對策，詳細又有系統的分類編排方式，更方便翻閱及快速查詢，讓即將迎接新生寶寶的父母，充分享受懷孕及育兒的喜悅。

　　我相信這本《孕媽咪喜樂寶典》，絕對是每一個孕育新生命家庭必備的工具書。不但能讓準媽媽們輕鬆走過懷孕280天，以及與準爸爸養育孩子的過程中，很快度過「手忙腳亂」期，成為寶寶的守護者，從親子間親暱的互動，陪伴孩子爬行，到邁開人生中的第一步，吹熄周歲的第一根蠟燭，一起迎接未來更多的驚喜與挑戰。

臺安醫院婦產專科醫師暨策略長

周輝政

　　坐月子是生產婦女一生中的大事，中醫認為產婦在生產中失血過多，消耗太多的體力、汗水，處於「血不足，氣亦虛」的狀態，加上產後還需哺餵嬰兒，所以這段時間調理正確與否就顯得相當重要，若不妥善照護便會對產婦的身體健康造成損傷。因此為了避免風險，許多坐月子的禁忌順應而生，隨著時代變遷也弄得越來越複雜，但其實生產就如瓜熟蒂落般自然，只要順應自然，並符合生理學的原則，坐月子其實可以很簡單！

　　過去時空、背景不同，生活環境不如現在，有些作為當然不同，例如坐月子不能喝生水、洗生水，是因為以前的人大多依靠井水、河水來生活，水質不好，容易受污染，因此坐月子時必須嚴格把關，給產婦使用的水一律要煮沸，以免傷口發炎或感染其他疾病，但現代用水都是經過消毒的自來水，所以就不必那麼費事了。

　　又例如坐月子不能洗頭，是因為以前的人大多居住在木屋、土角厝，門窗不太密閉，氣候寒冷時也沒有吹風機、電暖氣等電器設備禦寒，坐月子時產婦身體較為虛弱，因此洗頭、洗澡時很容易感冒、著涼，於是限制一個月內都不能洗頭。然而，現在各種電器設備都齊全方便，加上台灣氣候較炎熱，也就沒有必要那麼嚴格地限制，況且油性髮

質者一個月不洗頭，不但不衛生，還可能頭皮發炎。所以產後一星期，只要產婦的體力許可，洗完頭髮趕快吹乾，不要著涼即可。

除此之外，坊間盛傳的坐月子法也多有謬誤，例如坐月子不能喝水，要喝酒水，個人認為實在是沒有必要。不正確的坐月子方法，不僅增加婦女朋友在坐月子間的困擾，且勞力傷財，坐一次月子往往需花費五、六萬至七、八萬，還影響健康。

隨著時代進步，生活環境改善，坐月子的方法也應該有所改變，本書《孕媽咪喜樂寶典》融合傳統醫學與現代醫學知識，以深入淺出的筆調，提供廣大民眾許多懷孕前的準備，正確的產前衛教觀念，坐月子的調理、照護，產後調理以及疾病防治等，為婦女朋友解答疑惑，使之能夠避免不必要的困擾，不再只是一昧依循傳統，或道聽塗說，便能輕鬆在家坐月子，省錢省力，若能妥善調理，還能利用坐月子期間改善以往的不良體質，並能避免產後肥胖，讓產婦朋友更輕鬆、更健康、更美麗！

台北市中醫師公會理事長

陳潮宗

懷孕生育是每個女人一生中最期待、最渴望的幸福時光，同時在這段時間，無論身體或是心情，都會經歷各種前所未有的變化。

在孕育生命而美麗動人的10個月歷程中，陪伴妳的不僅是將為人母的喜悅和驕傲，還有很多麻煩和疑慮時時在困擾。怎樣輕鬆、平安、順利地走過孕育親親小寶貝的生命歷程？

從開始的準備到終於如願以償的成為驕傲的準媽媽，妳的身體狀況、心理狀態、工作環境、生活環境、生活習慣都經歷著各種考驗。為了讓妳的身心以最佳的狀態迎接新生命，必須做好充分的準備。

妊娠期內，孕婦的身心會發生很大的變化，作為孕婦就要正視這些變化，要知道哪些事能做、哪些事不能做。想生育一個健康的寶寶，在孕期就要保持生理、心理健康，使體重隨孕月的增加而增長，飲食要多樣化，多食新鮮蔬菜、水果，適量運動，杜絕吸煙、喝酒等。

生命始於受精卵細胞，一個細胞經過分裂、分化，發育為正常胎兒並娩出，需要母體和胎兒各方面的協調作用。在這個過程中，無論是母體還是胎兒出現異常，都可能影響妊娠的正常進行。總之，妊娠是一個讓人既喜且憂的生理過程，準媽媽保持健康的心態是母嬰健康的先決條件。充分瞭解自身的生理變化，合理安排飲食起居，定期進行產前檢

查，出現異常情況隨時就診，準媽媽關愛自己就是關愛孩子。

本書除了對妊娠期進行科學性、系統性的介紹之外，為教育、培養下一代也提供有益的參考和幫助。目的是希望這本書能將父母所需要的科學育兒理念、知識和方法獻給年輕父母們。希望新手父母能從書學到實用的育兒知識，真正有效的幫助和培養孩子。

此外，本書為了便於閱讀和理解，我們還為圖書設計了豐富插圖，希望能愉悅讀者的心情，並幫助所有準媽媽、新媽媽，從預約一位優生寶寶，到照顧自己與胎兒的身心健康、快樂，乃至培養寶寶增長智慧、愛心與EQ能力等……都給您切實的建議。

本書在編寫過程中，承蒙北京中日友好醫院兒科王雲峰博士協助，在此深表感謝！希望廣大的讀者在閱讀本書時，倘有不足之處，請給予批評指證，以便下次再版時及時修改。謝謝！

編者　鄭鄭

Contents

Contents

Contents

Contents

Contents

第四章 育兒

★出生第1個月

Contents

Contents

Contents

第五章 飲食

中醫食譜
孕前食譜

月子&產後食譜

Contents

Contents

第1章 妊娠

解答媽咪最關心的孕期營養、產檢、疾病、胎教、胎兒成長等生活大小事。

準備懷孕做媽媽

優生的基本知識

優生就是生個聰明健康的孩子，為社會造就優質的人才，防止先天性畸形和遺傳性疾病的孩子出生。想要孩子體格發育正常、健康、活潑，必須採取一系列優育措施：堅持母乳哺育、定期對小兒進行體檢（包括身高、體重等各項指標）；進行計畫免疫（如結核、麻疹等），以預防傳染病；防止嬰兒期貧血、軟骨症（即佝僂病）、營養不良的發生。另外，為了小兒的體格健壯、聰明伶俐，早在胎兒期就進行教育，稱為「胎教」。

選擇最佳的生育年齡

掌握好合適的生育年齡，對優生優育非常重要。先說早婚早育，年輕婦女（未滿20歲）生育的孩子體重較輕，較多早產。

當然，年齡大才生育也不好，因為高齡產婦難產的機率比年輕產婦增高，生出畸形兒的機率也顯著增多，這對產婦和嬰兒都十分不利。有一種染色體異常所造成的病症，叫唐氏症，也常與母親年齡過大（超過35歲）有關。這種病在29歲以下婦女所生的嬰兒中較少，30～34歲婦女所生的就增加到1/700，35～39歲所生的則高達1/300。

年輕的夫婦一定要根據自己的具體情況，選擇最佳的生育年齡。有專家認為，從科學生育的角度來看，法國遺傳學家提出最佳生育年齡，女性為23～30歲，男性為30～35歲。年輕夫婦在事業處於關鍵時刻，把生育年齡稍延遲是無妨；又如有的夫婦一方或雙方因生殖系統功能需要診治，也不妨等完全康復後再生育。這樣做也可以視為另一種選擇最佳生育年齡的意義。

總之，適當的生育年齡靠夫婦雙方靈活掌握。但早和晚大致也要有個參考標準才好。

醫師指點

對於不同的新婚夫婦來說，往往受諸多因素的制約和影響，因而不能武斷的評論，除了在上述年齡階段生育，就不算是理想的生育年齡。相反的，許多新婚夫婦愈來愈重視主客觀條件的綜合因素，以求得生育年齡的最佳適宜性。

過早生育的害處

過早生育的女性還不具備做母親的能力，年紀輕輕的便挑起了生兒育女的擔子，既不會自我保健，又不會帶孩子，勢必影響工作和生活。

營造愉悅的生活環境

首先，住家應該整齊清潔、安靜舒適、明亮、不擁擠、空氣流通；其次，最好保持適宜的溫度，即20～22℃，以及適當的溼度，即50%的相對溼度；還有，屋內的一切物品擺設要便於孕婦的日常作息，避免不安全的裝置；最後，要有良好的聲音刺激，例如：播放有益的胎教音樂、經常對胎兒說話。

同時，合理調整房間的色彩搭配。孕婦在妊娠期對各種色彩有不同的感覺，選擇孕婦所喜愛的顏色，可使懷孕過程心情愉快。

醫師指點

在房間放置幾盆花卉、盆栽；在牆壁上貼孕婦喜愛的胎兒照片或圖畫；也可在陽臺種植花草、飼養魚類等，讓環境充滿活力，容易使孕婦消除疲勞。

判斷懷孕的方法

要確定是否已懷孕，可從以下幾項指標來測試：

❶基礎體溫：基礎體溫是指經過較長時間睡眠（8小時以上），清醒後在尚未進行任何活動之前，所測得的體溫。正常生育年齡婦女的基礎體溫，會隨月經週期而變化。排卵後的基礎體溫要比排卵前略高，上升0.5℃左右，並且持續12～14天，直至月經前1～2天或月經到來的第一天才下降。月經過期，如果懷疑受孕，可以測量基礎體溫。夜晚臨睡前，將體溫計放於隨手可取之處。次日清晨醒後，在未開口說話、未起床活動前，立即取體溫計測口腔體溫5分鐘，連續測試3～4天，即可判斷是否已經懷孕。

❷婦科檢查：妊娠期間，生殖系統尤其是子宮的變化非常明顯。但是，月經剛過幾天即進行婦科檢查，意義不大。這是因為，由妊娠引起的生殖器官變化，大多在懷孕6週後才開始顯示。如果檢查發現陰道壁和子宮頸充血、變軟、呈紫藍色；子宮頸和子宮體交界處軟化明顯，以致兩者好像脫離開般，子宮變軟、增大、前後徑增寬變為球形，並且觸摸子宮引起收縮，則可斷定已經懷孕。

❸黃體素試驗：黃體素（Progesterone，黃體酮）即助孕素，如果體內助孕素突然消失，就會引起子宮出血。對於以前月經有規律，而此次月經過期，疑為早孕的婦女，可以用黃體素試驗輔助診斷早孕。給受試者每日肌肉注射黃體素10～20毫克，連用3～5日。如果停藥後7天內不見陰道流血，則試驗陽性，基本上可以確定懷孕。

❹超音波檢查：若受孕5週時，用超音波檢查，可見妊娠囊；懷孕6週時會出現胎心搏動。

❺妊娠試驗：妊娠試驗就是檢測母體血液或尿液中有無絨毛膜促性腺激素。如果有，說明體內存在胚胎絨毛滋養層細胞，即可確定懷孕。這是

最簡單且準確，目前多用這個方法驗孕。

⑥根據妊娠反應情況：一般婦女在月經超過約10天就會出現噁心、嘔吐、吃東西無味、想吃酸的、行動有氣無力等現象，這些現象通常在早晨起床後一段時間內較為明顯，這就是害喜反應，大多數人都有這種較明顯的反應。害喜反應的時間、反應的程度及持續的時間，每個孕婦都不同，約8%的孕婦有較輕的反應，自身可以耐受，用不著處理。只要身心放鬆，注意休息，少量多餐即可。少數反應嚴重的孕婦，不能進食、嘔吐頻繁，甚至吐出膽汁，出現皮膚乾燥、眼窩下陷等失水表現，這就叫妊娠劇吐，對孕婦及胎兒均會造成不良影響，有此種情況必須及時治療，才有利於孕婦和胎兒的健康。

不宜懷孕的情形

為了生育健康、聰明的後代，選擇受孕時機非常重要。通常有下列的情形時就不宜懷孕：

①停服傳統避孕藥後不宜立即懷孕。可在停藥後恢復3～6次正常月經後再懷孕。停藥後可用避孕套避孕。

②情緒不穩定，或在患病期間，應先詢問醫師。

③流產、早產後，應先諮詢醫生。

戒酒多久後才可懷孕

酒精是生殖細胞的毒害因子。酒精中毒的卵細胞仍可與精子結合而形成畸形胎兒。要想避免此種情況，應等中毒的卵細胞排出後，有新的健康卵細胞成熟，再考慮受孕。酒精代謝物一般在戒酒後2～3天即可排泄出，但一個卵細胞的成熟至少要14天以上。因此，在戒酒後3～4週可安排懷孕。酒精對精子的危害也很嚴重，特別是酗酒者。酒精可導致精子活動能

力下降，使精子受到損傷，甚至形成死精子等。古人說的「酒鬼多無後」非常有道理。雖然酒精代謝物在戒酒後2～3天即可消失，但一個精子的成熟則需要60天左右；也就是說，這次射精的成熟精子，是2個月前開始產生並逐漸成熟的。因此，從優生角度，對男性而言，最少應完全戒酒2個月以上才可考慮要孩子。有人認為，當天不飲酒就沒事是沒有科學根據。

酒精是生殖細胞的毒害因子。酒精中毒的卵細胞仍可與精子結合而形成畸形胎兒。要想避免此種情況，應等中毒的卵細胞排出後，新的健康卵細胞成熟，再考慮受孕。

懷孕前為什麼要戒菸？

專家認為，對婦女懷孕影響最大的首推香菸。香菸中的尼古丁有讓血管收縮的作用，婦女子宮血管收縮和胎盤血管收縮不利於受精卵著床。婦女吸菸與不孕症有很大的關係。香菸在燃燒過程中所產生的苯並芘（BaP，Benzo(a)pyrene）有使細胞突變的作用，對生殖細胞有損害，卵子和精子在遺傳因子方面的突變，會導致胎兒畸形和智力低下。婦女在懷孕20週以前減少吸菸支數或停止吸菸，所生嬰兒的出生重量可接近於非吸菸母親的嬰兒，但仍有先天性異常的危險。

所以婦女想懷孕，應在1年前停止吸菸為宜，並同時讓丈夫也戒菸。

為什麼妻子準備懷孕，丈夫也要戒菸呢？因為香菸裡的有害物質會透過吸菸者的血液進入生殖系統，可使男性的精子發生變異，也就是染色體和遺傳基因發生變異。有人檢測120名菸齡1年以上男子的精液，發現每天吸菸30支以上者，其畸形精子超過20%；且菸齡愈長，吸菸量愈大，精子的數量愈少，精子的畸形率愈高，精子的活動力也愈低。精液中精子數量的減少與新生兒的先天性缺陷有直接關係，因為當精液中精子數量減少時，染色體發生畸變的可能性顯著增加。精液中如果精子大量減少，減到

正常人數量的1/4或1/5，便會形成男性不孕症。

還有，吸菸男子在尼古丁等有害物質的刺激下，精子所需要適宜的內環境遭到破壞，使精子發育不良，生成較多畸形或有缺陷的精子，增加孕婦流產、死胎率和早產的發生率，或使嬰兒出現形態功能等方面的缺陷。此外，丈夫吸菸也會使懷孕的妻子及胎兒受害，為吸二手菸的傷害。丈夫每天吸菸10支以上，胎兒產前死亡率大大增加，畸形胎兒的比例也明顯增高。所以，為了下一代，妻子懷孕丈夫要戒菸。

避孕器失敗的胎兒能要嗎？

避孕器是目前最常用的避孕方法，但也可能發生避孕失敗而懷孕。原因大多與避孕器的脫落或異位（多為避孕器下移）有關。

避孕器避孕失敗，使子宮外孕的機會增高；另外，由於避孕器的線尾在子宮頸外，懷孕早期容易引起感染，所以一定要諮詢醫師，並進行詳細檢查。如果到懷孕中期以後，由於避孕器在胎膜外面，並不會引起胎兒異常，通常生產時避孕器會隨著排出。

服避孕藥懷孕的胎兒能要嗎？

目前常用的傳統避孕藥主要是短效口服避孕藥1號和2號，即複方炔諾酮和甲地孕酮，均為人工合成的黃體素衍生物。

如果按照使用方法定時服用避孕藥，懷孕的機率相當低，萬一懷孕對胎兒會不會有影響，目前仍有許多爭論，尤其各種避孕藥的成分和劑量各不相同，宜攜帶妳所使用的避孕藥請教醫師。

若在服藥期間懷孕，懷孕後又繼續服藥，胎兒受合成黃體素的影響，

可能發生女胎男性化，表現為陰蒂肥大、陰唇突起等，還可導致胎兒畸形，男胎和女胎發生脊柱、氣管、食管、肛門和四肢畸形。避孕藥中的雌激素可使女嬰將來發生陰道部位細胞癌、宮頸腺癌等生殖道惡性腫瘤。

如服用避孕藥失敗或懷孕後又服用了避孕藥，應儘早做人工流產，才能確保孩子的健康。

父母血型與優生

①Rh血型不合的防治

Rh血型不合的產生，是由於Rh陰性血型的母親，懷了Rh陽性血型的胎兒而引起。為了避免這種情況的發生，懷孕前最好先了解雙方的血型，如夫妻有Rh血型不合的可能，可對孕婦早、中、晚期進行血液抗體數值的監測。如有必要，可對嬰兒生後儘早給予換血，防止核黃疸（Kernicterus，膽紅素在血清中過度的升高，使得膽紅素沉積在腦部基底核及海馬處等神經核內，稱之為「核黃疸」）的發生，效果還是很好的。

對於第二次懷孕引起的Rh血型不合，也有預防的方法。如第一胎為Rh（＋）胎兒可以在分娩以後72小時內，給母體注射一種免疫球蛋白（r-球蛋白）的藥物，名稱為Hyprho-D，以中和母體產生的抗體，為第二次懷孕生個健康的寶寶做好準備。

當然，對於Rh血型不合還有早孕的自然流產和人工流產，以及由於疏忽輸入了Rh陽性的血液，而造成母體產生抗體，及對再次懷孕造成的影響，都是不可忽視的。

臺灣Rh陰性血型的人很少，只有千分之三（西方人占15%）。Rh血型不合也極少引起胎兒的問題。Rh陰性的媽媽不需要為了是否懷Rh陽性的寶寶而擔心。

2 父母血型與子女血型的遺傳關係

父母血型	子女可能的血型	子女不可能的血型
O、O	O	A、B、AB
O、A	O、A	B、AB
O、B	O、B	A、AB
O、AB	A、B	O、AB
A、A	O、A	B、AB
A、B	A、B、AB、O	—
A、AB	A、B、AB	O
B、B	O、B	A、AB
B、AB	A、B、AB	O
AB、AB	A、B、AB	O

3 什麼是A、B、O血型不合

　　O型女性與非O型男性結婚，懷孕時，胎兒有可能發生ABO型血型不合，導致胎兒血球破壞，嚴重的會有流產或胎死腹中，大部分的症狀很輕。還好，患重症黃疸的新生兒的數量也很少，而且程度也輕。

醫師指點

血型與黃疸有一定的聯繫，在懷孕前最好了解雙方的血型，如存在這方面的問題，最好請醫生給予指導，臨床上還是可減輕和避免黃疸引起的疾患和後遺症的危險。

懷孕前應避免的勞動

　　1 應暫時停止有污染或強烈有害放射線源的工作。

　　2 除適度的公務、勞務之外，應暫時停止繁重的工作。尤其是從事個體勞動的人，更要注意掌握好適宜的勞動時間和強度。

　　3 男性應暫時避開可能影響精子正常生成的不利因素，例如：長時間低溫水下工作有可能導致睪丸常溫失調，影響或降低精子生成的能力。

愛心提示

如果準備要生寶寶，準爸爸也要在飲食上多留心，避免有害物質對身體的傷害，保護精子健康強盛的生命力。

曾患葡萄胎能正常懷孕嗎？

葡萄胎是一種不正常的懷孕，胎盤絨毛膜上皮細胞增生、間質水腫、變性，變成了大小不等的水泡並相互連接成串，稱為葡萄胎。

台灣屬於發生率較高的地區。大部分的葡萄胎屬於良性，只要經過流產手術就可以痊癒，但有少部分會發展成惡性腫瘤。

葡萄胎治療後仍有復發的機率，所以要定期追蹤檢查，並建議兩年內不要懷孕。一般不建議用避孕器避孕，口服避孕藥的使用則未有定論，可以考慮用保險套避孕。

不孕和不育

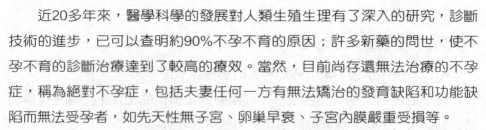

不孕即不孕症，是指夫妻在有正常性生活1年而尚未懷孕者。

不育即不育症，是指雖然能懷孕，但卻因種種原因導致流產而不能獲得存活嬰兒者。由此看來，不孕與不育是不一樣。

近20多年來，醫學科學的發展對人類生殖生理有了深入的研究，診斷技術的進步，已可以查明約90%不孕不育的原因；許多新藥的問世，使不孕不育的診斷治療達到了較高的療效。當然，目前尚存還無法治療的不孕症，稱為絕對不孕症，包括夫妻任何一方有無法矯治的發育缺陷和功能缺陷而無法受孕者，如先天性無子宮、卵巢早衰、子宮內膜嚴重受損等。

不孕症和不育症是婦科常見疾病，但絕不僅限於女方，一般在10對夫婦中約有1對發生。其中女方因素約占1/3，男方因素約占1/3，男女雙方因素或不明原因約占1/3。因此，不孕或不育的夫婦應該雙方都到醫院檢查。

新婚不久的夫妻，沒有懷孕，這沒有什麼大不了，尚無必要到處求醫問藥或過於焦慮、苦惱。如果結婚1年以上仍不能懷孕，夫妻雙方都必須去醫院檢查，尋找不孕不育的真正原因，再對症處理。

懷孕前的運動

夫婦需透過運動保持身體健康，為下一代提供較好的遺傳體質，特別是加強下一代心肺功能的攝氧能力、減少單純性肥胖等遺傳因素，能產生明顯的影響。

孕前運動的時間，每天應不少於15～30分鐘，一般適合在清晨進行，項目包括跑步（慢跑）、散步、健美操等；假日還可以參加登山、郊遊等活動。

懷孕前可補充葉酸

大約1/3的孕婦，因為缺乏維生素B群中的葉酸而發生貧血。此類型貧血隨著懷孕的過程而惡化，懷雙胞胎及很多「妊娠高血壓疾病」的孕婦，都有此類型貧血。在葉酸輕度缺乏，尚未構成貧血之前，會先產生倦怠及難看的妊娠斑。合成去氧核糖核酸及核糖核酸都必須有葉酸，所以對於腦部的發育非常重要，缺乏時將導致出血性流產、早產、先天性殘疾、胎兒智力發育遲緩及嬰兒死亡。應該在受孕前，至少於懷孕初期即需補充。自然流產的婦女，血液中葉酸的數目通常都偏低。目前在研究預防神經管畸形方面，葉酸的作用已被公認。

醫 師 指 點
葉酸最初是從菠菜葉中分離提取出來，是人體細胞生長和造血過程中所必需的營養素，可增強免疫力，一旦缺乏葉酸，會發生嚴重貧血，因此葉酸又被稱為「造血維生素」。

產前需要做哪些檢查？

妊娠階段，必須按照常規進行很多檢驗，有些檢驗只需1次，有些則需要重複進行。常做的檢查如下：

1尿液：每次產前檢查，都應進行尿液檢查，最好採用「中段尿」標本，即小便排出少部分後，再留取尿液，不要開始也不要最後的尿液，這樣可避免尿中蛋白假陽性的結果。如果尿中出現蛋白，可能是尿路感染，也可能是「妊娠高血壓疾病」。如果尿糖呈陽性，可能是糖尿病，也可能是妊娠期腎臟血流量增加所致，應進行葡萄糖耐量試驗來確診。

2血紅蛋白：就是紅血球中運輸氧的血色素，含量低於每100毫升10克，即為異常。血紅蛋白下降表示貧血，通常早孕時化驗1次，如無異常，要求每個月，最好不要超過一個半月需再檢查1次。

3血型：確定血型，便於突然出現緊急情況時能及時輸血搶救。包括A、B、O血型、Rh血型系統。

4白血球：妊娠期白血球比未孕時略高，但如果過高，應考慮是否有發炎症狀感染。

5梅毒：孕婦都會進行這項化驗，為了母胎的健康，如有梅毒存在，要用抗生素治療。

6愛滋病毒抗體、B型肝炎抗原、C型肝炎抗體：已列入衛生署健保局要求孕程必須檢查的項目。

前胎剖腹產第二胎需剖腹嗎？

早期觀念是，一次剖腹產後，以後生產就必須再度剖腹產。1980年代以後，美國因為剖腹產比例大幅提高，使得醫療保險支出增加，因此提倡剖腹產後可在某些條件下嘗試自然生產，稱為「剖腹產後的自然產」，簡

稱「VBAC」（Vaginal Birth After Cesarean）。但是，後來VBAC出現許多醫療糾紛，1997年以後，VBAC的嘗試大幅下降。許多醫師回過頭來，支持一次剖腹生產以後，最好都是剖腹生產。

醫師指點

剖腹產的孕婦，應注意前次手術傷口裂開的可能，尤須重視產前檢查及懷孕前諮詢。

了解孕婦健康手冊用途

　　「孕婦健康手冊」是健保局統一制定記錄孕婦原始資料的手冊，用途如下：

　　1做好早孕登記，使門診部門對孕婦情況有所了解，以便及早進行早孕衛生指導，篩檢高危險病例，為及時轉診、會診做依據。

　　2作為整個孕程情況的系統管理依據。

　　3做好住院接診及產後訪視以及產後健康檢查登記。

　　4做好原始資料的累積，及有關孕產期系統保健品質的分析統計工作，使保健工作進行得更有保障，品質更高。

懷孕第1個月（1～4週）

妊娠的判斷

生理現象

月經過期

正常月經週期的婦女，若月經過期10天以上，懷孕的可能性大增。但因月經週期是由複雜的神經內分泌調節，其中包括腦下丘、腦下垂體、卵巢及子宮，其中任何一個環節受到影響或出現病變，都可能影響到月經週期。當月經過期後，判斷是否懷孕的最好辦法是去醫院檢查，以防萬一。

自覺症狀

月經逾期未來，嘔吐、噁心、食欲異常，在清晨或空腹時經常出現噁心、吐清水等症狀，是早孕重要的判斷依據。此外，還可能伴有胃口不好，甚至食欲異常。

乳房變化

乳房發脹、乳頭觸痛，這是懷孕後乳房在卵巢雌激素和黃體素的作用下所發生的最早表現，但不是非常可靠。

小腹發脹

在懷孕的前3個月裡，由於子宮的增大，常會有小腹發脹的感覺。

頻尿

如果月經逾期不來，排尿不痛卻經常有尿意，而解出來的尿液清澈透明，則妊娠的可能性也很大。

皮膚色素沉澱

除了乳頭和乳暈顏色較深外，如果在鼻子兩側的面頰上出現對稱的棕色斑紋；在下腹部肚臍與陰蒂之間顯現一條細細、棕色的直線紋，那無疑是妊娠的現象。臉頰上的叫做妊娠斑，下腹部的叫做妊娠線。

婦產科醫師判斷指標（懷孕6週前）

基礎體溫

排卵後的基礎體溫要比排卵前高，上升0.5℃左右，且持續12～14天，直至月經前1～2天或月經第一天才下降。如果連續測試3～4天，即可判斷是否已經懷孕。

宮頸黏液

婦女在懷孕後，卵巢的「月經黃體」不但不會萎縮，反而進一步發育為「妊娠黃體」，分泌大量黃體素。因此，宮頸黏液塗片有許多排列成行的橢圓體，醫生見到這麼多的橢圓體就可斷定是妊娠可能。

婦科檢查

妊娠期間，子宮的變化非常明顯。月經剛過幾天時進行婦科檢查，如果檢查發現陰道壁和子宮頸充血、變軟、呈紫藍色；子宮頸和子宮體交界處軟化明顯，以致兩者好像脫離開般，子宮變軟、增大、前後頸增寬而變為球形，且觸摸子宮引起收縮，則可斷定已經懷孕。

黃體素試驗

受試者每日肌肉注射黃體素（10～20毫克），連用3～5日，如果停藥後7天內不見陰道流血，則試驗陽性，基本上可以確定已懷孕。

超音波檢查

受孕5週時，用超音波檢查，可見妊娠囊，懷孕6～7週時，會出現胎心搏動。

妊娠實驗

檢測母體血液或尿液有無絨毛膜促性腺激素，若有，即可確定懷孕。而尿液檢測因簡便易行而為大眾所認可，但尿液懷孕試紙測試因過於敏感，有假陽性可能，也有假陰性。

妊娠試驗，就是檢測母體血或尿中有無絨毛膜促性腺激素，如果有，說明體內存在胚胎絨毛滋養層細胞，即可確定懷孕。尿液檢查是非常方便易行的方法。

第一次產檢

懷孕早期檢查，一般在停經40天後進行第1次檢查。透過檢查以明確：

1️⃣懷孕後對母體有無危險性。

2️⃣胎兒有無先天畸形可能，家族中有無遺傳病史，是否需要終止妊娠。

3️⃣孕婦生殖器官是否正常，對分娩有無影響。

4️⃣胎兒發育情況是否良好，是否需要採取措施。

5️⃣孕婦有無婦科疾病，以便及時治療，避免給胎兒帶來危害。

6️⃣血液常規檢查，包含紅血球、白血球、血型。

7️⃣梅毒、Ｂ型肝炎、海洋性貧血、愛滋病篩檢。

8️⃣肝功能檢查，如有重症肝炎應終止妊娠。

愛心提示

懷孕後的第一次產檢可以排除某些疾病，如患遺傳性疾病、代謝性疾病、性病、婦科疾病、內科併發症、高血壓、心臟病、腎臟病等，都建議不要懷孕。另外，透過化驗檢查可以發現有無病毒感染，如果感染病毒後會導致胎兒在宮內感染，所以懷孕後的第一次產檢十分重要，不可忽視。

孕婦的身體變化

這個月的前半個月胚胎還沒有著床於子宮內膜上，著床是在這個月的中旬前後才完成。這時，大部分人沒有懷孕自覺症狀，但也因人而異。有人出現類似感冒的症狀：渾身無力、發熱或發冷；也有人出現失眠等症狀。子宮也與懷孕前無異，仍舊如雞蛋般大小。

胎兒的發育情況

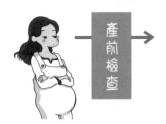

產前檢查

胎兒第1個月的發育情況：約0.2公釐的受精卵在受精後7～11日著床，然後漸漸的長大。

嚴格說來，懷孕8週末以前發育的受精卵應該被稱為胎芽而非胎兒。胎齡3週左右的胎芽，長度約5公釐至1公分，肉眼勉強能看見，重量不足1公克。從外表上看，身體是二等分，頭部非常大，占身長的一半。頭部直接連著軀體，有長長的尾巴，其形狀很像小海馬，這時還看不出和其他動物的胎芽有什麼區別。胳膊、腿都發育了，但還無法清楚分辨。胎盤的表面被絨毛組織（細毛樣突起組織）覆蓋著。腦、脊髓等神經系統、血液等循環器官的原型（形成基礎的組織），幾乎都已出現。心臟從第2週末開始成形，從第3週左右開始搏動，而且肝臟也從這個時期開始明顯發育。眼睛和鼻子的原型還未生成，能依稀看出嘴和下巴的輪廓。臍帶也是從這個時期開始發育。

除了胎兒本身外，還有一系列的附屬物，如胎盤、臍帶、胎膜、羊水，它們的發育情況如下：

1胎盤：胎盤是絨毛組織發育後的產物。受精卵在子宮內膜著床後，向子宮內膜伸出幾百隻觸手。這觸手就是絨毛，它們不斷的分支，在子宮內膜牢固的扎根，形成圓盤狀的胎盤。胎盤一般在懷孕15～16週完成，以後隨著胎兒的成長而增大，在懷孕晚期可達直徑15～20公分、厚度2公分、重量500～550克。胎盤承擔的重要任務是，供給胎兒發育中必要的養料和氧氣的同時，向母體排放胎兒產生出的二氧化碳和代謝產物，代行胎兒還不具備的肺、心臟、腎臟、腸等內臟的功能。胎盤還能分泌以黃體素為主的維持懷孕的各種激素，促進胎兒的成長，同時對母體也有影響，在自然分娩中有重要作用，並促使乳汁分泌。

正常的胎盤，長在子宮腔上部的前壁或後壁上。有的胎盤長在子宮下部，或堵塞在子宮口，形成前置胎盤。由於胎盤生長的位置異常，有時出現出血，出血嚴重時會使妊娠無法進行下去。雙胎時的胎盤，雙卵雙胎一

般是兩個，有時融合為一個，單卵雙胎時是一個。

2 臍帶：臍帶的表面被羊膜覆蓋著，裡面貫穿著兩根臍動脈和一根臍靜脈。在臍動脈中流淌著含氧低的血，把胎兒的代謝產物和二氧化碳輸送到胎盤。在臍靜脈中流淌著含氧量高的血液，向胎兒輸送從母體得到的養分和氧氣。

3 胎膜和羊水：胎膜是在胎盤發育期間，從受精卵產生出包裹胎兒的黏膜。胎膜從外到內由底蛻膜、絨毛膜、羊膜三層構成，從羊膜分泌羊水。羊水的量隨著胎兒的發育而變化，一般在懷孕36～38週時最多，大約有1,000～1,500毫升；懷孕晚期，大約有800毫升。羊水在懷孕早期是中性，無色透明；到了懷孕晚期，摻雜脫落的胎兒皮膚表皮、皮脂、胎毛等，再加上少許胎兒的尿，羊水變成白濁或淡黃色，呈弱鹼性。

胎兒腦部成長記實

懷孕1個月左右
受精卵不斷重複細胞分裂的時期，類似腦的原型形成。

懷孕2～3個月
腦的各部，如大腦、延髓等器官逐漸分明，腦的分化開始進行。

懷孕4～5個月
腦迅速長大，腦部的原型形成，腦的表面尚未產生皺褶。

懷孕6～7個月
胎兒的腦細胞分化、逐漸形成，表面開始產生皺褶，接近成人的腦部構造。

懷孕8～9個月
胎兒的腦部發育完成。皺褶基本成形，腦細胞幾乎與成人相同。

1歲時
大腦的重量約為出生時的2倍，並不斷進行腦部髓鞘化。

3歲時
腦部發育約為成人的80%，達960克，為成人腦部2/3的重量。

出生時
大腦的重量約400克，腦的神經細胞約有1,000億個。此後，神經細胞數量不會再增加。為了傳達資訊，開始髓鞘化，神經膠質細胞增加，使腦部逐漸發達。由於神經細胞的神經線路網形成，腦的重量也會增加。

清楚了胎兒腦部的發育過程後，從功能發達的角度來探索這問題。腹中的胎兒只是一個受精卵，經過280天的時間才成為嬰兒，其間的發展過程，可說是循著與動物進化相同的順序進行。

腹中的胎兒首先發展人類生存最低限度所需的能力，如視覺、嗅覺、味覺、聽覺、觸覺，即五感。這時期的五感就是最原始的感覺，也是人類腦部智慧活動的基礎。若未能充分發展，則出生後的智慧也就無法順利發展。

醫師指點

促進第一個月胎兒智力發育：人類的原初型態是由受精卵分裂而成，其中外胚葉形成腦、脊髓、目、耳、鼻、皮膚等部分，中胚葉形成血液和心臟。從此，心臟才開始緩慢運作。不斷重複細胞分裂動作的受精卵，於受孕7～11天時著床於子宮內膜，不久，從著床的胚胞體表面生成纖毛組織，形成胎盤。受精卵繼續分化，婦女在這時期幾乎感覺不到懷孕。敏感的人可能會感覺身體疲勞、發熱，好像快要感冒的樣子。身體的狀況與平常不同，其實就是胎兒傳遞給媽媽的資訊。當妳可能懷孕的時候，請仔細注意來自胎兒的祕密訊息。

預產期的計算

1 足月分娩時間推算

正常情況下，妊娠時間為10個月，一個月為28天，共280天，從最後一次月經開始向後計算40週，這段時間就是預產期。由於月經週期、排卵時間，以及影響胎兒成熟及娩出的因素較複雜，因此在分娩的時間上存在著個體差異。

足月分娩是指懷孕37週（259天）～42週內的分娩。在這期間分娩都是足月兒。實際上，在預產期當天分娩的只占5～12%；有72%左右在37～42週內分娩；有10%左右超過42週，為過期妊娠；有5～7%不足36週252天，視為早產。

2 月經規律者預產期演算

月經週期為28天，最後一次月經的月份減3或加9（月份小於3），日數加7。以最後一次月經為1月31日或最後一次月經為10月8日為例：

1月	31日	10月	8日
+9	+7	-3	+7
=11月	7日	=7月	15日

用農曆計算，則月份減3或加9，天數加15。若月經週期為25天，預產期為原有天數減5；若月經週期為40天，則預產期為原有天數加10。

3 月經不規律或忘記末次月經時間的演算

藉助害喜反應、胎動出現時間及有關檢查估算預產期。妊娠期為280天，28天為一個妊娠月。一般害喜反應在懷孕6～7週出現，再加8個妊娠月是大約的預產期；胎動在妊娠18～20週開始，再加5個妊娠月是大約的預產期。另外，根據懷孕早期陰道內診檢查子宮大小，妊娠中期腹部檢查子宮底高度，以及超音波測量胎兒頭徑、股骨長度，或羊水檢測胎兒成熟度，都可以協助預測預產期。

科學的胎教

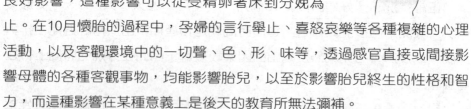

所謂「胎教」，就是指孕婦對胎兒心理上的良好影響，這種影響可以從受精卵著床到分娩為止。在10月懷胎的過程中，孕婦的言行舉止、喜怒哀樂等各種複雜的心理活動，以及客觀環境中的一切聲、色、形、味等，透過感官直接或間接影響母體的各種客觀事物，均能影響胎兒，以至於影響胎兒終生的性格和智力，而這種影響在某種意義上是後天的教育所無法彌補。

1 合理營養： 在胎兒發育過程中腦細胞形成的關鍵時期，如果缺乏蛋白質就會影響腦的發育，日後難以彌補，會造成永久性的傷害。妊娠後，母體會出現一系列的生理變化，並會帶來各種不適，如妊娠嘔吐、偏食等，這都可能給母體的營養和情緒帶來不利的影響。因此，孕婦應合理安

排好生活和飲食。選擇的食物應多種多樣，營養要均衡全面，千萬不要偏食、挑食或忌口。

②**穩定情緒**：在妊娠期，母體的情緒穩定是胎兒健康的基礎和開發智力的基本保證。孕婦情緒的起伏會引起體內生理變化，如驚恐、暴怒會引起腎上腺素分泌增加，使血管收縮，子宮供血減少，對胎兒發育不利，因此，在安排好生活和飲食，保證供給足夠的營養物質的同時，還要盡量保持情緒穩定，避免大的波動。為了給胎兒各種良好的精神刺激，除了避免過度的憤怒、悲傷、焦慮等不良情緒外，適當的歡笑、鼓勵、思考等，同樣重要。

③**欣賞音樂**：妊娠6個月起，可以聆聽優美、令人心情愉快的音樂。但聲音不宜過大，避免激烈躁動及尖細刺耳的音樂，每次時間不宜超過20分鐘。這種音樂胎教也可以促進胎兒聽覺神經發育。

④**激發胎兒運動的積極性**：孕婦平臥，腹部自然放鬆，雙手輕放在下腹部上下或旋轉按摩，動作必須輕柔，忌用力。對習慣性流產和早期有宮縮者禁用。現代科學認為，胎教還可以改變、強化胎兒素質。經過胎教的嬰兒學走、學話均早，反應靈敏，記憶力強。有位日本學者給孕婦每天欣賞音樂，這些接受胎教的孩子出生後體格健壯、聰明伶俐，較有優越的音樂潛能。

胎教的方法

懷孕期正是胎兒腦部發育的重要時期，胎教對胎兒未來的發展有重要的影響。小寶寶是夫妻共同的結晶，在進行胎教時，丈夫也要積極參與，且丈夫的參與程度越高，是使胎教持之以恆的重要因素。以下有幾種胎教方法可供參考：

①**撫摸胎教法**：透過撫摸能把觸覺刺激傳遞給胎兒的大腦，反覆的刺激能加強感受器與大腦的聯繫，產生更牢固的記憶，這樣的孩子出生後比一般的孩子更聰明。撫摸時動作要溫柔，每天臨睡前平臥，全身放鬆，

雙手從上而下，由中間向兩側反覆撫摸或輕拍，然後輕按，每天5～10分鐘。夫婦一同參與，妻子能感受到丈夫的關懷及體貼，對孕婦的情緒會產生良好的影響。

愛心提示

(1)每次進行10幾分鐘即可，因為胎兒嗜睡，不要影響胎兒的睡眠和作息。

(2)千萬不要太震動，以免造成子宮收縮，有流產或早產的危險。

(3)若有出血或子宮收縮的狀況時，不建議施行觸摸胎教。

(4)懷孕37週之後，千萬不要劇烈搖晃肚子，以免早產。夫婦要相互配合，心靈交融，不斷進行胎教，歡歡喜喜迎接小寶寶。

2 運動訓練胎教法：運動使胎兒逐漸健壯，媽媽也會感覺到胎動。有些孕婦對進行胎兒運動訓練表示擔心，認為運動會傷害胎兒，其實在4個月時胎盤已很牢固了，而且在母體內有較大的空間，所以媽媽對胎兒進行運動訓練時並不會直接碰到胎兒，媽媽盡可以放心。

醫師指點

羊水環繞著胎兒，對外來的作用力具有緩衝作用，能保護胎兒。

3 音樂胎教法：令人愉悅的、和緩的、較低頻率的音樂，可促進胎兒的發育。胎兒在20週時，中耳、內耳開始發育，24週便開始有聽力，32週開始對外界聲音有反應，因此音樂是很好的胎教。

4 言語胎教法：胎兒24週開始有聽覺，任何時間準爸媽可以用穩定、溫柔、清楚的聲音與胎兒對話，例如胎動時說：「寶寶好棒喔！你想跟媽咪玩遊戲嗎？」睡覺前說：「寶貝，晚安！希望你健康，爸爸、媽媽都好愛你喔！」不但能適當刺激胎兒的聽覺，對胎兒有穩定的作用，一次進行10～20幾分鐘即可，以免打擾胎兒的睡眠。

5 **優境胎教法：** 創造舒適、整潔的環境，可擺花卉、盆景及活潑可愛的嬰兒照片，讓孕婦保持心情愉快。避免看情節緊張的電視或電影，因情緒驚嚇會使腎上腺素分泌增加，減少子宮的血液流量，使胎兒受損。長期的情緒抑鬱或憤怒，可使腎上腺皮質激素增多，不僅使胎兒體內蛋白質合成減少，還會造成兔脣、顎裂，甚至引起胎盤早期剝離而導致大出血。

6 **藝術胎教法：** 可依孕媽咪的興趣決定，例如：在跳舞、唱歌、繪畫、寫書法、閱讀、聽音樂會、看畫展等，同時可以做胎教，將所看到的事物、形狀、顏色及心情等，說給胎兒聽，有助於胎兒的情緒穩定及大腦發育。

孕婦的心理變化

如並未計畫要孩子卻發現懷孕了，此時的心理很容易緊張不安，擔心胎兒是否會畸形、或胎兒的性別不如預期，還擔心嘔吐、吃不進去食物是否會影響胎兒發育等。

事實上，這種心理是完全不必要的，只有維持合理的飲食、適度的運動和良好的心境，才是最佳方法。

醫師指點

人的情緒活動和大腦皮層、邊緣系統和植物神經關係密切，會引起生理上的變化。孕婦的心理變化極為重要，將直接影響胎兒的健康，因此要自我調節，確保身心愉快。

為什麼會害喜

婦女懷孕後，在停經40天左右常會發生噁心、食欲下降、偏食、嗜睡等害喜反應，持續到懷孕後60～70天才逐漸減輕、消失。嚴重者反覆嘔

吐，胃內容物、膽汁，甚至小腸液都可能吐出來；嘔吐嚴重者稱為妊娠劇吐。懷孕婦女發生妊娠嘔吐目前病因不明確，主要可能有以下幾個原因：

1 體內的激素升高

婦女在停經40天時，體內的絨毛膜促性腺激素含量逐漸升高，到60～70天時為最高。這與妊娠嘔吐發生的時間是對應的，而且，當發生自然流產、人工流產或胎兒死亡後，妊娠嘔吐即隨之消失。

2 精神和社會因素

懷孕後，大腦皮質及皮質下中樞的功能失調，導致植物神經功能紊亂。這種情況多見於對懷孕、分娩及哺乳等有恐懼心理或精神緊張、焦慮、抑鬱等婦女，生活環境和經濟狀況差的孕婦則易發生妊娠劇吐。

愛心提示

注意休息、保持每天8小時的睡眠、避免過度疲勞，但不需經常臥床，白天可適當活動。臥室的門窗應敞開通風，保持空氣清新。

如何克服害喜

害喜反應一般不會太重，孕婦自己想些辦法使反應減輕，下面幾點可供參考：

1 了解有關的醫學知識：明白孕育生命是自然過程，是苦樂相伴，增加自身對害喜反應的耐受力，放鬆身心。害喜反應是生理反應，多數孕婦在1～2個月後就會好轉，因此要以積極的心態來度過這階段。

2 選擇喜歡的食物：這時期胎兒還很小，不需要多少營養，平常飲食已經足夠了。如果症狀嚴重，宜少量多餐，或尋求醫師的協助。

3 積極轉換情緒：生命的孕育是一件很自然的事情，要正確認識懷孕中出現的不適，學會調整自己的情緒。閒暇時，做自己喜歡做的事情，邀朋友小聚、散步、聊天都可以。整日情緒低落是不理想的，不利於胎兒的發育。

4 **家人的體貼**：早孕期間，孕婦身體和心理都有很大變化，害喜反應和情緒的不穩定會影響孕婦的正常生活，這需要家人的幫助和理解。家人應了解什麼是害喜反應，積極分擔家務，使其輕鬆度過妊娠反應期。

5 **正確認識妊娠劇吐**：一般的害喜反應是不會對孕婦和胎兒有影響，但妊娠劇吐則不然。如果嘔吐較嚴重，不能進食，就要及時就醫。當尿液檢查尿酮體為陽性時，則應住院治療，施打靜脈點滴補充營養，防止酸鹼失衡和水電解質紊亂。

醫師指點

一般治療後，妊娠劇吐現象可迅速緩解，嘔吐停止，尿量增加，尿酮體由陽性轉為陰性。對治療後病情無改善，特別是體溫持續超過38℃，心跳率超過每分鐘120次，或出現黃疸者，應考慮終止妊娠。

害喜會持續多久

這種反應持續的時間有長有短。通常，妊娠反應多在停經40天左右出現，到懷孕3個月（12週）時就會逐漸消失。

當然，這些反應因人而異，有人可能沒有反應，有人可能一直反應到懷孕5～6個月，甚至到分娩。

防止低鉀血症

婦女妊娠期在劇烈的嘔吐中，消化液大量流失（消化液中鉀的含量比血漿中鉀的含量還要高），加上不能進食，鉀的攝入量不足，使血鉀降低，而出現低鉀血症。患有低鉀血症的孕婦可能出現肌肉無力、精神委靡，重者甚至會出現昏睡、死亡，若不及時治療，可危及母嬰的生命。

孕婦在妊娠反應期要防止低鉀血症的關鍵是提高食欲，從食物中獲得充足的鉀。要增加食欲，應從以下幾方面入手：

1 保持樂觀的情緒：如果懂得害喜反應是正常的生理現象，保持良好的心理狀態和樂觀的情緒，把進食當作一項任務來完成，反應再重也要吃，就能多吃一些。

2 進行適當的活動：適當的活動可以促進胃排空，減輕飽脹感，進而刺激食欲；同時也能分散注意力，減少病人對自己身體不適的過分關注。活動包括：散步、聽音樂、簡單的家務勞動或並不耗費體力的工作。當然如果害喜反應較重，必須適當休息，必要時應及時就醫，用點滴補鉀，以免延誤病情。

3 選擇可口的飲食：應盡量迎合自己的口味，想吃什麼就吃什麼，但還是要考慮飲食均衡。在沒有嘔吐時多吃些，少量多餐能減輕噁心、嘔吐的發生。此外，可盡量多吃含鉀較多的食物，如香蕉、紅棗、花生、海帶、紫菜、豆類等，以補充因嘔吐流失的鉀。

愛心提示

◎韭薑糖汁

材料：鮮韭菜10克、生薑5克、白糖適量。

做法：將鮮韭菜、生薑搗爛，絞取汁水；再將少許白糖放入汁水中，拌勻即成。1日3次，飯前服，少飲之。

◎佛手薑湯

材料：佛手10克、生薑2片、白糖適量。

做法：前兩味水煎取汁，調入白糖，溫服。

嚴重害喜不宜盲目保胎

害喜反應在清晨空腹時較重，但對生活工作影響不大，不需要特殊治療，只要調節飲食，注意起居，在妊娠12週左右會自然消失。

　　孕婦一般在妊娠6週左右常有食欲不振、輕度嘔吐、頭暈、體倦等不適感，稱為害喜反應（即早孕反應）。如反應劇烈，需注意排除多胎、葡萄胎等，或已造成嚴重低鉀血症不能糾正，會危及媽媽生命時，可中止妊娠，因此，如嘔吐嚴重應到醫院就診。

感冒的防治

　　經研究發現，多數人類病毒都能透過胎盤進入胎兒體內，而使胎兒患病，讓胎兒發生畸形或致胎兒死亡，因此，孕婦要盡量避免被病毒感染。

　　普通感冒和流行性感冒都是由病毒引起的呼吸道傳染。普通感冒的主要病原是鼻病毒，一年四季幾乎人人都可能罹患，鼻塞、流涕、咽痛、咳嗽、全身酸痛是常見症狀，有時發燒。懷孕期間患普通感冒的人很多，對胎兒影響不大，但如果體溫長期持續在39℃左右，有可能使胎兒畸形。

　　流行性感冒簡稱「流感」，病原是流感病毒，經由空氣和病人的鼻涕、唾液、痰液傳播，傳染性很強，常引起大流行。受感染後發冷發熱，熱度較高，頭痛乏力，全身酸痛，常在發燒消退時鼻塞、流涕、咽痛等症狀明顯，患者體力消耗大，恢復也慢。流感病毒不僅會使胎兒發生畸形，高燒和病毒的作用也會刺激子宮的收縮，引起流產、早產。有人調查56例畸形兒中，有10例產婦在懷孕當日至50天時曾患過流感。因流感病情較重，常需要使用解熱、鎮靜、抗生素等藥物，但用藥時須按醫生的指示進行。

　　懷孕期間要預防病毒感染，注意營養，增強體能，避免接觸感冒病人，感冒流行時不要去公共場所。孕婦罹患感冒，應及時控制，排除病毒，同時採取措施降體溫。輕度感冒的孕婦，可多喝開水，注意休息、保暖，口服感冒清熱沖劑或板藍根沖劑等。感冒較重有高燒者，除一般處理外，應儘快去熱降溫，可用物理降溫法，如額、頸部放置冰塊等，亦可選

擇使用藥物降溫。要避免採用對孕婦、胎兒和新生兒有明顯不良影響的藥物，例如：阿司匹靈之類藥物。或在醫生指導下，使用柴胡等中藥處方進行退燒。

中醫的辨證論治、中藥處方也是治療孕婦感冒的方法之一，能有效的控制感冒病毒。

愛心提示

孕婦患感冒時一不要大意，二不要隨意服藥治療，一定要去專科醫院診治，切忌服用阿司匹靈等對母嬰不利的藥物。

發燒的防治

發燒分輕度（38℃以下）、中度（39℃以下）、高度（39℃以上）。感染性疾病均可導致發燒，重度感染，除了寒顫、高燒，還可發生毒血症、敗血症，出現休克、昏迷等。

有的孕婦在懷孕早期發燒，對胎兒健康很不利。對此，首先要找出發燒原因，短時間的低燒對胎兒危害不大；長時間發燒或高燒，不但致孕婦器官功能紊亂，還會刺激子宮收縮或引起子宮感染而流產。細菌毒素、病毒可以干擾器官的正常化和發育，引起胎兒畸行或死亡。另外，孕婦單純的高燒也可能導致胎兒畸形。

懷孕早期要預防各種傳染病，避免能引起發燒的各種原因。長時間高燒須徵求醫生意見決定是否人工流產。

妊娠婦女可發生各種感染性疾病，均有體溫升高的現象。最常見的是感冒，還有急性扁桃腺炎、肺炎、肺結核、膽囊炎、急性腎盂腎炎、急性盲腸炎、絨毛膜羊膜炎等。這些發炎症狀除了引起發燒外，還會有其他的症狀及表現。懷孕早期感染病毒，可致流產、胚胎停止發育或畸胎。因此，一旦孕婦發燒應即刻去醫院就診，查明原因，並判斷是否可繼續妊娠，以及對症治療。

醫師指點

孕婦絕對不能自行服藥，因不少藥物對胎兒有不好的影響，如四環素、卡那黴素、鏈黴素、慶大黴素等，用藥前必須徵求醫生的同意。

檢查肝功能

凝血及免疫均為關鍵功能，同時還有調節體內水電解質平衡的作用。隨著妊娠進展，肝臟負擔也加重，肝功能有所改變，如轉氨、膽紅素、膽固醇增高，血漿總蛋白、白蛋白下降。但由於肝臟儲備力大，可能無明顯症狀，肝組織也無病變，產後可很快恢復正常。

病毒性肝炎是最常見的一種肝臟疾病。絕大多數成年人對A型肝炎已獲得免疫，不再受傳染。但在懷孕後初次感染A型肝炎，或原來的慢性肝炎沒治好，妊娠後病情加重時，孕婦的害喜反應會比較重，產後出血、流產、早產、死胎、新生兒死亡也比正常孕婦高，B型肝炎還可能傳染給胎兒。

由於肝炎的常見症狀，如厭食、噁心、嘔吐、無力等，容易被誤診為妊娠反應，所以早孕篩檢門診除了詳細詢問肝炎病史或肝炎接觸史外，藉助肝功能化驗可及早發現肝炎，及時隔離治療，對預防肝炎從普通型轉為重型也很重要。

檢查B肝表面抗原

B型肝炎表面抗原，俗稱為澳抗（HBsAg），是指人體已受B肝病毒感染的血清素標記。我國是B型肝炎（簡稱B肝）高發地區，約有20％是B肝表面抗原陽性，大部分為無症狀B肝表面抗原帶原者。

早孕篩查門診特別重視B肝表面抗原的測定。陽性結果的孕婦往往因沒有肝炎的症狀和體症而容易被忽略。B肝病毒可透過胎盤傳給胎兒；在分娩時，胎兒接觸陰道內血液、分泌物，或吸入、吞嚥血液和

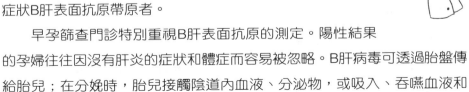

羊水而受感染；出生後，又可透過與媽媽密切接觸，沾染媽媽的唾液、乳汁及其他分泌物，或乳頭破裂時吸進母血而受感染。

單純B肝表面抗原陽性尚不能確定有無傳染性，還要測定B肝e抗原來表示B肝病毒繁殖狀況。如e抗原陽性，血液就具傳染性。據統計，B肝表面抗原陽性的媽媽可使40～60％的嬰兒受感染；而e抗原也陽性時，感染率高達85～95％。大部分受感染的嬰兒將成為終身B肝病毒帶原者，其中一部分到成年會成為慢性B肝、肝硬化、肝癌患者。為了保護嬰兒，不僅要化驗孕婦B肝表面抗原，在計畫免疫中也規定每個新生兒都要接受B肝病毒疫苗預防接種，有B肝表面抗原陽性產婦的新生兒，在出生24小時內注射免疫球蛋白，必要時停止母乳哺育，目前認為單純B肝表面抗原陽性帶原者可以哺乳，前提是新生兒必須計畫免疫接種。

懷孕期間喜吃酸性食物

婦女在懷孕後，滋養細胞分泌出的絨毛膜促性腺激素有抑制胃酸分泌的作用，使孕婦胃酸分泌量顯著減少、各種消化酶的活性大大降低，影響了孕婦正常的消化功能，而出現噁心、嘔吐和食欲不振等症狀。這時只要吃些酸性食品，就可以緩和這些症狀，主要是因為酸能刺激胃的分泌腺，促使胃液分泌增加，提高消化酶的活性，促進胃腸蠕動，並能增進食欲，有利於食物的消化吸收。因此，婦女懷孕後適當吃柑橘、楊梅等酸性水果，對身體大有好處。

做人工流產的安全性

人工流產手術作為避孕失敗後的補救措施，對絕大多數婦女的健康不會產生太大的影響，對小部分婦女則可能會引起併發症，如盆腔炎、月經病、宮腔黏連、輸卵管阻塞等，甚至影響以後的生育。這是因為未生育過

的婦女子宮頸口較緊，頸管較長，子宮位置也不易矯正，容易造成手術時的損傷和黏連。儘管人工流產併發症經過治療大多可以痊癒，但也有少數久治不癒。

早產或流產後適合再受孕的時間

出現過早產及流產的婦女，由於種種原因會造成身體器官的失去平衡，出現功能紊亂，子宮等器官一時不能恢復正常，尤其是經過人工流產的婦女更是如此。如果早產或流產後又很快懷孕，由於子宮等器官的功能還不健全，對胎兒十分不利，也不利於婦女身體，特別是子宮的恢復。

為了使子宮等各器官組織得到充分休息，恢復應有的功能，為下一次妊娠提供良好的條件，早產及流產的婦女最好過半年後再懷孕較為合適。

流產後的注意事項

流產雖不如分娩那樣對身體影響大，對身體也有一定的影響，因此也要注意保健。

1加強營養：流產後或多或少的失血，加上早孕階段的妊娠反應，流產後一般身體會變得比較虛弱，有些人還會出現輕度貧血。因此，流產後應多吃營養品，以及新鮮蔬菜和水果，如瘦肉、魚、蛋、雞、乳、海鮮產品、大豆製品等。

2注意個人衛生：流產時，子宮頸口開放，至完全閉合需要一段時間。故流產後，要特別注意講究個人衛生，保持陰部清潔，內褲要常換洗，半個月內不可盆浴。流產後1個月內，子宮尚未完全恢復，要嚴禁性生活，以防感染。

3避免過度疲勞：流產後必須臥床休息2週，不可過早進行體力勞動，嚴防過度疲勞和受冷受潮，否則易發生子宮脫垂的病症。

4不可急於再次懷孕：流產後，子宮內膜需要4～5個月的時間才能完全恢復正常。在此期間，應嚴防再次懷孕，會對胎兒生長和以後的生產都很不利。

5保持心情愉快：不少婦女對流產缺乏認識，流產後情緒消沉，有些人還擔心以後會再次發生流產而憂心忡忡，這些顧慮是不必要的。

愛心提示

絕大多數的自然流產是偶然的，並且自然流產的胎兒70%左右都是異常的病態胚胎，主要是染色體異常所致，很難發育成為成熟的胎兒。自然流產被認為是一種有利於優生的自然淘汰，不必為此憂慮。愉快的情緒有助於流產後的身體恢復，有益健康。

孕婦喜涼怕熱的原因

中國醫學認為，孕婦大多喜涼怕熱，因為孕婦用血液供養胎兒，血虛陽亢，胎火熾盛（俗稱「胎熱」）引起。從生理變化來看，妊娠期新陳代謝加快，能量釋放多，產熱也多，就像一個火爐，爐膛裡煤塊燃燒旺，熱量也就高。

充足睡眠很重要

懷孕後，為了給胎兒創造一個良好的環境，一定要有充足的睡眠時間。應比平時多，每晚最少8～9小時，每日午間最少也有1～2小時的睡眠時間，但時間不宜過長。妊娠早期，孕婦的身體變化不大，此期胎兒在子宮內發育仍居在母體盆腔內，外力直接壓迫都不會很重，不必過分強調孕婦的睡眠姿勢，可隨意選擇舒適的睡眠體位，如仰臥位、側臥位均可。

要注意的是，要養成良好的睡眠習慣，早睡早起，不熬夜，保持充沛的精力。還要改變以往不良的睡眠姿勢，如趴著睡覺或摟抱東西睡覺，因

為趴著或摟抱的姿勢，可能造成腹部受壓，導致胎兒畸形，更嚴重的會導致流產。通常，懷孕的第1個月很難察覺，最好在計畫懷孕前就要養成良好的睡眠習慣，以免影響到胎兒的生長發育。

懷孕後為何仍有月經？

懷孕必然會導致停經，但少數婦女在確定妊娠以後，在原來應行經的時間仍會出現少量陰道出血，常被誤認為是「月經」。這種現象常在懷孕的第1個月出現1次，也有人在早孕3～4個月內按期出現少量流血，這種現象對胚胎的生長發育不會有什麼影響，醫學上把這種現象稱為「盛胎」或「垢胎」。這種情況常見於雙子宮，不受孕的一側子宮蛻膜出血。但也有些出血的真正原因不十分清楚，可能是受精卵著床時的一種生理排異反應，也有先兆流產等妊娠併發症的可能。

醫師指點

已確定懷孕又有陰道流血時，應去醫院查明原因，進行適當的處理。

為何會頻尿？

孕婦頻尿是普遍現象，這種現象在懷孕前3個月和最後1個月表現最為明顯。其原因是人體膀胱位於子宮前方，子宮多呈前傾位，懷孕後，子宮逐漸增大，傾向膀胱，使膀胱受壓，使膀胱內尿量不多即有尿意。孕婦的這種頻尿只是尿的次數多些，但無局部燒灼感或疼痛感，與泌尿系統感染不同，不是病症。

不宜洗熱水澡

在懷孕的最初幾週內，處於發育中的胎兒中樞神經系統，特別容易受

到熱的傷害。孕婦無論是何種原因引起的體溫升高，如感染發燒、夏日中暑、高溫工作、洗熱水澡等，都可能使早期胚胎受到傷害。研究證明，孕婦體溫比正常體溫升高1.5℃時，可使胎兒腦細胞的數量增殖和發育停滯；上升3℃，則有殺死腦細胞的危險，而且這種腦細胞的損傷常是無法彌補的傷害。

洗熱水澡的水溫超過42℃，易使孕婦體溫超過正常體溫，而導致胎兒腦細胞損傷，造成智力障礙、發育畸形。據調查，凡妊娠早期洗熱水澡或蒸氣浴者，所生嬰兒的神經管缺陷（如無腦兒、脊柱裂）比未洗熱水澡或蒸氣浴者約高3倍。

另外，洗澡時，不要用力搓腹部等部位，不慎有可能會引起流產；要注意清洗會陰部位；還要注意不要用含有化學成分的洗浴用品，有些洗浴用品中的化學成分對胎兒有很大的危害，應使用天然無刺激的洗浴用品。

愛心提示

為了防患未然，減少畸形兒和低能兒的發生，孕婦盡量不用過熱的水洗澡，水溫以35～37℃為宜，且最好用淋浴。

謹慎施打預防針

所謂打預防針，就是將生物製品接種到人體內，使人產生對傳染病的抵抗力，達到預防傳染病的目的。這種防病方法又叫人工免疫。

有些預防針孕婦非打不可，例如：被瘋狗咬傷後就必須及時注射狂犬疫苗，否則一旦發生狂犬病，生存的希望極小；此外，破傷風疫苗的預防針也最好施打。

有些預防針孕婦是不需要打或不能打，如：麻疹疫苗、德國麻疹疫苗等。懷孕期間，如果想要施打疫苗，應先請教醫師。

因此，孕婦接到打預防針通知時，應向醫生反映自己的懷孕情況，以及疾病史、過敏史等，由醫生斟酌決定打針還是不打針。

預防畸形兒的產生

在妊娠中、後期，環境因素常會影響胎兒，雖然不可能造成軀體畸形，卻可能造成孩子出生後生理功能失常和行為異常，這就是先天性行為畸形。新生兒腦麻痺、精神遲緩，以及行為和語言學習困難等病症，常是因為媽媽在妊娠時發生過高血壓症候群、陰道流血、營養不良及吸菸、飲酒或用藥不當所引起。因此，必須避免這些現象的發生。

懷孕後期用藥不慎也會使胎兒的腦損害而造成行為畸形，如磺胺藥進入胎兒體內，會引起核黃疸，有核黃疸的孩子出生後會有痴呆行為。攝入過多維生素A也會造成神經細胞分裂週期延長，使細胞數量減少。

孕期異樣須就醫

懷孕是女人一輩子的大事，隨著孕期的增加，孕婦的生理、心理和身體的狀態也會有很大的改變！當發覺身體有以下的異樣時，應該立即前往醫院，以確保母胎的健康安全。

1 頻繁嘔吐

懷孕早期大多出現嘔吐，幾週後會自癒，屬正常生理現象。若出現頻繁且劇烈的嘔吐，吃什麼吐什麼，滴水不進，為防止水和電解質紊亂，危害母胎健康，應及早就醫。

2 子宮過大

胎兒大小與妊娠月份不符。懷孕3～4個月卻似5～6個月大，多顯示是

雙胞胎或併發葡萄胎，應及時就診，不可拖延。

3 陰道流血

懷孕期間任何時候出現陰道流血均屬異常，如伴有小腹痛，多為流產、子宮外孕、胎盤早剝或早產，要及早就醫。

4 頭暈眼花

懷孕期間如出現頭暈眼花，同時伴有浮腫、血壓增高等現象，為防止妊娠中毒症，應及時檢查治療。

5 嚴重浮腫

妊娠中、後期，孕婦下肢可能會出現輕度浮腫，如無其他不適，即屬正常生理現象。如出現嚴重浮腫，且伴有尿少、頭暈、心慌、氣短、尿中出現蛋白等現象，應立即就醫。

6 心慌氣短

妊娠後期，由於胎兒增大，孕婦在從事較重的體力活動時會出現心慌氣短，屬正常現象。如果輕度活動或靜止狀態也出現明顯的心慌氣短，應考慮到併發心臟病的可能，應及時檢查。

7 全身黃疸：懷孕期間如發現皮膚及鞏膜發黃、小便顯濃茶色，且伴有噁心、嘔吐、厭食油膩及乏力等症狀時，應想到併發病毒性肝炎的可能，應及早就醫，以防止病情惡化。

8 德國麻疹感染或使用致畸藥物

孕婦如在懷孕前4個月內確診為德國麻疹，或與德國麻疹患者有過密切接觸，則應到醫院進行全面檢查，因為德國麻疹感染對胎兒危害甚大，可使30～50%的胎兒致畸，故應採取補救措施，如人工流產等。如果前3個月用過一些藥物，不知對胎兒有沒有影響，應該及時找婦產科醫師諮詢。

9 陰道流水

孕婦未到預產期就發生陰道流水，可能是早期破水，為了防止難產，減少對胎兒的威脅，應立即去醫院住院治療。

避免披衣菌感染

　　披衣菌是一種介於一般細菌和病毒大小之間的微生物，其直徑約為700～1,000奈米。這種病原體對外界環境的抵抗力不強，一般消毒劑對它有效。沙眼披衣菌除能引起沙眼這種眼部疾病之外，還可透過性接觸傳播而引起泌尿生殖器的感染，因此這些感染也屬於性傳播疾病。

　　妊娠婦女或周產期婦女，如患有披衣菌引起的泌尿生殖道感染，特別是子宮頸炎，會導致胎兒或新生兒先天性或周產期的披衣菌感染，還可能造成早產、胎兒或新生兒死亡、嬰兒猝死症候群、支氣管發育不良、局灶性肺充氣過度症候群、中耳炎、結膜炎、肺炎等。其中結膜炎和肺炎最為常見，分別約占患有披衣菌感染媽媽所生嬰兒的25%和10%。無論是妊娠婦女還是新生兒，一旦被明確診斷出感染披衣菌，即應開始進行積極的治療。

　　對治療披衣菌感染有若干特效藥，常用的有紅黴素、四環素、羥氨青黴素等。其中四環素對胚胎和嬰兒有毒性作用，因此不能用於孕婦或嬰兒。用藥量應遵醫囑，療程不應少於7天。

愛心提示

預防披衣菌感染應做到：及時進行特效治療，以免感染胚胎或新生兒；丈夫有披衣菌引起的尿道炎等感染，應進行徹底治療；避免性亂行為；保證外陰部的清潔衛生；採用一般的性衛生防病措施。

乳房脹痛與腹痛

　　大多數孕婦在停經40天左右開始感覺雙乳發脹、疼痛，乳房增大，不敢碰乳頭，而且乳頭、乳暈變黑、變大。這是因為在受孕初期，卵巢黃體繼續分泌黃體素及雌激素，繼而胎盤的絨毛又大量分泌這兩種激素。乳房脹痛是一種正常的生理現象，為乳房進一步增生、發育所致，為以後的泌

乳準備，孕婦大可不必為此緊張。

孕婦腹痛可因處在不同階段而有不同的原因。懷孕早期引起腹痛的常見疾病有各種類型流產、子宮外孕，症狀均為陣發性小腹痛伴下墜感，並伴有少量陰道出血，應及時去醫院檢查確診。妊娠晚期的先兆早產，會出現比較頻繁的小腹痛；血壓高或有外傷的孕婦，如發生腹部持續性脹痛，腹部發硬和陰道出血，應考慮是否為胎盤早期剝離所致，此病危及母子安全，應立即去醫院診治。

在妊娠前或懷孕期間檢查發現有卵巢腫物，或在改變體位或大小便後突然發生持續性下腹部絞痛，並伴有噁心、嘔吐，可能為卵巢腫物發生的蒂扭轉，應立即到醫院觀察、治療；疼痛不能緩解時，需做手術切除腫瘤。妊娠併發肌瘤情況很常見，當肌瘤血運不足發生紅色變性時，表現為持續性腹痛伴低熱，應住院保守治療（Conservative Treatment）。

另外，急性盲腸炎也是導致孕婦腹痛的一種常見疾病，表現為腹痛、噁心、嘔吐、低熱。由於妊娠子宮的逐漸增長，盲腸的位置也不斷上升，疼痛部位不像非懷孕期間般劇烈，確診後一般可保守治療。急性膽囊炎一般有發作史，疼痛在右肋下放射到右肩部，疼痛劇烈，絞痛伴噁心、嘔吐，膽道受阻時可出現黃疸，應立即到外科就診。急性胰腺炎雖不常見，但病情危重，疼痛性質與膽囊炎相似。

避免陰道發炎

正常婦女陰道內有多種細菌存在而不發病。當陰道黏膜受到損傷、化學刺激或月經等血液分泌物淤積，破壞了陰道正常狀態，細菌就會趁此大量繁殖，致使陰道發炎。另外，陰道毛滴蟲、黴菌引起的陰道炎也很常

見。近年來，曾經絕跡的淋菌性陰道炎也屢見不鮮。

陰道炎可以沒有症狀，但大多有白帶增多、膿性、臭味，外陰部陰道黏膜發紅，並有搔癢、灼熱、疼痛等不適。

各種陰道炎對孕婦、胎兒均有危害。陰道毛滴蟲可能引起泌尿道感染；黴菌在陰道黏膜表面形成白膜，胎兒娩出時接觸到可能引起黴菌性口腔炎（鵝口瘡），因疼痛影響吸乳，還可發展成黴菌性肺炎；淋菌也可能迅速傳染給新生兒，最常見為淋菌性眼結膜炎，治療不及時會導致失明。

懷孕期間陰道炎還可以使宮頸處的羊膜和絨毛膜發炎，堅韌度下降，容易使胎膜早破而引起早產、流產、胎兒宮內感染，嚴重時還會胎死宮內或使新生兒患敗血症等，陰道傷口容易化膿、裂開或引起產褥感染。因此，孕婦早期有必要去醫院檢查白帶情況。

心慌氣促的防治

孕婦在妊娠期間，為適應妊娠及胎兒生長發育的需要，肺的通氣量比非懷孕期間增加40%。心肌發生代償性肥厚，心腔擴大，心跳加快；再者，由於懷孕期母體的血容量比非懷孕時平均增加1,500毫升，出現所謂妊娠生理性貧血，使血液供氧能力下降。同時，由於增大的子宮使心臟向上、向左移位，心臟在不利的條件下工作。這些因素都加重了心臟的負擔，使得身體透過增加心跳率及心搏出量來完成額外工作。這些生理性的改變一般不出現症狀，但遇活動量增多，就可出現心慌氣急。對此，孕婦不必緊張，要注意做適量的運動，運動時若遇不適，立即停止。最好的方法是休息，充分的睡眠可以解除身體的疲勞，促進新陳代謝。

孕期營養原則

1 熱量和營養：慎選熱量來源，重質不重量。胎兒每天從營養豐富的食物中得到的好處，要比從只有熱量沒什麼營養的食物中獲得的多。

2 為胎兒提供充足營養：不論母體的肌肉有多結實，胎兒也無法賴以生存，必須在固定的間隔時間裡提供定量的營養。

3 慎重攝取糖：單純的糖（如白麵包、白米飯、蛋糕、餅乾、糖），不但養分低，只會產生熱量，還有害處，可能和糖尿病、心臟病、胎兒宮內窘迫和過動兒有關。可是，複合糖（全麥麵包、糙米、蔬菜、乾豆莢、乾豌豆等）和新鮮水果能提供人體所必需的維生素B群、微量礦物質、蛋白質和重要的纖維，對胎兒及孕婦有益；不但有助於防止噁心，避免便祕，而且富含纖維，有飽食感不會使人發胖，有利於體重控制。

4 選擇新鮮食品：選取蔬菜時應以新鮮且當季盛產為優先，或以快速冷凍蔬菜替代。烹煮時，蒸或快炒，維生素和礦物質才不會過多流失。水果吃新鮮的且不加糖。選購新鮮的雞胸肉，不要買加工雞卷；購買原味的烤蘋果，而不要切片的蘋果派。

孕期飲食須知

食物類別	懷孕第二期（13～24週） 懷孕第三期（24週以上）	份量說明
熱 量	**2500卡**	
五穀根莖類(碗)	4.5	1碗熱量=飯1碗=麵2碗=中型饅頭1個=薄片吐司麵包4片
奶類(杯)	3	1杯=240毫升
蛋豆魚肉類(份)	4	1份=熟的肉或家禽或魚肉30公克(生重約1兩，半個手掌大)=蛋1個=豆腐1塊(4小格)
蔬菜類(碟)	4.5	1碟=蔬菜100公克(約3兩)
水果類(個)	3	1個熱量=橘子1個=土芭樂1個
油脂類(湯匙)	3	1湯匙=15公克烹調用油

資料來源：台灣國健署網站《孕期每日飲食建議》

① 水果

多吃水果對大腦發育很有好處。然若是虛寒者，必須忌食寒涼性水果，例如：西瓜、香蕉、柿子、梨子、芒果、柚子等。水果洗淨後生吃，可避免維生素因加熱而大量流失，所以，經常食用水果的人，體內比較不會缺乏維生素。

② 小米和玉米

每100克小米和玉米中蛋白質、脂肪、鈣、胡蘿蔔素、維生素B_1及維生素B_2的含量，均是米、麵粉所不及。小米和玉米是健腦、補腦的主食。

③ 芝麻

芝麻，特別是黑芝麻，可通腸胃，疏血脈，潤肌肉。具有「補氣、強筋、健腦」的效果。芝麻的食用方式較多，炒熟後研末，加入鹽和焙過的花椒粉後可夾饅頭、麵條調味，還可拌涼菜、蒸成花捲或製成芝麻醬。經常食用，具有補血、養髮、潤腸、生津、通乳等功效。

④ 核桃

核桃的營養豐富，特別對大腦神經細胞有益，可去皮後生吃；研碎與紅糖拌勻蒸包子吃，也可以煮粥，或做成核桃酥吃。如果孕婦持續每天吃幾個核桃，對身體保養和胎兒的發育，均有益處。

⑤ 紅棗

紅棗除了煮粥，還可製成棗餡、糕、餅，或包在粽子裡食用。

⑥ 黑木耳

黑木耳具有滋補、益氣、養血、健胃、止血、潤燥、清肺、強智等療效，用於滋補大腦和強身，也可以和其他菜餚配合烹調。黑木耳燉紅棗，具有止血、養血功效，是孕婦、產婦的補養品，木耳和金針菜共炒，可收補上加補之效。

⑦ 桂圓

桂圓中維生素C的含量僅次於紅棗，可防治神經衰弱，同時兼有食療

的效果。

8 花生

花生又稱「植物肉」，富含極易被人體吸收利用
的優質蛋白。生食、炸、煮、醃、醬均可，營養成分
豐富。孕婦可經常食用花生仁（其紅衣可治療貧血，
不可拋棄），可與大棗、桂圓肉、糯米煮食。

9 荔枝

將荔枝乾與米適量煮食，可健腎補脾。荔枝乾與大棗各10個，水煎
服，可治孕婦、產婦貧血、體虛。

(醫 師 指 點)

早期懷孕時不能進食太少，每天除了攝入150克以上的碳水化合物，以免因飢餓
致血中酮體蓄積，對胎兒大腦發育造成不良影響。

子宮外孕會重複發生嗎？

所謂子宮外受孕是指在子宮以外部位的妊娠。當然在卵巢或腹膜妊娠
的情形也有，但大部分的人是在左側輸卵管或右側輸卵管妊娠（即輸卵管
妊娠）。輸卵管極狹窄，隨著胎兒的發育，在懷孕2～3個月時會破裂，下
腹部突然感到強烈的痛楚，腹腔內大量出血，產生嚴重的急性貧血，造成
母體生命危險。此時，應及早做剖腹手術，將子宮外孕側的輸卵管切除。

如果切除後的輸卵管沒有異常，以後的妊娠就
能夠正常的進行。因一次子宮外孕的緣故而再次發
生子宮外孕的情形，並不如想像中多，根據統計，
只有3～5%會如此。子宮外孕，特別是輸卵管妊
娠之所以會發生，主要是由於某種原因使輸卵管不
暢通或流通量狹小所致。通常，很少發生子宮外孕
的情形。如果從前生過結核性疾病（如結核性胸膜

炎、腹膜炎）或性病（淋病），或病毒感染，發生過自然流產、人工墮胎或得過子宮內腔異位症等情形，較易產生子宮外孕。

如果發現輸卵管管腔變狹小時，會再產生子宮外孕症。但是，如上所說，這樣的病例很少，所以擔心是多餘的。當然，對曾有過手術經驗的人大概都會對下一次的妊娠沒有信心，無論如何，只要仔細注意妊娠的經過，發現少許異常也要保持鎮靜，儘早找婦產科醫生診斷。

1 定期月經一旦停止，請及早接受醫生的診斷，確定是否已經懷孕。若是懷孕，基礎體溫會增高，尿液的妊娠反應呈陽性。

2 注意出血和疼痛，子宮外孕很容易被當作是流產，因為兩者都會出血和下腹部疼痛。輸卵管的妊娠出血，主要是腹內出血，外出血的量很少；不規則流產時，不會內出血，卻會向外大量出血，且疼痛的狀態也不一樣。

流產時，子宮內的物質，大部分會向外流出，疼痛較輕；輸卵管妊娠，一旦輸卵管破裂，下腹部會有劇烈的疼痛，甚至會因失血而昏厥。腹腔內發生的大量出血會造成急性貧血，臉色突然轉為蒼白，呼吸困難。

懷葡萄胎後會患癌症嗎？

懷了葡萄胎後，並不會患子宮癌等癌症，反而可能會滋養葉細胞惡性腫瘤。

滋養葉細胞惡性腫瘤是在懷了葡萄胎以後，由於子宮內絨毛細胞反常的增生而發生，且一直向子宮以外的地方移轉、增殖，使細胞組織破壞而出血，成為一種惡性腫瘤。葡萄胎大部分的經過情形都還良好，只有5%的人可能患上惡性腫瘤。該病的根源是在子宮內，先在子宮的血管

中,再向各處移轉、增殖。至於移轉的部位,在各處都可能發生。增殖移轉最多的部位是肺、腦,其他像腎臟、心臟、胃、腸、皮膚、齒齦、外陰部等處,亦有移轉的可能。

　　滋養葉細胞惡性腫瘤的症狀:首先,在子宮發生不規則的出血。開始時,出血量不多,呈巧克力顏色,沒有什麼痛癢;其後,滋養葉細胞腫瘤的細胞往子宮外移轉,並破壞該部分的組織,遂產生種種的症狀;然後會破壞血管而出血。如果移轉到肺部,會咳出類似肺結核的血痰,用X光可以拍攝到腫瘍情形。當細胞移轉到腦部時,會產生像腦溢血般的症狀。

　　滋養葉細胞惡性腫瘤的治療在子宮內發生時,用專門治療癌症的化學療法,絕大多數可以治好。化學療法用來治療滋養葉細胞惡性腫瘤比治療癌症要有效得多。

　　因此,滋養葉細胞惡性腫瘤早期發現,早期接受適當治療,很快就可以痊癒。曾懷有葡萄胎的孕婦,應注意下列狀況:

　　1接受定期檢查:曾懷葡萄胎1～2年間,每個月至少要接受1次檢查。

　　2注意月經情況:如果葡萄狀胚胎的部分還殘留在子宮內或惡化,就不會有正常的月經。如果情況都正常,大部分在3個月內就會有月經出現。

醫師指點

滋養葉細胞惡性腫瘤是在懷葡萄胎1年以內發生,這1～2年內一定要定期接受檢查。大約1年內,最好能避孕。

糖尿病懷孕怎麼辦?

　　本身有糖尿病沒有控制在正常範圍而妊娠者,容易發生併發症:

　　1羊水過多:隨著妊娠月數的增加,這種病的罹患率愈高,為10～15%(沒有糖尿病的孕婦在1%以下)。

2 妊娠高血壓疾病：占有11～50%的高比率（沒有糖尿病的孕婦發生率是10～15%）。糖尿病的分期愈晚，先兆子癇前期的發病率愈高。

3 早產兒的夭折：早產兒的死亡率高，與健康的孕婦比較起來，夭折率有數倍之高。

4 嬰兒體重過大：嬰兒出生時，體重4,000公克以上的都算過大。健康的孕婦產下過重嬰兒的機率在5%以下，但是有糖尿病的孕婦，就高達25～40%。

5 先天性畸形：健康的孕婦生畸形兒約占1%，而糖尿病孕婦則有數倍之多（占6%左右）。畸形兒的發生率為什麼會這麼高呢？專家們認為，血糖過高和胎兒畸型有明顯的關聯。

總之，沒有控制好血糖的糖尿病患者若懷孕，不但病情會加重，且很容易發生異常妊娠，對胎兒造成種種危險，因此，患有較重糖尿病的婦女都應該避免妊娠，採取避孕措施，實行計畫生育，直至控制好血糖，讓醫生判斷何時可以妊娠。如果懷孕了，就要接受內科和婦產科醫生精密的檢查，擬定治療方針。

上述說明，嬰兒出生時的體質和媽媽的體質是相關的。體質好的媽媽，多半會生出較大的嬰兒。現代人營養攝取足夠，體質逐漸增強，會生較大嬰兒並不稀奇，如果運動不足，營養過剩，則會增加巨嬰的機率。有此說法，一個身體正常卻生下過重嬰兒的媽媽，據說將來患糖尿病的機率很高。曾有學者調查，生下4,500公克以上巨嬰的婦女中，約有45%在分娩後20年患了糖尿病。

由於部分的糖尿病是有遺傳傾向，有糖尿病的媽媽，其初生兒的體重與其他嬰兒並沒有太大差別，還是需要注意將來的發展。

高齡產婦會難產嗎？

就醫學上而言，35歲以上才懷孕者稱為高齡產婦。為什麼給予35歲以上的婦女這個特別的名稱呢？這是由於統計上，高齡產婦和35歲以下的產婦比較起來，產生異常兒的機率較高，和20多歲的產婦比較起來，高齡產婦在妊娠期間發生妊娠高血壓疾病的機率和使用剖腹產手術、胎頭吸引分娩、產鉗分娩，以及造成新生兒窒息的機率都很高，主要是因為高齡產婦的產道伸張力不夠，胎兒透過產道需要很多時間，以致分娩前的陣痛減弱，分娩的時間需要再延長。

為了安全分娩，高齡產婦不妨注意下列幾點：

1定期產檢：懷孕期間即使身體沒有什麼異常現象，也要儘早在懷孕初期接受婦產科醫生的診斷，之後也要定期接受產檢。

2注意妊娠高血壓疾病：高齡產婦在妊娠幾個月以後，比年輕產婦容易罹患妊娠高血壓疾病，必須加以注意。妊娠高血壓疾病會使胎兒的發育

惡化，很容易成為早產兒。孕婦如果下肢有水腫情形，需及早接受血壓和尿液的檢查，因妊娠高血壓疾病的症狀初期即是腿肚水腫。罹患妊娠高血壓疾病後需注意飲食，保持心境平和，每隔1週接受1次檢查。

遵守上述，避免妊娠期過度疲勞，吸收好的營養，並充分保養身體，即使是高齡產婦也無需恐懼。總而言之，無須擔憂，也別對一些無謂的說法加以理睬。

愛心提示

在統計上，高齡產婦的生產異常率雖然偏高，但並不表示35歲以上的高齡產婦分娩都很困難。分娩的狀態因產婦的體格、骨盆大小、胎兒大小和位置、陰道伸張的狀況而有不同，只要孕婦能充分的保養，就可以安全分娩。所以，千萬不要因「高齡產婦就會難產」這句話而覺得恐懼不安。

懷孕第2個月（5～8週）

母體的變化

月經久久不見蹤影，此時多數女性可能已察覺受孕了。開始有早孕的反應出現：懷孕2個月時，子宮已大如鵝蛋，肚子尚無明顯變化，但膀胱受子宮增大壓迫，排尿較頻繁。

妊娠檢查

例行常規產檢項目包含：體重、血壓、尿糖、尿蛋白、胎兒心跳、子宮大小、胎位，建議標準值如下表：

每月常規產檢項目	建議值
孕期體重／約增加10～12公斤	・初期（前3個月）1～2公斤。 ・中期（4～6個月）5～6公斤。 ・末期（7個月～10個月）4～5公斤。
孕期血壓／收縮壓120mmHg，舒張壓70mmHg	・懷孕20週前，血壓高於140/90mmHg可能為慢性高血壓。 ・懷孕20週後，血壓高於140/90mmHg可能為妊娠高血壓，若併有蛋白尿或水腫時，則為子癇前症，嚴重時會引起全身痙攣成為子癇症，危及母親與胎兒的生命。
尿糖／飯後2小時血糖濃度140mg/dl以下	・尿糖經常較高可能有葡萄糖耐受性不良或糖尿病。 ・可作妊娠糖尿病篩檢，妊娠糖尿病診斷或驗飯前及飯後血糖。
尿蛋白／30mg/dl以下	・尿蛋白偏高可能腎功能不良，要檢查是否有腎臟病。 ・若伴有高血壓則為子癇前症。

子宮的增大規律

懷孕後，隨著妊娠月份的增加，胎兒進一步生長，子宮也有規律的增大，若增長超過或落後於下列正常標準，則屬異常現象，須找出原因，及時處理。其規律性如下：

1個月時，子宮像雞蛋大小。

2個月時，子宮狀如鵝蛋大。

3個月時，子宮與拳頭大小，可在盆腔的恥骨聯合上緣觸及子宮底部。

4個月時，子宮如新生兒頭般大。

5個月時，子宮底居肚臍下二橫指處。

6個月時，子宮底平肚臍高度。

7個月時，子宮底在肚臍上三橫指處。

8個月時，子宮底位於胸骨劍突與肚臍之間。

9個月時，子宮底達胸骨劍突下二橫指處。

10個月時，胎頭進入骨盆腔，子宮恢復到妊娠8個月時的高度。

胎兒的發育情形

妊娠2個月末時，胎兒已發育成人的形狀，能辨別頭、軀幹的輪廓，尾巴也小了些，身長2～3公分，重量約4～5公克；手、腳已分明，甚至5個手指、腳趾及指甲已經能夠分辨；眼睛、耳朵、口唇，大致出現，已經有臉部輪廓，但眼睛還分別長在兩側，骨頭還處於軟骨狀態，有彈性；骨、腸、心臟、肝臟等內臟已粗具規模，特別是肝臟有明顯的發育；神經管鼓起，大腦急速發育。在羊膜腔裡有羊水，胎兒好像漂浮在上面，這時，母體和胎兒的聯繫更為緊密。

在子宮內的底蛻膜內絨毛不斷的繁殖，開始準備製造胎盤，且出現形成臍帶的組織。

淋浴水溫不可過熱

懷孕第2個月，母體為了適應胎兒生長發育的需要，會發生一系列的變化，如皮膚新陳代謝加速、汗腺和皮脂腺分泌旺盛，且由於盆腔充血，陰道白帶明顯增多，所以要經常洗澡和更換內衣，保持皮膚和外陰部清潔，避免感染。經常洗澡不僅可以促進皮膚的排泄功能，保持皮膚清潔，還能溫熱刺激，加速母體的血液循環，有利於消除身體疲勞，改善母子間的物質代謝。孕婦洗澡最好採用淋浴的方式，因為盆浴有可能使洗浴的液體進入陰道，造成感染，危及胎兒健康。洗澡時間不宜過長，最好不要超過15分鐘，水溫不超過40℃以上。

懷孕後，因為胎盤產生大量的雌激素，子宮和盆腔的血液供應豐富，白帶比懷孕前要多，這是正常現象，不需治療。由於分泌物增多，外陰部經常處於潮溼狀態，對局部皮膚產生刺激作用，因此宜常用溫水清洗，保持外陰部乾燥。每天清洗外陰部2～3次，清洗時避免用普通肥皂。如果白帶呈豆腐渣樣或凝乳塊樣或黃色膿樣，且有臭味，都是不正常的情況，需及時到醫院就診，查明病因，進行治療。

醫 師 指 點
洗澡時水溫不宜過高，以不超過40℃以上為佳，因為水溫過高，會使孕婦全身血管擴張，造成一時性子宮胎盤的血流量減少，也會給胎兒帶來不良的影響。洗澡時，要特別注意乳房及外陰部的衛生，不要坐盆浴，以免污水流入陰道引起感染。

保持良好心境

1 加強修養法：孕婦情緒的產生，主要是受孕、身體狀況、生活中的重大事件等引起。此外，還受個人修養影響，胸懷狹窄、斤斤計較的人，易疑神疑鬼，患得患失；修養好的人，即使在困難和不利的條件下，也能保持樂觀、愉快、朝氣蓬勃的心境。因此，孕婦要保持樂觀的情緒，就要加強修養，以理制情。

2 知足常樂法：期望大於實際令人失望，期望小於實際使人知足，期望等於實際能讓人踏實生活。對自己和他人的要求和期望要適宜、適中，不可過高苛求，否則脫離實際，挫折感就愈強。

3 精神發洩法：當孕婦心中有了煩惱或怨氣、怒氣之後，可以直接或間接的宣洩，以達到心理平衡。宣洩的方法很多，如找親朋好友傾訴，並接受勸告；可直接找發生矛盾的對象進行心平氣和的交談，以解開疙瘩，消除誤會；還可利用寫信和寫日記的方法，將自己的苦惱發洩出來。孕婦及時發洩不良情緒，就能得到一些紓解。

4 轉移注意法：當孕婦的情緒煩悶或激動時，可以強迫自己把注意力轉移到其他事上，如看電視、聽音樂、讀書、織毛衣等，可排遣有害的情緒緊張，使情緒恢復平和狀態。

5 自我疏導法：利用自我暗示或特殊方法，來控制孕婦的不良情緒，如數數、饒舌、深呼吸等，可緩解緊張情緒。

6 大笑放鬆振奮法：當孕婦感到心情很壞、情緒處於低潮時，可強迫自己練習笑，由微笑開始，嘴角愈笑愈上揚，最後變成大笑，可以使孕婦振奮起來，還可以使全身放鬆。從手到頭，再到腳趾，先使肌肉繃緊，然後再一部分、一部分的慢慢放鬆，能減緩氣憤和畏懼的程度。

不要睡電熱毯

電熱毯通電後會產生磁場，這種磁場會影響胚胎細胞的正常分裂，

導致胎兒畸形。對電磁場最敏感的是胎兒骨骼細胞，故胎兒出生後，其骨骼易發生畸形。孕婦在懷孕初期受熱，容易造成胎兒腦細胞死亡，影響胎兒大腦的發育，使出生後的嬰兒智力低下。電熱毯愈熱，電磁場對胎兒的影響愈大。懷孕早期忌使用電熱毯，這是形成流產的危險原因之一。

鞋子與衣服的選擇

鞋子首先要考慮安全性，選擇時應注意以下幾點：

1️⃣腳背與鞋子緊密結合。

2️⃣有能牢牢支撐身體的寬大後跟。

3️⃣鞋後跟的高度在2～3公分。

4️⃣鞋底上帶有防滑紋。

5️⃣能正確保持腳底的弓形部位。

按照上述條件，高跟鞋、容易脫落的涼鞋等都不適宜。後跟太低的鞋子也不好，震動會直接傳到腳上。隨著懷孕時間的增加，腳心受力加重，會形成扁平足狀態，這是造成腳部疲勞、肌肉疼痛、抽筋等的原因。可用2～3公分厚的棉花團墊在腳心部位作為支撐，較不容易疲勞。到了懷孕晚期，腳部浮腫，要穿稍寬大的鞋子。

孕婦的衣服設計應因人制宜，服裝的立體輪廓最好呈上小下大的A字型。此外，容易穿脫也是重要條件之一。為此，選擇上下身分開的服裝比較方便。

夏天要選吸溼性強、手感好的純棉衣料；冬天則從保暖考慮，最好用毛織品。內衣純棉製品最佳，化纖製品盡量不用。內褲最好選用能把肚子完全遮住、適於孕婦穿的短褲，最好從懷孕早期就換上，要選用透氣性佳和吸溼性好，且經得洗滌的質料為宜，冬天還要考慮保溫，最好用純棉。

褲子最好使用可調整的腰圍帶子，根據肚子的變化，隨時調整鬆緊。

如何度過炎炎夏日

孕婦要安全度過炎熱的夏天應注意下列事項：

1衣著涼爽寬大：最好選擇絲質或棉織的衣料做貼身的襯衣和內褲，輕軟舒適，容易透溼吸汗，散發體溫。衣著宜寬鬆，胸罩和腰帶不宜束縛過緊，以免影響乳腺增生和胎兒的發育。

2飲食新鮮多樣：為了保證母體和胎兒的營養，孕婦在夏天要注意保持食慾，多吃新鮮蔬菜，經常變換菜色，既能增進食慾，又能滿足孕婦需要的營養。

3用溫水擦洗淋浴：經常用溫水擦洗或淋浴，以保持皮膚清潔，預防痱子或皮膚生癤子。如用冷水洗浴，皮膚污垢不易消除，且孕婦易受涼感冒；如用過熱的熱水泡浴，高溫會傷害胎兒正在發育的中樞神經系統，造成畸形。

4莫過於貪涼：孕婦從高溫中走入冷氣房，不宜久待，以防止腹部受涼；乘涼時，最好不要坐在風口，不能在露天睡覺，也不能躺臥在水泥地的草席上；使用風扇時，不要直吹，風速宜和緩或將電扇轉動。

5維持充足休息：天熱使得睡眠不寧，孕婦更易感到疲勞，所以午間的休息很重要，工作時也要注意休息。

6心情愉快舒暢：天熱使心情易煩躁焦慮，這種情緒也會干擾胎兒生長的環境。相反的，孕婦在炎熱的季節能注意情緒的安靜愉快，心胸寬暢，能緩和酷熱的不良刺激，有利於胎兒生長環境的安定平穩，及胎兒神經的正常發育。

乳頭下陷與扁平糾正

乳頭與乳暈在同一平面叫扁平乳頭。如果乳頭比乳暈低，就叫下陷乳頭。扁平和下陷的乳頭屬乳頭異常，會讓產後哺乳困難，因此應在哺乳前進行調整。

引起乳頭扁平或下陷的原因有：一是功能性原因，即乳頭平滑肌發育不全或乳頭深部角化；二是器質性原因，即因發炎、膿腫治癒後形成瘢痕，或腺纖維瘤、乳腺瘤浸潤、外傷及手術損傷等。未產婦乳頭扁平或下陷多見於功能性原因引起。調整的方法如下：

1手法矯正：用一手握住乳房，使乳房聳起，另一手的拇、食、中指牽拉乳暈部，從深部向外牽拉乳頭，慢慢向縱橫方向牽引。在洗澡、睡前、起床前，每次進行幾分鐘的矯正處理。

2負壓吸引法：將一個5～10毫升的玻璃注射器的外管罩在乳頭上，用一小段橡皮管連接在另一個注射器上，時間不要太長，以免使乳頭發生腫脹和疼痛。

乳頭發育明顯障礙，乳頭顯著下陷，或因乳腺疾病引起的乳頭內陷，手法牽引或負壓吸引都不可能使乳頭突出，對此應進行手術治療。手法牽拉乳頭，因不可避免會對大腦產生刺激，促使垂體後葉分泌催產素，引起子宮收縮。妊娠5個月後，在進行乳頭手法矯正時，須注意避免引起早產、流產。有早產和流產史者，在懷孕期間不能進行乳頭矯正，只能在懷孕前或分娩後進行。

孕期生活照護

1避免營養過剩：懷孕期間因為要維持母體和胎兒的營養需求，因此適當增加營養是應當的，也是必需的。但是如果片面認為懷孕期間飲食、營養愈多愈好，易造成營養過剩的情況。倘若孕婦營養過剩，容易造成胎兒過大，成為巨嬰（超過3,500公克）；或造成難產，使分娩期延長，易引起產後大出血；且容易使孕婦出現血壓偏高，而妊娠高血壓是引起產婦死亡的主要原因之一。

愛心提示

孕婦每天需要鈣1,500毫克、磷2,000毫克。為了促進身體對鈣、磷的吸收和利用，每天需要供給維生素D約400～800國際單位，同時要加強戶外活動，適度曬太陽可幫助合成維生素D，每天曬10～15分鐘。

2保持規律的生活：要做到規律生活，就要合理安排好一天的生活，不至於太緊張。如果日常生活太緊張，神經過於興奮就會疲勞，也會打亂身體內部功能的運轉，給胎兒帶來很大的影響。因而每天生活的安排要有些彈性。

3注意睡眠和休息：孕婦一天至少要睡8小時，而且因排尿次數多，很可能影響睡眠，這時就應睡10小時左右，如能午睡更好。若隨著腹部的漸漸增大，入睡困難，可把腳墊高預防浮腫，便於安睡。

4適當家務和運動：在沒有異常時，孕婦於分娩前可以做些家務，如煮飯、洗衣服、掃除等，但工作後要有充足的休息時間。要注意的是，孕婦不能讓腹部長時間受到壓迫，不能彎腰；其次是防止摔倒，上下樓梯、洗澡時要特別注意，且不拿重物行走。在不過度疲勞的前提下，每天可以散步20～30分鐘，還可以做輕鬆的體操。

頭髮的護理

對孕婦來說，髮型最好是短髮，梳洗方便簡單。燙髮不要在妊娠前期和後期，如果真的想燙，應該在懷孕6個月時燙，但不能染髮和脫色。如果一定要染髮和脫色，必須先進行皮膚試驗，確認對皮膚沒有影響，時間在第6～7個月為宜。妊娠期和產褥期都可以適當洗頭，保持頭髮的清潔。

皮膚的護理

妊娠初期，皮膚易變油性，容易長粉刺或疙瘩，如果隨便使用化妝品會適得其反，日後留下痕跡。妊娠中期後，有的人皮膚會變得粗糙，這時應該在飲食方面注意，多吃含蛋白質和維生素豐富的食品，保證充足的營養和休息。氣色不好時，為了不讓自己憔悴，可以薄施上腮紅、口紅，但濃妝不宜。

牙齒的護理

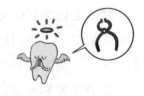

妊娠後，孕婦的牙齒多會損壞。因為隨著胎兒的發育，會與母體爭鈣而造成媽媽缺鈣，牙齒易損壞。因此妊娠前最好先治好牙病，若不能，妊娠中期治療也是適當的時間。

愛心提示

孕婦容易出現牙肉腫脹、出血、蛀牙等情況，三餐後要用柔軟的牙刷徹底刷牙。如果有牙齒損壞也要及早修補，看醫生時，一定要告知妳已懷孕。

培養正確姿勢

　　懷孕後腹部重量日增，如果姿勢不當，不但會造成自身傷害，對胎兒的健康也會產生不良影響。孕婦要減少繁重的體力勞動，如果要做家務或上班，盡量坐著進行，減少孕婦常患的腰背痛。最好選擇有靠背的椅子，一方面可以避免身體彎曲而增加腹部的壓力，另方面可把身體的重力轉移於椅背，得到充分的休息。端坐時，不妨用小椅子墊腳，兩腿適當的分開，以免壓迫腹部。站立時，要保持身體直立，可盡力收縮前方的腹壁肌肉，使骨盆前緣上舉，不致傾斜過甚而導致背痛。

居家的照護

　　1 孕婦自測胎動：大約5個月開始就會感到胎動。根據自我感覺，感到腹內胎兒活動時，用筆、紙記錄下來，或以硬幣，每日早、中、晚各觀察1小時，每胎動1次就投一個硬幣，然後數出3小時共有多少次胎動，將3小時的胎動總數乘4，即為12小時的胎動數。一般12小時內胎動30次，表示胎兒情況良好；若下降到20次，需及時就醫找出原因。

　　2 他人協助聽胎心音：孕婦要仰臥，雙腿伸直，家人用聽診器貼在孕婦臍下的左或右下方的腹壁上聽胎音，正常的胎音應該是每分鐘120～160次，過緩、過快或不規律都屬異常現象，應及早就醫。

　　3 測量子宮高度：正常從滿4個月後開始，可間接了解胎兒在子宮內生長發育及羊水的情況，每週測量1次，一般增長速度為0.8～1公分。孕婦排尿後，仰臥，雙腿彎曲，用家用卷尺，從恥骨聯合上緣的中點開始緊貼腹壁向上測量，可以觸摸到子宮的最高度，這段距離叫宮高，增長過快、過慢都屬不正常，也要及時就醫。

4 忌用阿司匹靈：阿司匹靈對優生的影響有兩方面：一是導致胎兒畸形，在妊娠期服用過量阿司匹靈的孕婦，其後代會出現嚴重畸形。二是阿司匹靈抑制血小板聚集膠原和降低血小板因子的活性，干預血小板的聚集並延長分娩時的出血時間。這些影響可能發生在服用小劑量的藥物之後，而且在停藥後其影響維持5～7天。產前服用此藥，會使產婦生產時出血明顯增多，還會引起胎兒在產前和產程中出血。

孕婦應該避免服阿司匹靈，包括去痛片、感冒寧等含有阿司匹靈的藥物。

病毒對胎兒的影響

在眾多的病原體中，對胎兒危害最大的要數病毒，病毒可透過胎盤傳染給胎兒，引起胎兒不同程度的缺陷、致殘或畸形。常見對胎兒有危害的病毒如下：

1 德國麻疹病毒：德國麻疹病毒是一種急性傳染性疾病，感染德國麻疹病毒後潛伏期約半個月，初起極似感冒。生殖器官感染者可能出現宮頸充血、白帶增多，以及腹股溝（大腿根部）淋巴結腫大等症狀。妊娠婦女是德國麻疹病毒的易感群，尤其是早期妊娠，妊娠期感染德國麻疹病毒愈早，胎兒畸形率愈高，畸形程度也愈嚴重。如先天性白內障、視網膜炎、耳聾、先天性心臟病、小頭畸形及智力障礙等。

2 流感病毒：胎兒脣裂、無腦、脊椎裂等異常的機率會稍微增加，有可能和發燒有關而不是病毒本身。

3 巨細胞病毒：致胎兒頭畸形、視網膜炎、智力發育遲緩，腦積水、色盲、耳聾等。

4 皰疹病毒：人類皰疹病毒分兩類：Ⅰ型是口型，可引起口腔、脣、眼、腰以上皮膚、腦等感染；Ⅱ型是生殖器型，主要引起生殖器和腰以下

皮膚的皰疹。孕婦生殖道皰疹感染絕大部分為無症狀的慢性感染，新生兒出生通過產道時，如果產道有正在發作的病灶，有可能會受到嚴重的感染，最好採用剖腹生產。

性病對胎兒的影響

性病是以不潔的性行為為主要傳播途徑的二類疾病，又稱為性傳播疾病。性病具有很強的傳染性，不僅給患者本人帶來極大的痛苦，還會殃及家庭，貽害親屬，嚴重危及下一代的健康。

目前，經發現的「母嬰傳播」性傳播疾病的病原體主要有：淋菌、梅毒螺旋體、愛滋病病毒等。婦女在懷孕期間感染性病後，這些病原體可經過宮內感染、分娩過程及產後等3種途徑傳染給胎兒，引起胎兒的先天性感染及出生後的持續感染。宮內感染是指經過胎盤的血源性傳播及上行性感染至羊水的傳播。產後傳播包括小兒出生後感染產婦的各種排泄物或分泌物，如乳汁、尿液、糞便及唾液等。

醫師指點

以上性傳播疾病嚴重危害胎兒的身體健康。淋菌會造成流產、早產，及淋菌性腦膜炎、關節炎和眼炎（可致盲）等。梅毒螺旋體可誘發胎兒先天畸形、發育不良或遲緩、流產、死產和梅毒兒（先天梅毒或後天梅毒）等。愛滋病病毒會導致發育不良及免疫功能缺陷等。

眩暈昏迷的防治

眩暈是一種運動性幻覺，孕婦感到自身或周圍景物發生旋轉。昏迷是急起而短暫的意識喪失，孕婦突然全身無力，不能隨意活動而跌倒於地。兩者常發生於妊娠早期，主要發生在變換體位和長久站立後，應注意不要久站不動，也不要突然改變體位。

靜脈曲張與小腿抽筋的防治

1靜脈曲張：妊娠晚期，由於下肢的靜脈受子宮壓迫，血液難以返回心臟，孕婦的腿、外陰部、腹部，甚至乳房等部位的靜脈呈青色凸鼓出來，這叫靜脈曲張。孕婦要注意不要碰撞靜脈曲張部位，以免受傷出血。

2小腿抽筋：懷孕後，特別是在妊娠中期以後，有可能突然出現腓腸肌痙攣致小腿抽筋。發生小腿抽筋時，要按摩小腿肌肉，或慢慢將腿伸直，可使痙攣慢慢緩解，為了防止夜晚小腿抽筋，可在睡前用熱水洗腳，平時行走不要過多，多吃鈣含量豐富的食品，或口服鈣片，使體內不缺鈣，小腿抽筋就會消失。

抽筋了！

腰痛的防治

隨著胎兒不斷的發育長大，孕婦到了妊娠中後期，為了使重心前移的身體保持平衡，不得不使頭部和肩部向後傾斜、腰向前挺，使背部肌肉處於一種不自然的緊張狀態，而增加了腰部的負擔，如果孕婦平時缺少運動，腰肌張力差，就很容易感覺腰脹背痛。

經常洗澡（水溫不可過高），可改善腰部血液循環，減輕腰部疼痛。輕輕按摩腰部，對減輕腰部疼痛也有很好的作用。

不要長時間處於同一種姿態，行走、站立都不宜過久，注意休息，對減輕腰肌緊張和負擔有助益。

腹痛的治療

孕婦必須先了解是因為哪一種原因所導致的腹痛，才能對症治療。

❶異常妊娠：在妊娠12週以前（妊娠早期），孕婦常有下腹輕微抽痛的現象，但是只要孕婦有嚴重腹痛出現，就應該想到流產和子宮外孕。在妊娠中期以後出現嚴重腹痛，往往會考慮到早產及正常位的胎盤早剝的可能性。但是也有其他產科以外的狀況會引起腹痛，如盲腸炎。所以有不尋常的腹痛應該先找醫師做診斷，才能得到正確的治療。

❷輸卵管妊娠：無論是輸卵管流產還是輸卵管破裂，均會發生劇烈的腹痛。輸卵管流產、破裂，首先感覺是患側下腹部劇烈刺痛，在反覆發生刺痛的同時或在其前後出現陰道出血。由於妊娠處破裂或輸卵管流產，可能迅速發生腹腔內大量出血，因而引起全腹持續性疼痛、腹壁緊張，明顯的腹膜刺激症和放射到會陰部、陰部及肩胛部的疼痛。

❸卵巢妊娠：其症狀與輸卵管妊娠相似，常伴有輕微的下腹痛及陰道出血。

❹子宮頸妊娠：本病症狀有下腹痛、腰背痛及陰道出血。一旦發生流產或破裂，出血很多。

❺腹腔妊娠：多於種植處穿破，發生腹腔內出血，引起腹膜刺激症及出血性休克。妊娠中期以後因胎盤早期剝離（早產）所致的腹痛，其疼痛程度取決於胎盤剝離面積。輕度胎盤早期剝離，外出血量少，腹痛是由血液對子宮的刺激產生宮縮所致；中度胎盤早期剝離，外出血量超過400毫升，此時疼痛也不十分劇烈；嚴重胎盤早期剝離時，胎盤後有大量出血，

若血液滲入子宮壁肌層，腹痛可呈刀割樣劇痛。

6 妊娠間併發腹痛的疾病：妊娠期間引起腹痛的婦科疾病往往是妊娠前就存在，有些是妊娠前已診斷出，有些是妊娠過程中隨著子宮的增大或某種妊娠生理變化而誘發出，或導致某些婦科疾病嚴重化而表現出來。

愛心提示

常見的妊娠間併發腹痛是：妊娠併發卵巢腫瘤。在妊娠早期，腫瘤嵌入盆腔易引起流產；在妊娠中期，腫瘤容易發生蒂扭轉、出血及變性，引起劇烈腹痛；在妊娠晚期，不僅會壓迫產道而發生梗阻性難產，而且容易被壓破，發生劇烈的腹痛。

貧血的防治

女性懷孕後，血液將出現稀釋現象，這是因為在增加的血容量中，血漿增加的比例較大，而細胞增加的比例較小。這種血液稀釋有利於血液加速流動，使母子之間的營養交換更快更多。這種稀釋的結果，使孕婦的血紅蛋白和紅血球數在單位體積內的濃度下降，造成一種「生理性貧血」現象。所以，懷孕後診斷貧血的標準比不懷孕時低，血紅蛋白低於110克/升，紅血球數低於3.8×10^{12}升為貧血。

妊娠後，由於子宮、胎盤的長大，血容量增加，血紅蛋白及紅血球數隨之增加，需要補充足量的鐵。此外，由於胎兒生長發育、分娩時出血、哺乳時的消耗，整個妊娠期應要增加鐵1公克以上。如果飲食中缺少鐵，又不注意補充含鐵的藥物，孕婦就會貧血。血紅蛋白含量為90～109克/升為輕度貧血，70～90克/升為中度貧血，低於70克/升為重度貧血。

醫師指點

如果孕婦有痔瘡、牙齦出血、鉤蟲病、慢性腹瀉等，更容易貧血。特別是喜挑食的孕婦，易導致營養不全，更容易貧血，應注意。

流產與保胎

造成流產的原因錯綜複雜，其中受精卵異常是早期流產的主要原因之一。夫妻某一方的精子或卵子有缺陷，結合後形成異常受精卵，這種異常受精卵在子宮內無法發育成熟，絕大多數在早期就死亡而流產。此種流產沒有必要保胎，而且並非是壞事。因此，對妊娠早期易發生流產可能的孕婦不要急於保胎，應先請醫生做檢查後再決定是否保胎。

如果流產不是受精卵異常所造成，而是由於孕婦存在著影響胎兒生長發育的不良因素，如生殖器官疾病（子宮黏膜下肌瘤）、子宮嚴重畸形等。流產常是不可避免的事，即使保胎也保不住。所以，對此類流產進行保胎也是沒有意義的。

此外，有些流產是由於妊娠期患了急、慢性疾病所造成，如流感、肝炎、肺炎、心臟病、嚴重貧血等。此種情況能否保胎也應根據孕婦病情的恢復情況而定。若孕婦病情較重，且在治療過程中使用了大量對胎兒有影響的藥物，也不應盲目保胎，以免顧此失彼，影響母子健康。

懷孕後如果有多次陰道流血，在排除其他原因後，要考慮可能是流產。因為懷孕後陰道流血意味著子宮內的絨毛蛻膜分離，血竇（血管）開放而有出血或胚胎死亡，底蛻膜的海綿層出血。這種情況不應再保胎。

愛心提示

流產是一種自然淘汰，也是非常重要、自然的生物選擇功能。關鍵是要多注意，有異常應及早就醫，盡量避免因不良因素的影響而發生流產。

忌做斷層掃描檢查

斷層掃描（CT）是利用電子電腦技術和橫斷層投照方式，將X光線穿透人體每個軸層的組織，具有很高的密度分辨力，要比普通X光線強100倍。所以，做一次斷層掃描檢查受到的X光線照射量比X光檢查大許多，對人體的危害也很大。因此，孕婦做斷層掃描檢查會產生嚴重的不良後果，

如果不是病情需要，最好不要做斷層掃描檢查。

愛心提示

如果孕婦必須做斷層掃描檢查，應在腹部放置防止X射線的裝置，以避免和減少胚胎畸形的發生。

勤洗陰道的害處

妊娠後陰道上皮通透性增高，宮頸腺體分泌增多，所以白帶增多。陰道上皮內糖原積聚，經陰道桿菌作用後變為乳酸，使陰道的酸度增高，不利於致病菌的生長，可防止細菌感染。有些人不知道這些原因，以為白帶增多是由於陰道炎而引起。因此在清洗外陰部的同時清洗陰道，致使陰道固有的酸性環境被破壞，增加了陰道感染的機會。

醫師指點

陰道感染後可上行感染至宮腔，造成宮腔感染，致使胎兒宮內感染或流產。正確的方法是每日用溫水清洗外陰部即可，不必清洗陰道。

不宜從事化工行業

從事化工行業的婦女經常會接觸化學毒物，有些化學毒物會對母嬰健康造成嚴重危害，且極易造成嬰兒先天畸形。如經常接觸含鉛、鎘、甲基汞等重金屬的化工產品，會增加孕婦流產和死胎的危險性，其中甲基汞可導致胎兒中樞神經系統的先天疾患。鉛與嬰兒智力低下有密切關係。婦女懷孕後接觸二硫化碳、二甲苯、苯、汽油等有機物，流產機率明顯增高，其中二硫化碳、汽油還會促進妊娠中毒病症的發生。據報導，從事氯乙烯加工和生產的婦女，所生下的嬰兒患先天痴呆機率很高。

不宜接觸農藥

當孕婦接觸農藥後，大部分農藥均會被吸收，並透過胎盤進入胎兒體內，甚至在胎兒體內的濃度會比母體血中的濃度還高，導致胎兒生長遲緩、發育不全、畸形或功能障礙等，這也是引起流產、早產和胎兒宮內死亡的原因之一。特別是懷孕早期，正是胚胎重要器官組織分化發育的關鍵時刻，對外界有害因素的干擾與損害特別敏感，如果讓此期的孕婦接觸農藥容易導致胎兒畸形。

農藥中鉛、汞、砷等毒性物質如果進入胎兒體內，由於胎兒肝臟和腎臟的代謝、解毒、排泄功能還不完善，很容易因毒物積聚而中毒，而且胎兒對有毒物質的敏感性高，一旦發生中毒，危害性將比成人大許多。

不宜常喝冷飲或刺激性飲料

孕婦喜愛吃冷飲，易引起食欲不振、消化不良、腹瀉，甚至胃部痙攣、劇烈腹痛現象。另外，胎兒對冷的刺激也很敏感，當孕婦喝冷飲時，胎兒可能會在子宮內躁動不安，胎動變頻繁，孕婦也容易發生腹痛、腹瀉。因此，孕婦喝冷飲一定要有所節制。

醫學研究證實，孕婦飲酒會使酒精透過胎盤進入胎兒體內，直接對胎兒產生毒害。孕婦飲濃茶，會影響孕婦和胎兒對蛋白質、鐵、維生素的吸

收利用，進而導致營養不良，且易使孕婦便祕。

不宜吃熱性香料調味品

孕婦吃熱性香料調味品，如八角、茴香、小茴香、花椒、胡椒、桂皮、五香粉、辣椒粉等，會影響自身的健康和胎兒的生長發育。孕婦過多食用這些熱性香料調味品，很容易造成便祕或糞石梗阻。當腸道發生祕結，孕婦在解便時必須要摒氣用力，容易引起腹壓增大，壓迫子宮內的胎兒，可能造成諸如胎動不安、胎膜早破、早產、自然流產等不良後果。

飲食不宜過鹹過酸

婦女過度鹹食易導致血壓升高，引起妊娠高血壓疾病，為了懷孕期間保健，專家建議每天食鹽攝取量應控制在6公克以內。

妊娠早期母體攝入的酸性藥物或其他酸性物質，容易大量聚積於胎兒組織中，影響胚胎細胞的正常分裂增殖與發育生長，並易誘發遺傳物質突變，導致胎兒畸形發育。妊娠後期，受影響的危害性較小。因此，孕婦在妊娠初期約2週時間內，不宜服用酸性藥物、大量飲用酸性飲料和過多食用酸性食物。

忌高脂肪高蛋白高糖類飲食

美國醫學家研究發現，在懷孕期間食用高脂肪，易增加嬰兒以後患生殖系統癌症的機會。

懷孕期間過度食用高蛋白食物，易影響食欲，增加胃腸道吸收及腎臟排毒的負擔，及其他營養物質攝入，使飲食營養失去平衡。

義大利的醫學家發現，血糖偏高的孕婦生出巨嬰的可能性、胎兒先天畸形的機率、出現妊娠高血壓疾病的機會或需剖腹產的人數偏高，需特別注意。

不宜服用的中藥

　　許多有副作用的中藥常滲入在中成藥裡，孕婦應禁用或慎用。孕婦禁止服用的中藥有：麻仁丸、平胃散、牛黃解毒丸、大活絡丹、至寶丹、六神丸、小活絡丹、跌打丸、舒筋活絡丸、蘇合香丸、牛黃清心丸、紫雪丹、黑錫丹、開胸順氣丸、複方當歸注射液、風溼跌打酒、十滴水、小金丹、玉真散、失笑散等。

　　孕婦須慎用的中藥有：藿香正氣丸、防風通聖丸、上清丸及蛇膽陳皮末等。

不宜濫服溫熱補品

　　如果孕婦經常服用溫熱性補藥、補品，勢必導致陰虛陽亢。因氣血失調，氣盛陰耗，血熱妄行，會加劇孕吐、水腫、高血壓、便祕等症狀，甚至發生流產或死胎等。

不宜食用發黴食品

　　孕婦食入發黴食品易使染色體斷裂或畸變，有的停止發育而發生死胎、流產，有的產生遺傳性疾病或胎兒畸形。另一方面，在胎兒期，真菌毒素會對胎兒產生毒害，影響胎兒的正常發育。

不宜只吃精製食品

　　孕婦長期食用白米、白麵粉、精製麵條等，必然會導致微量元素及維生素營養缺乏症，引起多種疾病。而糙米、全麥麵粉，雖然看起來粗糙，卻富含人體所必需的各種營養素。由此可見，孕婦不宜只吃精製白米及麵類，攝取粗糧更有好處。

適當增加含鐵食物

如果沒有補充足夠的鐵，會加重孕婦的生理性貧血，將會出現貧血症狀，對胎兒的主要影響是供氧不足，導致胎兒生長發育滯後，體重偏低，宮內缺氧嚴重可導致胎死宮內，新生兒易發生窒息。

為避免懷孕期間貧血給母嬰帶來的危害，從懷孕早期起應及時給孕婦補充鐵，主要是增加含鐵食物的攝入，預防缺鐵性貧血。含鐵量較高的穀類有糙米、小米、玉米、燕麥；豆類有綠豆、黑芝麻；蔬菜有菠菜、芹菜葉、苦菜等；各種動物的肝臟，尤以雞肝、鴨肝含量為高；菌藻類有紫菜、海帶、髮菜、黑木耳等。如果孕婦飲食多樣化、不挑食，飲食的足量攝入，就不會發生缺鐵性貧血。

適當補充鈣劑

鈣對人體來說非常重要，是骨骼的主要組成部分。

妊娠期胎兒骨骼的生長發育需要大量的鈣。妊娠末期，胎兒體內約含鈣25克，因而孕婦需補充足夠的鈣才能確保母體本身代謝及胎兒骨骼的正常發育。**妊娠中期每天需要補充1,000毫克，妊娠晚期最高可提供1,500毫克。**若鈣攝取不足或吸收不良，則胎兒所需要的鈣必須從母體骨質中獲取，而造成孕婦缺鈣，引起孕婦骨質疏鬆及軟化而產生骨質軟化症。同時，缺鈣對胎兒的生長發育，尤其是骨骼的發育也會發生障礙，使出生後的幼兒患有先天性軟骨症。

醫師指點

補充鈣主要是在飲食中攝入，日常的飲食含鈣量已不能滿足孕婦對鈣的需求，應挑選富含鈣的食物。另外，孕婦從妊娠中期開始就要補充鈣片，單獨服鈣的同時，可同時服維生素A、D，其吸收利用率會有加倍的效果。

吃飯要細嚼慢嚥

懷孕後，胃腸、膽囊等消化器官的肌肉蠕動漸緩，消化腺的分泌也有所改變，導致孕婦消化功能減退。特別是在懷孕初期，由於害喜反應較強，食欲不振，食量相對減少，更需要在吃東西時，盡量細嚼慢嚥，使唾液與食物充分混合，同時有效的刺激消化器官，促使其功能活躍，把更多的營養素吸收到體內。這對孕婦的健康和胎兒的生長發育都有利。

近年來，有人認為孕婦的咀嚼與胎兒牙齒的發育有密切關係。日本醫學博士松平邦夫發表文章說：「胎兒到第3週，牙齒就開始發育了，而且決定胎兒一生牙齒的品質，這時要教胎兒進行咀嚼練習。胎兒牙齒的品質與母親的咀嚼節奏和咀嚼練習有關。」並且推定：「腦部的發達與咀嚼有很大關係。」因此，如果媽媽吃飯時習慣「速戰速決」，為了妳和孩子的健康，最好從現在開始細嚼慢嚥。

懷孕第3個月（9～12週）

母體的變化

妊娠3個月時，下腹部略為隆起，子宮如拳頭般大小，只要按子宮周圍，會覺得下腹部有壓迫感或腳後跟抽筋，且上廁所的次數比以前增多，都是出於同一個原因，即害喜反應仍然持續中，懷孕8～9週是最難受的時期，到了10～11週症狀會逐漸減輕，不久就會消失。

乳房更加膨脹，在乳暈、乳頭上開始有色素沉澱，顏色發黑。從陰道流出的乳白色分泌物增多。這段時期，孕婦還容易發生腹瀉和便祕。

妊娠檢查

例行產檢常規檢查，懷孕初期至3個月時，體重宜增加1～2公斤；懷孕10～12週以上，可由腹部聽到胎兒心跳，若測不到胎兒心跳，可能因胎兒較預估週數小，位置較偏，胚胎尚未發育，或胎死腹中，應做超音波檢查以確定診斷。

胎兒的發育

此時胎兒體重約30克，和4～7週時相比，增長了3～4倍以上。尾巴完全消失，軀幹和腿都長大了，頭部還是明顯較大，下頷和臉頰發達。更重要的是，已長出鼻子、嘴唇四周、牙齦和聲帶等，能辨識出臉了，眼睛上已長出眼皮。因為皮膚還是透明的，所以可以從外部看到皮下血管和內臟等。心臟、肝臟、胃、腸等器官發育得更健全，腎臟也逐漸發育中，已有了輸尿管，所以胎兒可進行微量排泄。骨骼開始逐漸變硬（骨化），已長出指甲，眉毛、頭髮也長出來了。這時，已形成外生殖器的形狀，但仍無

法明確區分性別。胎兒可在羊水中自由轉動。

　　胎兒乳牙牙胚的發育是從胎齡3個月開始，胎齡5個月時，乳牙就開始鈣化，在此同時，恆牙牙胚也開始發育。若在胚胎時期胎兒得不到足夠的營養，或媽媽服用四環素族藥物等，都會直接影響胎兒牙齒的生長發育，出生後易患牙齒疾病和「四環素牙」。

愛心提示

媽媽懷孕期間，絕對不可服四環素族藥物，而應多攝取富含鈣質的食品，如牛奶、雞蛋、全穀類及深綠色蔬菜等，還要多做戶外活動，多晒太陽，以促進胚胎牙齒、骨骼的發育，防止孩子患先天性牙齒疾病。

胎兒感知發育與訓練

　　胎兒感知能力比較強，與媽媽能達到心心相印的程度，媽媽的喜、怒、哀、樂均可被胎兒感受到。

　　德國一位心理學博士對2,000名孕婦做追蹤調查發現，那些盼望子女的媽媽所生的孩子要比厭惡子女的媽媽所生的孩子強壯得多。當孕婦處於口頭上表示不願意懷孕，但內心其實十分想生孩子的矛盾狀態時，胎兒會因為接受不同的情感資訊而引起精神上的混亂。這樣的孩子出生後，體質虛弱、智力（IQ）和情緒商數（EQ）低下，因此，必須排除這種矛盾心理。

胎兒觸覺發育與訓練

　　胎兒的觸覺發育較視覺發育要早一些，在胎兒還不大的時候，如隔著母體觸摸胎兒的頭、臀部和身體的其他部位，胎兒就會做出相應的反應。醫學家用內視鏡觀察到，如果用一根小棍觸動胎兒的手心，胎兒的手指會握緊；碰腳底，腳趾就會動彈，胎兒的膝蓋也可以屈動，有時連小嘴巴也能張開。

在懷孕早期，如果胎兒的手觸及到嘴，胎兒的頭就會歪向一側，張開口。胎兒長大時就不同了，他（她）會把手伸到嘴裡去吮吸，也會抓住臍帶往嘴邊送，這些動作使胎兒感到很快樂。

胎兒感覺發育與訓練

以前，胎兒醫學不發達時，人們通常認為無論發生何種變化，胎兒在母腹中都是最安全的，尤其是不會飢餓。沒錯，即使媽媽一天都不進食，呈空腹狀態，短期內胎兒不至於變瘦。但是，胎兒奪取母體所積蓄的營養，則會對母體造成影響。當媽媽呈現空腹狀態時，其空腹感會傳達給胎兒；當媽媽感覺吃飽而心滿意足時，胎兒也會感覺腹部飽滿。

腹中的胎兒所能依賴的也只有媽媽而已。若以為只要吃可口的食物，提供養分，胎兒就會成長，那就大錯特錯了。因為，如果媽媽經常感到焦慮或壓力，或不斷與丈夫因為小事而爭執、吵架，這種心情除了會影響胎兒外，對媽媽的胃液分泌也不好。縱使刻意吃下有營養的食物，由於腸道無法充分運動，導致營養吸收不良，營養再多也無法提供給胎兒。因此，在穩定的心情下生活，對胎兒而言才是最有營養的「糧食」。

愛心提示

胎兒並不是用肚子感覺空腹感或飽足感，而是用腦中負責吸收營養的部分感覺。大腦能感覺愉快、不愉快、憤怒、喜悅和不安，這可說是人類生存極為重要的功能。

孕期體重增加

婦女懷孕後體重增加是自然現象。懷孕期間體重增加一般無規律，但常與懷孕前體重有關，一個體重100公斤的肥胖婦女比體重50公斤的婦女，

妊娠期體重增加要多得多。通常，妊娠過程中，體重增加10～12公斤，妊娠晚期體重增加較明顯。如果孕婦體重過度增加，容易誘發糖尿病、高血壓以及高血脂症，同時營養過剩、脂肪堆積，胎兒往往也長得過大，容易造成難產。產婦體重過高，也較不利於產後體形恢復。

若在妊娠晚期體重急遽增加，很可能不是由於脂肪堆積，而是出現妊娠水腫。如果水腫同時伴有血壓升高，則可能是患有妊娠高血壓疾病，應高度警惕，並及時診斷和治療。

愛心提示

如果表面無明顯水腫，但妊娠後期每週體重增加超過0.5公斤以上，則很可能是出現了隱性水腫，必須及早進行診療，以控制病情發展。

運動前先檢查身體

孕婦運動時，脈搏會隨著明顯增加，但胎兒的脈搏幾乎沒有變化，表示這項運動對胎兒是安全的。

一般的運動對子宮血液量幾乎沒有影響，只有劇烈的運動才會使母體血液集中到運動系統的血管中，導致子宮血液量減少，引起胎兒氧氣不足。但是，高危險妊娠，尤其是還患有高血壓、腎炎、貧血等的孕婦，由於子宮血流量減少，一般性的運動就可能給胎兒帶來危險。因此，孕婦做運動前，最好能事先檢查身體。

適合做的體操運動

透過腳尖和踝關節的柔軟活動，增強血液循環，對強健腳部肌肉也很有效。

1 坐在椅子上，兩腳併攏和地面成垂直，腳掌著地。

2 兩腳尖用力向上翹，深呼吸1次，再恢復原狀。

③抬起一隻腳放在另一條腿上，腳尖慢慢的上下左右轉動。

④換腳，動作要領同上。只要坐在椅子上，都可以隨時做，每次持續3分鐘。

扭動骨盆運動，加強骨盆關節和腰部肌肉的柔軟。

①仰臥，兩腳屈膝併攏，雙手用力抱住大腿後側，讓大腿盡量靠近胸部。

②雙腳向左右擺動，用膝蓋畫半圓形，動作緩慢，整個背部要緊靠在地上，輕柔按摩下背部。

③左腳伸直，右膝彎曲，右腳掌踩地。右腳慢慢向左傾，盡量讓右膝蓋碰到地面，背部保持緊靠在地面，肩膀放鬆，停留20秒後，右膝蓋還原，伸直放鬆。

④換右腳伸直，左膝彎曲，左腳掌踩地。左腳慢慢向右傾，盡量讓左膝蓋碰到地面，背部依然保持緊靠在地面，肩膀放鬆，停留20秒後，左膝蓋還原，伸直放鬆。

⑤左右交替進行，早晚各做5～10次。

振動骨盆運動，鬆弛骨盆和腰部關節，使產道出口肌肉柔軟，強健下腹部肌肉。

①俯臥，屈肘支撐在地上，低頭，收下巴，拱背抬起，不要壓迫到下腹部。

②抬頭擴胸挺腰，伸展後背。

③上半身的重心慢慢前移，停留，每深呼吸1次做1次完整動作，反覆進行。早晚各做5～10次。

孕期旅遊注意事項

孕婦在旅遊中要防止流產，應注意以下幾點：

①**旅遊選擇好時機**：孕婦旅遊最好選擇在懷孕第4～6個月之間，較為安全。此時劇烈的妊娠反應逐漸消失，沉重的大腹便便與腳腫脹尚未出

現，孕婦的心境上較為愉悅，對旅遊辛勞的承受力較強，加上胎兒此時已初步能「站穩腳跟」。

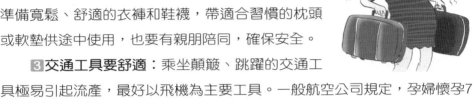

2 做好充分的準備：旅遊前，必須先去醫院，讓醫生了解整個行程，聽取醫生的建議；同時，需準備寬鬆、舒適的衣褲和鞋襪，帶適合習慣的枕頭或軟墊供途中使用，也要有親朋陪同，確保安全。

3 交通工具要舒適：乘坐顛簸、跳躍的交通工具極易引起流產，最好以飛機為主要工具。一般航空公司規定，孕婦懷孕7個月後不可乘坐飛機，以免早產或在機艙內分娩。

4 維持充足睡眠：孕婦在旅遊途中運動量不宜過大，要注意勞逸適當，例如：選擇平路，避免陡坡；走路要慢，步態要穩，防止滑倒跌跤；對有雜訊、煙塵、輻射等污染嚴重場所，要及時避開；最重要的是，要維持充足的睡眠

5 不宜登高山：孕婦登山不要超過海拔1,000～2,000公尺，主要是孕婦對氧氣十分敏感，缺氧對胎兒會有不利的影響。

醫師指點

孕婦身體健康，懷孕後又沒有特殊的不良反應，在適當時機是可以外出旅遊的，但要特別注意防止流產及旅遊地區是否有足夠的醫療設施，到了懷孕晚期就應避免長途旅行了。

不宜外出的情況

妊娠是正常的生理狀態，健康的孕婦在適當的時間內可以出差或旅遊，但有下列情況則不宜：

1 懷孕3個月以前：胎盤未完全建立，到懷孕12週才可以分泌足夠的激素，以維持胎兒的正常生長發育。約3/4的流產發生在懷孕12週以前。雖然引起流產的原因很多，但過多的活動、旅途疲勞、生活不規律，都是誘發

流產的重要因素，而且懷孕3個月以前是胎兒器官形成期，孕婦常在公共場所、人群密集的地方逗留，容易被傳染病毒、細菌疾病，導致流產或胎兒畸形。

2 妊娠晚期：孕婦的行動愈不便，更不宜外出。

3 懷孕最後1個月：胎兒已趨成熟，隨時可能臨產，此時外出更為不當，應盡量避免。

4 妊娠中期：即使是必要、短期的出差，也應根據孕婦的身體情況來決定，是否合適。

注意性生活

懷孕前3個月，胎盤還沒有分泌出足夠維持妊娠的激素，胚胎組織附著在子宮壁上還不夠牢固，若在此期間性交可能引起盆腔充血、機械性創傷或子宮收縮而誘發流產。

愛心提示

妊娠早期、晚期最好避免性交，特別是妊娠最後1個月絕對禁止；妊娠中期雖允許，也不可過於頻繁，動作不宜粗暴；若宮頸口鬆弛或有過流產、早產經歷的孕婦，則不宜進行性生活。

日常生活須謹慎

妊娠時，不要擠公車，上下班要特別注意安全，盡量避開交通尖峰。上班時，最好不要單獨一人工作，如果發生意外，無人救助是非常危險的事。提東西，重量不應超過5公斤，嚴禁扛、抬、挑、提重物。

總之，孕婦會流產、早產常因動作不慎而

引起，登高、用力、疾行、側坐、屈腰、高處取物、久立久坐久臥、犯寒熱，這些都必須禁止。

理想的居室條件是：室溫20～25℃，室內空氣清新、通風佳，室外綠化、空氣無污染、無雜訊。臥室坐北朝南，冬暖夏涼，有充足的陽光照射，最好是打開窗戶、陽光能直接照到室內；陽光中的紫外線促使身體產生維生素D，增強腸道對食物中鈣、磷等礦物質的吸收；鈣、磷充足，可以預防孕婦骨質流失；室內空氣流通，可以減少空氣中病原細菌滋生，預防傳染病，因此即使在冬天，也要經常開窗，讓空氣流通；室內人數過多時更要注意通風，有呼吸道傳染病流行時，應少接觸來訪客人；同時，要及時消滅室內的蚊蠅。

醫 師 指 點
孕婦不要因為需要預防注意的事項較多，而心生厭煩，感覺懷孕很不值得，這對胎兒的健康和產後心理會有不良的影響。

流產的防治

懷孕3個月仍然有流產的危險，應避免提重物，造成腹部的壓力，也不要長時間開車。但是，不論多小心，還是有流產的危險，這可能是胚胎本身就不健全，孕婦不必過於悲傷，應該在流產後安心靜養。

1先兆流產：在懷孕28週前出現陰道流血或下腹痛，若子宮口未開，妊娠產物未排出，有希望繼續妊娠，這時應臥床休息，禁止性生活，陰道檢查要輕，根據病情酌情使用對胎兒危害小的鎮靜藥物。要給孕婦精神安慰，解除焦慮，保持規律生活，加強營養，再根據輔助檢查結果針對病因治療。

2不可避免流產：是先兆流產的進一步發展，症狀為腹部疼痛加劇，陰道出血量多，子宮頸開口2～3公分，胎膜膨出或已破，有胎兒組織堵塞子宮口，流產已不可避免，確診後，應立即將胚胎及胎盤組織清除。

❸不全流產：指部分妊娠物已排出體外，尚有部分殘留在子宮內，一般都是因為不可避免流產而來。此時由於子宮內有殘留物，子宮不能收縮，以致流血不止，甚至出血過多而休克。確診後，應立即刮宮，必要時須打點滴、輸血、抗生素來預防感染。

❹完全流產：是胎兒及胎盤等胚胎組織自子宮完全排出。陰道出血量明顯減少，腹痛消失；經檢查子宮已接近正常大小，宮口已關閉或逐漸關閉。一般不需特殊處理，排出物必須檢查。

❺過期流產：指胚胎在子宮死亡已超過2個月，但仍未自然排出者。多數患者曾有過先兆流產症狀，其後陰道出血不多，妊娠反應消失；檢查子宮小於停經月份；超音波檢查胎動及胎心音消失，胚胎小於孕月。診斷確立後，需儘早排空子宮。過期流產，由於胎兒死亡，易發生凝血功能障礙，導致瀰散性血管內凝血。

❻習慣性流產：自然流產的次數達3次或3次以上者，稱為習慣性流產。時間既可在同一妊娠月，也可不在同一妊娠月，其臨床特徵與一般流產相同。這類流產要查找原因，針對病因治療。常見病因有黃體功能不足、精神因素、垂體功能不足、染色體異常、精子缺陷等。

經常流產須注意

有經常流產的現象，夫妻雙方應認真查找出原因，到醫院做系統檢查，配合醫生做好有關的家族史及環境因素調查，以便找出流產原因，對症治療。通常應做下列檢查：

❶全身性檢查：如有甲狀腺機能、糖尿病、貧血、慢性腎炎、高血壓、心力衰竭等疾病，均可導致孕婦流產。

❷染色體檢查：夫妻一方染色體異常是導致胚胎染色體異常和自發性流產的重要原因。

3 婦科檢查：子宮有無畸形，如雙子宮、單子宮等，均會影響早期胚胎植入發生流產；有無子宮肌瘤，尤其是黏膜下肌瘤；卵巢功能測定，如陰道抹片測定激素水準；測定基礎體溫等。

4 男方精液常規檢查。

5 血型檢查：查夫婦雙方血型，排除ABO、Rh血型不合。

6 周圍環境因素調查：藥物接觸、環境污染及病毒感染，均可能造成孕婦流產。

 醫師指點

流產原因查明後須遵醫囑治療；如原因不明，可在月經稍有延期、基礎體溫不降、疑有妊娠時，停止性生活，臥床休息，並適量補充維生素E，可以提高胎兒存活率。

眼底檢查

眼睛是靈魂之窗，透過眼睛可以看出人體的許多疾病，例如：患有高血壓，從眼底檢查可發現視網膜小動脈痙攣、硬化、出血、滲出，同時可用來推測全身（特別是腦小動脈）的情況；糖尿病、血液疾病也有相應的眼底改變；有內科併發症的孕婦，常需要做眼底檢查來判斷病情輕重，可評估併發症對妊娠或妊娠對併發症的相互影響。

在妊娠晚期，容易併發妊娠高血壓疾病，其基本病理變化是全身小動脈的痙攣，痙攣愈厲害，表示病情愈重，透過對眼底檢查可看出小動脈的病變，甚至觀察到因痙攣而出現的視網膜水腫、蛋白滲出和出血斑點，乃至視網膜剝離。

愛心提示

透過眼底檢查，可評估病情是繼續惡化還是經治療可得到改善，在此基礎上可以採取進一步的治療措施。

105

子宮肌瘤對母胎的影響

　　子宮肌瘤為女性生殖器官最常見的良性腫瘤，常導致婦女不孕，多見於中年婦女，30歲以下者較少見。

　　子宮肌瘤可以生長在子宮的任何部位，對妊娠的影響各不相同。黏膜下的子宮肌瘤生長在子宮最內層，肌瘤伸入宮腔，表面不易觸及，但由於肌瘤改變了宮腔的形狀，會影響受精卵著床，而導致不孕或流產；肌壁間肌瘤較多見，小肌瘤僅表現為子宮增大，較大肌瘤可有結癤不平感，妊娠期子宮血運豐富，肌瘤在良好的營養下隨子宮增長而迅速增大，易出現紅色變性，出現劇烈下腹痛、噁心嘔吐，體溫及白血球升高；漿膜下子宮肌瘤在子宮最表層，表面易觸及，對妊娠影響不大，但較大的漿膜下肌瘤及子宮頸部、峽部、闊韌帶部肌瘤可阻礙惡露下降，造成梗阻性難產。

預防胎兒先天性心臟病

　　先天性心臟病是胎兒在母體生長過程中的心臟結構異常，是由心臟在胚胎時期產生發育障礙所造成。小兒心臟病大部分是先天性，後天自然矯正的可能性極其微小（部分動脈導管未閉或小的間隔缺損，有極少數人可自然閉合）。目前沒有藥物可以促使心臟繼續生長發育來彌補這項不足，只有靠心臟外科手術才能夠矯正。患先天性心臟病的人，不論年齡大小、或症狀的輕重，一旦確診，就應當及時爭取手術矯正的機會，以免隨著年齡的增長使病情加重，甚至失去手術的機會，遺憾終生。

　　患先天性心臟病的病因非常複雜，遺傳、社會環境因素、接觸有害物質等，都有可能致病。常見為媽媽懷孕時曾被病毒感染或得過德國麻疹所致，因此應從這些方面預防，尤其胎兒心臟發育的早期（即妊娠早期），要注意預防病毒感染。避免去人多、空氣污濁的地方，注意日常飲食衛

生、不要吃生肉、不與貓狗接觸、避免弓形蟲的感染等。

預防胎兒失聰

胎兒耳朵發育從受孕後不久就開始了，所以要預防胎兒失聰，關鍵在妊娠期必須注意避免感染。

有許多病原細菌會透過胎盤影響內耳發育。因此在妊娠期間，要避免傳染疾病，E細胞病毒和德國麻疹是先天性耳聾常見的原因，梅毒也會引起寶寶耳聾。

血小板減少的防治

血小板對血液的凝固很重要。懷孕期間如果血小板減少，不僅分娩時可能出血不止，影響健康，危及生命，對胎兒和新生兒也會產生程度不同的影響。因此，婦女懷孕後發現血小板減少時，必須注意以下幾點：

向醫生說明自己的病史。血小板減少的明顯症狀是出血，但某些疾病，如原發性血小板減少，出血症狀可能暫時不發生，甚至血小板計數也不減少，但體內的抗血小板抗體仍會產生，並進入胎兒體內。孕婦如果有這類情況，應如實向醫生說明，才能獲得有效治療。避免使用對血小板有損害作用的藥物和檢查方式，如阿司匹靈、磺胺類藥物等；外傷出血和感染等均會增加血小板消耗，使血小板數量減少，應注意避免。對於新生兒，醫生也會觀察有無出血傾向，並檢查孩子的血小板是否正常，注意發育狀況；產後要避孕。一般不要再生第二胎者，要根據自己的具體情況接受醫生的避孕指導，不宜使用子宮避孕器，以防發生宮內感染和出血。

妊娠期牙病的防治

很多孕婦在妊娠期產生牙疾，這是因為全身免疫力降低所致，此時用藥怕影響胎兒，拔牙又怕引起流產或早產，不治又會使孕婦痛苦萬分，所以要重視牙病的防治。

1 妊娠期牙齦發炎： 這是懷孕最常見的牙病，為牙周病之一，出現牙齦腫痛，刷牙、進食時出血等症狀。妊娠期牙齦炎發病率為50%，而且是全口牙齦發炎，一般在懷孕後2～4個月出現，分娩後消失。有些婦女在妊娠前已有牙齦炎，妊娠期會使症狀加劇。若患有妊娠期牙齦發炎，應及時到醫院進行診治。預防方法是加強進食後的口腔衛生，定期去除牙結石，飯後刷牙漱口，多攝取維生素，也可適當服用多種維生素片。

2 智齒冠周炎： 若孕婦年齡多處於智齒萌出期，加上免疫能力較正常人低，若發生阻生牙更容易感染，導致智齒冠周炎。由於此時用藥可能會影響胎兒，拔牙又容易引起早產或流產，故一般建議在孕前即拔除阻生牙以除後患。如懷孕期間發生感染，則主要是局部用藥，用3%雙氧水、生理食鹽水局部交替沖洗，之後用2%碘甘油塗抹，症狀較重時，還需全身治療；待症狀控制後，一般在懷孕3～7個月內拔除阻生牙，此時對胎兒的影響較小。

3 齲齒： 由於懷孕期間唾液成分、齒齦血流循環的改變，加上增多的黃體素影響，此時齲齒有好發傾向，且原先較淺的病灶有可能向深層發展而引起疼痛、發炎等。故孕婦要定期做口腔檢查，對齲齒及時治療，並且要注意口腔衛生、加強營養，攝入足夠的動植物蛋白、維生素和鈣。

4 牙齦水腫： 懷孕期間容易發生牙齦出血，刷牙時出血更多，這就是妊娠性牙齦炎。通常妊娠期的第2～3個月和產前2個月發炎症狀會比較厲害，出血現象也比較嚴重。

5 妊娠性牙齦瘤： 是指在孕婦牙齦長出小瘤樣的東西，不痛不癢，有

的容易出血，有的沒有感覺，並隨妊娠期的發展而逐漸增大，但長到直徑1.5公分左右時，就停止了生長。

愛心提示

妊娠性牙齦瘤並不是真的腫瘤，而是屬於發炎症狀的增生。在產後，當內分泌逐漸恢復正常狀態時，會隨之漸漸變小，甚至消失不見，所以不必急於手術切除。只要早點去醫院治療口腔疾病，就可以有效避免妊娠性牙齦病的發生。

鼻出血的防治

婦女懷孕後，因體內雌激素增加，使鼻黏膜擴張、血管充血，容易發生鼻出血。

如果發生鼻出血，不必害怕。靜坐下來，將頭仰起，用手指將出血側的鼻翼向鼻中部緊壓；雙側出血時，則用拇指及食指分別將兩側鼻翼壓向中部；一般壓迫幾分鐘後就可以止血。在額部用毛巾冷敷，可以幫助局部血管收縮，減少出血，加速止血。將頭部仰起時，鼻內滲出的血液自鼻後孔流入咽喉，可吐出。如經壓迫仍不能止血或反覆發生鼻出血，應到醫院診治。

痔瘡的防治

常言說：「十男九痔。」據統計，孕婦痔瘡的發生率高達76％。

痔瘡是直腸下端黏膜及肛門皮膚深部的血管擴張、彎曲、突起形成的血管團，分內痔、外痔兩種。直腸黏膜與肛門皮膚交界處有一鋸齒狀的線，稱為齒狀線，齒狀線以上為內痔，齒狀線以下為外痔。內痔一般不痛，外痔常有疼痛。

婦女懷孕後，為了維持胎兒的營養供應，盆腔內血流量增多，隨著胎兒的發育，增大的子宮又會壓迫盆腔，使直腸黏膜及肛門皮膚下的血液回

流受阻；另外，孕婦常伴有便祕，排便困難，使靜脈血管血液淤積，形成痔瘡或使原有痔瘡加重。

孕婦有痔瘡必須重視，特別是痔瘡反覆出血，會嚴重影響孕婦的健康和胎兒發育。若出現痔瘡腫痛、出血較多等重症情況時，應及時到醫院診治。懷孕期間痔瘡的預防及治療主要有以下方法：

1 保持大便通暢，防止和治療便祕。 適量吃含纖維素較多的蔬菜，如韭菜、芹菜、白菜、菠菜等，以促進腸胃蠕動；每天早晨空腹飲適量涼開水，吃早餐，有助於促進排便；平時避免久坐久站；有排便感時立即排便，不要硬憋不排；排便時，不要久蹲不起或過分用力。

2 改善肛門部位的血液循環，促進靜脈回流。 每日可用溫熱的1：5000高錳酸鉀（PP粉）溶液坐浴；還可做提肛動作，鍛鍊肛提肌；也可在臨睡前，按摩尾骨尖的長強穴。

3 減少對直腸、肛門的不良刺激。 少吃辣椒、芥末等刺激性食物；衛生紙宜柔軟潔淨；內痔脫出時，應及時慢慢送回。

銅缺乏的防治

胎膜由羊膜和絨毛膜組成，羊膜中有膠原纖維和彈性物質，決定了羊膜的彈性和厚薄。近年來，隨著對微量元素的重視和檢測方法的改進，發現胎膜早破的產婦其血清銅值均低於正常破膜的產婦，這說明胎膜早破可能與血清銅缺乏有關。銅在膠原纖維和彈性蛋白的成熟過程中具關鍵作用，而膠原和彈性蛋白又為胎膜提供彈性與可塑性。如果銅含量低極易導致胎膜變薄，彈性和韌性降低，發生胎膜早破。

胎膜早破對胎兒非常不利。首先，可能引起早產；其次會直接導致胎兒在子宮內缺氧，主要是胎膜破裂羊水流盡後，子宮收縮易引起胎兒缺氧，如果胎膜破裂時間較長，胎膜絨毛發炎，也極易導致胎兒宮內窘迫；還有，胎膜早破易增加新生兒感染的機會，破膜時間愈長，胎兒愈容易感染，出生後最常見的感染為肺炎；最後，胎膜早破會導致早產，通常早產

兒的體重低於正常兒。由此可見，銅對孕婦來說很重要。

人體內的銅以食物攝入為主。含銅量高的食物有肝、豆類、海產類、蔬菜、水果等。若孕婦不偏食，多吃上述食物就不會發生銅缺乏症，也就可以減少胎膜早破的危險。

避免食用致敏食物

本身過敏體質的孕婦，食用致敏食物不僅容易導致流產、早產、胎兒畸形，還可能引發嬰兒的多種疾病。因此，有過敏體質的孕婦可從以下幾方面進行預防：

1 以往吃某些食物發生過敏現象，在懷孕期間應禁止食用。

2 不要吃過去從未吃過的食物或發黴食物。

3 在食用某些食物後如發生全身發癢，出蕁麻疹或心慌、氣喘、腹痛、腹瀉等現象，應盡可能少食用這些食物。

4 不吃易致敏的食物，如海產類的魚、蝦、蟹、貝殼類及辛辣刺激性的食物。

5 食用蛋白類食物，如動物肝、腎，蛋、奶、魚類都應煮熟。

不要濫服魚肝油

許多妊娠婦女認為魚肝油屬滋補藥，對懷孕有益，便服用過多的魚肝油，殊不知服用過多魚肝油會導致胎兒畸形。國外遺傳和生理學專家在研究和調查中發現：某些使用維生素A、D治療皮膚病的妊娠婦女，多生下畸形兒。主要是維生素A過量易導致胎兒畸形。在國外，魚肝油並不作為滋補藥，而是當作一種維生素缺乏症的治療藥物。在國內由

於偏見和誤解,濫用魚肝油的現象較為普遍。

為使下一代健康成長,妊娠婦女在服用魚肝油時要謹慎,如需要也應遵醫囑服用。同時,應避免食用過多含維生素A、D豐富的食品,如動物肝臟等。

不宜飲用含咖啡因飲料

許多人平時飲用含有咖啡因飲料提神,例如:咖啡、可樂。愈來愈多臨床數據顯示,攝取大量咖啡因對懷孕有不利的影響。然而,少量的飲用,並無證據會造成不良後果。所以懷孕期間應避免大量高濃度的咖啡因飲料,偶爾少量使用則不用擔心。

愛心提示

對懷孕婦女來說,如果嗜飲咖啡為害更甚。每天喝8杯以上咖啡的孕婦,生產的嬰兒不如正常嬰兒活潑,肌肉發育也不夠健壯。

不宜多吃罐頭食品

為了延長水果或食物的保存期限,罐頭大多會加入防腐劑,且為了色佳味美,也會加進一定量的添加劑,如人工合成色素、香精、甜味劑等。這些物質在允許的標準範圍內對人體健康影響不大,但連續服用過多也會產生累積,帶來不良反應,這對孕婦,尤其是對胎兒發育很不利。因為胎兒在形成時期,各器官的解毒功能還未健全,所以受到損害更大。同時,母體在攝入較多防腐劑後,體內各種代謝會受到影響,因而波及胎兒。

愛心提示

從營養學角度看,罐頭食品在生產過程經過高熱蒸煮殺菌的工序,使這類食品,尤其是水果、蔬菜類的營養成分有很大的流失。因此,在孕婦超出日常營

養素需要量時期，還是多吃新鮮食物來增加營養素攝取。為了母體和胎兒的健康，妊娠期間不宜多吃罐頭食品。

不宜多吃菠菜

90年前，由於印刷上的錯誤，把菠菜含鐵量的小數點向右移了一位數，讓人們一直認為菠菜含有大量的鐵，具有補血功能，把菠菜當作孕婦、兒童、病人理想的補血食品。其實，菠菜中鐵的含量並不多，其主要成分是草酸，而草酸對鋅、鈣有著不可低估的破壞作用。

愛心提示

鋅和鈣是人體不可缺少的微量元素，如果人體缺鋅，就會感到食欲不振、味覺下降；兒童一旦缺鈣，有可能發生軟骨症，出現雞胸、O型腿以及牙齒生長遲緩等現象。因此孕婦食用過多菠菜，對胎兒的發育不利。

多吃蔬菜和補充葉酸

美國波士頓大學醫學院人類遺傳學中心主任奧布里・朱倫斯基博士對2萬多名孕婦進行了歷時3年的研究。結果顯示，在妊娠前6週服用葉酸可使嬰兒患神經管缺陷的危險減少50～70％。

研究人員發現，在妊娠前期服用葉酸的婦女，或只在妊娠前服用過葉酸的婦女，其嬰兒神經管缺陷率只有0.9％。蔬菜中含有天然的葉酸，因此，孕婦在妊娠前期多吃蔬菜，自然有助於胎兒脊髓的正常發育。

食用核桃和芝麻

脂肪是動、植物油類的統稱，其熱量含量最高，每克提供9卡的熱量。如果把水分從腦中除淨只剩下固體，那麼，脂質約占腦重量的1/20。孕婦缺乏脂肪，會影響免疫細胞的穩定性，導致免疫功能降低，引起食欲不

振、情緒不寧、體重不增、皮膚乾燥脫屑、容易患流感等多種傳染病，還會導致維生素A、E、D、K缺乏症，使孕婦缺鈣而造成骨質疏鬆等疾患。

婦女在懷孕初期，體內必須有脂肪蓄積，以便為妊娠後期、分娩以及產褥期做必要的能量儲備。雖說身體內的蛋白質和碳水化合物可以轉化為脂肪，仍有部分脂肪無法自行合成，必須由食物供給。亞麻油、花生油、動物油脂是供給脂肪的最好來源，攝入脂肪時最好是動、植物油搭配。

妊娠反應嚴重的婦女如果不想吃肉類，可以食用核桃和芝麻。核桃富含不飽和脂肪酸、磷脂、蛋白質等多種營養素，有補氣養血、溫肺潤腸的作用，其營養成分的結構對於胚胎的腦發育極有幫助。因此，孕婦每天宜吃2～3個核桃。此外，嚼核桃仁能防治牙本質過敏。

芝麻富含脂肪、蛋白質、糖、芝麻素、卵磷脂、鈣、鐵、硒、亞油酸等，有營養大腦、抗衰美容之功效。將芝麻搗爛，加上適量糖，每日上、下午用白開水各沖服1杯，既可增強抵抗力及預防感冒，又可預防寶寶患皮膚病。

吃雞蛋確保營養均衡

雞蛋所含的營養成分全面而均衡。人體所需要的6大營養素除了纖維素之外，其餘的雞蛋中全有。它的營養幾乎完全可以被身體利用，是孕婦最理想的食品。

雞蛋最可貴之處，在於能夠提供較多的優質蛋白，雞蛋蛋白質含有各種必需胺基酸。每50公克雞蛋就可以供給5.4公克優質蛋白，不僅有益於胎兒的腦部發育，母體儲存優質蛋白亦有利於提高產後母乳的品質。一個中等大小的雞蛋與200毫升牛奶的營養價值相當。每100公克雞蛋含膽固醇381毫克，主要在蛋黃裡。膽固醇是腦神經等重要組織的組成成分，可以轉化成維生素D。蛋黃中還含有維生素A和維生素B群、卵磷脂等，是最方便食用的天然食物。

雞蛋雖然是營養全面均衡的理想食品，孕婦吃雞蛋應該適量，如果

每天吃太多的雞蛋，或過於依賴於雞蛋提供營養，反而有害。首先，多吃雞蛋會增加孕婦胃、腸的負擔，不利於消化吸收；其次，雞蛋雖然營養豐富，仍無法完全取代其他食物，也不能滿足孕婦在整個懷孕期間對多種營養素的需求；再來，攝取過多的蛋白質，會造成生物素利用率降低，沒有被充分消化吸收，就是一種浪費。

喝優酪乳應注意

優酪乳是將消毒牛奶加入適當的乳酸菌，放置在恆溫下經過發酵製成。由於優酪乳改變了牛奶的酸鹼度，使牛奶中的蛋白質發生變性凝固，結構鬆散，容易被人體內的蛋白酶水解消化。另外，牛奶中的乳糖經發酵，已水解成能被小腸吸收的半乳糖與葡萄糖，因此可避免某些人喝牛奶後出現腹脹、脹痛、稀便等乳糖不耐等症狀。由於優酪乳能產生抗菌效果，因而對傷寒、痢疾等病菌，以及腸道中有害生物的生長繁殖有抵制作用，在人體腸道裡能合成人體必需的多種維生素。因此優酪乳的豐富營養對孕婦、產婦更為皆宜。但是，切不可把保存不當，受到污染而腐敗變酸的壞牛奶當作優酪乳喝。

適量的飲水

水是人體必備的營養物質，約占人體總量的60％，能夠參與人體多種物質的運載和代謝，調節體內組織間的功能。因此，孕婦每天須喝足夠的水，每天1,000～1,500毫升為宜。孕婦的飲水量要根據自己的活動量大小、體重多寡、季節變化、氣候冷暖、地理環境的乾燥與潮溼等多種因素來決定，酌情增減。有些孕婦怕浮腫加重，不敢喝水，但是進水量過少，血液濃縮，血中代謝廢物濃度也升高，排出廢物就不太順利，尿路感染的機會也會增加，對胎兒的新陳代謝不利，對孕婦的皮膚護理和保養也不

利，因為水是最佳美容品，缺水則皮膚顯得乾燥。

相反的，如果水分攝取過多，會加重腎臟負擔，如腎功能不好，多餘的水分就會滯留在體內，引起水腫。尤其是懷孕後期，更應注意控制飲水量，每天1,000毫升為宜，以免加重病情，特別是腎功能不好的孕婦。

忌吃黃耆燉雞

孕婦，尤其是臨產婦，吃黃耆燉雞後，不少人引起過期妊娠，使胎兒過大而造成難產，不得不用會陰側切、產鉗助產，甚至剖腹產來幫助分娩，給孕婦帶來痛苦，同時也可能損傷胎兒。

由於黃耆有益氣、升提、固澀作用，干擾了妊娠晚期胎兒正常下降的生理規律。黃耆有「助氣壯筋骨、長肉補血」功用，加上母雞本身含高蛋白，兩者起滋補協同作用，使胎兒骨肉發育情況過於迅速而導致難產。所以，孕婦不宜吃黃耆燉雞。

忌吃糯米甜酒

在我國許多地方，都有給孕婦吃糯米甜酒的習慣，並錯誤的認為，糯米甜酒是「補母體，壯胎兒」之物。糯米甜酒和一般酒一樣，含有酒精；與普通酒不同的是，糯米甜酒含酒精的濃度不高。但即使是微量的酒精，也能透過胎盤進入胎兒體內，使胎兒大腦細胞的分裂受到阻礙，導致發育不全，造成中樞神經系統發育障礙，形成智力低下和造成胎兒某些器官的畸形，如小頭、小眼、下巴短，甚至發生心臟和四肢畸形。所以，孕婦必須戒酒，更不能把糯米甜酒當補品來吃。

禁用溫熱壯陽品

鹿茸、鹿角膠、胡桃肉、紫河車（胎盤）等屬溫補助陽之品，會滋生

內熱，耗傷陰津，孕婦不要服用。如果確屬病情需要，也應在醫生指導下服用。孕婦可本著「產前宜涼」的原則，酌情選用清補、平補品。

兔肉與唇顎裂無關

在醫學上兔唇叫做唇（顎）裂；在我國民間認為，是由於媽媽懷孕時吃兔肉所造成。其實引起唇裂的原因主要是遺傳和環境因素。

從遺傳因素上，父輩及祖輩是否患唇裂與該病的發病率有很大關係。唇裂患者的一級親屬（子女）的發病率為4％，二級親屬降至0.7％，三級親屬只有0.3％。子女唇裂的發生率還與雙親唇裂的嚴重程度有關。雙親唇裂的程度愈嚴重，其子女就愈有可能發生唇裂。

從環境因素上，孕婦如在懷孕期間受到生物、化學、物理等不良因素的影響，也可誘發胎兒唇裂。如懷孕期間感染過德國麻疹、皰疹、流感、梅毒、鉤端螺旋體等病毒；或在胎兒發育早期，孕婦受到大量X光照射；或服過致畸藥物，如抗癌藥、糖皮質激素、鎮痛劑、某些抗生素等，都易引起胎兒唇裂的危險。孕婦患糖尿病或酗酒，也可能造成胎兒唇裂。

但在種種的致病因素中，目前還找不到與孕婦吃兔肉有關的證據。其實，兔肉含有豐富的蛋白質、卵磷脂，脂肪含量又低，恰好是孕婦的上等補品呢！

懷孕第4個月（13～16週）

母體的變化

妊娠4個月時，孕婦子宮大小與嬰兒的頭部相仿，下腹部的隆起已能明顯看出。從這時起，每次產檢都要測量子宮底。測量從恥骨中央到下腹部的隆起處止（即子宮底）的長度，根據這個長度可以判斷子宮的大小。到16週期末時，子宮的高度約12公分。害喜反應結束，心情好轉。

此外，基礎體溫逐漸呈現低溫狀態，並一直持續到分娩結束。分泌物、腰部沉重感、尿頻等現象卻沒有改變。

妊娠檢查

雖然34歲以上懷孕婦女須作羊膜穿刺，但是任何年齡的孕婦都有可能懷有唐氏症胎兒，所以在懷孕16～18週時，依年齡及體重算出懷有唐氏症胎兒的機率，屬於高危險群的孕婦會施作母血唐氏症篩檢，篩檢結果屬危險機率高（＞1/270) 之孕婦，需進一步做羊膜穿刺，據此可篩檢出60%之唐氏兒。

胎兒的發育

妊娠4個月時，胎兒體重約100～118公克，身長也有15～18公分左右，皮膚顏色呈現透明漸帶紅色，表面可見很細的血管，同時皮脂也變厚了，這有利於保護胎兒的內部。臉上長出叫做胎毛的細毛，胎兒的胳膊、腿也能稍微活動，這是因為骨頭和肌肉發達結實的緣故。不過，母體還感覺不到胎兒的活動。胎兒心臟的搏動更加有力，內臟幾乎已形成。胎盤逐漸完善，與母體的聯繫更加緊密，流產的可能性大大降低。由於胎盤功能

的完善，改善了母體供給胎兒的營養，胎兒的成長速度加快。胎膜更結實，羊水的數量也從這個時期開始急速增加。

胎兒視覺發育與訓練

胎兒從第4個月起就對光線特別敏感，他可以透過光線強弱感覺外部世界，有時會感到不安或不快。透過超音波觀察可以發現，使用電光的閃滅照射孕婦的腹部，胎兒的心臟搏動就會出現劇烈變化。

人類的視覺是在出生後，視覺神經的迅速發達，在7～8歲便可逐漸發展完成。胎兒生存在媽媽腹中時期，屬於視覺神經發達的準備階段。主司眼睛視野功能的網膜，在懷孕4週左右即告完成，懷孕7個月時胎兒已具有看東西的能力，但並不表示眼睛看得見。

胎兒幾乎是在與外界的明暗完全隔絕的條件下生活。不過，胎兒確實能感覺到明暗。因此媽媽感到明暗的時候，胎兒也會間接受到影響。

愛心提示

當媽媽感到暗的時候，腦中的松果體所分泌的褪黑激素（Melatonin）荷爾蒙會激增；相反的，當媽媽感到明亮的時候，褪黑激素會降低。腹中的胎兒感覺明暗的原理也是一樣。由於褪黑激素荷爾蒙經過胎盤傳到胎兒腦中，因此胎兒是用腦來區分明暗。

胎兒感覺發育與訓練

胎兒在母腹中開始吸吮手指的動作約從懷孕12週（第4個月）開始，稱之為吸吮運動。只要嘴巴接觸到任何東西，都會進行吸吮動作。嬰兒如果不會吸奶就無法存活，這種重要的吸吮運動，早在胎兒時期就開始進行自我練習了。

胎兒心靈發育與訓練

胎兒的心與媽媽的心有著必然的聯繫。如果媽媽平常以積極樂觀面對生活，胎兒的心靈便會隨之健全，相反則差。

胎兒能感受舒適或不快，大約是懷孕14週，約4個月時，也是媽媽好不容易開始習慣懷孕的時候。胎兒在不知不覺形成人形的時期，心靈已經開始形成。懷孕14週左右，胎兒腦中的大腦邊緣系統開始成形。大腦邊緣系統掌管人類的動物性感覺（視覺、聽覺、嗅覺、味覺、觸覺五感），具有極重要的功能。

胎兒的心靈世界是簡單且易滿足的。保護生命的本能欲求若能獲得滿足，就會形成記憶快感；若無法獲得滿足時，就會記憶不暢。

心理學家認為，音樂能滲入人的心靈，進入人的潛意試裡，可以喚起平時被抑制的記憶。生物學家研究，有節奏的音樂可以刺激生物體內細胞分子發生一種共振，使原來處於靜止和休眠狀態的分子和諧的運動起來，幫助促進新陳代謝。

胎兒記憶發育與訓練

主管人類記憶的部分是腦中所謂的海馬迴。海馬迴約在懷孕4個月時開始形成，因此，從這個時期起胎兒就具備了記憶能力。海馬迴中存在一種與記憶有關的荷爾蒙（Somatostatin），即生長激素抑制素。正是因為這種荷爾蒙，影響大腦發揮記憶作用。

當媽媽的心靈蒙受強烈的不安、不快和恐懼時，胎兒的生長激素抑制素荷爾蒙分泌將會受到抑制。結果，造成胎兒記憶力受到抑制。當然，也有可能是因為胎兒本能的發揮不想記憶之事的能力，而導致這種記憶荷爾蒙的分泌受到抑制。不安、恐懼與不快等情緒，與生存的危險具有直接關係。

醫師指點

對於胎兒的記憶能力應該予以重視，不可輕忽母親的情緒影響。當生長激素抑制素荷爾蒙的分泌受到壓抑時，記憶的能力就會喪失，對腦部的發育絕對沒有益處，可能受害終生。

胎兒大腦智慧發育期

大腦新皮質分為前頭葉、頭頂葉、後頭葉、側頭葉4部分。換言之，大腦新皮質就是掌控知性心靈的腦。這部分的厚度只有2.5公分，若將這2.5公分的皺褶展開來看，大約有一張報紙的面積。

大腦新皮質共由6層構成。第6層及第5層屬於控制運動的領域，第4層是與感覺神經有關的領域，第3層、第2層及第1層是與思考有關的腦部高級功能領域。

大腦新皮質的發展過程，也是由原始階段而逐漸發展為複雜階段。總之，與運動有關的內側第6層與第5層，是在懷孕3個月時發育漸成；與五感有關的第4層，是在懷孕3～5個月時形成，並由內側開始發育；至於表層的第1層，則在7歲左右完成。要注意酒精會阻礙表層的第1層至第3層。因此，懷孕中攝入酒精與嬰兒智力發展較慢有密切的關連。

促進胎兒智力發育

懷孕第4個月時，胎盤已經完成，胎兒與媽媽的關係也愈來愈牢固。多數媽媽在這個時期已經習慣了懷孕的身體。但是，由於胎兒的心靈感知在這個時期逐漸形成，胎盤也慢慢完成，所以，要特別留意來自胎兒的訊息。因為妊娠反應而厭食的孕婦，在懷孕第4個月時，已經能夠進食各種食物，繼而進入胎兒通過胎盤需要大量養分的階段。

懷孕中的胎兒為了成長所需，必然需要從媽媽身上獲取養分，否則胎兒便無法發育。如果營養不足，胎兒的身體虛弱，便無法繼承親代的生

命,這是極自然的道理。很多媽媽在懷孕時都以為攝取營養時要把胎兒的那一份一起吃下肚,導致每次都吃得很飽、很撐,還因怕動到胎氣,所以盡量保持不動的姿勢,於是不知不覺的胖起來。

因此,這個時期務必找些可以稍微活動身體的事情來做。如每天擦拭清潔廚房、常更換床單、每天散步等,可刺激胎兒的皮膚感覺,幫助胎兒腦部發育。

愛心提示

妊娠中期可給胎兒聽音樂,最好將耳機貼近媽媽的腹壁,不要貼得太緊,也不要離得太遠,每次貼放的時間不要過長,一般以5～10分鐘為宜。

計算孕齡的方法

妊娠時間為40週共280天,懷孕週數就是孕齡週數。常用的孕齡計算仍以懷孕週為主要依據。由於婦女月經週期有長有短,排卵和受孕的準確日期難以確定,而妊娠期限的個人差異也很大,所以孕37～42週都算足月。計算孕齡還可藉助以下方法判斷:

1 早期懷孕反應多開始於停經6～7週,自覺胎動多開始於18～20週。

2 懷孕6週時,陰道檢查宮頸呈藍紫色,子宮稍增大且軟。

3 懷孕18～20週,用聽診器可聽到胎心,用超音波檢查在懷孕10週可聽到胎心。

4 宮底高度在懷孕3個月為恥骨聯合上2～3橫指,4個月在臍恥之間,5個月在臍下1橫指,6個月臍上1橫指,7個月在臍與劍突之間。

5 藉助超音波檢查,懷孕5週可見胎囊,6週可見胎兒原胎心管搏動,9週可見明顯胎動,12週前根據胎囊大小可推測孕齡,13週後測量胎頭雙頂徑、胸腹圍、股骨長度,可預測孕齡。

胎動時間與規律

孕婦在懷孕第18～20週期間可感覺到胎動。若是第一次妊娠，胎動出現的時間會偏晚。如果胎盤的位置位於子宮後壁時，胎動容易被感覺到，有時可以早在16週就感到胎動了。由於胎兒漂浮在大於他（她）身體體積的羊水液體中，最初的胎動又很輕，孕婦並非總是能感覺到腹中的胎兒在動，只是當胎兒連續幾次碰到子宮壁時才會感覺到。隨著懷孕月份的增加，胎兒的肢體、軀幹活動及胎兒頭部活動就愈來愈強烈，這時孕婦往往感到胎兒的手或足頂撞腹壁，這樣的胎動有時會很激烈。

孕婦從感到第一次胎動起，就希望每天都有胎動，但胎動在初期不規律，有時兩三天才能感到1次。到24週後，每天都會有胎動出現，這時胎動趨向於每天晚飯後或睡眠時發生，使孕婦在夜間難以入睡。

到了懷孕後期如果連續2小時未出現胎動，應及時到醫院檢查，以免發生意外。

孕婦身心的變化

妊娠中期時，妊娠反應有增無減，孕婦的心理也隨之變化起伏，總括來說，多數孕婦都能適應生理變化帶來的不適感。孕婦於懷孕20週左右可以感覺到胎動，會感到驚喜，但還存在著些許擔心和疑慮，如胎兒的性別、長相、發育情況，有時心情不好，會出現情緒波動等。情緒變化與胎兒身心健康有密切關係。此時胎兒的耳、眼等感覺器官發育日趨完善，對媽媽大血管的血流聲、心跳、呼吸、運動、腸蠕動等聲音，及外界音樂、雜訊等均能聽見，並有所反應。

所以應重視胎教和孕婦生活、工作和營養等方面。生活要規律，情緒

保持穩定樂觀，飲食結構合理，運動及工作不能過度。

愛心提示

每日20～30分鐘的散步是必要的。飲食方面要多吃些高蛋白質，如瘦肉、牛奶、魚、黃豆及其製品等，少吃油膩、煎炒的食品，不要吃刺激性食物，要多吃天然的新鮮食物。多聽輕音樂，看優美的畫冊，保持良好的心情。

胎兒發育指數和宮底高度

妊娠4個月時，胎兒體重約120克，身長16公分左右。判斷胎兒生長情況的方法有很多種，這裡介紹一種簡便方法：測量子宮高度法，即量出恥骨聯合上緣到子宮底的長度（公分數），然後用以下兩種方法大概算出胎兒的發育指數。

■1 **胎兒發育指數＝宮底高度（公分）－3（月份＋1）**。如果胎兒發育指數小於－3，表示胎兒發育不良。例如：宮底高度為29.5公分，妊娠已40週（即10個月），那麼，胎兒指數＝29.5－3×（10＋1）＝－3.5。此數字小於－3，說明該孕婦的胎兒有宮內生長遲緩。

■2 **宮底高度＝相應懷孕週數－5，屬正常範圍**。例如：妊娠40週－5＝35公分，即妊娠40週時所測出的宮高應為35公分，即是正常。當懷孕週－5，再－4時，即為胎兒宮內生長遲緩。例如：懷孕40週－5－4＝31（公分），也就是說，已妊娠40週，宮底高度僅為31公分時，未達到懷孕週－5的標準，說明這個胎兒很可能是宮內生長遲緩。

此兩種方式要根據孕婦體格的豐滿和瘦弱來綜合考慮，偏胖偏瘦都要有所改變，同時也要從懷孕20週開始連續測量才有良好的觀察意義。

測量宮高和腹圍

從宮高和腹圍的測量值可了解到胎兒宮內發育情況。宮高和腹圍不是

一個固定值，隨著妊娠月份的增加而不斷增長。

據國內統計，懷孕16～36週，宮高平均每週增加0.8～0.9公分，36週後減緩，為每週增加0.4～0.5公分。腹圍因孕婦胖瘦不一，變化較大，宮高及腹圍對照可靠性加大。

宮內胎兒發育遲緩、畸形、羊水過少、橫位、子宮畸形、死胎等，均可使宮底低於正常值或增長速度變慢、停滯。多胎、羊水過多、巨嬰、畸胎、臀位等，可使宮高高於正常值或增長速度加快。如綜合宮高、腹圍分析，宮高增長慢而腹圍增長快可能為橫位、懸垂腹；宮高增長快而腹圍增長慢可見於臀位；而羊水過多、雙胎、巨嬰均會超出正常範圍；兩者增長均慢者，90％生出低體重兒。若結合超音波測量胎兒，對鑑別胎兒正常或異常發育更有幫助。

用宮高、腹圍的變化來監護妊娠，對提高優生品質有重要意義。

骨盆的測量

胎兒從母體娩出時必經過骨盆，盆骨徑線大小直接影響分娩的順利與否。骨盆像一個無底的盆子，有入口、中腔、出口等3個平面，產科醫生主要透過陰道觸摸來測量骨盆3個平面的徑線。

■1骨盆入口：一般骨盆入口前後徑較橫徑為短，以右手的食指及中指伸入陰道，從恥骨聯合下緣伸向骶骨，一般以大於11.5公分為正常。

■2骨盆中腔：從陰道內側坐骨棘間徑（中腔橫徑），以坐骨棘間徑為10公分、坐骨棘不突出為正常。中腔前後徑可從恥骨聯合下緣中點向後摸，其與骶骨間距離正常為11.5公分。

■3骨盆出口：骨盆出口橫徑（兩坐骨結節間徑）約8公分或以上，出口後矢狀徑加出口橫徑大於15公分為正常，並且恥骨弓角度在80度或以上為正常。

4骶骨：骶骨曲度應為弧形，曲度平直或尾骨呈魚鉤形均為不正常。

影響分娩的因素不僅只有骨盆一項，產力及胎兒也會對分娩產生影響，因此，不單要測量骨盆，還要根據胎兒大小、位置及宮縮力，作為分娩順利與否的最後決定。

懷孕第4個月的保健

妊娠4個月時，害喜反應已消失，孕婦心情轉好，這段時期是胎兒生長發育較快的階段，需要較多的營養，因此孕婦要多攝取蛋白質、植物性脂肪、鈣、維生素等營養物質；特別是有過嚴重害喜反應的人，身體的營

養狀況不好，為奪回損失，必須吃充實的飯菜。但是，要控制食用過鹹、過甜及辛辣食品以及冷食。因為這些會成為腹瀉、流產及早產的原因。

到了這個時期，適度運動很有好處。適度的運動會對分娩及產後有利，因此應致力於適當的運動，以增強體力。這段時期也要留意牙齒疾病，如有壞牙，應及早治療。

增進胎兒大腦發育

胎兒大腦正常與否和孕婦營養有密切的關係。胎兒的神經系統是發育最早的器官，神經管在妊娠的第4週末閉合，懷孕5個月內腦成形，結構完善。從懷孕第3週開始，胎兒大腦神經細胞以每分鐘25萬個的速度增生，到出生時，一個嬰兒約有1,000億個神經細胞。一個人出生時，神經細胞數量有多少就是多少，以後不再增加。那麼，如何促進胎兒神經系統的發育，如何使孩子更聰明？從懷孕期間的營養補充來看，孕婦多吃什麼能促進胎兒的神經系統發育呢？

孕婦營養不良會影響胎兒腦部發育，輕者出現腦功能障礙，重者使腦組織結構改變，甚至使胎兒出生後智力嚴重低下。其中，蛋白質和脂類對

胎兒及嬰兒的營養尤為重要，孕婦多吃含這兩種物質豐富的食物，可使腦細胞多進行增殖，對孩子將來的智力發育大有好處。尤其是在妊娠12～18週和最後3個月至嬰兒出生後半年內，增加蛋白質的攝入量對嬰兒腦組織的發育影響更大。蛋白質主要存在於各種瘦肉、魚、雞、蛋、牛奶等食物中，孕婦每天至少吃250公克；脂類主要存在於各種硬果食品中，如核桃、花生、瓜子等，孕婦每天吃50公克即可。當然，其他營養素也很重要，維生素、微量元素也要補充。

愛心提示

胎兒期或嬰兒期缺乏營養，會使腦的形態及組織結構受到不同程度的損傷，而腦組織結構的損害必然影響到智力發育。營養缺乏時間愈長，腦的損害愈大，智力就愈低。

中藥安胎

懷孕期間各種不適都可以使用中藥調理，包括孕吐、妊娠胎漏、先兆流產、水腫、感冒等。且中藥安胎有其獨特性，其優點是安全、較少不良反應小，既可安胎，又可改善母體的不足。從目前研究資料來看，中藥安胎不干擾內分泌，若安胎失敗者亦不增加子宮刮搔術時的麻煩。

中醫安胎是以辨證論治為原則，即根據流產中的不同徵候表現給予不同的治療原則與處方。中醫安胎針對性較強。因此，若想用中醫中藥安胎的孕婦，應在醫師的指導下用藥，千萬不要採用所謂的「靈方」、「偏方」，以免徒增困擾。

醫師指點

常用的中藥安胎方劑有下列幾種：

(1)八珍湯方由人參、白朮、茯苓、當歸、川芎、白芍、熟地黃、甘葉、生薑、紅棗組成，具有平補氣血功效，用於治療氣血兩虛所致的胎漏、胎動不安。

(2)泰山磐石散的功能是補氣健脾、養血安胎，由八珍湯去茯苓加黃耆、續斷、黃芩、砂仁、糯米等藥組成，主治氣血兩虛，倦怠少食，治療先兆流產，也可用於習慣性流產。

(3)保產無憂方（13味安胎飲）由當歸、生薑、白芍、枳殼、厚朴、艾葉、荊介、炙甘草、川芎、菟絲子、川貝母等組成，再加黃耆、羌活，具有補氣養血、安胎保產、順氣催生之功效，治婦女氣血虛弱所致的胎動不安、胎漏等，產前服用。

妊娠黃疸對胎兒的影響

妊娠期併發黃疸較少見，如出現黃疸應想到：

1 病毒性肝炎：此為妊娠期黃疸最多見的原因。其病原有：肝炎病毒A（即俗稱的A型肝炎，簡稱A肝）：潛伏期短，大約1個月；肝炎病毒B（即俗稱的B型肝炎，簡稱B肝）：潛伏期較長，約3個月。這兩種肝炎的病程與非妊娠期相同，均可發展為慢性肝炎。其流產及早產較多，但對胎兒不影響。

2 特發性膽汁淤積症候群（ICP）：易發生在妊娠晚期，表現為黃疸及搔癢（初產孕婦出現黃疸輕，而有搔癢症狀，肝臟無損害，分娩後症狀消失）。每次妊娠可能復發，症狀逐漸加重。全部病例均有搔癢症，原因是由於膽鹽留於皮膚深層產生刺激而引起。重者黃疸嚴重，可致胎死宮內。

3 藥物性肝炎：其原因是肝臟毒性藥物，藥物干擾膽紅質的結合，以及藥物引起的溶血反應。

4 急性黃色肝萎縮：雖較少見但常可致命。多發生於妊娠晚期，母嬰癒後均較差，病因不詳，但多見於靜脈過量注射四環素後而突然發病。

5 妊娠劇吐、子癇：子癇、妊娠高血壓症患者肝功能往往受損，嚴重時可能肝臟出血，但黃疸不常出現。

A型肝炎對胎兒的影響

A型肝炎會否引起胎兒畸形，雖然尚未有科學結論，但由於A型肝炎孕婦的肝臟功能受到損害，引起消化道症狀，導致胎兒吸收、代謝異常，可能影響胎兒在子宮內的發育，造成胎兒宮內發育遲緩，出生體重低。

由於肝細胞排膽汁功能障礙，使血內膽鹽增高，可引起子宮收縮而早產、流產。全身毒血症還可能引起胎兒宮內缺氧或死亡，甚至導致新生兒窒息。

A型肝炎是透過糞、口途徑傳播，所以孕婦與胎兒間不是透過血液垂直傳染，如果產後媽媽仍在排毒，透過接觸或護理過程易傳播給新生兒。如媽媽糞便中已不排毒，也就不會傳染給新生兒。

愛心提示

一般而言，A型肝炎不會轉為慢性肝炎，且終身免疫，如媽媽A型肝炎得到根治，則可以繼續親身哺育嬰兒。

B型肝炎對胎兒的影響

B肝病毒存在於患者的各種體液中。媽媽與胎兒的血液不直接交流，雖然有胎盤屏障相隔，但B型肝炎病毒通過胎盤在母子間傳播的途徑仍有可能。其主要傳播途徑是分娩過程中，胎兒接觸（如吞嚥或吸入）媽媽的血液、黏液、羊水而被傳染，此途徑稱母子間垂直傳播；其次，產後護理新生兒過程中密切接觸及透過乳汁也可傳播。據報導，e抗原陽性媽媽的嬰兒中，表面抗原陽性率幾乎達100％，表面抗原陽性母子間垂直傳播率為10～60％不等。因此，母子間垂直傳播是B肝傳播的重要途徑。被傳染的孩子有發展為慢性肝炎、肝硬化、肝癌的可能性。

因此，預防B型肝炎傳播胎兒的主要方式，就是切斷這些傳播途徑，加強新生兒的接種免疫。

羊膜穿刺術

羊膜穿刺術和胎兒鏡檢查，均屬於孕婦產前診斷胎兒的特殊檢查方法，屬於出生前診斷或是宮內診斷的技術，是近20年來發展的優生新技術。這些檢查方法，能對胎兒的先天性及遺傳性疾病做出特異性診斷，屬於孕產婦的特殊檢查，但不像超音波，可作為常規檢查。

須做羊膜穿刺術的孕婦，在做了常規化驗白血球、血型、血色素後，在超音波圖像指導下，醫生用一根精細的帶芯長針，輕輕從孕婦腹部穿入，進入子宮腔內，由於羊水多，胎兒又是浮動的，所以一般不會刺傷胎兒，然後醫生抽取羊水20毫升，以供化驗用。透過對羊水中的細胞進行生化學、細胞學、細胞遺傳學等分析，可診斷出胎兒性別、血型，是否有遺傳或代謝性疾病等。一般此種方法建議在妊娠16～20週進行為宜。

預防胎兒宮內發育受限

由於某些原因，胎兒在子宮內生長發育遲緩，以致胎兒小於同等孕齡的胎兒，叫胎兒宮內發育受限（即胎兒宮內發育遲緩）。引起胎兒宮內發育受限的原因有母體和胎兒兩方面。一方面是媽媽遺傳和環境因素影響較大，孕婦營養不良，尤其是蛋白質和能量不足；另外，胎盤形成異常，子宮胎盤血流減少，臍帶過長、過細，都可導致胎兒發育遲緩。

預防胎兒宮內發育受限應從懷孕早期做起，避免感冒等傳染病，避免接觸毒物和放射性物質。妊娠期要加強營養，有內科性疾病應在治療的同時增加臥床休息的時間，以增加胎盤血流量。對懷疑有畸形或遺傳性疾病

的孕婦，可在懷孕後16週做羊膜穿刺，做羊水培養、染色體核型分析，以防止畸形兒的發生。

預防胎兒唇顎裂

影響胚胎發育、造成唇顎裂畸形的因素，主要包括遺傳及環境因素。

有20％左右的唇顎裂患兒為遺傳因素，在直系或旁系血親中有類似的畸形存在，而這種遺傳性，可能因生活條件的改變或新陳代謝的變異而發生變化，不是一成不變的遺傳給後代。

孕婦服用某些影響代謝的藥物、某些化學物質中毒也會導致胎兒先天畸形；另外，精神因素，尤其是強烈的精神刺激，都可能導致胎兒畸形。

預防方法如下：

1 加強懷孕期間保健，在懷孕頭3個月內尤其重要。孕婦除做好衛生保健及定期檢查外，要攝取充足的營養，並注意補充維生素A、B_1、B_2、B_6、C、D、E及鈣、磷、鐵等礦物質，適當且不過量。如孕婦妊娠早期嘔吐嚴重，可注射維生素B_1、C等，以緩解症狀及補充維生素。

2 已婚女子及妊娠早期的孕婦，應注意身體的保健及懷孕期間的衛生，增強身體的抗病能力，以避免病毒性感染及疾病的發生。

3 妊娠期婦女應避免強烈的精神刺激（尤其是妊娠早期）。

4 有慢性疾病的婦女，如患有貧血、糖尿病、營養不良、甲狀腺功能減退及婦科疾病等，應及時治療，以免懷孕後影響胎兒的正常發育。

5 妊娠早期應避免接觸放射線及有害物質；應避免到高原地區或缺氧環境中生活，以免因身體缺氧而致胎兒畸形；避免服用影響代謝及對胎兒發育有影響的藥物。

6 直系或旁系血親中有唇顎裂畸形的已婚女子，妊娠早期要服用適量的維生素A、B2、B6、C、D及補充鈣、磷、鐵等，有助於減少胎兒畸形的發生。

心灼熱的防治

　　心灼熱是由胃酸過多或逆流引起。其原因一是有慢性病，如胃潰瘍、慢性胃炎、消化不良；二是由於攝入過多刺激性食物，如辣椒、蔥、薑、蒜、醋、油等。所以，孕婦要針對原因進行治療，或規律飲食，或減少刺激食物，也可在醫生指導下服用抗酸藥物。

泌尿感染的防治

　　孕婦泌尿系統感染很容易發展成腎盂腎炎，主要致病菌是大腸桿菌，是由下列因素造成：

　　1妊娠期助孕素分泌增加，使輸尿管肌肉張力降低，蠕動減弱，增大的子宮壓迫輸尿管造成輸尿管、腎盂、腎盞的擴張，尿液淤滯，使細菌易於繁殖。

　　2尿道口與陰道、肛門鄰近，陰道分泌物、糞便及皮膚的細菌容易污染尿道口，細菌向上蔓延而引起感染。

　　3經調查，有5～10％的孕婦尿中含有細菌，但其感染症狀並不明顯，如不治療，不但懷孕期間會持續有細菌尿，產後也大多不會消除，其中一些孕婦妊娠後期和產褥期會發生有症狀的泌尿系統感染，並且容易發展為急性腎盂腎炎。高燒及細菌毒素會引起早產、胎兒宮內窘迫。對此，注意外陰部清潔；採取左側臥位，以減輕子宮的壓迫；多飲水，以便有足夠的尿液沖洗膀胱，降低細菌含量。一旦發生有症狀的泌尿系統感染必須積極治療。

小便不通的防治

　　婦女妊娠期間，小便不通，甚至小腹脹急疼痛，心煩不得臥，中醫稱

為「妊娠小便不通」。本病的發生主要是胎氣下墜，壓迫膀胱，以致膀胱不利，尿道不通，尿不得出。有氣虛、腎虛之分。

1 氣虛小便不通：妊娠期間，小便不通或頻數量少，小腹脹急疼痛，坐臥不安，臉色亮白，精神疲倦，頭重眩暈，短氣懶言，大便不暢，舌質淡，苔薄白，脈虛緩滑。宜用補氣升陷、舉胎之藥膳治療。

愛心提示

清燉鯽魚：筍肉25克，水發香菇5朵，洗淨，切片；鯽魚（約250克）去鱗、鰓、腸雜及頜下硬皮，用黃酒、鹽、胡椒粉浸20分鐘，取出，置碗內，魚身中間擺放香菇片，兩頭並列筍片；加黃酒少許，再加蔥段、薑片、雞粉，入蒸鍋蒸1.5～2小時，至魚熟爛，揀去蔥薑即可食用。

2 腎虛小便不通：妊娠小便頻數不暢，繼則閉而不通，小腹脹滿而痛，坐臥不寧，畏寒無力。宜用溫腎扶陽、化氣行水之藥膳治療。

愛心提示

香滑鱸魚球：魚肉切方塊，入鍋炒到六分熟，瀝油；把鍋放回爐上，放入湯、薑、酒、鹽、糖、香油、胡椒粉、魚塊，加蓋煮至熟時，放入蔥段，並調入地瓜粉、香油便成。

孕期皮膚變化

　　由於妊娠期間內分泌激素的影響，皮膚中的微血管擴張，血流量增加，皮膚的溫度升高，顏色加深。同時皮下組織的液體增多，使皮膚看上去很滋潤。但激素也刺激黑色素細胞活躍，容易出現色素沉澱、乳暈、外陰部、腋窩、腹中線等處皮膚顏色變黑。

　　有人在懷孕第5個月時，在下腹部出現妊娠紋。這是由於下腹部的皮膚過於伸展，其表面出現粉紅色或紫紅色的裂紋。分娩後這種裂紋會逐漸模

糊不清,但很難完全消失。其實,這種皮膚並非只見於孕婦,有些肥胖者的腹部也會出現這種皮膚的裂紋。

孕期須遵醫囑用藥

20世紀50年代後期,原聯邦德國市場上供應一種叫「沙利寶脈」(Thalidomide)的新藥,有鎮靜和止吐的作用。在小白鼠動物實驗中證實「沙利寶脈」對胎兒無致畸作用,因此曾廣泛用來治療害喜反應。但此後卻出生了大批形似海豹的無肢、短肢畸形兒,歷史上稱為「海豹胎悲劇」。這一悲劇引起人們對孕婦用藥的極大關注,大多數人已認識到懷孕期間服藥對胎兒會造成不良的影響。

但近幾年來又出現另一種傾向:似乎所有的藥物在懷孕期間應用對胎兒都有影響,使人們無所適從。不少孕婦乾脆拒用一切藥物。貧血者不敢服補血藥丸,高血壓者不敢服降壓藥片,醫生開了處方不去配藥,或配了藥悄悄往垃圾筒一扔了事。曾有一位孕婦患有癲癇,過去一直用抗癲癇藥物治療,妊娠後自行停藥。不幸於懷孕7個月時癲癇持續性發作,經搶救無效死亡;還有孕婦在懷孕晚期患有嚴重的妊娠高血壓疾病,但仍然諱醫忌藥,不從醫囑,因而導致子癇,造成胎死宮內的嚴重後果。

其實,藥物對胎兒的影響並不像人們想像的那麼可怕。除了已經公認的幾大類藥物有影響外,其他藥物對胎兒的影響,雖說法很多,卻大多未得到證實。有的僅來自動物實驗,而不同實驗動物之間是有差異性的,實驗動物與人類之間更有差異。如沙利寶脈對人類胎兒有致畸作用,但對小白鼠必須數倍於人類劑量時才能使其胎仔致畸;而水楊酸類藥物即使小劑量也可使田鼠的胎仔致畸,但對人類卻不致畸。因此,孕婦要在醫生的指導下謹慎用藥,如確實對胎兒有影響的藥物就不宜服用;而毫無根據的拒用一切藥物,會耽誤疾病的治療,對孕婦和胎兒都得不償失。

保護乳房

從這個月起，要經常擦洗乳頭。擦洗時，用溫水和肥皂將上面的乾痂擦掉，抹上油脂，防止乳頭龜裂。

此外，一定要做婦產科門診檢查，注意乳頭長短和有無凹陷，以免影響產後哺乳，如乳頭扁平、內陷，就應在醫生指導下及時進行乳房按摩。

注意抽搐

母體補充的鈣、維生素B1這兩種物質已無法滿足胎兒急速生長的需要，胎兒便會奪取母體本身維持代謝所需的鈣質和維生素B1，如果母體缺乏到一定程度，就會出現手足抽搐。因此，孕婦懷孕期間要多吃含鈣較多的食物。魚、蛋類和各種動物類食物含鈣較多，全穀類、乾豆類、堅果類、動物內臟和瘦肉含維生素B1較豐富，還可服用鈣片。

禁止使用染髮劑

懷孕婦女在使用化妝品時應特別注意，以下幾種應禁止使用：

1 染髮劑：染髮劑不僅有可能導致皮膚癌，也可能引起乳腺癌和胎兒畸形。因此，懷孕以後和月經不調的婦女，不宜使用染髮劑。

2 冷燙劑：懷孕和分娩後半年以內的婦女，不但頭髮非常脆弱，且極易脫落。如再用化學冷燙劑燙髮，更會加劇其頭髮脫落。另外，用化學冷燙劑燙頭髮，還會影響孕婦體內胎兒的正常生長和發育。

高齡產婦務必做產檢

高齡產婦是指35歲以上初次懷孕的婦女。由於生育年齡太晚，容易對胎兒發育及孕婦的健康帶來不利影響，如早產、流產、難產、畸形兒的發生率都會增加。因此，整個懷孕期間應比一般孕婦要更謹慎小心，必須進行產前檢查，以監測胎兒的發育。

35歲以上的婦女懷孕後，最好去醫院做一次產前胎兒染色體（如絨毛膜取樣或羊膜穿刺）。因為高齡孕婦所生嬰兒罹患唐氏症及畸形發生率比一般孕婦高得多，且許多其他染色體異常疾病的患兒出生率也隨著孕婦年齡增大而增加。如果產前胎兒染色體檢查的結果檢測有唐氏症及畸形兒的可能，應立即終止妊娠，以免給家庭帶來遺憾。高齡產婦確定懷孕後，每半個月應產檢1次，要特別注意血壓和尿液的檢查，及時發現妊娠高血壓疾病。從9個月起，每週檢查1次，發現胎位不正等應及時採取措施。

愛心提示

由於高齡產婦的骨骼、肌肉、韌帶的彈性下降，常不利於自然分娩。因此分娩前一定要認真檢查產道是否正常，胎兒是否可以順利通過產道。若胎兒大小適宜，可以從產道自然分娩，若胎位不正，胎兒過大或產道不正常，則應採取剖腹產為宜，以防止因難產、滯產等對產婦和胎兒造成嚴重危害。

避免吃瀉藥

妊娠期間胎盤會產生大量的助孕素，使胃腸道平滑肌張力減低，活動減弱，胃酸較多，胃腸蠕動減弱，腹壁肌肉收縮功能降低，再加上懷孕期間運動量偏小及增大的子宮對直腸產生壓迫等原因，很容易發生便秘。但要注意，即使便秘也不要輕易使用瀉藥。因為瀉藥能促進大腸蠕動，降低

腸黏膜對水分和電解質的吸收，還會反射性的引起盆腔充血，所以孕婦若是在妊娠早期和晚期服用瀉藥，容易引起流產和早產。

中醫認為，妊娠便祕主要是由於陰津不足，腸失濡潤所造成，可以服用「麻仁潤腸丸」來改善。另外，妊娠便祕使用食療比藥物治療更佳，可選用核桃蜂蜜糊、芝麻核桃羹食用，也可每日食香蕉3～5根，既有一定的治療效果，也有較好的預防作用。

為使大便通暢，要做到以下幾點：

1 多食纖維素豐富的蔬果。

2 養成每天定時排便的習慣。

3 散步、適當的運動。

4 每天的生活有正常的節奏和規律。

避免吸入汽車廢氣

在20世紀40年代，美國洛杉磯上空出現了一種異常的淺藍色煙霧，這種煙霧不僅使人看不清遠景，同時出現眼睛流淚、喉頭疼痛、呼吸困難等症狀，有人甚至嘔吐，造成植物的葉子變黃、枯萎，這類煙霧通常發生在相對溼度比較低的夏季晴天，每當正午過後特別嚴重，到了夜間就逐漸減弱消失。這種情形引起了科學家的注意。在經過大量的現場調查和科學研究後，他們發現這種煙霧原來是排入大氣的污染氣體，如氮氧化合物和碳氫化合物等，在紫外線的照射下，發生一系列的光化學反應後所形成，這種煙霧叫做光化學煙霧。而且，這些化學煙霧主要是由汽車排放出來的廢氣造成。通常，一輛汽車平均每天要排放出3公斤一氧化碳，0.2～0.4公斤碳氫化合物和0.05～0.15公斤氮氧化合物。當時，洛杉磯擁有250萬輛汽車，每天約消耗汽油11,000噸，就會排出碳氫化合物1,000多噸，氮氧化合物300～400噸，一氧化碳7,000多噸。這些廢氣在強光的作

用下，就形成了光化學煙霧。

由汽車直接排放出來的一次污染物和由它們形成的光化學煙霧（二次污染物）對孕婦的健康有什麼危害呢？當光化學氧化劑的濃度過高達到一定濃度時，會使人罹患眼痛病，還會導致紅眼病和咽喉痛。污染嚴重時，會使孕婦患氣管炎，引起咳嗽，長期不斷的陣咳容易讓習慣性流產的孕婦流產。有害物質吸入過多，對胎兒的生長發育不利，易造成胎兒宮內發育遲緩，出生嬰兒體重低。由於汽車排出的黑煙中含有較多的多環芳烴致癌物，而隨著城市的現代化，排放廢氣的總量和污染物含量均超過標準，孕婦應盡量遠離污染環境，少去交通擁擠地區，不要尾隨汽車後行走，避免呼吸煙霧；冬季外出時，可以戴上口罩。

發怒害處多

發怒不僅有害妊娠婦女的身心健康，而且還會殃及胎兒的正常發育。據最新研究顯示，當孕婦發怒時，血液中的激素和有害化學物質濃度劇增，透過胎盤進入羊膜，胎兒會「複製」出媽媽的心理狀態，並承襲下來。發怒，還會使孕婦體內血液中的白血球減少，而降低免疫功能，使後代的抗病能力減弱；懷孕早期婦女常發怒，也有可能是胎兒形成脣顎裂和兔脣的原因之一，因此時正是胎兒口腔頂和上頜骨的形成階段。

臨床上發現，性情暴躁易怒、憤世嫉俗、處處敏感多疑、心胸狹窄的孕婦，流產率要高於正常孕婦的3～5倍。總之，孕婦易怒，百害無一利。

不要把水果當正餐

水果香甜清爽，營養豐富，食用方便。但是，大部分水果的鐵、鈣含

量都較少，如果長期拿水果當正餐，易患貧血。在懷孕期間，切記需要全面豐富的營養，如果為減肥吃個蘋果或柳丁就算正餐，對自己和寶寶都是有害無益。

一般水果含豐富的碳水化合物、水分、纖維素以及少量的蛋白質、脂肪、維生素A、維生素B群和礦物質，然其粗纖維含量及其特殊營養成分不如根莖綠葉類蔬菜，並缺少維生素B_{12}，所含的胺基酸也不完全，長期依賴水果做唯一的營養來源會產生不少弊病，如貧血等，對婦女來說尤須注意。

愛心提示

營養專家們建議，要吃多種類的食物，以攝取不同的營養素，才能達到營養均衡。孕婦更不能把水果作為主食，應遵循時令而多樣化的選擇新鮮食品。水果每日1～3種，蔬菜每日攝入量400公克，其中綠葉蔬菜應占1/2。

宜吃茭白筍

茭白筍是人們普遍愛吃的蔬菜，富含蛋白質、碳水化合物、維生素B_1、B_2、C及鈣、磷、鐵、鋅及粗纖維素等營養成分，有清熱利尿、活血通乳等功效。用茭白筍煎水代茶飲，可防治妊娠水腫。用茭白筍炒芹菜食用，可防治妊娠高血壓及大便祕結。

宜吃蘿蔔

蘿蔔是一種尋常的根莖類蔬菜，其營養及藥用價值很高，孕婦常吃蘿蔔可以獲得防病健身的佳效。蘿蔔富含木質素，能夠大大增強身體內巨噬細胞的活力，從而吞噬癌細胞。同時，蘿蔔中的鈣、磷、鐵、糖化酵素及維生素A、B_1、B_2、葉酸等，都是有益妊娠

的營養。白蘿蔔含維生素C比蘋果高6倍；胡蘿蔔富含維生素A，可以防治夜盲症及膽結石；糖化酵素能夠分解食物中的澱粉及脂肪，有利於人體充分吸收。但是，蘿蔔不宜與水果同食；兩者的營養物質相遇，會加強硫氰酸抑制甲狀腺的作用。

宜吃花椰菜

花椰菜富含維生素K、蛋白質、脂肪、糖類、維生素A、C、維生素B群及鈣、磷、鐵等營養素。孕婦產前經常吃花椰菜，可預防產後出血及增加母乳中維生素K的含量。

花椰菜不僅營養價值高，常吃還可防治疾病。它能增強肝臟的解毒能力及提高身體的免疫力，預防感冒，防治壞血病等。用花椰菜葉榨汁煮沸後加入蜂蜜製成糖漿，有止血止咳、消炎祛痰、潤嗓開音之功效，更是預防新生兒顱內出血、皮下出血、上呼吸道感染的食療。

宜吃金針菜

金針菜含有蛋白質及礦物質磷、鐵、維生素A、維生素C，營養豐富，味道鮮美，尤其適合煮湯。中醫書籍記載，金針菜有消腫、利尿、解熱、止痛、補血、健腦的作用，產褥期容易發生腹部疼痛，小便不利，臉色蒼白，睡眠不安，多吃金針菜可消除以上症狀。

宜吃萵筍

萵筍（又稱為A仔菜心）是春季主要蔬菜之一。萵筍中含有多種營養成分，尤其含礦物質鈣、磷、鐵較多，能助長骨骼、堅固牙齒。中醫認為，萵筍有清熱利尿、活血、通乳的作用，尤適合產後少尿及無乳者食用。

宜吃黃豆芽

黃豆芽中含有大量蛋白質、維生素C、纖維素等，蛋白質是生長組織細胞的主要原料，能修復產時損傷的組織，維生素C能增加管壁的彈性和韌性，防止產後出血，纖維素能通腸潤便，防止產婦發生便祕。

宜吃野菜

野菜是孕婦的營養佳品。野菜不僅較少污染或無農藥，且具有營養及食療之雙重作用。我國營養學家對近100種可食用的野菜進行分析，發現野菜中富含植物蛋白、維生素、纖維素及多種礦物質，營養價值頗高。更可貴的是，野菜的防病保健作用顯著。例如：小根蒜有健胃、祛痰功效；薺菜可補腦明目；馬齒莧有清潔胃腸道作用，可以防治急、慢性腸炎或痢疾；蕨菜可清熱利溼、消腫止痛，還有活血安神功效。

我們吃的米、麵、雜糧、肉、魚、禽、蛋等，在身體內多呈酸性反應，只有蔬菜經過消化分解後在身體內呈鹼性反應。孕婦每隔一段時間吃些野菜可以中和體內的酸性，維持身體弱鹼性的內在環境，這對孕婦優生、養胎十分重要。吃野菜還可以擴充營養素的來源，調劑口味，促進胃腸道清潔，減少糞便中毒素的吸收，有益於妊娠。

宜吃蓮藕

蓮藕中含有大量的澱粉、維生素和礦物質，營養豐富，消痰爽口，是祛淤生新的佳蔬良藥。蓮藕有健脾益胃，潤躁養陰，行血化瘀，清熱生乳的功效，多吃能及早清除腹內積存的淤血，增進食慾，幫助消化，促使乳汁分泌，有助於對新生兒的餵養。

宜適度吃薑蒜

孕婦在整個妊娠期間不宜吃過多刺激性食品，對薑、蒜等調味品的吃法也須有一定的講究。

常言道：「冬吃蘿蔔夏吃薑，不勞醫生開處方。」生薑有益於防暑度夏。鮮生薑中的薑辣素刺激胃腸張黏膜，令人開胃，使消化液分泌增多，有利於食物的消化和吸收。

薑辣素對心臟和血管都有刺激作用，能夠使心跳及血液循環加快，汗毛也張開，有利於體內的廢物隨汗排泄，帶走體內餘熱。孕婦吃生薑應該注意以下幾點：

①炎夏容易口乾煩渴，生薑則辛溫，屬於熱性藥物。根據中醫「熱者寒之」的原則，孕婦要少吃生薑。

②孕婦如生痱子、癤瘡、腎炎、咽炎或上呼吸道有感染時，不宜常食或暫時禁食生薑，以防病情加重。

③生薑紅糖水只適用於風寒感冒或淋雨後的畏寒發熱，不能用於暑熱感冒或風熱感冒；只用於風寒引起的嘔吐，其他類型的嘔吐包括妊娠嘔吐者，不宜食用。

④腐爛的生薑會產生一種毒性很強的有機物黃樟素，會損害肝細胞、致癌。所以，千萬不能用爛薑調味。民間有「爛薑不爛味」的說法或做法，實屬誤解誤用，應予以糾正。

大蒜，又稱為胡蒜。性溫味辛、醇香可口，具有較強的抗病毒及殺菌作用，素以作藥膳而聞名。大蒜可以防治感冒。根據發病的原因，感冒分為兩類：一是由流感病毒引起，稱為流行性感冒，簡稱流感，是孕婦的大忌，因流感病毒可隨血液侵入胎盤，如果妊娠早期患流感可導致畸胎；發生在妊娠中、晚期可導致流產或早產等。二是由傷風受涼引起，稱為普通感冒，是由細菌或病毒感染所致，主要出現鼻咽部發炎症狀。孕婦的免疫功能降低，更容易發病，應該積極預防。

取大蒜20公克，搗爛為泥，糖水沖服，能散寒健胃，可預防感冒、流行性腦炎，治療頭痛、肺炎、痢疾、惡寒發熱等，亦可助消化及增食欲。早飯前吃糖醋大蒜10公克，連吃15天為一療程，可防治妊娠高血壓及慢性支氣管炎。取大蒜30公克搗爛煎水調沖，用來溫浴外陰部或足部，可以治療毛滴蟲性陰道炎與腳癬。

宜吃無花果

無花果的果實無論鮮品還是乾品均味美可口，富含多種胺基酸、有機酸、鎂、錳、銅、鋅、硼及維生素等營養成分，不僅是營養價值高的水果，而且是一味良藥。它味甘酸性平，有清熱解毒、止瀉通乳之功效，尤其對於痔瘡便血、脾虛腹瀉、咽喉疼痛、乳汁乾枯等療效顯著。

孕婦最容易患痔瘡。預防痔瘡必須保持大便通暢，注意飲水，養成定時排便的習慣，可配合吃適量的無花果。

宜吃秋梨

吃秋梨可以清熱降壓。秋梨被譽為「百果之宗」，是我國最古老的果木之一，質脆多汁，清甜爽口，醇香宜人。其性寒味甘酸，有清熱利尿、潤喉降壓、清心潤肺、鎮咳祛痰、止渴生津的作用，可治療妊娠水腫及妊娠高血壓；還具有鎮靜安神、養心保肝、消炎鎮痛等功效，有防治肺部感染及肝炎的作用。

常吃燉熟的梨，能增加口中津液，防止口乾脣燥，不僅可保護嗓子，也是肺炎、支氣管炎及肝炎的食療品。將生梨去核後塞入冰糖10公克、貝母5公克、水適量，用文火燉熟，服湯吃梨，可防治外感風寒、咳嗽多痰等疾患。虛寒體質者則不宜食用。

宜吃柿子

柿子，汁多味甘，每100公克柿子含糖13.8公克、蛋白質0.5公克、脂肪0.1公克，還富含多種維生素及鉀、鐵、鈣、鎂、磷等，其礦物質的含量超過蘋果、梨、桃等。柿子性寒，有清熱、潤肺、生津、止渴、鎮咳、祛痰等功效，適用於治療高血壓、慢性支氣管炎、動脈硬化、痔瘡便血、大便祕結等症，營養及藥用價值均適宜孕婦食用，尤其是妊娠高血壓症候群的孕婦可以「一吃兩得」。柿子的蒂和葉都是中藥，柿蒂可以降逆氣、止噁心，治療呃逆、噯氣等；柿葉有抗菌消炎、止血降壓等作用，是民間常用的草藥。虛寒者忌食。

宜吃綠豆

賴胺酸是人體必不可少的胺基酸，是合成蛋白質的重要原料，可以提高蛋白質的利用率，增進食欲和消化功能，可促進發育，提高智力，長身高，增體重，故被稱為營養胺基酸。

綠豆中賴胺酸的含量居同類作物之首。綠豆還富含澱粉、脂肪、蛋白質、多種維生素及鋅、鈣等礦物質。中醫認為，綠豆性味甘寒，有清熱解毒、消暑止渴、利水消腫之功效，是孕婦補鋅及防治妊娠水腫的食療佳品。虛寒者忌食。

宜吃瘦肉、魚

在懷孕中期，孕婦必須食用比平時多1/4的含蛋白質食物，才能滿足母胎的需要。所有動物類食物都含有豐富的優質蛋白質，這些食物含有的鐵也利於人類吸收，人對穀物中的鐵吸收率很低，而對動物類食品中的鐵吸收率高達20%。此外，動物

肌肉中存在著能促進非動物鐵吸收的物質，對食物中的非動物鐵有促進吸收作用。例如：單獨吃玉米，鐵的吸收率只有2％，在玉米與牛肉同吃時，鐵吸收率提高到8％。懷孕期間婦女需要補充大量的鐵，多吃瘦肉、魚等，不但可補充蛋白質，還可提高孕婦的血紅球蛋白，改善和糾正貧血。

　　魚中含有豐富的無機元素，可預防孕婦由於體內缺鎂而引起的子癇前症，磷可供胎兒腦及神經的發育。因此，孕婦每日應食用的瘦肉、魚不能低於100公克。

宜吃櫻桃

　　櫻桃味道酸甜，能促進食欲。其營養價值非常高，含有豐富的鐵元素，有利生血，並含有磷、鎂、鉀，是孕婦、哺乳中婦女的理想水果。熱性體質不宜食用。

　　買櫻桃時，應選擇連有果蒂、色澤光艷、表皮飽滿的果實，適合保存在攝氏零下1度的冷藏條件。櫻桃屬漿果類，容易損壞，一定要輕拿輕放，注意存放。

宜吃柑橘

　　柑橘品種繁多，有甜橙、南橘、無核蜜橘、柚子等，都具有豐富的營養，通身是寶的共同優點。其汁富含檸檬酸、胺基酸、碳水化合物、脂肪、多種維生素、鈣、磷、鐵等營養成分，是孕婦喜歡吃的食品。500公克橘子中含有維生素C約155毫克，維生素A約2.7毫克，維生素B_1的含量居水果之冠。柑橘的皮、核都是有名的中藥，常吃柑橘可以預防壞血病及夜盲症。但是，柑橘雖好吃，卻不可多食。因為柑橘性溫味甘，補陽益氣，過量反於身體無補，容易引起燥熱而使人上火，發生口腔炎、牙周病、咽喉炎等，故熱性體質不宜食用。一次或多次食用大量的柑橘後，體內的胡蘿

蔔素會明顯增多，肝臟來不及把胡蘿蔔素轉化為維生素A，使皮膚內的胡蘿蔔素沉積導致皮膚呈黃疸樣改變，尤以手及腳掌最明顯。常伴有噁心、嘔吐症狀。孕婦每天吃柑橘不應該超過3個，總重量在250公克以內。

宜多攝取鈣質

在食物指南上，常見到牛奶、優酪乳、乳酪、豆漿、小魚乾、核果類。這些食品是準媽媽一天飲食中較有營養的食品，並為胎兒的生長提供了重要的營養成分，如鈣、維生素D和磷，都是胎兒骨骼、牙齒、肌肉、心臟和神經發育不可少的的營養。

胎兒從孕婦吃的食物中不能得到足夠的鈣，就只能從孕婦的骨骼中「搶劫」，這對懷孕後期孕婦的健康會有較嚴重的耗損。

因此，孕婦每天大約需要1,000毫克的鈣，可以參考以下飲食範例：

食物 建議量	奶	蛋	肉魚豆	五穀根莖澱粉	蔬菜	水果	油脂	乾果
每日建議攝取量	2杯	1個	3（兩）	3碗	3碟	2份	2～3湯匙	20公克
鈣質含量（毫克）	600	25	80	30	150	45	—	60

適量補充維生素A

維生素A是人體必需又無法自行合成的脂溶性維生素，有重要的生理功能，如保護視力、加強身體免疫功能、延緩細胞衰老、防癌抗癌等作用。

孕婦缺乏維生素A會影響胎兒的生長發育，引起胎兒生理缺陷，如中樞神經、眼、耳、心血管、泌尿生殖系統等異常。可是維生素A在體內有蓄積作用，補充太多除引起孕婦自身出現中毒症狀外，也

會危及胎兒，出現大腦、心、腎等器官先天缺陷。

　　孕婦對維生素A既不能缺乏，又怕補充或攝入過多，怎麼辦呢？醫學專家建議，孕婦除應遵照醫囑補充維生素A外，較安全的是從植物性食物中攝取β胡蘿蔔素或類胡蘿蔔素（維生素A），以及胡蘿蔔、玉米、地瓜、黃豆、南瓜、香瓜、菠菜、油菜、杏、番茄等。

愛心提示

美國曾對22,000名婦女進行調查，發現維生素A補充愈多危害愈大，如每日補充20,000國際單位維生素A的婦女比每日補充5,000國際單位的婦女，對身體的毒性要高出5倍；正常補充者胎兒畸形率為0.5％，補充過多的婦女其嬰兒畸形發生率是16.2％。

適量補充維生素B₁、B₂

　　缺乏維生素B1的孕婦會使新生兒患先天性腳氣病，出生時全身水腫，體溫低，吸吮無力，經常嘔吐，肢體無力，終日昏睡或哭聲微弱，夜啼。應及時診斷治療，否則心力衰竭，死亡率高。

　　維生素B1不能在體內合成，儲備也少，全靠食物供應。在中國南方以食米為主，加工愈精細的米維生素B1含量愈低，要鼓勵孕婦多吃全穀、全麥類的食物。鼓勵用酵母發麵，不要加鹼，以減少維生素B1的損失。

　　孕婦需要量為每日1.8毫克、乳母每日2.1毫克，嬰兒每日0.5毫克。維生素B2的需要量隨熱能需要而增高，每消耗1,000大卡熱能時應遞增0.5〜0.6毫克。當蛋白質消耗時利用不佳，會從尿中排出，故應增加供應量。動物的內臟和雞蛋含量最高，全穀類、綠葉菜及深色蔬菜也有。孕婦可以食用雞蛋和動物肝臟，因為兩者同時提供蛋白質，有利於維生素B2的吸收和利用。

不宜多服維生素B₆

　　維生素B₆有減輕胃腸道反應的作用，故有妊娠嘔吐症狀者常服用，但服用過量孕婦和胎兒的健康有害。

　　有關研究證明，孕婦過多服用維生素B₆會導致胎兒對維生素B₆產生依賴性，當胎兒出生後，得到的維生素B₆不像在母體般充分，就會出現系列異常現象，最常見的有容易興奮、吵鬧不安、易受驚、眼球震顫，有的在出生後幾小時就出現驚厥，這種驚厥的發生是因小兒離開母體後缺乏維生素B₆而引起中樞神經系統的抑制性物質含量驟減所致。有這種毛病的小兒，1～6個月還會出現體重不增，若未及時診治，會給小兒留下智力低下的後遺症。孕婦大劑量服用維生素B₆，還有可能造成胎兒短肢畸形等嚴重後果。

　　臨床醫學報導了23例血清維生素B₆濃度在正常（3～8毫微克/毫升）以上的婦女，全部患有感覺性周圍神經病，如燒灼感、刺激感及肢體感覺異常、動作笨拙及口腔周圍麻木等症狀。

愛心提示

服用維生素B₆過量，可能出現頭痛、疲勞、抑鬱、脹氣、眼瞼浮腫、易激動等症狀，停藥後中毒症狀便可得到改善，孕婦應高度重視。

維生素B₁₂幫助造血

　　對多數健康孕婦而言，熱量、蛋白質已基本上可以達到滿足的要求，但是孕婦不僅要供給自身的需要，還要供給胎兒生長發育，且子宮、胎盤、乳腺都要增長，如子宮由孕前的5毫升增至足月時的5,000毫升；懷孕期間體重要增加10～12.5公斤；懷孕期間中，除三酸甘油酯、維生素E外，其他營養素皆下降。因此仍需額外補充維生素、礦物質及微量元素。維生

素B₁₂是人體三大造血原料之一，是唯一含有金屬元素鈷的維生素，故又稱為鈷胺素。維生素B₁₂與四氫葉酸（另一種造血原料）的作用相互聯繫。如果孕婦身體內缺乏維生素B₁₂，就會降低四氫葉酸的利用率，導致「妊娠巨幼紅細胞性貧血」，會引起胎兒嚴重的缺陷。

維生素B₁₂除了對血細胞的生成及中樞神經系統的完整具有很大的作用之外，還有消除疲勞、恐懼、沮喪等不良情緒的作用，更可以防治口腔炎等疾病。維生素B₁₂只存在於動物的食品、奶、肉類、雞蛋中。180公克軟乾乳酪或1/2升牛奶中所含的維生素B₁₂就可以滿足人體每日所需。只要不偏食，孕婦一般不會缺乏維生素B₁₂。

適量補充維生素K

孕婦在妊娠後期服用維生素K，因為有很多可以在腸道自己合成。如果是長期患胃腸道疾病，長期服用磺胺製劑或抗生素者劑量可略增。孕婦如患肝病會影響凝血酶原的產生，使維生素K不能充分發揮凝血作用，在分娩之前應做凝血因子的檢查，並與醫生商討對策。維生素K₁為天然維生素K的氧化物，毒性低，可用5～10毫克肌注而不產生高膽紅素血症。較常用的維生素K₃為合成品，合成的維生素K₃如果一次量超過10毫克可致溶血性貧血、高膽紅素血症，早產兒會併發核黃疸、抽風而影響智力。所以，孕婦補充維生素K一定要適量。

忌缺乏維生素C

維生素C俗名抗壞血酸。維生素C為連接骨骼、結締組織所必需，維護牙齒、骨骼、血管、肌肉的正常功能；增強對疾病抵抗力；促進外傷癒合。缺乏時，容易引起壞血病、微血管脆弱、皮下出血、牙齒腫脹、流血、潰爛等症狀。妊娠期間胎兒必須從母體取得大量維生素C來維持骨骼、牙齒正常發育以及造血系統功能正常等，以致母體血漿中維生素C含量逐漸

降低，至分娩時僅為懷孕初期的一半。

多吃各種新鮮蔬菜和水果補充維生素C對孕婦、胎兒健康有益。含維生素C豐富的食物有：柿椒（紅、青）、白菜、番茄、黃瓜、四季豆、薺菜、油菜、菠菜、莧菜、白蘿蔔、酸棗、山楂、橙、檸檬、草莓、鴨梨、蘋果等。但是在製作食物時，切不可燒、煮過度，以免損失維生素C。

忌缺乏維生素D

維生素D是膽固醇的衍生物，具有抗軟骨症的效用，被稱為抗軟骨症維生素。維生素D可增進鈣和磷在腸內的吸收，是調節鈣和磷的正常代謝所必需，對骨、齒的形成極為重要。

人體每日維生素D需要量為10微克，實際上成年人每日經日光中紫外線照射即可合成足量的維生素D。孕婦由於晒太陽機會少些，加上胎兒對維生素D的需求，因此孕婦食物維生素D供給量應增加。維生素D缺乏時，孕婦可能出現骨質軟化，最先而且最顯著發病部位是骨盆和下肢，以後逐漸波及脊柱、胸骨及其他部位，嚴重者可出現骨盆畸形，由此影響自然分娩。維生素D缺乏可使胎兒骨骼鈣化以及牙齒萌出受影響，嚴重者可致先天性軟骨症。為了預防小兒軟骨症，媽媽在懷孕期間應吃含有維生素D的食物，如動物肝臟、蛋黃，及常到室外晒太陽、適當參加勞動。

醫師指點

長期大量服用維生素D可能引起中毒。成人每日攝入2,300微克，兒童每日攝入1,000微克，都可能會造成食欲下降、噁心、嘔吐、腹痛、腹瀉等。因此，對含維生素D的食品，如：魚肝油、雞蛋、魚、動物肝臟等。孕婦只要能正常食用這些食物，就可維持維生素D的供給。

忌缺乏維生素E

維生素E廣泛存在綠色植物中，動物體內僅含微量。維生素E能促進人體新陳代謝，增強身體耐力，維持正常循環功能；還是高效抗氧化劑，保護生物膜免遭氧化物的損害；能維持骨骼、心肌、平滑肌和心血管系統的正常功能；此外，維生素E與維持正常生育功能有關。

研究認為，維生素E的缺乏與早產嬰兒溶血性貧血有關。早產兒發生溶血性貧血時服用維生素E，其缺乏產生的水腫、過敏和溶血性貧血等症狀即行消失。為了使胎兒儲存一定量的維生素E，孕婦應每日多加2毫克的攝入量。

維生素E廣泛分布於植物組織中，尤其是麥胚油、棉子油、玉米油、菜子油、花生油及芝麻油等含維生素E較多，萵苣葉及柑橘皮也含維生素E，幾乎所有綠葉植物都含有此種維生素；雞肝、牛肉以及杏仁、花生，也含有維生素E。只要孕婦在飲食上做到多樣化，維生素E就不會缺乏。

懷孕第5個月（17～20週）

母體的變化

妊娠5個月時，孕婦的下腹部隆起已很明顯，子宮也已增大了許多，大小與幼兒的頭部相仿，子宮底的高度是15～21公分。害喜反應結束，身心都進入安定期。由於食慾旺盛，體重增加，乳房也變得更加膨大起來。但因為心臟被子宮擠到上邊去了，飯後有時會感到胃裡的東西不易消化。這個時期是胎兒最容易吸收母體營養、也是母體最容易患貧血的時期。

胎動已能被孕婦感覺到了。如果使用都卜勒（測波動）法，可以聽到有力的搏動。

妊娠檢查

懷孕第16～18週作羊膜穿刺羊水分析檢查，診斷是否有染色體異常及先天性神經管缺陷（如無腦兒等），若產婦曾經發生下列情況需作羊膜檢測：

1️⃣生育先天異常兒者（如無腦兒、唐氏症等）

2️⃣本人或配偶罹患有礙優生疾病者（如苯酮尿症、唐氏症等）

3️⃣家族有遺傳性疾病者（如唐氏症、半乳糖血症等）

4️⃣胎兒有畸形之可能者（如孕婦骨盆診斷或治療，接受過量放射線照射，誤食多氯聯苯等）。

5️⃣孕婦年齡在34歲以上者。

6️⃣母血篩檢唐氏症為高危險群者。

約2～3週後可得到結果，若胎兒有嚴重的染色體異常，則可中止懷孕。羊膜穿刺與絨毛採樣不同，對胎兒本身並無傷害，只會稍微提高流產機率（0.5%）。

胎兒的發育

5個月時，胎兒發育迅速，體重已至300公克左右，身長也已達25公分。全身長出細毛（胎毛），頭髮、眉毛、指甲等已齊備，腦袋的大小像個雞蛋。皮膚漸漸呈現出美麗的紅色，皮下脂肪開始沉積，逐漸變成不透明的。由於皮下脂肪少，所以不至於長得很胖。隨著骨骼和肌肉的健壯，胳膊、腿的活動活躍起來，這時會感到明顯的胎動。心臟的搏動也逐漸強勁起來，可明顯聽到胎心的活動。

放射線對胎兒的影響

胚胎在受精後6天之內對放射線最為敏感，一般認為孕婦最初15週內受X光照射都有危險性。胚胎細胞染色體的斷裂、基因突變等，可引起流產、死胎、新生兒死亡，小頭、小眼、腦積水等先天畸形，以及發育遲緩、智力障礙等，有報導對接受過腹部X光檢查的孕婦分娩的嬰兒做長期追蹤，其比正常兒童白血病的發病率有所增加。自從超音波廣泛使用後，過去透過X光進行的各種產科檢查大多用超音波替代，因此X光的應用已愈來愈少。

為了保證胎兒免受放射線的不良影響，需要做到下面幾項：

1 月經週期14天內照射過下腹或盆腔的育齡婦女，為了避免放射線對卵巢的影響，最好避孕1～2個月。

2 有受孕可能的婦女要避免X光檢查。

3 除了診斷和治療需要，孕婦要避免接觸X光、放射性同位素。

4 孕婦必須接受放射檢查或治療時，如發生腫瘤等，則應把胎兒受照射影響列入考慮。

5 如孕婦不得已接受了大劑量放射治療，則最好終止妊娠。

愛心提示

在我們生活周遭到處充滿著放射線，每年照射劑量平均為90～200毫雷德，如這些放射線劑量過多的話，可致胎兒消化系統畸形和增加白血病的發病。

胎兒習慣發育與訓練

　　據瑞士兒科專家舒蒂爾曼博士的研究報告分析：嬰兒的睡眠類型是在懷胎數月內形成，並由媽媽決定。他將孕婦分為早起和晚睡兩類，分別對新生兒進行調查，結果孩子的習慣完全與媽媽相同，說明母子之間早已存在感應。

　　然而，新生兒與媽媽保持協調一致是相當困難的，這種一致只維持在最初階段。因為媽媽產後會本能的調節情緒，而孩子卻暫時做不到。

　　這項研究結果顯示，出生後母子間的感應，是在出生前就早已開始的感應過程之延續。早在胎兒出生前的幾個月裡，媽媽和胎兒就已經把這節律和情緒緊密的聯繫在一起了。

促進胎兒智力發育

　　胎兒生長到第5個月時，手指可以單獨的動作，會吸吮手指，動起來彷彿在跳舞，慢慢的會用腳踢子宮壁，向媽媽傳達「我很健康」的訊息。

　　胎兒的胃中已產生可製造黏液的細胞，並會喝下少許羊水。大腦雖然尚未產生皺褶，但基本的構造已經形成。神經系統逐漸發達，延髓部分的呼吸中樞開始發揮作用，而且前頭葉也非常明顯。內耳區負責傳遞聲音的「蝸牛殼」也已完成，可以感覺聲音，因此在這個時期可以記憶媽媽的聲音，這時媽媽不妨多對胎兒講講話。

　　胎兒對母體的壓力反應也相當敏感，應特別注意。媽媽可以感覺到胎動，發現胎兒成長的事實。此後，可以慢慢做分娩前的準備工作，家事以

適度為宜，如此對腹中的胎兒也很有益處，但是請注意不可太勞累。

到懷孕5～6個月的安定期時，經過醫師的診斷同意，可進行孕婦游泳，好處如下：

1 預防過胖，解除運動不足的煩惱。

2 初次懷孕的不安與煩惱、焦慮等情緒，藉由身體運動來解除。

3 緩和腰痛、靜脈瘤等症狀。

4 增進孕婦之間的感情，藉由聊天方式，感覺懷孕是件愉快的事。

5 利用游泳調整呼吸，使分娩的過程更輕鬆、順利。

6 加強腰部及腳部的力量，促進分娩。

要注意的是，下水前要先做暖身操，出水後要避免讓身體太冷。有氧運動可培養分娩時的體力，不過如果感到不適，腹部緊繃，應立刻停止。孕婦做瑜伽可以幫助本身在懷孕時調適自己的身體和心態，因此有興趣不妨一試。

醫師指點

平常就習慣運動的人，只要不是劇烈的運動，持續進行亦無妨。若為了安產而想做特別的運動，以游泳為最佳選擇。

床上運動

孕婦適當的運動，對維持孕婦的身體健康、分娩及胎兒身心發育等，都有莫大的助益。介紹一套簡單的體操，簡短時間即可訓練四肢和腰部，清晨和晚上都可進行，適宜妊娠初期採用。其餘的體操運動，孕婦可根據自己所處環境與身體狀況，自行選擇項目進行。

1 自然坐在床上，兩腿前伸成V字型，雙手放在膝蓋上，上身右轉，保持兩腿伸直，腳尖向上，腰部挺直，目視右腳，慢慢數到10，然後再轉左邊，同樣數到10，恢復原來的正面姿勢。

2 仰臥床上，膝蓋放鬆，雙腳平放床面，兩手放在身旁。抱起右膝，

盡量靠近胸部，再換左腳做同樣動作。

3 仰臥，雙膝屈起，手臂放在身旁，肩不離床，轉向左側，左臀著床，頭向右看，恢復原來的姿勢，然後轉向右側以右臀著床，頭向左看；反覆幾次，活動頸部和腰部關節。

4 跪姿，在床上採取四肢著地的姿勢，雙手雙膝平均承擔體重。背直，頭與脊柱成一直線，慢慢抬起右膝靠近胸部，再抬頭並伸直右腿，改換左腳做同樣動作。

拍打胎教法

適用於妊娠5個月的孕婦，每天早晚共進行2次，每次3～5分鐘。當胎兒踢肚子時，媽媽可輕輕拍打被踢部位，再等待第二次踢肚。一般在1～2分鐘後，胎兒會再踢，這時再拍幾下，接著停下來。如果拍的地方改變了，胎兒會向改變的地方再踢，注意改拍的位置離原來踢的位置不要太遠，這樣可訓練胎兒的運動能力。對孕婦來說，適量的活動與休息一樣的重要。

有些孕婦經常沒有食欲、便祕或肥胖、腰背痛，這些很可能是缺乏運動所致。運動不足，即使沒有明顯的症狀，隨著妊娠月份的增加，孕婦會愈覺得不便。

愛撫胎教法

增加胎兒活動量，讓胎兒感到媽媽溫暖的雙手，並傳遞濃厚的感情。媽媽有胎動感覺時即可開始，用食指或中指輕輕觸摸胎兒再放鬆，每次3～5分鐘為宜。開始時，胎兒不會做出明顯反應，待媽媽手法嫻熟並與胎兒有默契後，胎兒就會有明顯的反應。如發現胎兒有強烈反應時，應停止動作。

醫師指點

5個月時，胎兒的頭和背已可區分，此時如胎兒活動量大，媽媽可用愛撫法撫摸肚皮安撫之，不久就會安靜下來，用輕微動作來回應。最好可以定時做，每天睡覺前（晚上9～10點鐘）胎兒活動頻繁時做為宜。

父親間接胎教法

胎兒在母腹中與媽媽之間的關係是血肉相連、心心相印，照理說，孩子出生後應該和媽媽的感情最深，和父親的關係則需要靠後天的互動中培養。奇妙的是，許多嬰兒對爸爸的喜愛程度不亞於媽媽，胎兒特別喜歡爸爸的講話聲，在爸爸的歌聲和撫摸下，似乎能用「陶醉」的輕輕搖晃動作來表達心滿意足。嬰兒哭鬧時，媽媽不能安撫寶寶時，父親可以透過唱嬰兒熟悉的歌曲和撫摸動作，使其安靜或入睡。這大概與胎兒不喜歡高、尖、細的聲音（常會造成胎動增加），而喜歡低沉、寬厚的聲音有很大的關係。請爸爸多對胎兒講話，是創造與出生後的嬰兒建立親密、深厚情感的先決條件。

懷孕第5個月的保健

妊娠5個月時，孕婦下腹部隆起已很顯眼，腹部有下墜、鬆弛感，飯後食物在胃裡不易消化，可以將1日3餐分為4餐、5餐，即少量多餐。多吃含鐵的牛、雞等肝臟及海藻、綠色蔬菜，防止貧血。

從這時起做授乳的準備，開始做乳頭的保養。為了有備無患，擬出必需的育兒用品和產婦用品計畫，開始慢慢準備。這時期的胎動情況差別很大，早的從懷孕17週即可感覺到，晚的到20週才感覺到。因此要記錄首次胎動的日期，做產檢時應告訴醫生。如果每天持續的胎動突然消失，且持續1～2天，就有可能是胎兒有異常情況，應立即去醫院檢查。

不要穿化纖類貼身衣物、人造羊毛衫、毛絨衣、羽絨衣等。胸罩買來後要洗滌過再穿，平時也要勤洗勤換，胸罩不宜用洗衣機與其他衣物一起洗滌，避免脫落的細小纖維黏附於胸罩上使乳腺管堵塞。

妊娠5個月時可以使用托腹帶，能支撐下腹、提高腹壁肌肉力量的效果，減輕孕媽咪腰酸背痛、下腹疼痛、肚子有下墜感等不適的狀況。尤其是必須久站工作的孕婦、懷雙胞胎的媽咪、體重增加太多的孕婦都需要使用托腹帶。

預防二手菸對胎兒的影響

有些孕婦本身不吸菸，丈夫或家中其他成員卻有煙癮，使孕婦被迫吸進二手菸，這對孕婦和胎兒都有很大危害。

香菸的煙霧中所含的致癌、致病的有害物質有上千種，其中危害性最大的是焦油、尼古丁、一氧化碳、氰化物等。檢查發現，吸菸孕婦的羊水、胎盤及胎兒血漿內的尼古丁濃度竟超過孕婦本人體內的濃度。一氧化碳會使血紅蛋白喪失攜氧能力，引起組織缺氧；尼古丁和一氧化碳聯合作用不僅減少胎盤血流量，也減少血液含氧量。吸菸者吸一支菸，會使吸二手菸的孕婦、胎兒血液中的碳氧血紅蛋白分別升至3.1%和2.8%（正常值是0.4%），這種濃度已與吸菸者相差無幾。

醫師指點

胎兒長久生活在慢性缺氧環境下，將影響生長發育。有報導指出，吸菸孕婦較不吸菸孕婦的新生兒體重低200公克，丈夫每天吸1包菸，吸二手菸的孕婦其新生兒體重比一般新生兒平均低120公克，出生後體質和智力也低於正常嬰兒，而且畸胎、流產、早產、圍產兒死亡率也比不吸菸或不接觸二手菸的孕婦高。因此，懷孕中的女性一定要遠離吸菸者，自己更不要成為吸菸者。

宮頸糜爛對孕婦的影響

宮頸糜爛是由子宮頸發炎發展而來，宮頸局部呈顆粒狀紅色區。發炎初期，宮頸表面尚平坦，稱為單純性糜爛；病程較長者糜爛面凹凸不平，呈顆粒狀或乳頭狀。按糜爛面占整個宮頸面積大小，又將糜爛分為輕度、中度、重度。輕度者，糜爛面占整個宮頸的1/3以內，中度占1/3～2/3，重度占2/3以上。

重度宮頸糜爛破壞了陰道的正常環境，會影響受孕機會，已妊娠的婦女宮頸糜爛對胎兒無不利影響，在懷孕期間有可能發生少量陰道出血或白帶內有血絲，尤其在性生活後易發生。在臨產陣痛過程中，隨子宮口開大，宮頸糜爛面可能有出血，表現為血露較多。產後如無其他原因而有少量持續陰道出血時，應檢查是否來自宮頸糜爛局部。

總之，宮頸糜爛對妊娠的影響不大，因此，如孕婦患有宮頸糜爛，不論哪一程度可暫不治療，除非有持續出血，可先用藥物止血。

心臟病對孕婦的影響

妊娠後隨著血容量增加，心排出量也增加，這是由於心搏量和心率增高的結果。心率隨妊娠期的進展而逐漸增快，足月時比未孕時每分鐘增快15次，每次搏出量比未孕時增加30～40％，第28～32週時達到高峰，第33～36週時達39％，並維持到足月，這無疑增加了心臟的負擔。

孕婦代謝率增高，耗氧量較正常增加15～25％。此外，孕婦體重增加，體內水鈉滯留，胎盤血循環形成，子宮增大，隔肌上升，心臟發生移位，這些也加重了心臟負擔；到妊娠晚期，這些負擔很容易導致心臟功能進一步衰竭。

有器質性心臟病的孕婦，早孕時即應到醫院檢查，確定心臟病的病因、病變程度、病程、心臟代償功能，以決定是否可以妊娠。不宜妊娠者

應於懷孕12週前施行人工流產術。每日至少睡眠10個小時，避免過勞，防止心力衰竭、情緒過度激動，且要嚴格限制鹽的攝入，一天食鹽不超過6克。積極防治並及早糾正貧血、維生素缺乏、蛋白質缺乏及感染。

提高對心臟衰竭的認識，早期輕微心力衰竭會呈現胸悶、氣急、心悸。如果休息時心率大於110次/分，呼吸大於20次/分，夜間常胸悶，需起床到窗口呼吸新鮮空氣者，就應提高警覺。

產程開始給予抗生素預防感染，適當使用鎮靜劑，手術助娩縮短第二產程，胎兒娩出後腹部置沙袋，以防腹壓突然下降、回心血量突然增加而發生心衰。謹慎使用宮縮劑，輸血時須注意滴速。可酌情選用剖腹產，麻醉劑中不要加腎上腺素。

醫師指點

產後72小時，尤其24小時內，由於回心血量驟然增加，仍然易發生心衰，因此應密切觀察心率、心律、呼吸及血壓變化，繼續用抗生素預防感染。心功能Ⅲ級以上不宜妊娠和哺乳，凡屬不宜妊娠者應嚴格避孕或進行結紮手術。

卵巢腫瘤的防治

懷孕期間，卵巢腫瘤比非懷孕期間易發生扭轉和破裂，應提高警覺。妊娠發現卵巢腫瘤，首先應鑑別是生理性的還是病理性腫瘤，若是病理性腫瘤則屬良性還是惡性。發現卵巢腫瘤不必急於手術，尤其妊娠期間的黃體囊腫可能性較大，妊娠中期及分娩後，黃體囊腫可消失。一般卵巢腫瘤小於5公分，無不適症狀，可定期復查。若腫瘤雖大於5公分，但無扭轉或急腹症，可待妊娠4個月時行手術治療。因4個月時胎盤已形成，不易流產，且子宮不十分大，不影響手術視野。畸胎瘤發生的扭轉，保守治療不緩解，以及惡性腫瘤，均可危及孕婦生命，因此需即刻進行手術治療。

妊娠晚期發現卵巢腫瘤，如無急性指症，可不予處理，順其自然，以自然分娩為宜。若較大的卵巢腫瘤、腫瘤阻塞產道或為搶救胎兒須剖腹產，可在行剖腹產同時切除卵巢腫瘤。

便祕的防治

妊娠以後，由於體內有大量的黃體素，致使胃腸平滑肌張力降低而鬆弛、蠕動減弱，加上腹壁肌肉緊張性不足，以及增大的子宮壓迫直腸，和孕婦活動減少，常易發生腹脹和便祕。

在妊娠期間積極防治，特別是在後期，孕婦應保持適當的活動，以利於消化和排便；其次要多喝開水，多吃水分充足的食物，多吃含纖維素的蔬菜，如芹菜、蘿蔔、韭菜、高麗菜及粗糧、蜂蜜和水果；第三是養成定時排便的習慣，最好是每天清晨大便1次。如果已發生便祕，除上述調理外，可用潤腸劑或輕瀉藥治療，如蜂蜜每次50公克，每天服2次，或每次食用炒芝麻50～100公克，1天1次。麻仁潤腸丸每次1丸，每天2次。此外，甘油栓劑及開塞露擠入肛門內，也有暫時通便的作用。但千萬不要服用強瀉藥，腸蠕動加劇，引起子宮收縮而導致流產或早產。

外陰部靜脈曲張的防治

外陰部靜脈曲張在妊娠後期常見，治療上以局部護理為主，採取局部冷敷，或施以冷水坐浴，可使外陰部曲張的靜脈血管收縮，使症狀減輕或消失；亦可局部塗搽氧化鋅軟膏（再撒上爽身粉），也會加強局部靜脈血管的收縮。患有外陰部靜脈曲張的孕婦，平時要保持外陰部清潔，穿柔軟、寬鬆的棉質內褲，防止局部摩擦，避免皮膚潰破。如有小潰瘍要及早治療，防止繼發感染。

引起高危險妊娠的原因

引起高危險妊娠的因素有很多種：

1 社會原因：未滿18歲的初產婦，超過35歲的高齡產婦，生活條件較差，衛生習慣較差者。

2 過去有多次流產、早產或難產史，胎兒死亡者。

3 妊娠有併發症者，妊娠期間併發如高血壓、小便不正常、胎位不正、產前出血、胎兒過小等。

4 嚴重的內外科疾病者，原來就有如心臟病、腎臟病、肝臟病、血液疾病等。

凡有上述各種高危情況的孕婦，具體明確危險的程度，應由專科醫生進行重點治療，減少妊娠期和分娩期的危險性。如果遇到孕婦骨盆狹窄或其他不能改變的因素，仍需要重點監護，一旦胎兒成熟，即以引產分娩，使胎兒及時脫離危險環境，並可解除胎兒對媽媽的負擔，達到母子平安的目的。

監護高危險妊娠的方法

高危險妊娠監護就是要對胎兒宮內窘迫情況及早掌握清楚，並對胎兒的成熟度做出預測。

1 透過詳細了解病史，進行全面臨床檢查，以確定胎齡，了解胎兒發育情況和在宮內是否安適。

2 透過超音波、胎兒心電圖、羊膜鏡，以及胎兒心率與子宮收縮的電子監護等儀器檢查，以了解胎兒的生長發育、胎盤成熟度、胎心的活動和胎盤的功能等情況，掌握高危孕婦在當前所處的高危險程度。

3 透過胎盤功能測定、羊膜穿刺、血液化驗及陰道細胞學等實驗室檢查，了解胎盤功能，胎兒是否畸形、成熟度等情況。

高危險妊娠的處理原則

1 補充營養：孕婦營養缺乏時極易導致胎兒宮內生長遲緩、妊娠高血壓疾病、胎盤早剝、早產和貧血等。對蛋白質的補充尤為重要，因為蛋白質不足，可使胎兒腦細胞數減少。

2 臥床休息：可改善子宮胎盤流血、增加雌激素的合成和排出量。臥床時，側臥比仰臥好，尤其在妊娠後期要改變體位（左側臥），能減輕臍帶受壓。

3 間歇吸氧：每日3次，每次半小時，對緩解胎兒的低氧症有利。注射葡萄糖、維生素C，這應在醫院內由醫生根據不同情況決定其供給量。

4 病因治療：此項處理原則是針對病因而進行。如遺傳性疾病，妊娠高血壓疾病，妊娠合併糖尿病、慢性腎炎、心臟病，妊娠期感染，母兒血型不合等，都是引起高危險妊娠的常見病因。在懷孕期間對這些疾病的治療，可以降低畸形、早產及圍產期的死亡率。

妊娠高血壓對母胎的危害

1 對孕婦的危害

妊娠高血壓對孕婦的影響，取決於該疾病的程度及持續時間的長短。血壓愈高、發生愈早，持續時間愈長，對孕婦威脅愈大。

妊娠高血壓現在稱為子癇前症，其主要病理變化是全身小血管痙攣，血液濃縮，使臟器血液供給減少，造成臟器、組織缺血缺氧的變化，特別是腦、心、腎、肝和胎盤的缺血，可產生臟器的病理變化。

腦部缺血的孕婦出現頭痛、噁心、嘔吐和抽搐等症狀，重者可出現腦血管栓塞或腦出血，使病人昏迷；腎臟缺血、缺氧，可致腎功能受損，出現少尿，重者可發生腎功能衰竭；心肌缺血缺氧可導致左心衰竭；肝臟缺血缺氧可致肝實質壞死，嚴重者肝臟出現血腫，甚至破裂而致腹腔大出血

死亡；眼底因小動脈痙攣，出現視力模糊、眼花，嚴重者會引起視網膜剝離或暫時性失明；胎盤因缺血出現胎盤組織壞死、梗死，胎盤血管破裂可致胎盤早剝；胎盤廣泛梗死，可釋放出某些組織的凝血活性酶，使血液處於高凝狀態，引起纖維蛋白溶解功能亢進，使血液不凝而發生大出血，危及孕婦的生命。

2對胎兒的危害

孕婦患有妊娠高血壓症候群時，全身小動脈痙攣，胎盤也相對供血不足，將影響胎兒的生長發育，致胎兒體重減輕，生長遲緩。

重度子癇前期時，胎盤在功能減退的基礎上再發生血管內栓塞或胎盤早剝，則使胎兒宮內窘迫，甚至死胎、死產、新生兒死亡。媽媽病情嚴重時，為了控制病情需提前終止妊娠，因而早產兒發生率較高，早產兒生存能力差，發育不好，加上胎兒宮內環境差，體質較弱，故死亡率也較高。

妊娠高血壓的判定

妊娠高血壓的判定標準是懷孕期間收縮壓超過140毫米汞柱（mmHg），舒張壓超過90毫米汞柱（mmHg），連續2次以上，並間隔6小時以上經過充分休息之後，所檢測獲得的血壓都符合上述標準才算是妊娠高血壓。

高血壓可以繼續妊娠的情況

1血壓低於160/100毫米汞柱，胎兒很少因胎盤灌流不足而胎死宮內或流產。

2沒有併發妊娠高血壓疾病，即尿中無蛋白。因大量蛋白質流失可造成低蛋白血症，出現腹水，胎兒宮內發育遲緩，甚至胎死宮內。

3無眼底病變，如：滲出、出血，甚至視網膜剝離。

4 胎兒胎盤功能監測正常,透過妊娠圖、超音波測量雙頂徑及股骨長度,了解宮內胎兒發育正常者。

5 胎動計數每小時大於3次,12小時大於20次。

6 超音波測量羊水平段、胎盤分級,反映胎盤功能正常。

7 胎心電子監護正常,從胎心率、基線率、非應力試驗、應力試驗來辨別正常。

8 無其他併發症,如胎盤早剝、肝腎功能損害。

重度子癇前症與子癇的防治

重度子癇前症與子癇是屬重度的妊娠高血壓疾病,其症狀和體症,包含自覺症狀,如頭痛、眩暈、嘔吐、上腹部不適、眼花及視力障礙等。血壓突然升高,約為160/110毫米汞柱或尿蛋白++、+++,水腫也明顯加重。在此情況下,如不及時處理,重度子癇前症會在短時間內發展為子癇。

子癇是最嚴重的妊娠高血壓疾病,即在重度子癇前症基礎之同時出現抽搐和昏迷症狀。抽搐呈發作性,發作1～2分鐘後暫停,抽搐後患者處於昏迷狀態。抽搐次數與昏迷時間受病情嚴重程度所限,通常與病情嚴重程度成正比。

重度子癇前症、子癇會導致嚴重的併發症,如心力衰竭、腎功能衰竭、腦溢血、胎盤功能不全,甚則早產和死胎。因此,對每個孕婦都應預防妊娠高血壓疾病,對已患有妊娠高血壓者應積極預防重度子癇前症、子癇。首先是早期診斷,必須要求孕婦積極、主動的進行產前檢查,在妊娠早期應測血壓1次,以了解其基礎血壓,懷孕3個月後應按期做產前檢查,密切注意血壓、水腫及體重和尿蛋白的變化。若發現有妊娠高血壓疾病徵象者,即使未確診,亦應早期治療,以降低子癇的發病率。

醫師指點

對於已發現的妊娠高血壓疾病者，尤其是重度子癇前症，除積極治療外，要做好監護工作，最好住院治療監護，密切注意有無高血壓、水腫，有無頭痛、頭暈諸症狀的變化。患者要臥床，避免強光、高分貝的刺激，減少鹽的攝入量，保持精神安定，防止情緒波動；也可採用中藥調治，但要注意中藥劑量，還可適當使用鎮靜劑。

打預防針須知

如有外傷史，分娩對於媽媽和新生兒都是一個容易感染的機會，一旦受到破傷風桿菌感染就可能發病。為防止新生兒破傷風，應給孕婦注射破傷風疫苗。孕婦一旦被狗咬傷，必須立即注射狂犬病疫苗，否則死亡率極高，可於咬傷當天及第3、7、14、30天各注射狂犬疫苗1針；如多處咬傷，應注射狂犬免疫球蛋白或注射狂犬病病毒血清，然後按以上時間注射狂犬疫苗。當孕婦在有白喉、鼠疫暴發流行地區工作或居住時，應緊急接種白喉疫苗，因為一旦受到感染會威脅孕婦的生命。但是禁用水痘、德國麻疹、麻疹、腮腺炎等病毒性減毒活疫苗、脊髓灰質炎疫苗、百日咳疫苗。

另外，孕婦及家庭成員有B肝抗原陽性者，應在分娩後24小時內為嬰兒注射Ｂ型肝炎的免疫球蛋白，並在嬰兒3個月及6個月大時注射Ｂ型肝炎疫苗，以免變成慢性肝炎帶原者。A型肝炎感染的孕婦，可注射胎盤丙種球蛋白，並向專業醫師諮詢。

孕婦易出現頭暈眼花

妊娠早期，由於害喜反應，進食不多，加上臥床休息，容易頭暈，但妊娠反應過後，食欲增加，再進行適當活動，一般頭暈就會緩解。妊娠

中、晚期若出現頭暈、眼花，應考慮是否貧血。飲食缺乏鐵、維生素及葉酸不足，易引起缺鐵性貧血或巨細胞性貧血，常伴隨乏力、臉色蒼白等；妊娠高血壓疾病，由於頭部及眼底小動脈痙攣性收縮，引起局部缺血、缺氧，常伴有頭痛、浮腫等，嚴重者甚至會發展為子癇前症或子癇，威脅母嬰健康。因此妊娠中期以後一旦出現頭暈、眼花，應及時就診。

隨時注意體重變化

孕婦體重變化對胎兒的影響很大。有資料顯示，孕婦體重增加10.9～12.3公斤者，圍生兒死亡率較低；體重增加超過12.3公斤者，圍生兒難產率增加。所以，孕婦要合理的控制和調整體重。

在妊娠期間，孕婦要多攝取高熱量、動物高蛋白營養食品。妊娠末期因母體組織間液體存儲量增多，表現為體表可凹性水腫（顯性水腫）；或僅表現體重增加（隱性水腫）。懷孕晚期，孕婦體重一般每週增長不應超過0.5公斤，體重增長過多過快，大多是因體內液體滯留過多所致。嚴重水腫常是妊娠高血壓疾病與低蛋白血症的初期表現，所以孕婦要隨時注意自己體重變化情況。

孕期內衣需慎選

在妊娠期間，乳腺會迅速發育膨脹，乳頭逐漸突出為產後哺乳做準備，如果穿上過緊的胸罩會阻礙乳腺的增大，影響乳腺的血液供應，阻礙乳房皮下靜脈回流、壓迫乳頭的發育，使乳頭瘮陷，導致產後泌乳困難，所以胸罩要選擇棉質、透氣性好、無鋼圈設計為佳，隨著乳房的增大，適時更換更大的胸罩，晚上睡覺不穿，使乳房得到放鬆和呼吸，才不會發生產後缺乳、少乳和無乳的現象。

寵物可能導致流產

　　貓狗身上潛藏著病毒、弓形蟲（弓漿蟲）、細菌等，感染孕婦後可經血液循環到達胎盤，破壞胎盤的絨毛膜結構，造成母體與胎兒之間的物質交換障礙，使氧氣及營養物質供應缺乏，胎兒的代謝產物不能及時經胎盤排泄，致胚胎死亡而發生流產，且弓漿蟲等病原體為人畜共通的傳染病，可透過胎盤感染給胎兒，導致畸形或流產。

不宜長時間看電視

　　孕婦看電視時間不宜太長且距離不能太近（距螢幕3公尺以上為宜），注意室內通風換氣。看電視時間長（3小時以上）會使孕婦頭暈、疲勞、食欲減退、心情煩躁，影響胎兒正常發育。

忌睡彈簧床

　　彈簧床目前已經是家庭常備寢具，一般人睡彈簧床有柔軟舒適感，孕婦則不宜睡彈簧床。

　　1易致脊柱位置失常：孕婦的脊柱較正常腰部前屈更大，睡彈簧床及其他高級沙發床後，會對腰椎產生嚴重影響。仰臥時，其脊柱呈弧形，增加已經前屈的腰椎小關節摩擦；側臥時，脊柱也向側面彎曲。長此下去，使脊柱的位置失常，壓迫神經，增加腰肌的負擔，引起腰痛。

　　2不利翻身：正常人的睡姿在入睡後會經常變動，一夜輾轉反側可達20～26次。學者認為，輾轉翻身有助於大腦皮質抑制的擴散，提高睡眠效果。然而，彈簧床太軟，孕婦深陷其中，不容易翻身。同時，孕婦仰臥時，增大的子宮壓迫著腹主動脈及下腔靜脈，導致子宮供血減少，對胎兒不利，甚至出現下肢、外陰部及直腸靜脈曲張，易患痔瘡。右側臥位時，上述壓迫症狀消失，但胎兒會壓迫孕婦的輸尿管，易患腎盂腎炎。左側臥

位時，上述弊端雖可避免，也會造成心臟受壓，胃內容物排入腸道受阻，同樣不利於健康。

因此，孕婦不宜睡彈簧床，以棕繃床或硬床上鋪約9公分厚的棉墊為宜，並注意枕頭鬆軟，高低適宜。

吹冷氣電扇須知

孕婦在冷氣房一定要注意避免過涼而感冒，將溫度定在26℃，感覺微涼即可，切忌溫度過低，和室外溫差太大。孕婦皮膚的毛細孔比較疏鬆，容易受涼，要避免直吹冷風。

電扇的風吹到皮膚上，促使汗液蒸發，使皮膚的溫度驟然下降，表皮微血管收縮，血管的外周阻力增加，使血壓升高，心臟的負擔加重。但是，沒有吹到風的部位皮膚溫度仍相對偏高，表皮的微血管處於舒張狀態，血流量增多。頭部的皮膚微血管豐富，充血明顯，對冷的刺激比較敏感，因此電扇吹到頭部容易引起頭部的昏暈、疼痛。由於電扇風會使全身的體溫處於不均衡狀態，因此，神經系統和各個器官組織必須加緊工作，以調節全身體溫的均衡。所以，使用電風扇吹風時間太長，反而使人頭暈頭痛、疲憊無力，最好選用微風間斷的吹。

醫師指點

孕婦本身就比普通人體熱，又容易出汗，如果吹冷氣，盡量保持在26℃左右最適切。

懷孕第6個月（21～24週）

母體的變化

妊娠6個月時，孕婦下腹部的隆起已非常明顯，體重也較先前增加許多，子宮底高22～25公分，此時期孕婦下半身容易疲勞，有時背肌、腰部疼痛。由於長大了的子宮壓迫各個部位，使下半身的血液循環不暢，因而格外容易疲勞，而且很難解除。乳房更大，乳腺發達，在洗澡時或淋浴後，有人會流出淡淡的初乳。

醫師指點

這時期由於鈣質等成分被胎兒大量攝取，孕婦有時會患牙病或患口腔炎。雖然初產婦對胎動的感覺敏銳度不同，然而，在這個時期，幾乎每個孕婦都會感覺到胎動。

妊娠檢查

懷孕20～22週時，胎兒器官已發育完成且清楚可見。因此可進行高層次超音波檢查胎兒型態及器官是否正常，包含胎兒大小、腦、脊椎、顏面、唇、心臟、胃、腎、膀胱、腹壁、四肢、性別、臍帶血管、胎盤位置及羊水量等。若有嚴重異常的胎兒可考慮在24週前終止懷孕。

胎兒的發育

妊娠6個月時，胎兒身長約32公分左右，體重也已達600～700公克，身體看上去已有勻稱感，但皮下脂肪還很少，身形較瘦弱，由於皮下脂肪的緣故，皮膚呈黃色。從這時起，在皮膚的表面開始布滿胎脂。胎脂是從皮脂腺分泌出來的皮脂和脫落的皮膚上皮的混和物，一直到分娩前給胎兒

皮膚提供營養、保護作用；同時在分娩時起潤滑的作用，使胎兒能順利的通過產道。

這時期，胎兒濃密的頭髮、眉毛、睫毛等都已能看清，骨骼已結實，照X光能清楚看到頭蓋骨、脊椎、肋骨、四肢的骨骼等，關節也在此時開始發達。如果這個時期胎兒娩出，新生兒有淺淺的呼吸，可存活數小時。

胎兒聽覺發育與訓練

6個月的胎兒已經開始凝神傾聽，在各種聲音裡，母體的心臟節奏是胎兒最關注的聲音，這能使他對所處環境無憂無慮，更有安全感。而對外部世界的聲音刺激，也會立即做出反應，像音響能使胎兒心律變快，汽車喇叭聲會使胎動頻繁等。科學家還發現，如果胎兒在母體內患有先天性耳聾，透過聽力訓練能做出初步診斷，在胎兒出生之後就可立即採取相應的醫療措施。

胎兒嗅覺發育與訓練

胎兒的嗅覺與視覺一樣，在出生後才開始迅速發育。胎兒鼻子裡的嗅毛可以感覺味道，當嗅毛接觸到味道分子時，即轉變為電訊號傳達至腦部，能辨別味道的好壞。這個味道分子是空氣中相當微小的粒子，由於只有嗅毛才能產生作用，所以，羊水中的胎兒很難發揮嗅覺功能。但是，主司嗅毛生長或接收來自嗅毛傳遞出信號的大腦神經，大約在懷孕6個月完成。所以，懷孕時期可說是嗅覺的準備階段。

胎兒出生後數天之內，媽媽的味道清楚的透過嗅毛傳達至腦中並記憶下來。奇妙的是，雖然和嬰兒的嗅覺不同，媽媽也會有相同的嗅覺反應。

在美國有一個推廣母乳哺乳運動的團體，他們指出，職業婦女在職場擠母乳時，如果事先聞一聞有自己寶寶味道的內衣，母乳的分泌量會比平時更加充足。可見，新生兒與媽媽像是一個生命體，關係綿密。

胎兒思維發育與訓練

隨著大腦的發育，6個月後的胎兒已有意識萌芽，還有可能影響神經系統。在這段時間裡，胎兒意識很少受到刺激反應的影響，因為胎兒大腦尚未成熟，必須先感知媽媽的情感後再做出反應。也就是說，要把情感轉換為情緒得有一個感知過程，大腦皮層需具備複雜的心算能力。這時的胎兒具有明確的自我感受，並能將感覺轉換為情緒而形成「思維路線」。

當胎兒識別能力逐步提高，理解能力也會不斷增強。隨著記憶與體驗的加深，胎兒的精神也從無意識的存在發展為有意識的存在。

胎兒大腦發育的影響

胎兒的腦細胞在逐漸形成時，如果出現有害物質進入其體內，必然阻礙腦部的發育，我們將這些有害物質稱為刺激，刺激又可分為有形與無形兩類。

無形的刺激，指的是孕婦的心理狀態，孕婦的心理狀態會造成母體荷爾蒙的變化，經過胎盤傳達到胎兒的腦部。有形的刺激，則是能夠毫無阻礙的進入腦神經細胞的有害物質，例如：酒精、水銀、一氧化碳、枯葉劑、香菸、毒品及藥品等。有形刺激會直接阻礙腦部及身體器官的發育。

促進胎兒智力發育

第6個月的胎兒全身的骨骼架構已經完成，從各方面看，都與嬰兒相差

無幾。這期間，胎兒大腦的成長相當驚人，之前沒有皺褶平滑的狀態，在這個時期開始產生大腦皺褶，非常接近成人的腦部構造。

這時期沒有養成每天散步習慣的媽媽，可以開始培養。在過程中，胎兒也會配合媽媽舒展筋骨，如果妳對他說：「乖乖，馬上就到了。」他便會安靜下來。散步的時間以上午10點到下午2～3點為最佳，這個時間較不容易引起子宮收縮。但如果在盛夏的這個時候散步，可能會因中暑而昏倒。不如利用早晨或傍晚的時間進行，比如：利用傍晚去購物時，順便動動腳、散散步。

究竟這時期可不可以旅行呢？如果已經是懷孕的穩定期，原則上是可以。但是，懷孕畢竟不同於一般，千萬不可太大意，因此有些事項需要注意：旅行地點盡量選擇充滿綠意的大自然；旅程時間盡量寬裕，不要趕場，最好是定點旅遊；搭車時間每小時能休息1次為宜；隨身攜帶健保卡及孕婦手冊；旅行地點的溫差問題也要注意，大自然的規律是早晚比較清冷，旅館和車上也會放冷氣，急遽的溫差可能導致子宮突然收縮，雖然羊水可以保護胎兒（羊水的溫度不會有太大的變化），所以不會立即出現異狀，但是子宮劇烈的收縮可能導致早產，要提高警覺；別忘了攜帶外套及襪子，在車上準備一條保暖毛毯。

愛心提示

車子的振動對胎兒也有不好的影響。若非舒適規律的節奏，必然會引起胎兒的不適。振動影響到媽媽的腹部，造成壓迫感，刺激胎兒的皮膚，不快的感覺從皮膚傳到腦部，可能阻礙腦部的發育，也要注意。

唱歌胎教法

妊娠5個月後，媽媽或爸爸就可以進行唱歌胎教法。媽媽唱歌時，胎兒從中得到感情和知覺的雙重滿足，熟悉爸媽的歌聲，加強親子感情交流，使彼此關係更和諧、融洽。每天可進行幾次，每次不超過10分鐘。

■1 孕婦可以哼唱、清唱、跟音樂齊唱等，唱時心情要舒暢，富感情，如同面對小寶寶傾述滿腔柔腸和母愛，這時媽媽可想像胎兒正在靜聽歌聲，達到母子心音的共鳴。

■2 胎兒雖有聽覺，畢竟不能唱，媽媽應充分發揮想像力，讓腹中的寶寶跟隨自己的旋律和諧的「唱」起來。媽媽可先練音符發音或簡單的樂譜，每次唱都留出複唱時間並想像胎兒在跟唱一樣。

爸媽為胎兒唱歌，是任何形式的音樂所無法取代。有的孕婦認為自己沒有音樂細胞，不能為胎兒唱歌。其實，只要帶著母愛的深情去唱，對胎兒就十分悅耳動聽了。爸媽唱歌比播放唱片的效果更佳，而且爸媽經常對胎兒唱的歌曲，在寶寶出生後，對此歌曲的記憶會保持很久。

對話胎教法

爸媽與腹中的胎兒對話，是一種積極有益的胎教方式。雖然胎兒聽不懂話的內容，但能夠透過聽覺聽到爸媽的聲音和語調，感受到來自爸媽的呼喚。用語言刺激胎兒聽覺神經系統及其大腦，對胎兒大腦發育有益。對話胎教法一般在妊娠第26週，即6個半月開始進行。當孕婦感覺有胎動或胎動較活躍時，可以向胎兒講話。時間不宜長，每次10餘分鐘，講時應保持室內安靜。

孕婦姿勢可取坐式或臥式，對話內容應簡單明瞭，不要太複雜。

■1 對胎兒講日常性簡單用語。

■2 對胎兒進行系統性語言誘導，咬字要清楚，聲音要緩和。

懷孕期間會變醜嗎？

　　婦女妊娠後，由於內分泌及代謝的影響，特別是皮膚上常會發生各種變化。在這些變化中，有些可能使孕婦「變醜」，但以下的變化都是正常現象：

　　1色素沉著：大約有90％的孕婦會發生不同程度的皮膚色素增加，最明顯的部位是乳暈、外陰部和腹部白線區；其次是皮膚上原有的雀斑、色素痣和新鮮的瘢痕組織，可在妊娠期變黑；如蝴蝶斑，主要發生在臉部，表現為黃褐色素沉著，70％的孕婦都會有不同程度的發生。

　　2多毛：多數孕婦可發生程度不同的多毛，以臉部最明顯，依次為手臂、小腿及背部等處。懷孕期間頭髮生長更活躍，比平時濃密。

　　3妊娠紋：絕大部分的孕婦在懷孕6～7個月時，在腹部出現淡紅色或紫紅色線狀紋，有時也會發生在胸部或腹股溝部。

　　4蜘蛛痣：有些在懷孕2～5個月時，在眼皮及其他部位發生形狀像蜘蛛樣的「蜘蛛痣」，有些人則出現掌紅斑。另外，40％的孕婦可發生下肢靜脈曲張。

　　5皮膚顏色多變：許多孕婦妊娠後，皮膚對各種刺激特別是冷熱刺激，變得十分敏感，時而蒼白，時而潮紅，以臉部為甚，嚴重時會出現暫時性斑樣改變，不如妊娠前有光澤。

　　6肥胖：約有半數孕婦，自妊娠4～5個月後，會逐漸變胖，皮下脂肪增多明顯，失去以往曲線美。

　　7水腫：大部分孕婦在妊娠中、後期會出現程度不同的水腫，以下肢和踝部較明顯，晚上重，早晨輕。少數孕婦臉部和上肢（手部較明顯）也會出現輕度水腫，影響美觀。

　　上述變化來自妊娠期體內內分泌的改變，主要是黃體素和雌激素分泌增加，以及子宮膨大壓迫下腔靜脈引起；分娩後，內分泌恢復正常，子宮也逐步復原，一般都會恢復至妊娠前狀態。唯黃褐斑和妊娠紋在分娩後消

退的時間可能稍長些，少數人的黃褐斑可能在分娩數個月後仍未消退，主要是由於孕婦在妊娠期陽光照射較久、飲食不當、精神狀態不佳和遺傳等因素造成。

孕婦在懷孕期間應加強自我保健，避免在陽光下照射過久，夏秋要戴遮陽帽或撐傘；注意飲食營養，不吃辛辣等刺激性強的食物，少吃動物脂肪；每天早、中、晚洗臉，不抹低劣變質的護膚油（霜），不用品質差的香皂；講究身心衛生，保持輕鬆、愉快、平和情緒，睡眠充足，生活規律，適當的參加文藝、體育活動。這些如都能認真做到，一定會有明顯的效果，幫助產後迅速恢復「青春」。

妊娠斑的處理方法

妊娠斑是一種色素沉澱現象，通常不會引起病痛，卻有礙美觀。這種色素沉澱與妊娠後的內分泌變化有關，產後由於胎盤娩出，胎盤的內分泌作用逐漸減退並消失，妊娠斑亦會漸漸消退，或色素沉澱變少。所以有妊娠斑的孕婦不必擔心今後的容顏。如果色素太深，面積太大，可以外敷維生素B_6軟膏、防晒霜等臉部皮膚保護劑，同時應避免太陽暴晒，以免色素加深。

中醫臨床上常根據產婦的具體情況，推薦服用六味地黃丸加益母草膏等藥方。孕婦要謹記不可使用面膏藥物，易引起過敏性皮膚炎，並加深色素斑。

肥胖對妊娠的影響與預防

肥胖孕婦較正常體重孕婦易併發許多疾病，常見的情況如下：

1 妊娠高血壓疾病發生率高，也比較容易發生子癇、胎兒生長遲滯，增加了死亡率。

2 高血糖、糖尿病、巨嬰發生率高。

3 產程延長發生率高，增加剖腹產和感染風險，以及胎兒宮內窒息率。

4 難產率提高，特別是因為胎兒大，易發生梗阻性難產。

5 肥胖加大了麻醉和手術技術上的困難，剖腹產兒缺氧發生率高。

6 產褥熱高，最常見的原因是生殖道、泌尿道及切口感染。

7 易形成血栓，引起血管栓塞性疾病。

8 腹壁脂肪厚，剖腹產腹壁切口可因脂肪液化而癒合不良。

發生先兆流產時如何保胎？

流產根據發生的時間，可分為早期流產和晚期流產。早期流產是流產發生在妊娠12週以前者，如流產發生在妊娠12週以後則稱為晚期流產。根據流產過程的不同階段又可分為先兆流產、難免流產、不全流產、完全流產、過期流產、感染性流產和習慣性流產。為了保住胎兒，當發生先兆流產時，就要採取保胎措施。

所謂先兆流產，是指妊娠早期出現輕度腹痛與腰酸，陰道流出少量鮮紅色、淺粉色或棕褐色血液，可持續數小時、數天或更長時間，而檢查時，子宮體大小與妊娠月份相符，子宮頸口未開，尿妊娠試驗陽性者。先兆流產的一般保胎措施，首先是臥床休息，禁止性生活，盡量減少不必要的陰道檢查，適當服用鎮靜止痛藥物。而藥物治療首先是黃體素，黃體素能夠使子宮肌肉鬆弛，活動力降低，對外界的反應能力低落，降低妊娠子宮對催產素的敏感性，有利於受精卵在子宮內生長發育。不過黃體素只適用於妊娠3個月內，胎盤未完全成形之前，由各種原因使子宮興奮性增強所致的先兆流產。

另外，維生素E也有利於受精卵的發育。每次可口服10～20毫克，每天3次。但流產的原因複雜，是否保胎需要請醫生詳細檢查，因為有些情況，如受精卵異常，妊娠早期很容易夭折，保胎將無濟於事。

有些孕婦，身患重病或子宮嚴重畸形時，保胎有損無益，在妊娠早期應用人工
合成黃體素保胎時，還有可能引起女嬰男性化、男嬰尿道下裂畸形等。因此，
當先兆流產發生後，千萬不要盲目保胎。

避免去擁擠的場所

平時人們免不了經常去人多擁擠的場合，但孕婦則不宜去，容易有以
下危險：

1 在人多擁擠的地方，孕婦一旦受擠便有流產的可能，如擠著上公共
汽車就很危險。

2 人多擁擠的場合容易發生意外，如在廣場看表演，就有可能被擠
倒，孕婦身體不便，很容易出問題。

3 人多使空氣污濁，會給孕婦帶來胸悶、缺氧的感覺，胎兒的供氧也
會受到影響，如在擁擠的室內看表演容易身體不適。

4 人聲嘈雜易形成雜訊，對胎兒發育不利，如在球場看球賽就會不時
有噪音出現。

5 增加被傳染疾病的危險，公共場合中各種致病細菌物的密度遠高於
其他地區。尤其在傳染病流行的期間和地區，孕婦很容易染病。這些病毒
和細菌對於一般健康人來說可能影響不大，但對孕婦和胎兒來說，可能有
致病或致命危險。

不宜打麻將

許多孕婦閒來無事，看見朋友，尤其是丈夫打麻將，也想參與其中，
一來消磨時光，二來求得樂趣。殊不知，如此不僅對孕婦自身不利，且有
害胎兒的身心健康，既不利於優生，也不是積極的胎教。

孕婦需要適量的活動，不宜長時間保持同一個姿勢。打麻將時，孕婦

的持續坐姿不利胃腸蠕動，腹部的壓迫又使盆腔靜脈血液回流受阻，容易使孕婦便祕、厭食，出現靜脈曲張、下肢浮腫，發生痔瘡。同時，座位的壓迫有礙於血液對子宮的循環和供養，直接影響胎兒大腦的發育。

懷孕第6個月的保健

妊娠6個月時，由於下腹部的隆起比較大，致身體有前傾趨勢，特別在上、下樓梯、登高取物時，要特別注意不要跌倒。從這時起會非常容易疲勞，要注意充分休息，不要睡眠不足。可以的話，午休應睡1～2小時。不要忘記牙齒的保養，如果口腔不清潔，易患齲齒和口腔炎。如果有病牙，在這個時期治療最合適，因為這時身體、心情都比懷孕初期大大好轉，但不能因為如此，而過分加重工作，有工作的孕婦特別容易有這個傾向，所以提醒注意。4週1次的產前檢查一定要做。

下腹突出型的飲食與營養

這類型的女性因為體內熱量過高或體力不足，連帶胃腸作用也弱，所以要將少量營養價值高的食物，製成易消化的狀態來攝取，對身體有冷卻作用和酸味的食物應盡量避免。飯前飯後要躺下來休息10～30分鐘。最好採取少量多餐的方式，一天分4～5次進餐。

1 **有效的食物**：如肉、魚、蛋、蔬菜；肝臟、牛肝、雞肫；點心類要在飯後吃；辣椒、胡椒、咖哩、蔥類、胡蘿蔔等。

2 **避免的食物**：如醋拌菜、酸梅、檸檬、番茄醬、沙拉醬、鳳梨、草莓、梅酒；生蛋、生菜、鮮奶油、蘿蔔泥；蕎麥、豆腐、竹筍、白菜漬的泡菜、大芥菜、南瓜、牛蒡等，且應避免食用油膩、不易消化的食物。

腰部突出型的飲食與營養

此類型孕婦要攝取可使身體冷卻的食品，使新陳代謝旺盛；要調整排便的機能，將多餘的廢物排出；食物必定要細嚼慢嚥，不要因肚子過餓而狼吞虎嚥。配食的比例：早餐（肉類）3、午餐（魚頭）2、晚餐（蔬菜水果），禁止宵夜。

1 有效的食物：生蔬菜、蘿蔔泥、花生、豆腐、水果、青菜、食用蔬菜汁、生魚片；酸的食物有：醋拌菜、酸梅、沙拉醬、帶皮檸檬、橘子類等；其他食物有：海藻類、白菜醃製的泡菜、大芥菜、南瓜、牛蒡、木耳、竹筍。

2 應少吃的食物：如油膩的油炸類、炒菜、肥肉、奶油等。

3 盡量避免吃的食物：砂糖、點心類；烤吐司、鍋巴、烤魚、烤肉；山芋菜、薑、辣椒、胡椒、咖哩；蔥、紅蘿蔔。

醫師指點

可食用以鋁箔蒸的食物，人造油如奶油、香油、植物油可少量攝取，不論是煮菜、湯類，都應以淡味為宜。

一般體型的飲食與營養

原則上食物沒有限制，但為了使身體更健康，並能過健康的妊娠生活，要注意以下幾點，這對防止身體功能失去平衡也很有效果：用餐時要保持愉快情緒，不要邊吃邊想工作。例如：在桌上放喜愛的花作裝飾，或吃最想吃的食物等。事前已知將會有忙碌的事，或有過分疲勞的傾向，就應避免吃辛辣等刺激性食物，保持飲食均衡，如此不但恢復快，也能預防疲勞。

易衝動型的飲食與營養

因為易衝動型（神經質型）的人精神狀態不穩定，所以不要吃有刺激性、有興奮作用和會破壞神經平衡的食物。

吃飯前，可先躺下來休息10～30分鐘，然後對耳朵做指壓，並讓眼睛得到充分的休息；不要讓肚子過餓，也不要暴飲暴食；避免冷熱食混合著吃。在懷孕前把身體調理好。

1有效的食物：如海藻類、蓮藕（烹調時避免調味過度）。盡量避免過於辛辣的食物，如胡椒、薑、辣椒、咖哩。

2應避免有興奮作用的食物：茶類、咖啡，及刺激性食物。

3應避免油炸、燒烤的食物：烤魚、烤肉、香腸、火腿等。

懷孕第7個月（25～28週）

母體的變化

妊娠7個月時，除定期例行產檢外，在第28週需接受妊娠糖尿病篩檢，以及B型肝炎檢查孕婦下腹部的隆起已非常明顯，上腹部也膨大起來，子宮底已位於肚臍上，高度是22～29公分。子宮愈來愈大，壓迫下半身的靜脈，因此會出現靜脈曲張。而且由於子宮壓迫骨盆底部，便祕和長痔瘡的人也多了起來。挺著大肚子走路，為取得重量的平衡，就要昂首挺胸，更容易引起後背和腰部的疲勞、疼痛。

妊娠檢查

除一般常規妊娠檢查項目，在第28週需接受妊娠糖尿病篩檢，據統計約百分之一至三的孕婦有妊娠糖尿病，若未發現可能造成巨大胎兒，甚至危及胎兒或母體。確實患有妊娠糖尿病，需由營養師指導飲食控制，若血糖仍偏高則需接受胰島素注射。另外若產檢有顯示蛋白尿、高血壓、水腫，可能是子癇前症，應遵照醫師指示處理。

胎兒的發育

胎兒經過7個月的發育，體重已達約1000～1200公克，身長也有36～40公分，臉部輪廓已能分清，頭髮已長出5公釐左右，全身有毛覆蓋著。眼瞼的分界清楚出現，眼睛能睜開了。外生殖器也逐漸清晰，男孩子的睪丸還沒有降下來，但女孩子的小陰脣、陰核已清楚突起。吸乳的力量還不充分，氣管和肺部還不發達。為此，如在這個時期早產，儘管有淺淺的呼吸和哭泣，但存活的可能性仍然偏低。幸而，現在隨著醫學的發達，

未足月寶寶存活的可能性愈來愈大。

胎兒對話發育與訓練

實際上胎兒在母腹中就已經具備了語言學習的能力。根據胎兒這種潛能，只要媽媽把握時機對胎兒進行認真、耐心的語言訓練，等到胎兒出生後，在聽力、記憶力、觀察力、思維能力和語言表達能力，將會大大超過未經語言訓練的孩子。

根據胎兒具有辨別各種聲音並能做出相應反應的能力，爸媽就應該經常對胎兒說話，也可以說是「訓練」。

醫師指點

在對話過程中，胎兒能夠透過聽覺和觸覺感應到來自爸媽親切的呼喚，增進彼此生理上的溝通和感情上的聯繫，這對胎兒的身體和情商發育很有助益。

胎兒味覺發育與訓練

胎兒在7個月左右已經具有感覺味道的能力。如果給7個月的早產兒甜味的東西，馬上就有反應。感覺味道的味蕾，在懷孕3個月時逐漸成形，直到出生之前逐漸完成，不過，在懷孕7個月左右時已基本完善。尤其對甜味與苦味的感覺，發育比較迅速。

愛心提示

胎兒在感覺到甜味時除了會心跳外，還會吸吮，嘗到苦味時會做出吐舌頭表示討厭的動作。由於基本的味覺已經發育完成，所以，嬰兒出生後馬上可以分辨母乳及其他味道的差異。

胎兒在宮內的呼吸

　　早在妊娠11週，僅有4～5公分長身軀的胎兒胸廓便出現了上下起伏的運動；妊娠13～14週（3個多月），胎兒的這種呼吸運動變明顯，足以引起羊水在呼吸道內呈潮式移動。妊娠晚期（36週），胎兒的呼吸運動變得有規律。通常，在正常情況下其呼吸淺而快，每分鐘30～70次。隨著呼吸運動，進入氣管和肺泡中的羊水能被吸收。因此，正常的羊水不致引起胎兒肺部發炎或其他病變，科學實驗研究發現，胎兒的呼吸道不僅能吸收液體，而且本身還分泌液體。

胎兒在宮內的姿勢

　　妊娠7個半月以前，胎兒周圍的羊水量相對較多，胎體較小，胎兒猶如水中漂動的「皮球」，故胎位經常變動。因此，這時檢查胎位並無意義，即便是胎頭不朝下，也不必管他。至妊娠7個半月以後，長大的胎兒在子宮裡活動逐漸受限。此時若發現胎位異常，臀位或橫位，即民間所說的「橫生倒養」，則應遵照醫囑採取相應措施，以減少母嬰在分娩中可能發生的危險，提高圍產兒的生存率。

胎兒發育遲緩的原因與危害

　　胎兒宮內發育受限是指足月胎兒出生體重小於2,500公克，或體重較同齡新生兒平均體重輕10%以上。宮內發育遲緩因發生的時間不同，可有不同的表現。早期發育遲緩的胎兒，發育勻稱，增長呈均勻一致性，而其胎盤功能多正常，這往往因病毒感染或先天基因異常所致。晚期發育遲緩的胎兒，發育不勻稱，但身長影響不大，皮下組織及體重明顯低，常伴有胎盤功能不全，這

種胎兒圍產期窒息發生率高。

　　宮內發育受限的圍產期患病率高，新生兒窒息是宮內發育受限兒的主要併發症。由於胎兒宮內缺氧、酸中毒，腦細胞受抑制而導致新生兒窒息，圍產期兒窒息會發生缺氧性腦病、充血性心力衰竭等多種器官功能失調。由於發育遲緩，胎兒肝糖原及其儲存均少，容易發生低血糖；由於血黏稠度高，易發生紅血球增多症。

　　胎兒出生後智力及神經系統能否正常發育，要根據胎兒宮內發育基礎，是否併發新生兒窒息、缺氧、低血糖等，因其導致低氧缺血性腦病。至於出生後的生長發育，要根據營養、環境及胎兒宮內發育受限發生的時間等因素來定。因此，對胎兒宮內發育受限應引起關注。

促進胎兒智力發育

　　事實上，孕婦應於懷孕初始便常與腹中胎兒交流、談話，胎兒在第7個月時才能更清楚分辨喜歡或討厭的聲音，所以，現在開始與胎兒對話也不遲。

　　胎兒喜歡的聲音莫過於媽媽的聲音。胎兒在出生之前就是聽著聲音長大的：子宮裡血液流動的聲音、媽媽與爸爸溫和的談話聲、媽媽偶爾因為吵架而變得尖銳的聲音、電話鈴聲、門鈴聲、電視的聲音、音樂的聲音等，所有生活中的聲音，都是無法避免的，所以，媽媽應盡量整合這些聲音，以給胎兒提供舒適的聲音環境。

　　孕婦中午做完家事後，坐在沙發上，雙手貼著下腹，因為胎兒的頭應該在這個位置，然後溫柔的與胎兒說話。對於說話感到為難的孕婦，不妨為胎兒讀讀故事書。但是，不要一直存著希望胎兒聰明的想法。爸爸也要對胎兒說說話，不妨在晚餐後進行。

　　胎兒對這種說話的方式會在腹中做出反應。此時，媽媽不僅感覺到胎兒在肚子裡活動，還感覺到胎兒可能在表達某種情緒。剛開始或許還不知

道，慢慢的就可以理解了。俗話說：「睡覺的孩子容易長大。」這個觀點也可以用在胎兒身上。腹中的胎兒也會睡覺。如果孕婦的睡眠姿勢與胎兒的姿勢不相合，恐怕孕婦的睡眠品質就會受到影響。解決的辦法是在腰部墊個枕頭，是側躺時在雙腳或腹側夾小坐墊，尋找容易入睡的姿勢，左邊向下，腿稍微彎曲，不僅容易入眠，胎兒也不會動得太厲害。

懷孕時期，媽媽如果能睡得很熟，睡眠時腦部的腦下垂體會分泌出成長荷爾蒙，這不是為了幫助媽媽成長，而是為了胎兒成長所分泌，甚至是胎兒成長不可或缺的物質。另外，這個荷爾蒙具有幫助媽媽迅速消除身心疲勞的效果。許多媽媽懷孕前常抱怨無法好好睡眠，懷孕後反而變得比較好睡，容易入眠，這是因為為了釋放出胎兒所需的荷爾蒙，媽媽身體自然發生變化的緣故。

情感胎教法

胎兒在宮腔內被羊水包圍，是生活在一個水環境中，而水對聲音具有選擇的過濾作用，它能除去一部分低音、保留較多的高音，因此胎兒對高音具有更強的敏感性。媽媽的聲音對開發胎兒的智力有極大的好處，在與胎兒講話、唸畫冊故事、教胎兒學文字的基礎上，再進一步施行「教胎兒學算術和圖形」的胎教法。

意念胎教法

在懷孕期間，孕婦就應設想未來寶寶的形象。寶寶性別是男、是女，像爸爸還是像媽媽？在懷孕期間設想的孩子形象在某些程度上相似於將要出生的嬰兒。

　　孕婦的心情舒暢，透過體內的化學變化來影響胎兒，進而使胎兒受到良好刺激。許多孕婦家中的牆壁會掛上自己喜歡的嬰幼兒照片，天天看能有益胎兒生長發育，還可以和丈夫一起描繪所希望的嬰兒模樣，都屬於意念胎教。

　　孕婦還可預先設計製作胎兒出生後的用品或玩具。在一針一線的縫製中，培養孕婦和寶寶的感情。孕婦及丈夫為寶寶準備出生後日常用品的同時，精神得以充實，時間也會過得很快。這就是精神和意願的催化作用，將促使寶寶按自己的意願發育。

醫 師 指 點

孕婦可以把自己的想像透過語言、動作等方式傳達給腹中的寶寶，重點是要持之以恆。

數學胎教法

　　運用胎教方法時，可以與胎兒講話，唸畫冊故事；可以教胎兒學文字，可以再進一步施行「教胎兒學算術和圖形」的胎教法。

　　透過視覺印象的方式將圖形的形狀、顏色和媽媽的聲音一同傳遞給胎兒。教數字和圖形成功的訣竅是以立體形象傳遞，而不要平鋪直述進行。例如：「1」這個數字，即使視覺化，對胎兒來說，也是一個極為枯燥的形象。為了使胎兒學起來有趣，媽媽加上由「1」聯想起來的各種事物。如「1」像豎起來的鉛筆，「1」像一根電線杆等，這就使「1」這個數字既具體又鮮明。

　　做算術也是一樣，例如：教胎兒1加1等於2時，媽媽可以這樣對胎兒說：「這裡有1顆蘋果，又拿來1顆蘋果，現在一共有2顆蘋果了。」這就將具體的、有立體感的形象，很活潑的導入語言刺激中。在臨近分娩時，懷孕時期的各種EQ胎教要照常進行，不能有任何鬆懈。

撫摸胎教法

　　胎兒需要媽媽的愛，不但需要語言上的撫慰、優美的樂曲，而且還需要有肢體的接觸。摸一摸肚子，腹內的小胎兒可以感覺到，經常撫摸胎兒，可以激發胎兒運動的積極性，也許初期不會明顯感受到胎兒回應的信號，只有不斷實踐才可能有清晰的感覺。

　　到6～7個月，媽媽已能分辨出胎兒的頭和背部，就可以輕輕推著胎兒在子宮中「散步」了。如果和著輕快的音樂與胎兒交談和「玩耍」效果會更好。母子「玩耍」式的觸摸訓練從妊娠5個月開始，到預產期前2～3週之間進行，懷孕晚期尤其必要。每次時間不要太長，5～10分鐘即可。

光照胎教法

　　胎兒的視覺發育比其他感覺功能發育緩慢，大約懷孕27週之後，胎兒的大腦才能感受到外界的視覺刺激；到懷孕36週之後，胎兒才對光照刺激產生反應。建議可從懷孕27週開始，在胎兒醒著有胎動的時候，給予胎兒光的刺激，用手電筒（弱光）一亮一滅照射孕媽咪肚皮的胎頭方向，每次5分鐘左右，透過肚皮和子宮壁的微弱光亮，可使胎兒視覺感受到光亮的變化，促使眼球轉動，並刺激腦部及視覺神經發育。

愛心提示

先生可以用手輕撫妻子的腹部對胎兒細語，並告訴胎兒這是爸爸在撫摸，並同妻子交換感受，這樣能使爸爸更早與未見面的小胎兒建立關係，增進全家人的感情。

懷孕第7個月的保建

　　高危險妊娠是指對孕婦、胎兒可能會發生危害的妊娠。凡可能造成高

危險妊娠的孕婦，應該到醫院與醫生配合檢查，篩檢出高危險妊娠症狀，預先治療疾病，保護孕婦和胎兒的健康。

懷孕28週以前，胎兒較小，胎兒在子宮內的活動範圍較大，胎位不固定；而懷孕28週以後，胎兒長大，羊水逐漸減少，胎兒的活動範圍相對減少，所以此期要仔細觀察胎位的變化，及早進行矯正。子宮慢慢變大，會壓迫直腸、骨盆腔靜脈，影響到孕婦的排泄，容易發生便祕、痔瘡等。要預防便祕、痔瘡的發生，就要多吃富含纖維素的水果、蔬菜，以及多喝水，孕婦還要養成定時排便的習慣。

從懷孕開始到第28週，孕婦每月要做1次產檢。第29週起，應每2週檢查1次。

妊娠間的盲腸手術

在妊娠期間，可以做闌尾炎（俗稱盲腸炎）的手術。

在妊娠期間，由於某種疾病而動開腹手術的情形屢見不鮮，其中最多的就是急性盲腸炎。大部分在妊娠前便有慢性盲腸炎的孕婦，都會由於妊娠的關係由慢性轉化成急性。但是在妊娠以後才罹患盲腸炎的病例卻是少之又少。

盲腸，一般是在腹部的右下方。在妊娠4～5個月時，子宮會變大，將盲腸慢慢往右上方推擠，隨著妊娠月數的增加，盲腸便向上或向右升高。到第8～9個月時，已升高到相當程度了（大約在子宮的側後方），一直到分娩後第10～20天，才又回復到原來的位置。

如果妊娠中罹患急性盲腸炎怎麼辦？首先，腹部會突然感到強烈的陣痛，如果是流產或早產，則子宮整個都會疼痛，在這種情形下盲腸所在的位置（也就是右下腹部）會痛，隨著妊娠月數的增加，疼痛也會逐漸往

上擴散，若盲腸炎為急性時該部位還會發熱。妊娠中罹患盲腸炎之所以可怕，是由於它穿孔後會轉變成腹膜炎。子宮因繼續妊娠而張大，盲腸受到子宮的壓迫致破裂，流出膿汁時很容易併發成腹膜炎。腹膜炎會發高燒，使子宮收縮，容易造成胎死腹中，也很容易發生流產、早產等現象。在臨盆時，陣痛可能會減弱，使分娩的時間延長。

由此可知，妊娠中若發生腹膜炎會有生命危險，所以發生急性盲腸炎時要立即接受手術，把盲腸切除。由於它的惡化程度在妊娠時會加倍嚴重，所以應儘早把它切除。

低血壓懷孕須知

每個人的血壓不同，而且年齡愈大血壓相對愈高。

低血壓的定義是，比各年齡的平均血壓為低的情形。要低到何種程度才叫低血壓呢？世界衛生組織（WHO）規定收縮壓<90毫米汞柱，舒張壓<60毫米汞柱，每日測量3次均在此數值下為低血壓。在健康人中約有2.5～3.5%的人有不明原因的低血壓，多見於20～40歲的婦女。

造成低血壓的原因很多，譬如：體質，或是心臟、肺、內分泌器官的疾病（副腎、腦下垂體、甲狀腺）等，有的則是因為手術或中毒所引起；當然氣候、營養、運動、藥物和生活習慣等因素，也和造成低血壓有關。有些人患了低血壓後，渾然不覺。低血壓的人往往身材瘦削或體質差，體溫比常人低。據說內臟下垂、胃酸少的人，也有患低血壓的可能。患有低血壓時，常出現懼寒或頭暈眼花的症狀。

若是在懷孕之前就有低血壓的症狀，應該先到內科檢查原因，再針對原因加以治療。體質虛弱的人應該在分娩前，經由各種柔軟體操的輔助來逐步增強體力，使身體恢復健康。

假如患有貧血，就必須注意前項所述的要

點；若是沒有貧血，只是因為身體虛弱才患有低血壓，只要在懷孕時多注意身體的健康即可，避免使用特別的藥物來治療低血壓。

　　懷孕之後，特別是在懷孕後半期，孕婦的血壓會比懷孕前半期稍高，而且高血壓也有可能引起妊娠高血壓疾病，因此孕婦對於自己血壓的高低必須特別注意。

醫 師 指 點

具有遺傳性高、低血壓的孕婦，有可能將這種體質遺傳給下一代，需特別注意；貧血則不會遺傳。

妊娠時的褐色斑點

　　懷孕後，皮膚容易產生褐色斑點。隨著妊娠月數的增加，皮膚的顏色將會轉深，乳暈、外陰部、肛門和肚子的中心線等的顏色也會漸漸濃厚；到了妊娠末期就變成了黑褐色，另外，黑色、茶色小斑點的數目也會增加。上述現象亦有程度上的差別，就一般孕婦來看，膚色變深的婦女要比沒有變化者來得多。

　　為什麼妊娠中皮膚的顏色會變深呢？這是由於妊娠期血液中促成黑色素增加的激素變多的關係。這種皮膚色素在分娩後會消失，但不會完全恢復，會有顏色殘留。

　　一旦妊娠，眉毛和眉毛之間，鼻頭、眉毛上方，眼睛的下面和臉頰等處就會出現一種稱為肝斑的斑點，特別是膚色較深的人最容易產生。發生的時間多半在妊娠5～6個月以後。分娩後有的人完全消失，亦有經過數月或數年仍殘留著。

　　通常，有肝斑者占全部孕婦的6～7%。據研究報導，進口避孕藥的服用者較容易發生這種肝斑。妊娠中的色素沉澱是不能預防的，但可以從食物和日常細節注意。例如：夏天日光照射強烈時，可以使用遮陽傘和遮陽

帽來避免日光的直射。

醫師指點

防止色素沉澱的食物是含有豐富蛋白質的食品，如牛奶、乳製品、肉、蛋、魚、豆腐和黃豆等。

懷孕期間的產檢

如果已確知懷孕，為了要知道是否患有其他疾病，應接受下列的診斷和檢查：

1胸部X光照射：特別是曾患過結核病者。

2血型（Ａ、Ｂ、Ｏ、Rh型）和血液的梅毒反應：此僅限於初診者。

3貧血檢查：在妊娠初、中、晚期、分娩後1個月時接受檢查。

4尿蛋白、尿糖的檢查：在接受診斷時檢查。

5血壓檢查：為了早期發現妊娠高血壓，必須在診斷時測定。

6測定身高、體重：在初診時量身高，每次診斷時均要測量體重。

7浮腫現象：浮腫現象為妊娠高血壓的預兆，但正常孕婦也會產生浮腫，需觀察並就醫診斷。

8骨盆大小的測定：初診時測定骨盆大小。

9其他：牙齒和大便的檢查（有無寄生蟲）。曾經患過心臟病或腎臟病者，必須接受此項檢查；曾經患過糖尿病和妊娠高血壓疾病者，需要接受更精密的檢查才行。

關於在妊娠期間需要受診的次數如下：妊娠開始到第7個月，每月1次；妊娠第8～9個月，每月2次；妊娠10個月時，7～10天1次。職業婦女也要嚴守這些規定。如果有某種異常的徵兆（流產或妊娠高血壓疾病等），須增加受診的次數。並且，要事先決定在何家醫院生產。

前置胎盤的處理

　　前置胎盤是指胎盤部分或全部附著於子宮下段或覆蓋在子宮頸內口上。根據胎盤遮蓋宮頸內口面積的多寡，可分為完全性前置、部分性前置及邊緣性前置胎盤。

　　1 主要表現：妊娠晚期或分娩開始時無誘因、無痛性的陰道出血。完全性前置胎盤出血時間早（約妊娠28週），出血量多且反覆發生；部分性前置及邊緣性前置胎盤者的出血時間比前者晚些、少些。由於胎盤位置在子宮下段，易發生胎位不正或胎頭高浮，增加了難產率。

　　2 原因：截至目前，還沒有弄清導致前置胎盤的原因，可能是受精卵發育遲緩所致，也可能與多產、多次子宮刮搔、剖腹產或子宮內的其他損傷病變有關，受精卵植入時，為攝取足夠的營養而擴大胎盤面積，胎盤面積過大延伸至子宮下段，這樣會造成前置胎盤。近年來，因超音波廣泛用於產前檢查，前置胎盤的診斷率一般可達90%以上。

　　3 對胎兒的影響：前置胎盤使孕婦反覆出血，易導致貧血使胎兒慣性缺氧，影響其生長發育。胎盤纖維化使胎盤功能不足也可能影響胎兒發育。前置胎盤對胎兒的生長發育在33週以後尤為明顯，其對胎兒體重、身長、頭圍、胸圍均有影響。前置胎盤的胎兒自36週之後體重、身長、頭圍、胸圍基本不再發育，甚至體重下降。

　　4 處理措施：前置胎盤發生後，如果為部分性或邊緣性前置胎盤，只要止住出血，胎兒還可以平安的從陰道分娩，遇到這種情況一定要配合醫生做好治療。如果出血過多，就要考慮儘快終止妊娠，採用剖腹產方式平安分娩。

　　5 期待療法：前置胎盤期待療法就是一方面要保胎，一方面要確定孕婦的安全。保胎是為延長胎齡，促使胎兒成熟，以提高圍生兒的生存率。前置的胎盤影響胎兒生長發育，在33週後更明顯。因此，應掌握好終止妊娠的最佳時期。

醫師指點

胎兒已成熟，繼續期待療法既對胎兒發育有害無利，且有發生孕婦陰道大量出血的危險。因此，期待療法只適用於陰道出血量不多且胎兒存活者。

胎漏或胎動不安的防治

婦女妊娠期陰道少量出血、時有時無而無腰酸腹痛者，中醫稱作胎漏；妊娠期患有腰酸腹痛或下腹墜脹，或伴有少量陰道出血者，中醫叫胎動不安。兩者常是墮胎、小產的先兆，調理藥方請見第524～525頁。

1腎虛胎漏，胎動不安。稟賦體弱，先天不足，腎氣虛弱；或孕後房事不慎，損傷腎氣，腎虛衝任不固，胎失所繫，以致胎元不固而成胎漏，胎動不安。妊娠期陰道少量出血，色淡暗，腰酸腹墜痛，或伴頭暈耳鳴，小便頻數，夜尿多，甚至失禁，或曾屢次墮胎，舌淡苔白，脈沉滑而弱，宜用固腎安胎佐以益氣之藥膳治療。

2氣血虛弱胎漏，胎動不安。平素體弱血虛，或孕後脾胃受損，無法運行消化食物中的水穀精微（營養的吸收率）。或因故損傷氣血，氣虛不攝，血虛失養，胎氣不固，以致胎漏，胎動不安。妊娠期，陰道少量流血，色淡紅，質稀薄，或腰腹脹痛或墜脹，伴神疲肢倦，臉色蒼白，心悸氣短，舌淡苔白，脈細滑，宜用補氣養血、固腎安胎之藥膳治療。

3血熱胎漏，胎動不安。素體陽盛，或七情鬱結化熱，或外感熱邪，或陰虛生熱，熱擾衝任，損傷胎氣所致胎漏、胎動不安。妊娠期陰道出血，色鮮紅，或腰腹墜脹作痛，伴心煩不安，五心煩熱，口乾咽燥，或有潮熱，小便短黃，大便祕結，舌質紅，苔黃而乾，脈滑數或弦滑。宜用滋陰清熱、養血安胎之藥膳治療。

4跌仆傷胎胎漏，胎動不安。跌仆閃挫或勞力過度，損傷衝任，氣血失和，致傷動胎氣，脈滑無力。宜用補氣和血、安胎之藥膳治療。

羊水過少的防治

羊水量少於300毫升，就稱為羊水過少，最少的可能只有幾十毫升或數毫升。羊水過少常跟胎兒泌尿系統畸形同時存在，如先天腎缺陷、腎發育不全等。懷孕晚期常與過期妊娠、胎盤功能不全並存。羊水過少對胎兒威脅較大，圍產兒的死亡率比正常妊娠高5倍。羊水過少的產婦臨床多有子宮收縮疼痛劇烈，收縮不協調，宮口擴張緩慢，產程延長發生。

醫師指點

定期產檢和超音波檢查可發現羊水量的情況。孕婦應密切注意胎動變化，並檢查子宮增長情況及超音波檢查羊水、胎盤功能的測定及了解胎兒有無缺氧情況。一旦發現有異常情況就要考慮剖腹產，儘快娩出胎兒。若有胎兒畸形，就要立即終止妊娠。

血小板減少性紫癜的預防

血小板減少性紫癜有兩種形式，一種是原發性，一種是繼發性。原發性血小板減少性紫癜是一種自身免疫性疾病，妊娠發病多屬此種。臨床表現以黏膜和皮下出血為主；繼發性血小板減少性紫癜是由感染藥物過敏和血液病引起。

妊娠本身不加重其病情，但對母、子有一定危險性，孕母會出現出血傾向，發生流產、胎盤早剝、胎死宮內、產道出血及血腫、產後出血、腹部傷口出血及血腫，嚴重者可有內臟出血而危及生命。胎兒可由於母血循環中的抗血小板抗體通過胎盤進入胎兒血循環，使胎兒血小板迅速被破壞，出現新生兒血小板減少症，而發生顱內出血，圍生兒死亡率達10～30%。如孕婦患血小板減少性紫癜多年，在懷孕初期病情平穩，血小板大於50×10^9/升，且出血傾向輕，僅表現血小板值偏低或略有波動者，妊娠後也不會發生明顯變化，常不需特殊治療，孕婦持續妊娠下去是不會有太大問題的。

在中、晚期臨床症狀重，有出血傾向，可用激素治療；若激素治療無效且症狀明顯，甚至危及生命時，可在妊娠6個月前施行脾臟切除術。若此兩種方法皆無效者，最好停止妊娠。患者妊娠期間，需要注意下列問題：

1 妊娠期要細心監護，即經常檢查，定期化驗血小板計數。當病情緩解，血小板大於$50×10^9$/升，一般不需治療。

2 對於妊娠期首次發病，妊娠期復發、妊娠期血小板減少性紫癜未得到控制者，應用腎上腺皮質激素。

3 病情嚴重者，可輸新鮮血或濃縮血小板懸液。

4 妊娠期不宜施行脾臟切除術，因死亡率高達10%。脾臟切除術只用於激素失效、不可控制的大出血危及生命時，最好在懷孕6個月前施行，因妊娠晚期手術也有困難，不宜採用。

5 胎兒娩出時軟產道撕裂應注意縫合止血，細查傷口有無血腫，並注意防治產褥感染。

6 很多藥物如噻嗪類、阿司匹靈、青黴素、鏈黴素等，皆可作為抗原誘致血小板減少性紫癜，故孕婦用藥要慎重，一旦發生應及時停藥。

7 應常規檢查新生兒血小板計數，如血小板低於$50×10^9$/升，應給予激素。採用人工哺育新生兒，可避免新生兒因吸進乳汁而使血小板減少。

妊娠晚期常見症狀

1 **子癇先兆**：在妊娠晚期孕婦突然出現頭痛，往往是子癇的先兆，尤其是有血壓升高或嚴重浮腫症狀的孕婦更不可忽視，此時可能已是妊娠高血壓疾病，如不及時診斷治療，還會誘發抽搐、昏迷，甚至危及母子生命，故應及時就醫，適時診治處理。

2 **胎盤早剝**：在妊娠中末期，由於外傷、負重或同房後突然出現劇烈腹痛，或於臨產後持續性下肢疼痛後陰道少量出血，甚至出血略多時，有

可能是胎盤早剝，應立即到醫院就診檢查。

3 胎膜早破：孕婦尚未到臨產期，而從陰道突然流出無色、無味的水樣液體，為胎膜早破，會刺激子宮，引發早產，並可能發生宮內感染和臍帶脫垂，影響母子健康，甚至還導致產生意外，要找醫生處理。

4 前置胎盤：妊娠晚期陰道出血，量少時可能為臨產先兆，無誘因無痛性出血多為前置胎盤。

5 過期妊娠：妊娠期超過42週仍不分娩者稱過期妊娠，對母子均有害處，容易發生胎兒呼吸窘迫，引起胎兒突然死亡，需至醫院檢查。

6 妊娠晚期免疫低下：由於孕婦妊娠晚期的免疫力低下，易受病毒感染，如肝炎等。若出現長期乏力、食欲不振及黃疸、噁心、嘔吐等症狀，應就醫檢查，及早對症處理，以確保母子平安健康。

7 妊娠心臟病：妊娠晚期因為子宮增大，心臟負擔加重，心跳加快。若孕婦原有或妊娠晚期患有心臟病，會造成嚴重心悸，使病情加重，威脅母子生命，應及早就醫，防止心力衰竭發生，降低母子的死亡的可能性。

預防妊娠併發白血病

白血病是一種非常可怕的疾病，又叫做血癌，任何年齡都可發生此病，其中以1～40歲多見，當然育齡婦女也在此列。本病一般表現為不同程度的發熱，出血是常見的症狀，發生在任何部位，以皮膚、黏膜多見，其次為胃腸道、泌尿道、呼吸道和子宮。血小板常明顯低於正常，由於出血病人常有貧血，血中成熟的白血球減少，容易感染，目前為止尚缺乏有效的治療方法。

按病程白血病有急、慢性兩種，妊娠併發急性白血病，易致流產、早產、死胎或胎兒發育遲緩等，很少能達到足月分娩。因此，急性白血病患者不宜妊娠，以免加重病情和影響治療。慢性白血病因病程長，病情進展緩慢，故在醫生嚴密監測下，大多數可妊娠維持至足月分娩。

懷孕第8個月（29～32週）

母體的變化

妊娠8個月，孕婦的腹部已突出十分明顯，身體也更覺沉重，行動顯得相當費力，多數孕婦還易感疲勞和笨重，有的人會出現浮腫。如果只是在傍晚或夜裡腿部有些浮腫，不用擔心；但如果是從早晨起臉就浮腫不消，那就有可能是一種異常情況。這時期，有的人已在腹壁慢慢長出妊娠紋，呈淺紅色，看上去就像是撓傷。

愛心提示

因激素的關係，有的人長出褐斑或雀斑，或在嘴、耳朵、額頭周圍出現斑點。乳頭周圍、下腹部、外陰部顏色也愈來愈深。

妊娠檢查

除了一般產檢常規檢查之外，另需抽血，作B型肝炎、梅毒、德國麻疹測試。B型肝炎雖不會造成胎兒損傷或畸型，但在胎兒娩出後仍有垂直感染的風險，所以須在新生兒出生後24小時之內注射免疫球蛋白，並在滿月及滿6個月時需各注射一次B型肝炎疫苗。而梅毒螺旋體及德國麻疹病毒均可輕易通過胎盤，可能導致胎兒畸形，更嚴重者會胎死腹中，需在產前29週作檢測。

胎兒的發育

胎兒經過8個月的發育，體重已達1800～2300公克左右，身長已至40～44公分。從這時起，羊水量不再像以前那樣增加。迅速成長的胎兒身體，緊靠著子宮。一直自由轉動的胎兒，到

了這個時期，位置也固定了，一般由於頭重，自然頭部朝下。此時期的胎兒對外界的強烈音響會有所反應。假如在這個時期早產，如有周密保育，是有希望存活的，肺等內臟器官和腦、神經系統都發達到了一定的程度。懷孕第8個月，孕婦應每2週進行1次產檢，主要是為了早期發現妊娠中毒症等對胎兒可能產生嚴重影響的疾病。此時是胎兒聽覺、皮膚觸覺及視覺等感覺形成的時期，不過，視覺在出生後才快速發展而成，此時只是先奠定基礎。這個時期的胎教應著重於積極培養這些感覺的作用。

這個時期的日常生活易變得散漫，因此，請擬出每天的作息並切實執行。上午：散步、準備嬰兒用品、做懷孕期間體操。下午：午睡、收聽胎教音樂。傍晚：購物、散步。晚上：與胎兒及先生進行三人對話、做睡前體操。無論爸媽多忙，請一定要制定適合的計畫。孕媽咪在這時期腹部突出，動作遲緩，應因身體的要求，想睡就睡，可說是「懶散」的時期。建議早晨一定要先起床和丈夫一起吃早餐，送丈夫出門後再回去休息，或做些不會造成腹部負擔的家務和輕鬆體操，輕鬆活動身體，有助於生產。

產前體操有所謂的「貓姿」體操，趴著伸展背脊。這個動作可以一邊擦地一邊進行。另外，做張開雙腿運動使骨盆容易打開，這也可以在家事中練習。我們知道，夫妻吵架對腹中的胎兒有不良的影響。由於懷孕8個月時，胎兒區別聲音強弱的神經已經完善，即使不知道言語中的意思，也能敏銳感受到媽媽的音調。當孕婦感到不安或處於不快的激動狀態時，體內會釋放出腎上腺素，導致心臟快速跳動，如果腎上腺素經由臍帶傳遞給胎兒，胎兒也會處於受壓力衝擊的狀態。因此，孕婦應隨時調整心態，保持愉快、輕鬆，以傳達良好的資訊給胎兒，促進胎兒身心和智力的發育。

對話胎教法

爸媽與腹中的胎兒對話，是一種積極有益的胎教手段。雖然胎兒聽不懂話的內容，但胎兒能夠感受到爸媽的呼喚。用語言刺激胎兒聽覺神經系

統及其大腦，對胎兒發育無疑是有益的。

對話胎教法一般在妊娠26週，即6個半月開始進行。當孕婦感覺到胎動或胎動較活躍時，可以向胎兒講話，時間不宜長，每次10餘分鐘，講時應保持室內安靜，孕婦姿勢可取坐式或臥式，對話內容應簡單明瞭。

1對胎兒講日常性簡單用語。

2對胎兒進行系統性語言誘導，咬字清楚，並注意聲音緩和。

綜合運動胎教法

這套體操是根據孕婦的特殊生理條件而編排，有利於在各種情況下運用，並達到良好的胎教效果。綜合運動胎教法比較適宜妊娠後期運用。

1 伸展運動

(1)站姿，緩慢蹲下，動作不宜過快，蹲的幅度依個人程度而定。

(2)雙腿盤坐，上臂交替上舉下落的擺動。

(3)上臂及腰部向左右側伸展。

(4)雙腿平伸，左腿向左側方伸直，用左手觸摸左腿，盡量能伸得更深遠些。然後，右腿向右側伸直，用右手觸摸右腿。

2 四肢運動

(1)站立，雙臂向兩側平伸，與肩平行，上臂前後搖晃劃圈，大小幅度交替進行。

(2)站立，用一腳支撐全身，另一腳盡量抬高（注意：手最好能扶支撐物，以免跌倒）。然後換另一腳做，反覆幾次。

3 骨盆運動：平臥在床上，屈膝，盡量抬起臀部，然後慢慢到平臥位置。

4 腹肌運動：可進行半仰臥起坐，平臥屈膝，從平仰到半坐的方式，不需

完全坐起，這項運動最好視個人的體力情況而定。

5 盆底肌練習：收縮肛門、陰道，再放鬆。

懷孕第8個月的保健

此時生出的早產兒，發育尚未完全，體重在2,500公克以下。

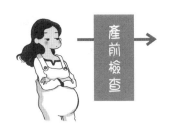

早產兒發育不成熟，存活力低。據文獻報導，約有15%早產兒在嬰兒期死亡；另外有8%的早產兒，患有智力障礙或神經系統後遺症。因此，預防早產，是降低早產兒死亡率和提高嬰兒存活率的重要事項。

妊娠晚期做產前檢查，對於孕婦和胎兒來說十分重要。孕婦一定要按照產檢時間定期進行產前檢查，特別是高危險妊娠的孕婦，一定要聽從醫生的建議，增加產前檢查的次數。

懷孕8個月開始，容易發生妊娠異常情況，其中妊娠高血壓疾病較為常見。其主要症狀是：下肢浮腫、高血壓、蛋白尿，嚴重者還會出現頭痛、視力模糊、嘔吐，對孕婦和胎兒危害很大。第28週起，應每2週做1次產前檢查。

常臥床易滯產

近年來，醫院產房裡經常出現這樣的情況：孕婦身體健康，胎兒生長發育情況良好，胎位正常、產道暢通，自然分娩應該不成問題。但是，在臨產時產婦卻宮縮無力，產程進展緩慢，造成滯產，只能以胎頭吸引器助產，甚至發生胎兒宮內窘迫，只好進行剖腹產。

調查發現，滯產發生的主要原因是孕婦在妊娠期，尤其是妊娠中晚期臥床靜養較多。很多婦女一旦懷孕後，便受到特殊「待遇」，除增加營

養外，還停止一切家務勞動；甚至長期請假不工作，更不用說適當的活動了。孕婦長期缺乏活動和練習身體的肌肉，尤其那些與分娩有關的腰、腹及骨盆腔肌肉變得鬆弛無力。如果再加上妊娠營養充足或過剩，使胎兒在腹內生長過大，容易發生分娩困難。

分娩是一種自然的生理現象，它是在產力、產道和胎兒均正常的狀態下，由三者共同完成。其中，產力包括腹肌收縮力、子宮收縮力和提肛肌的收縮力。這些肌肉收縮力的強弱與日常活動練習有關。平時經常活動和練習有助於提高這些肌肉的收縮力，利於正常分娩。反之，平日身懶不動，經常臥床，分娩自然有較大痛苦。所以，孕婦在懷孕期間尤其是中後期必須注意適當活動，幫助分娩順利，胎兒平安。

住高樓須知

首先，要注意的是預防流產、早產。所謂流產、早產的分別，妊娠開始到7個月之間的生產，叫做流產，流產的胎兒多半都會死亡。妊娠20～36週之間的生產，叫做早產。早產嬰兒出生後，如果照顧得宜就不致死亡。

在不良的居住環境之下，流產、早產率要來得高。因為住高樓又遇沒有電梯可以乘坐時，需要爬樓梯，要提醒注意下列幾點：

1 盡可能減少每天上、下樓梯的次數，買菜盡量1週1次。日常生活要有計畫，以減少出門走樓梯的機會。

2 上下樓梯不要著急，也不要提很重的物品。因為若增加腹部壓力，就容易發生流產、早產，也會成為妊娠末期早產、早期破水的原因。一切瑣事還是由丈夫代勞吧！

3 對住所以外的樓梯也要注意。例如：過街天橋、地下道、百貨公司

等地方，上下樓梯不要太急。尤其是在下雨天行走過街天橋時，要注意防滑。沒有電梯的高層住宅除了導致產婦流產、早產率比較高外，孕吐也比較強，異常分娩、分娩費時多、出血多、早期破水等情形也都較多。

孕婦躺臥的姿勢

異常的原因除了上、下樓梯以外，與孕婦身體的疲勞也有關係，所以必須睡眠充足。如果孕婦下肢出現浮腫的現象應馬上就醫診斷，

接受尿液和血壓的檢查，因為這是妊娠中的異常狀況，也是妊娠毒血症最初的症狀之一。因下肢回流不暢，回心血量減少，胎盤血流量也隨之減少，必然影響胎兒對氧和營養物質的需要。如果子宮壓迫腹主動脈，使子宮動脈壓力下降，也會影響胎盤血流量。

■1 仰臥時，下半身血液回流不通暢，造成下肢、直腸和外陰部的靜脈壓力增高，容易發生下肢、外陰部靜脈曲張、痔瘡和下肢水腫。

■2 仰臥時，子宮在骨盆入口處壓迫輸尿管，使腎盂被動擴張，尿液滯留，尿量減少的同時引起鈉滯留，使水腫加重。有人測定仰臥時尿量僅為側臥的40%。

■3 側臥位可降低舒張壓，除了夜間側臥，白天左側臥位4小時，有可能預防、治療妊娠高血壓疾病。

■4 妊娠子宮大部分向右旋轉，子宮血管也隨之扭曲。左側位可糾正子宮右旋，使血管復位，血流通暢。

仰臥症候群

孕婦在妊娠晚期常仰臥，但長時間仰臥，很容易出現心慌、氣短、出汗、頭暈等症狀，如將仰臥位改為左側臥或半臥位，這些現象將會消失，

這就是仰臥症候群，也稱低血壓症候群。這是由於孕婦在仰臥時，增大的子宮壓迫下腔靜脈及腹主動脈，下腔靜脈可完全被壓扁長達6～8公分，血液只能從較小的椎旁靜脈、無名靜脈回流。回流不暢，回心血量減少，心排出量也就隨之減少，於是血壓下降並出現上述一系列症狀。

仰臥症候群的發生不僅影響孕婦生理功能，對胎兒也有危害。心排血量減少，腹主動脈受壓引起的子宮動脈壓力減小，都直接關係著胎盤血液供應，對胎兒供氧不足，很快就會出現胎心忽快忽慢或不規律，胎心監測可顯示胎心率異常的圖形，以及羊水污染、胎兒血有酸中毒變化等宮內窘迫的表現，甚至帶來不幸後果。

醫師指點

迅速改變體位是最簡單有效的治療方法，應教育孕婦避免平臥，採取左側臥位，需要平臥位做檢查時，也要警惕仰臥症候群的發生。

胎位的種類與測知

胎兒在子宮內的位置稱為胎位。測知胎位的方法，在妊娠26週前，因羊水相對較多，故胎位不固定，26週以後用手觸診測知，有四步觸診法：

1檢查子宮底部的胎位，檢查者站在孕婦的右側，雙手在子宮底部交替活動，以了解胎位。胎頭的特點為圓、硬、浮球感；臀位的特點較軟、無浮球感、不很圓；有時有伸腿的動作。

2檢查子宮左、右兩側的胎位。以一手向對側推孕婦的腹部，用另一手觸摸胎兒部分，胎兒脊背為平坦面；再推向對側腹部，換另一手觸摸胎兒四肢及手、腳等不平坦部分。

3查明恥骨聯合上的胎兒部分是頭或是臀。

4查明胎兒的胎位是否已入骨盆，檢查者面向孕婦的足部，以兩手交

替摸清先露部。

臀位的危害與糾正

胎頭朝上、胎臀朝下的胎位叫做臀位，屬病理性胎位。臀位兒的下肢可呈各種姿勢：兩下肢盤屈在臀部前方者，稱其「全臀」或「完全臀位」；兩下肢直伸向頭端者，稱為「伸腿臀」或「單臀」；胎兒一足或雙足伸向母體陰道方向者，叫「足位」。經產婦的腹壁鬆弛或羊水過多，胎兒在宮腔內可自由活動，易發生臀位；初產婦腹壁過緊，羊水少，子宮畸形，雙子宮，均會影響胎兒的自然回轉也會形成臀位；腦積水、無腦兒、前置胎盤、骨盆狹窄及骨盆腫瘤等影響胎頭入盆者，也易形成臀位。

1危害：正常胎兒大小順序依次為頭、腹，臀部最小。臀位分娩時，先娩出下肢及臀，胎體中最大、最重要的頭部最後娩出，不像頭位分娩時胎頭經產道擠壓可變長（變形），顱骨重疊縮小胎頭體積，以利通過產道。在臀位分娩時則無此適應性變化。因此，同一骨盆，體重相同的頭位兒可順娩，若為臀位，經常最大的胎頭娩出時極有可能發生困難，尤其骨盆狹窄者，即便是胎臀與肩部娩出後，胎兒頭部，尤其下頜部也易卡在骨盆腔內，嚴重者會使胎兒窒息。

臀位兒自然分娩的機率小，大多需助產人員將其牽出，助產過程中有發生胎兒肢體骨折、頭顱骨折、頸椎脫位、脊髓損傷、窒息、顱內出血及吸入性肺炎的可能。

2糾正：妊娠期間應定期做產前檢查，妊娠30週（7個半月）發現臀位，應及時糾正。一般採取「膝胸臥式」糾正。進行膝胸臥式時，孕婦應將前胸貼近床面，盡量抬高臀部，膝關節成90度角與床相接，晨起與睡前空腹時，各做15～20分鐘。經膝胸臥式姿勢治療1～2週後，胎位仍未轉正時，可用針刺至陰穴（小腳趾甲緣外二分處）的方法轉胎。如仍無效，也可在醫生指導下，行手法轉胎術「外倒轉術」，經腹壁將胎頭推向骨盆。待胎位矯正後，用腹帶，將腹部包紮起來，以防胎兒再轉位。外倒

轉術後，孕婦應認真自數胎動，若發現胎動極其活躍或胎動減少、變弱，均應立即就醫。因在胎兒轉位時，有可能將臍帶繞在胎體某部，甚至勒住頭部，導致胎兒缺氧，出現胎動異常。故目前婦產科醫生已大多不主張應用此方法。臀位經陰道牽引助產娩出者，發病率、死亡率都很高，如有下列指症者，應考慮剖腹產術：骨盆狹窄，胎兒較大者；高齡產，胎兒珍貴者；軟產道及子宮畸形者；早破水或產程進展緩慢者；產程中發現胎心變快、變慢、變弱或不規律，或臍帶脫垂胎兒仍存活者；臀位胎兒之胎頭極度仰伸之「望星式」，如強行陰道分娩，可引起胎兒嚴重的脊髓損傷，故也以剖腹產為宜。

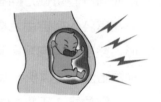

醫師指點

臀位孕婦臨產後，要保證充足的休息，不要隨意下床活動，特別是在破膜後更要注意，以避免臍帶脫垂。

判斷胎位不正的方法

判斷胎位不正的方法：

1 透過測量子宮底的高度（即從子宮底至恥骨聯合之間的距離）來判斷胎兒身長的發育情況。通常，當妊娠16週時，宮底約在恥骨及肚臍的中央部位；當懷孕20～22週時，宮底基本上達到臍部；32週時，宮底則達到劍突下2～4公分處。過分超過或明顯落後於相應指標時，則顯示胎兒發育不正常，應在醫生的指導下查找原因。

2 透過超音波的檢測明確了解胎頭的位置。

3 透過醫生的四步觸診法了解胎頭的位置。

糾正胎位不正的方法

多數胎兒在子宮內的位置都是正常的，但也有少數屬胎位不正，約占5％。常見的不正常胎位有：枕橫位、枕後位、臀位；也有因胎頭俯屈程度不同的異常，如額先露、面先露，以及橫位、複合位先露等不正胎位，但比較罕見。

有些胎位不正是可以糾正，如枕橫位、枕後位、臀位、橫位等。一般橫位應隨時發現及時糾正；臀位在妊娠7個月後糾正；枕橫位則需在臨產後宮口開大到一定程度或接近開全而產程受阻時再糾正。

妊娠30週前，大部分胎兒為臀位，30週後多數可自動轉為頭位。故即使是臀位，也沒必要在30週前糾正；30週後仍為臀位或橫位者，必須糾正的，其方法主要有以下兩種：

1 膝胸臥式糾正法：此法藉由胎兒重心的改變及孕婦橫向阻力，增加胎兒轉為頭位的機會，7天為一療程，如沒有成功可再做7天，有效率60～70％，少數孕婦在做膝胸臥位時出現頭暈、噁心、心慌，不能持續，則需改用其他方法糾正胎位。分娩後子宮韌帶鬆弛，仰臥過久，子宮因重力關係容易向後倒，如不糾正，日後可引起腰痛、經痛、月經流向腹腔。從產後10天開始做膝胸臥位，每日2次，對於預防子宮後傾位有一定意義。

2 臀位自行矯正法：這是一種簡便有效的糾正胎位的方法，其有效率可達92％，做法如下：孕婦平臥床上，腰部墊高20公分（1～2個枕頭），小腿自然下垂在床沿。妊娠30～34週內施作效果最好；每日早晚各做1次，每次10～15分鐘，3天為一療程。在做臀位自行矯正法時要注意：矯正宜在飯前進行，矯正時要平靜呼吸，肌肉放鬆；墊子應柔軟、舒適，高度適中；如出現陰道流水、流血或胎兒心音突然改變（有條件者可監聽），應停止此法。

除了以上兩種方法外，還可用艾卷灸至陰穴和三陰交穴、鐳射穴位治療、手法倒轉、側臥位等方法，但均為產前應用。若臨產後胎位仍無變化，可在消毒情況下採取陰道內手轉胎頭或內倒轉術。目前大多數醫生已

基本淘汰內側轉與外側轉法，因為可能導致臍帶纏繞胎兒。

留意併發甲狀腺功能亢進

　　甲亢（即甲狀腺功能亢進症）患者常有多食、消瘦、怕熱、多汗、手震顫、眼球突出、甲狀腺腫大、心跳快等表現，由於此病對女性排卵起抑制作用，所以受孕的機會比較低，但隨著醫療技術的進步，受孕率逐漸上升，所以併發甲狀腺功能亢進的孕婦也不少見。這樣的孕婦容易合併高血壓、流產、早產、死胎、胎兒發育小、產後出血等異常，甲亢的病情也可因妊娠、分娩而加重，嚴重時可危及生命。這樣的孕婦要注意自我保健。

　　孕前就診者，應避孕且積極治療，待病情穩定後1～3年再懷孕較好。懷孕後病情輕者，可給少量鎮靜劑，並適當休息。病情較重者，要用抗甲狀腺藥物，但用法及服藥持續時間一定要有醫生指導，切勿過量而造成新生兒甲狀腺功能低下。

　　大多數孕婦能平安度過妊娠及分娩期，如甲亢症狀已控制，又無其他併發症，可以採自然分娩。如果病情重，用藥劑量很大仍不能控制病情，或併發心力衰竭者，要積極終止妊娠，以挽救孕婦生命。產後如要繼續服用抗甲狀腺藥物時，不宜哺乳。

腹部小於孕月對胎兒的影響

　　孕婦的腹部是隨著妊娠月份的增加而增大，且與孕月成正比，但是孕腹增長的幅度是因人而異。孕腹的大小主要決定於宮內胎兒的大小與體重，此外，羊水量的多少、腹壁脂肪的厚薄也影響腹部的大小。

　　孕腹小於孕月，比如妊娠足月，孕婦腹部的增長卻似懷孕7～8個月

大。最常見的原因是胎兒宮內生長遲緩，醫學上稱之為IUGR。體重低於2,500公克的足月新生兒，醫學上叫做「宮內生長受限」，這種瘦小的新生兒叫做「小於胎齡兒」。羊水過少、腹壁脂肪過薄、畸形兒及胎死宮內等均可致子宮增長緩慢，甚至停止生長，即導致孕腹小於孕月。

我國民間長期流傳著一種偏見，諸如「孕婦的肚子愈小愈好生」、「有骨頭不愁肉」等，這些觀念傾向於：無論新生兒多小多瘦，均一樣能長大成人。實際上，體重過輕兒的抵抗力低，耐受分娩負荷的能力差，在分娩過程中，容易發生胎兒宮內窘迫、新生兒窒息、低血糖、胎兒或新生兒死亡等意外，周產期死亡率也明顯高於正常體重的新生兒。

妊娠期間透過測量腹圍、宮高及超音波對胎頭雙頂徑、腹周徑等的測量，可間接了解胎兒在子宮內的生長情況。若發現胎兒宮內生長遲緩，應查找原因，針對病因進行處理。染色體基因先天異常是引起胎兒宮內生長遲緩的最常見原因，可致胎兒畸形或發育受阻；懷孕期間宮腔內感染，孕婦患肝炎、結核等慢性傳染病或消耗性疾病，貧血、營養不良、慢性腎炎等；孕婦併發妊娠高血壓疾病，或慢性高血壓併發子癇前症；或胎盤發育不良，胎盤有效面積小；或胎盤變性，胎盤鈣化或梗塞，致使胎盤血流量減少，胎盤功能不良，供應胎兒生長的營養物質及氧氣不足，均可誘發胎兒宮內生長遲緩。一旦得知胎兒出現生長遲緩，應採取下列措施補救。

首先，應明查病因。透過超音波檢查和羊水穿刺化驗，確定胎兒有無先天畸形。若胎兒有畸形，應儘早終止妊娠；對無畸形的胎兒宮內生長遲緩，孕婦應進行積極治療。最簡便、有效的治療方法是體位與營養療法。孕婦採取持續性左側臥位，對胎兒宮內生長遲緩的治療有重要價值。仰臥位時，孕婦增大的子宮壓迫腹主動脈，使供應子宮、胎盤的血液減少；左側臥位，可緩解妊娠子宮的右旋，增加子宮、胎盤血液灌注量，改善胎兒的營養和氧氣供應狀況。

孕婦應攝取富於蛋白質、糖和維生素的飲食為

宜。適當增加瘦肉、雞蛋、牛奶、糖果及各種蔬果的攝入量。每日口服多維葡萄糖水（含500克多維葡萄糖的糖水在1週內分次飲入），經口攝入葡萄糖和維生素的方法，在某種程度上可代替靜脈輸注葡萄糖和維生素；也可選用蜂乳、肝血寧（多種胺基酸製劑）、葉酸、肌苷、三磷腺苷、維生素B₁等滋補藥物內服。

胎兒橫位的危險

胎體縱軸與母體縱軸成直角者，醫學上稱之為橫位，也屬於一種病理性胎位。橫位兒是由於骨盆狹窄，前置胎盤阻礙胎頭入盆，或經產婦腹壁鬆弛，或馬鞍形子宮、雙胎等所致。

橫位比臀位分娩的危險性還大，只有妊娠不足月的小活胎或已經浸軟、折疊的死胎才有經陰道娩出的可能，否則是無法經陰道分娩。這好比拿著棍子過門口，門口雖寬，棍子雖細，只有順著才能通過，如果橫著拿，則棍子必卡在門框上，若強行通過，不是弄折棍子，就是撞破門框，「兩敗俱傷」。橫位經陰道分娩的結局與此雷同，多發生母體子宮破裂與胎兒死亡。因此，橫位為足月無畸形的活胎者，以剖腹產最為安全。

若橫位臨產後，孕婦和家屬堅持不同意剖腹產者可在乙醚深度全麻下，行「內倒轉術」，手術者伸手入宮腔，牽出胎足，將胎兒轉成臀位後助娩。

醫師指點

橫位者，尤其懷孕期間未發現的「忽略性橫位」，產婦發生子宮破裂、大出血、感染及胎兒肢體娩出陰道外、臍帶脫垂及死亡者發生率相當高，定期進行懷孕期間檢查，可避免上述意外。

胎兒發育正常的判斷

從懷孕第1天起，有些婦女就整天提心吊膽，擔心腹內的孩子是否發育正常。其實掌握了胎兒發育的狀況，就不必過分憂慮。

胎兒的生長發育有其規律，一般在妊娠早期生長發育最為迅速，妊娠中期增長相對穩定，妊娠晚期則增長緩慢。因此，可以透過孕婦的生理指標來推測胎兒的生長情況。

首先，可以透過測量子宮底的高度（即從子宮底至恥骨聯合之間的距離）來判斷胎兒身長的發育情況。通常，當妊娠16週時，宮底約在恥骨及肚臍的中央部位；當懷孕20～22週時，宮底基本上達到臍部；32週時，宮底則達到劍突下2～4公分處。過分超過或明顯落後於相應指標時，則顯示胎兒發育不正常，應在醫生的指導下查找原因。

其次，可以透過檢查孕婦體重的增長情況來監測胎兒體重的增加是否正常。懷孕期間，孕婦體重增長的平均值應為10～12.5公斤，其中胎兒約為3公斤，胎盤約0.6公克，羊水約0.8公斤，一共約4.5公斤。其他如子宮、乳房、血液、水分等約增加5.5公斤，共計10公斤左右。在34～38週時，孕婦的體重每週平均增加0.5公斤，妊娠後期平均每週增加0.3～0.35公斤，如體重增加過快，則有可能出現水腫。

同時，還可以透過監測胎動情況來判斷胎兒發育是否正常。一般正常胎兒1小時胎動不少於3～5次，12小時共約30～40次。可以早、中、晚各測1小時，之後將這3個小時的總數乘以4，即得12小時的胎動數。若小於10次，則顯示胎兒可能出現問題，應立即去醫院就診。

懷孕第9個月（33～36週）

母體的變化

妊娠9個月時，孕婦子宮膨大，子宮底已升至29～35公分，跟心臟很近，進一步壓迫到心臟和胃，引起心跳、氣喘或感覺胃脹、沒有食欲、分泌物更加增多、尿次數也更加頻繁。

妊娠檢查

每兩週產檢一次，除常規檢查項目，須作胎兒生長超音波，評估胎兒生長速度是否正常。若胎兒生長遲滯可能因為母體、胎盤、或胎兒本身的因素造成，若無特殊原因，也需定期追縱並做超音波生理功能檢查。同時，懷孕末期若仍胎位不正時，可以清楚了解胎兒手腳、身體在子宮內的姿勢，以便提早決定生產的方式。

胎兒的發育

9個月的子宮內生活，胎兒已逐步發育成體重可達2700～3200公克、身長可達48～50公分的寶寶。皮下脂肪增多，身體變成圓形，皺紋也少了，皮膚呈現光澤感。長滿全身的細毛開始逐漸消退，臉上和肚子上的細毛已經消失。指甲長得很快，直達指尖，但是不會超過指尖。男孩子的睪丸下降至陰囊中；女孩子大陰脣隆起，左右緊貼在一起。換句話說，此時胎兒的生殖器幾乎已完備。

此時，肺和胃腸也都發育完全，已具備呼吸能力，嬰兒喝進羊水，能分泌少量的消化液，尿也排泄在羊水中。如果胎兒在此時期娩出，放在保溫箱中存活機率很大。

促進胎兒智力發育

第9個月的胎兒已較為成熟，對外來的刺激能夠反應，大腦的腦幹功能也相當發達，已經具備離開母體自行生存的基本能力。

現在離孩子出生還不到2個月的時間，孕婦的肚子愈來愈大，動作也變得遲鈍。子宮底接近肚臍下方，壓迫到胃和心臟，總覺得呼吸不太順暢。如果一次無法吃得太多，不妨少量多餐。絕不可以熬夜，對於生活無規律的孕婦，至少在這時期要改變生活方式。如前所述，人體有所謂的生理時鐘，白天按時運行，到了夜晚需要休息睡眠。但是由於生活壓力的影響，違反自然規律的「夜貓子」型的人愈來愈多。

不過，胎兒是依循其固有的規律成長，所以，要盡量配合大自然的規律，幫助胎兒建立正確的生理時鐘。

懷孕第9個月的保健

進入9個月妊娠階段後，每隔2週做1次產檢。因隨時有分娩的可能，所以在本月就要做好住院的一切準備，以免臨時措手不及。確定到哪家醫院分娩，記下醫院的聯絡電話，準備好臨時要用的車子，並且隨身攜帶保健手冊。

產前檢查若發現異常，則須進行高危險因素的篩檢，做有效的預防和治療。要熟練分娩時的呼吸練習，熟悉深淺呼吸、按摩、用力方法等動作要領，使分娩能夠順利進行。

腹部增大的規律

自然界裡，凡以「胎生」方式繁衍後代的動物，其妊娠期限、懷胎仔

數、宮內胎兒發育及子宮增大皆有自身的規律。決定各種動物遺傳特徵的物質是「基因」，各種動物的基因不同，故其以胎生繁殖後代的方式也各異。

馬類的初生寶寶，一落地就可奔跑，鯨魚的寶寶一出母腹就會游泳，而人類的新生兒平均體重約為3,000公克，離開母體的初生兒，除了本能的會吸吮乳汁外，其餘的吃、喝、拉、撒、睡等，均需成人呵護。

人類懷胎的基本規律是：「十月懷胎，一朝分娩」。足月懷胎280天，即10個「妊娠月」（1個妊娠月為28天），若按陽曆計數，總計為9個月零10天。

胎兒的生長發育按照規律，其「免費居室」子宮隨著胎兒的成長而增大。若妊娠婦女腹部增長超過或落後於正常標準，應請婦產科醫生仔細檢查原因，及早給予適當處理。

預防胎盤早剝

1 症狀表現： 發生胎盤早期剝離時，如果面積大，持
續出血，則形成胎盤後血腫，當血液衝開胎盤邊緣，沿胎膜
與子宮壁之間向子宮頸口外流時，為顯性出血（外出血）；
當胎盤後血腫的周邊仍附著於子宮肌壁上，或胎兒頭部緊緊
填塞在骨盆腔中，都會使胎盤後血液不能流出，積聚於胎盤
與子宮壁之間，形成隱性出血（內出血）。此時由於血液無
法外流，胎盤後積血逐漸增多，子宮底隨之升高，子宮大於相應孕月，子宮腔壓力增大，積血可侵入子宮肌壁，引起肌纖維分離、斷裂、變性。血液浸潤深達子宮漿膜層時，子宮表面出現紫色淤斑，尤其在胎盤附著處特別顯著，會影響子宮收縮，引起產後大出血，甚至血液可經輸卵管流入腹腔。內出血過多時，血液可衝開胎盤邊緣，穿破羊膜溢入羊水中，使羊水變成血性。

2 臨床類型： 輕度的胎盤早剝，一般剝離面不超過胎盤的1/3，多以外

出血為主。主要表現是陰道流血，量較多，色暗紅，可伴有輕度腹痛或無明顯腹痛，僅有剝離部位輕度侷限性壓痛。產後檢查胎盤，可發現胎盤面上有凝血塊及壓跡。

重度胎盤早剝，剝離面積超過1/3，以隱性出血為主。主要症狀為突然發生的持續性腹痛和腰痛，積血愈多疼痛愈劇烈。子宮硬如板狀，胎位不正，胎兒多因重度宮內窘迫而死亡。出血量多者，患者出現噁心、嘔吐、冷汗、臉色蒼白、脈弱、血壓下降等休克症狀，且往往併發凝血功能障礙，這主要是由於從剝離處的胎盤絨毛和蛻膜中釋放大量組織凝血活，進入母體血液循環中，啟動凝血系統而發生瀰散性血管內凝血所致。肺、腎等重要器官的微血管內有微血栓（小凝血塊）形成，導致臟器功能受損。重度胎盤早剝根據臨床檢查即可確診，可以做超音波助診。但後壁胎盤往往症狀不明顯，易漏診。

3 治療方案：胎盤早剝患者及其胎兒的預後，與診斷時間、處理是否及時有密切關係。在胎兒未娩出前，由於子宮不能充分收縮，胎盤繼續剝離，難以控制出血。距分娩時間愈久，發生凝血功能障礙等併發症的機會也愈多。因此，一經確診，應及時終止妊娠。

輕度胎盤早剝，產婦一般狀況好，宮口已開大，估計短時間內可經陰道分娩。可先破膜，使羊水徐徐流出，縮減子宮容積。壓迫胎盤使之不再繼續剝離，並可促進子宮收縮，誘發或加速分娩。破膜後用腹帶包裹腹部，密切觀察患者的血壓、脈搏、宮底高度、宮體壓痛、陰道出血及胎心音變化等，必要時利用胎頭吸引器或產鉗助產，縮短產程。

重度胎盤早剝，尤其是初產婦，不能在短時間內結束分娩者或輕度胎盤早剝，胎兒宮內窘迫，需搶救胎兒；或破膜後產程進展緩慢，產婦情況惡化，不論胎兒存亡否，均應及時進行剖腹產。若術中發現子宮卒中，

經溫熱鹽水紗布外敷，按摩，注射宮縮劑等治療，仍不能恢復正常的宮縮時；或出血多，血液不凝，出血不能控制，則在輸入新鮮血液及補充纖維蛋白原等凝血因數的同時，施行子宮切除術。

醫師指點

患者產後或術後，仍需嚴密觀察。一般情況如血壓、脈搏、陰道出血量、液體攝入量及尿量，並給予抗生素預防感染，糾正貧血等治療。

預防周產期心肌病

1 症狀表現：周產期心肌病俗稱產後心臟病。患病產婦一般無心臟病史。但在懷孕最後3個月到產後5個月期間，特別是在產後2～6週內，產婦感覺心慌、胸悶、氣急、咳嗽、浮腫、咯血、紫紺。醫生檢查時發現患者有心臟擴大、心率快、心律失常等左心和右心衰竭的表現。

2 臨床類型：目前，致病因素還沒有一個確定的科學說法，可能與病毒感染有關，也有可能是營養不良、缺乏蛋白質和維生素所致。有人統計過，周產期心肌病孕產婦併發有妊娠高血壓疾病者，比正常孕婦高5倍。因妊娠高血壓疾病、子癇前症使全身小動脈痙攣，心臟本身的血液供應減少，心功能受到損害而發病。由此判斷本病是由不同因素所形成。第一次心力衰竭發作時對藥物治療反應較好，但反覆發作可以使病情惡化，尤其再次懷孕時復發、死亡率較高。

3 治療方案：如果產婦過去沒有心臟病，在妊娠後期或產後出現心慌、氣短、咳嗽等症狀時，要立刻到醫院診治。另外要加強營養，特別是蛋白質、維生素要充足；定期產前檢查，預防孕產期感染等對本病的預防很重要，因此患有心臟病病史的產婦最好不要二度妊娠。

早產的徵象

　　早產的主要徵象有：胎膜早破、羊水外流、陣陣腹痛、陰道少量流血等。痛覺敏感的孕婦在妊娠晚期時，往往會將子宮正常的收縮誤認為臨產宮縮，約有1/3的所謂先兆早產病例，並非為真正臨產，稱為假陣痛，這是因為兩者不易區別之故。如果宮縮每5～10分鐘內就有1次，每次持續30秒鐘以上，同時伴有陰道血性分泌物排出，並在觀察過程中子宮頸口有進行性的擴張，且宮口已開大於2公分者，應屬於陣痛；如果子宮有規律性的收縮，子宮頸口擴張至4公分以上，或胎膜已破裂者，則早產之勢已成。

早產的原因

　　造成早產的原因至今尚不清楚，但下列情況往往易致早產：

　　■懷孕年齡：孕婦年齡過小（小於18歲）；過大（大於40歲）；體重過輕（小於45公斤）；身材過矮（小於150公分）；有吸菸、酗酒習慣者。

　　②懷孕狀況：過去有流產、早產史者。

　　③子宮畸形者：如雙角子宮、雙子宮、子宮縱隔等。

　　④孕婦現有急性感染或慢性疾病：如腎盂腎炎、盲腸炎、慢性腎炎、貧血、心臟病、原發性高血壓、甲狀腺功能亢進等。

　　⑤胎兒、胎盤因素：如雙胎、羊水過多、胎位不正、胎膜早破、前置胎盤、或胎盤早剝等情況。

　　⑥醫源性因素：孕婦有內科、外科併發症或產科併發症，必須提前終止妊娠者。

　　⑦產前3個月有房事活動者，亦容易發生早產。

高危險胎兒的症狀和標準
1. 胎齡不足37週或超過42週。
2. 出生體重在2,500公克以下。
3. 小於胎齡兒或大於胎齡兒。
4. 家中親戚有嚴重新生兒病史，或新生兒期死亡者，或有2個以上胎兒死亡史者。
5. 有宮內窘迫，胎心異於正常的胎兒。
6. 產時感染。
7. 高危險妊娠孕婦的胎兒。

妊娠併發股疝

■1 **症狀表現**：在大腿根部有一狹窄的漏斗形間隙，醫學上稱為股管，上方為股環。女性此環較寬，腹壓升高時，腹腔內臟器可通過股環進入股管，再通過薄弱部分到皮下形成股疝。表現為大腿前內側有球形腫塊，一般腫塊不很大，平常臥位時可自行還納。

孕婦因子宮膨大，致腹腔內壓上升，同時腹直肌有不同程度的分離、變薄，加之懷孕期間常有便祕症狀，分娩過程中更需使用腹壓。因此易出現股疝，並易發生嵌頓。

■2 **治療方案**：孕婦如有腹痛、噁心、嘔吐等腸梗阻症狀時，必須檢查有無腹疝嵌頓，一旦發現應及時輕輕還納，否則會引起腸壞死。患股疝的孕婦不一定行剖腹產術，應根據疝囊大小、有無嵌頓史再決定。如疝囊較大，為避免嵌頓也可考慮剖腹產術。

醫 師 指 點

做完手術後，還要注意消除像咳嗽、大便乾燥，增大腹壓的因素。

患紅斑狼瘡須知

　　紅斑狼瘡屬於結締組織病或自身免疫性疾病。育齡女性容易患此病，特點是多處器官病變、血中有高濃度的自身抗體。

　　通常，結締組織病本身不會影響患者的生育力，妊娠後結締組織病大多可緩解，但產後可能惡化。輕型紅斑狼瘡對妊娠及分娩不會有很大的危害，可在嚴密監測下繼續妊娠；或疾病經控制長期穩定，處於緩解期，又無其他併發症者，也可繼續妊娠。

　　重型患者，特別有免疫複合物性腎改變者，胎兒死亡率增高，還有可能孕婦病情惡化，故不宜妊娠。

　　1 重型患者，在早孕期應做人工流產，避免病情惡化。

　　2 輕型患者受孕後，應早期行產前檢查，嚴密觀察病情的發展，防治妊娠高血壓疾病，定期檢查血小板計數。

　　3 如孕前服用prednisolone（潑尼松）有效者，懷孕期間可服用10～20毫克維持量，產時改為氫化考的松肌注或靜滴。產後仍可口服潑尼松，以防病情加重。

　　4 產後要注意防治出血並預防感染。

患陰部溼疹須知

　　1 症狀表現：陰部溼疹屬常見的婦科病之一，可因多種病因引起陰道炎和外陰部炎，其中孕婦最易感染的是毛滴蟲和黴菌引起的發炎。因為孕婦的陰道上皮細胞糖原升高，陰道酸性增強，利於黴菌的迅速繁殖而引起發炎。另外，腎糖閾在懷孕期間比平時降低，尿糖含量增高，也使黴菌加速繁殖。懷孕期間陰道酸度增強，毛滴蟲繁殖亦快，因此，這兩種病原體引起陰道發炎，並因此引起陰道溼疹。另一種外陰部溼疹屬於過敏性發炎，過敏原來自外界或

身體內部，如化學藥物、化妝品等某種毒素，或蛋、魚、蝦、牛奶等異性蛋白等；體內病灶、腸寄生蟲、消化道功能失調等。當過敏性體質者處在過度疲勞、精神緊張等情況下，其皮膚對各種刺激感染性增高，因而誘發溼疹。

陰部溼疹可使局部有灼熱癢痛之感，陰部瀰漫性潮紅，並可發展為丘疹狀、水泡，甚至糜爛滲液。皮膚因搔抓致破損或感染，亦可因陰道發炎分泌物增多，而有排尿痛和性交痛。外陰部搔癢患者應到醫院檢查，確定病因，對症治療。

②**治療方案**：治療陰部溼疹查明病因為關鍵。常見的毛滴蟲性陰道發炎或黴菌性陰道炎，可根據白帶的性狀及顯微鏡檢查確診，治療應以局部用藥為主，尤其在妊娠20週以前不宜全身用藥，如長期大量口服滅滴靈，可使胎兒致畸。

治療黴菌性陰道炎，陰道局部用藥可選擇制黴菌素栓劑、米可定泡騰片、克黴唑、滅滴靈治療毛滴蟲性陰道炎，還應保持外陰部清潔、乾燥、注意在公共場所的個人衛生，同時檢查男方有無尿滴蟲及黴菌，以防性交傳染。

預防消化系統潰瘍

①懷孕後要保持樂觀情緒，不要過度勞累，避免精神過度刺激，以防誘發潰瘍出血。

②飲食搭配要合理，少量多餐，少吃高脂肪、高蛋白及過甜、過鹹、酸辣等食品。

③在醫生指導下，用一些對胎兒無害的藥物治療潰瘍病。

④如果發現孕婦貧血，必須及時治療。同時要適當進行戶外散步，做些輕鬆簡單的保健體操。

⑤定期產前檢查，如發現血紅蛋白下降，大便潛血不斷增加，預示著潰瘍病進一步惡化，需立即去醫院就診。

晚期陰道出血

妊娠晚期陰道出血，即指妊娠28週後的陰道出血，最常見的原因為前置胎盤和胎盤早期剝離。妊娠晚期，無原因、無腹痛、反覆發生陰道出血是前置胎盤的主要特徵。此外，引起妊娠晚期陰道出血的原因還有宮頸病變，如宮頸息肉、糜爛，子宮頸癌等。

發生妊娠晚期陰道出血後，要及時到醫院請醫生進行診斷、治療，必要時手術搶救，以免造成嚴重後果。

難產易出現的症狀

難產時，產婦可出現下列症狀：

■產程延長：產程進展緩慢，或進展到一定階段不再繼續進展。正常時，初產婦與經產婦產程長短不同。經產婦生過孩子，產道經過胎兒擴張較鬆弛，對再次娩出胎兒的阻力較小，所以，分娩進展較快，產程較短；而初產婦較經產婦產道緊，對胎兒娩出的阻力相對大些，故分娩進展通常較慢，產程較長。若再細分，產程延長有潛伏期延長、活躍期延長、活躍期停滯、第二產程延長或停滯，及總產程延長等形式。

②潛伏期延長：從規律宮縮開始，至宮口開大2～3公分為潛伏期。正常初產婦約需8小時，超過16小時則為潛伏期延長；正常經產婦潛伏期為6小時，超過9小時為異常。潛伏期延長常預示存在某些難產因素，如宮縮無力、胎兒巨大、骨盆狹窄、胎位異常等。

3活躍期延長：從宮口擴張3公分開始，至宮口開全為活躍期。正常初產婦約需4小時。如超過8小時，宮口尚未開全，則為活躍期延長。

4活躍期停滯：指產程進入活躍期後，持續2小時宮口未再擴張，為活躍期停滯，或宮口擴張停滯。多由頭盆不稱或胎位異常所致。

5第二產程延長或停滯：第二產程初產婦超過2小時；經產婦超過1小時，尚未分娩者，稱為第二產程延長。第二產程達1小時無進展，稱為第二產程停滯。

上述產程延長可單獨存在或合併存在，總產程超過24小時為滯產。

6胎頭下降梗阻：通常，當宮口開大4公分時，胎頭已降至骨盆坐骨棘水準（棘平）或棘下。若宮口開大4～5公分，胎頭仍居棘上，或停在骨盆某處，不再下降時，為胎頭下降梗阻。多由骨盆狹窄、盆頭不稱、胎頭位置不正或產力不佳引起。

發生難產時，由於漫長的產痛折磨，產婦多已疲憊不堪，眼窩深陷，脣乾舌燥，脈搏增快，腹部脹氣，膀胱脹滿，不能排尿的尿滯留。併發產前感染者，可有體溫升高，陰道流膿症狀。隨著產婦的衰竭，胎兒會出現宮內窘迫症狀。難產對產婦及胎兒均不利，應及時處理。

處理難產的措施

隨著科學的進步，人們逐漸掌握了處理難產的各種方法，明顯提高了產婦與胎兒的生存率，降低了死亡率。

如果進食不佳，缺乏營養，致分娩時能源不足，宮縮差引起的難產，則給產婦靜脈點滴葡萄糖、維生素C等必需的營養；有酸中毒者，補充

碳酸氫鈉溶液；併發電解質紊亂者，補充生理食鹽水及各種電解質；低血鉀者，可口服氯化鉀，或靜脈滴入稀釋的氯化鉀，滴入的速度不可過快，

因高濃度快速輸入氯化鉀可引起心跳驟停。

　　經過處理，一般產婦狀態改善後，宮縮仍未轉佳者，可採取刺激宮縮的方法。如用溫肥皂水灌腸，可清除腸道內積糞與積氣，促進腸蠕動，刺激子宮收縮，脹滿的膀胱會影響子宮收縮，排空膀胱可增寬產道，促進宮縮。自然排尿困難者，先予以針刺或誘導法，無效者應予導尿。

　　針灸療法（體針或耳針）及穴位注射藥物（合谷、三陰交穴各注入維生素B₁25～50毫克），可誘導宮縮。頭盆相稱、胎位正常、協調性子宮收縮乏力者，可採取靜脈注射稀釋的催產素以加強子宮收縮，促進分娩。

懷孕第10個月（37～40週）

母體的變化

懷孕10月時，孕婦由於體內胎兒的原因，腹部有下墜感，子宮高度為32～34公分，因為下降的子宮壓迫膀胱，會愈來愈出現頻尿，而且陰道分泌物也增多。由於肚皮脹得鼓鼓的，肚臍眼成了平平的一片。胎兒壓迫胃的程度漸小，胃舒服了，食欲會增加了，而且常感到肚子發脹，子宮出現收縮的情況。這種情況如果每日反覆出現數次就是臨產的前兆。當子宮收縮時，把手放在肚子上，會感到肚子變硬。

妊娠檢查

每週產檢一次，除常規檢查項目，另檢查胎盤功能是否健全。用胎兒監視器偵測有無胎動及心跳變化，若胎心音反應不良，可能是胎兒窘迫，應做催產素刺激試驗，若確實為胎兒窘迫，則應儘快使胎兒產出。若過了預產期一星期以上未生產，應至醫院檢查是否需催生。月經週期較長或不準確者，預產期可能要延後。

胎兒的發育

胎兒歷經10個月的生長發育，體重約3000～3500公克、身長約50公分的「嬰兒」了。頭蓋骨變硬，指甲也長到超出手指尖，頭髮約有2～3公分長。細毛看不見了，胎脂佈滿全身，特別在後背、屁股、關節等處。以心臟、肝臟為首的呼吸、消化、泌尿等器官已全部形成，胎兒的頭部，已進入母體的骨盆中，身體的位置稍有下降，胎動次數也明顯增多了。

臨產準備胎教法

　　分娩準備工作很重要，如果準備充分，孕婦將免除後顧之憂。而且，這些準備工作伴隨著即將做媽媽和爸爸的喜悅心情，向胎兒預示著歡喜迎接小寶寶的誕生，小寶寶當然也會非常高興的來到這個世界上。

　　臨產前的準備工作一定要有條不紊，甚至連許多細節都要設想周到。

　　首先，應做好充分的精神準備。對分娩要有正確的認識，以愉快的心情迎接嬰兒的降臨；重視並積極接受產前教育和分娩知識，學習、掌握分娩時的呼吸動作要領；正確認識先兆臨產和臨產表現，並熟悉處理辦法，可以避免分娩時的緊張和驚慌，有利於胎兒順利娩出。其次，物品要準備齊全、充足。在妊娠的最後幾個月裡，應把入院分娩所需要的物品整理好並放置於一處，以備用時迅速拿取。這些物品有：洗漱用品、水杯、小勺等日用必需品；少量的點心、紅糖（蒸過）等營養品；衛生紙、衛生棉、衛生巾（消毒）、胸罩等衛生用品；根據分娩所處季節準備嬰兒衣服、帽襪、被褥、尿布和產婦出院時穿戴的衣物。產婦、嬰兒的住室應打掃乾淨，保持清潔。如在寒冷季節應準備保暖用品，以免母嬰受涼。

　　除做好分娩的準備，更重要的是隨時準備分娩，喜迎小寶寶的降臨。

分娩心理胎教法

　　「十月懷胎，一朝分娩。」經過280天的孕育，腹內的胎兒十分雀躍，就要與急不可耐的爸媽會面了。這是一件多麼令人喜悅、振奮的事情啊！

　　然而，所有產前的爸媽請別急躁，務必有始有終的扮演好自己的胎教角色。這是因為胎教舞臺上的最後一幕還沒有出場，這一幕的時間雖然很短，卻是最重要。雖然在以前的280天中曾做過許多努力，使胎兒聽聲音、品味道、看東西、觸摸以及思維記憶能力的學習有了一定的累積，但是在這最後的時刻，稍有不慎，之前精心孕育9個月的

胎教成果就會毀於一旦。

這就是胎教的最重要一課：分娩。隨著產期的臨近，孕婦內心越發忐忑不安，想像分娩時的疼痛，擔心分娩不順利，憂慮胎兒是否正常，以及胎兒的性別和長相是否理想等，存在著許多顧慮。甚至有些孕婦，對自己的身體過分敏感，以至將諸如胎兒的蠕動、不規律的宮縮引起的輕微腹痛等正常現象誤認為分娩的心理。

顯然，孕婦的這種心態對於即將出世的胎兒是十分不利的。一方面，孕婦的焦慮不安將導致母體內部激素的改變，對胎兒產生不良的刺激；另一方面，伴隨著焦慮和恐懼而引起的神經緊張往往會產生許多不適的感覺，使肌肉緊張、疲憊不堪，會導致分娩時子宮收縮無力、產程延長及滯產等現象，造成難產，使胎兒發生宮內窒息，影響胎兒的智力和情商，甚至危及生命。

分娩前的心理準備，首先是要克服緊張、恐懼、難熬的心理，一定要精神放鬆，滿心喜悅的歡迎小寶寶。閱讀有關分娩的書刊，了解分娩的過程，因此不必緊張也不必憂慮，已經度過9個月的懷胎等待，要相信自己是完全能夠勝任。當陣痛開始時，妳就會意識到，這正是腹內的小生命衝破阻力、投奔光明世界時向妳發出的求援信號：「媽媽，我要出來！」於是，妳會說：「來吧，好孩子，別害怕，媽媽幫助你！」

如果違背自然規律，不採用自然分娩，在手術適應不足的情況下施行手術是不好的。採用麻醉藥物、術後需要長時間的恢復、術後各系統器官可能發生的併發症、術後發生的腸沾黏等對母體的精神和肉體無疑都是創傷。所以，從長遠來看，如果沒有特殊原因，選擇自然分娩的方式，對母嬰都更有利。當然，在待產過程中，如自然分娩困難，為了挽救母嬰，是需要施行手術結束分娩。孕婦到了醫院，產程還沒開始，就要求剖腹產，這是很不可取的。當接收到胎兒的信號時，子宮即開始收縮（產生陣

痛），接著，胎兒便從子宮中逐漸的推出來。

　　分娩是需要時間醞釀。初產約需10～15個小時，經產則約需6～8小時。近代醫學都將重點放在如何縮短陣痛時間，緩和產婦的痛苦上，所以，準父母們作好準備，就耐心等待寶寶的降臨吧！

愛 心 提 示

耗費較長時間的分娩，是胎兒按照自然規律適應從母腹內到腹外的過程，而這個過程正是胎兒智力與體能昇華的重要歷程。

順產分娩法

　　要想順利產出胎兒，首先要做到以下幾點：

1 正確的做懷孕期間保健：合理調配飲食營養，注意體重正常值，掌握好工作和休息的時間安排。接受分娩教育，對於分娩有充分的心理準備。練習呼吸運動（腹式呼吸、胸式呼吸、短促呼吸），以備生產時運用。

2 足月臨產前（妊娠37～38週）：醫生要對孕婦的整個妊娠情況進行一次鑑定，根據產道、產力、胎兒三方面，初步預測分娩是否順利。如果產道、胎兒正常，臨產後宮縮也協調有力，大多可順利分娩。

3 產程中：宮縮痛會影響產婦的情緒、飲食、大小便，甚至影響產程的進展。但是，有心理準備的產婦可做腹式呼吸以緩解疼痛，並配合醫生、助產士、護士，一般能夠順利度過產程。

4 宮口開全期：此時宮縮的強度和頻率達到高峰，而且由於胎頭壓迫直腸，產婦又要頻頻向下屏氣、用力，確實不易。只要運用好胸式呼吸、正確用力，就會事半功倍，使胎兒順利娩出。

5 胎兒娩出後5～30分鐘：胎盤會自動剝離、娩出。分娩後產婦要留在產房觀察、休息1～2小時，此時可以喝些紅糖水，少量進食，輕揉子宮，以助子宮收縮、減少出血，至此，分娩過程順利結束。

懷孕第10個月的保健

分娩雖是生理過程，卻也是一次心理和體能的重大考驗，孕婦應放鬆情緒，把體能調整到最佳狀態，接受分娩過程的考驗。

頭次懷胎的孕婦，沒有分娩經驗，要注意臨產先兆的出現，如見紅、陣痛、破水等，隨時準備前往醫院分娩。如果是高危險妊娠，孕婦一定要提前到醫院住院，在醫護人員的照顧下，等待分娩。

記得每週做1次產前檢查，如果超過了預產期，必須到醫院再做1次檢查，聽取醫生的意見，討論分娩計畫，千萬不要盲目的等待分娩先兆出現，以免危及胎兒與媽媽的健康。

過期妊娠的危害

婦女正常的懷孕期間為37～42週，如果妊娠超過42週則屬於過期妊娠。懷孕時間過長會導致胎兒異常，有的人對懷孕時間抱無所謂的態度，甚至誤認為懷孕時間愈長胎兒就愈健壯，這是毫無根據的觀念。

胎兒在母體內是靠胎盤供給營養得以生長發育的。過期妊娠會導致胎盤發生退化性變化，血管發生梗死、胎盤血流量減少，直接影響胎兒營養的供給，不僅胎兒無法繼續正常生長，還會消耗自身的營養而日漸消瘦，皮膚出現皺褶，分娩後像個「小老頭」。此外，由於子宮內缺氧，可使羊水發生污染，使胎兒出現宮內窒息、吸入性肺炎而死亡；或因腦細胞受損，造成智力低下等不良後果。另外，妊娠期延長，使得胎兒頭顱骨大而堅硬，分娩時出現難產或產傷，對母體健康和胎兒都有害。

醫師指點

懷孕期間過長對母子毫無益處。如果已到分娩日期而仍未有臨產徵兆，就要去醫院請醫生採取措施，讓胎兒早日娩出，以確保母子的安全與健康。

第2章 分娩

選擇自然生產，還是剖腹生產？兩種生產的好處與風險性？

分娩

生產前的徵兆

一般而言，在預產期前3週到過預產期2週內分娩，都算是正常的生產期。值得注意的是，每個妊娠婦女還未到預產期，或才妊娠7至8個月時，都可能出現「產兆」而臨產。「產兆」就是孕婦臨產時出現的症狀，包括：規律宮縮、胎膜破裂（破水）、陰道流血（見紅）。無論胎兒體重多少，都無法自己從媽媽的產道（子宮下段、陰道）裡鑽出來，必須依靠媽媽子宮的收縮力及媽媽憋氣加腹壓，將胎兒從子宮裡推送出來。

1 規律宮縮：產婦子宮收縮（簡稱宮縮）不受產婦的意識控制，每次宮縮有其規律，宮縮力由子宮底向下延伸傳導，在宮縮時壓迫子宮肌壁裡的血管，導致子宮肌壁暫時缺血、缺氧。

產婦正式臨產時，宮縮有其規律性，即每次的間歇逐漸縮短、持續的時間逐漸延長，且強度也逐漸增強。在剛開始臨產時，可能5～6分鐘宮縮1次，每次時間約20～30秒；至子宮口開全時，可能1～2分鐘1次，每次持續40～60秒。

妊娠婦女在正式臨產前半月左右，可能出現不規律的宮縮，1天之內可能會有幾次或10幾次，每次持續的時間很短，可能10～20幾秒，且間隔長短，可以從10幾分鐘至幾小時不等，夜間宮縮的次數比白天多。由於宮縮持續的時間太短，宮縮力太弱，故沒有開大宮口的作用，醫學上稱之為「假性陣痛」。出現假性陣痛徵兆不要恐慌，如果自己不能確定是否為假性陣痛，可請醫生鑑別。

2 胎膜破裂：即「破水」，包覆胎兒的羊膜破裂，裡面的羊水流出。破水時，孕婦會感覺有一股液體突然自陰道流出，自己無法控制。羊水與尿液不同，羊水有腥味，而無尿臊味。在正常情況下，羊水清澈，不混濁。或者，當胎兒在子宮裡缺氧時，胎兒的肛門括約肌會鬆弛，而排出胎

便，被胎便污染的羊水呈黃綠色或深綠色。臀位分娩時（胎頭朝上，先出現胎兒臀部），由於媽媽子宮收縮壓迫胎兒腹部，即使沒有缺氧窒息的情況下，胎兒也有可能排出胎便。因此，臀位兒破水後羊水中混雜胎便並非胎兒缺氧的危症。破水後，胎兒的臍帶有可能順著羊水流到宮口，醫學上稱為「臍帶脫垂」（這種情形以臀位兒較為常見）。因此如果胎位不正，一旦破水就應該趕快到醫院檢查、待產。

3 陰道落紅： 即從陰道流出黏液。是由於子宮頸口在擴張過程中，導致子宮頸內口附近的胎膜與子宮壁分離，此處的微血管破裂，少量出血，血液與宮頸黏液混合則形成含血黏液流出。正常情況的見紅量少於一般的月經量，只有見紅而無規律宮縮時，不需急於住院，但應請醫生檢查後決定是否需要住院待產。

陰道出血多於月經量，或伴有血塊，或血色鮮紅時，為異常現象，必須馬上就醫，以便確診。因為當孕婦的胎盤位置低（前置胎盤）或胎盤發生早期剝離，或胎盤血管前置（血管位於子宮口附近，破裂出血）等病理情況時，可能出現見紅多的情況，醫學上稱為「產前出血」，應立即急診住院救治。

如何度過分娩陣痛？

為什麼人類懷孕至足月就會「臨產」？會出現子宮陣陣收縮、腹墜痛、子宮口逐漸開大、陰道流血等症狀。

人類分娩的原因，雖然各國均有學者在探討，至今並不十分清楚，可能與妊娠末期內分泌變化有關。未生過孩子的子宮頸口僅幾公釐的孔（頸管直徑），要想宮口開大至能將足月胎兒排出，則宮口必須開大至10公分（醫學上稱之為「宮口開全」）。子宮口無法自行開大，要靠子宮收縮，慢慢把宮口拉開、張大，直至子宮口開全。

即使子宮口已完全開大，胎兒也無法自己出來，還要靠宮縮加在胎

兒身上的「力量」及母親同時用力增加腹壓，將胎兒從產道中推出（分娩）。孕婦從臨產至將胎兒產出，究竟要宮縮多少次，由於每人的宮縮強弱不同，收縮的次數也因人而異。

子宮每收縮1次，產婦便會感到腹墜痛、腰酸。宮口開全後，出現明顯的憋墜感。產婦從臨產至分娩，會消耗大量體力，汗流浹背，筋疲力盡。

為了減輕婦女分娩時的疼痛，全世界的婦產科醫生都在探尋無痛分娩的方法。利用各種藥物或方法，來減輕或消除生產時的陣痛感，使孕婦在愉悅無壓力的情況下生產，就是「無痛分娩」。臺灣已廣泛使用無痛分娩來減輕產痛，可以向醫所詢問相關訊息。

最簡易安全的無痛分娩，仍要靠產婦自己完成，當出現宮縮時，產婦要盡量放鬆全身肌肉，做均勻的深呼吸，同時自己用雙手輕輕撫摸下腹部或腰部，能夠適當減輕分娩陣痛。採取此種方法鎮痛時，避免亂叫與亂動，且絕對不可用力擠壓或捶打腹部，以免損傷腹內胎兒與胎盤。因位於子宮前壁的胎盤在受到外力衝擊時，會引起胎盤下面的血管破裂出血，導致胎盤早剝，重者可危及母子生命。

愛心提示

分娩的陣痛雖然強烈，但此種疼痛程度是在身體可承受的範圍之內。許多沒有採用任何無痛分娩法的產婦也都平平安安的度過了臨產與分娩關。以前的人說：「女人生了孩子就忘了痛。」因此，只要作好心理準備，不要過度恐懼，產痛並非無法忍耐。

產前診斷的方法

產前診斷目前還無法檢查出所有的遺傳性疾病。據統計，遺傳疾病不少於3,000種，而能夠在母體內診斷出來的不超過幾十種。所以說，遺傳性

疾病重在預防，到醫院進行遺傳諮詢是預防有先天性或遺傳性疾病患兒出生的有效方法。常用的方法有下列幾種：

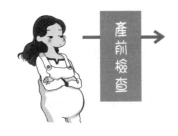

1超音波檢查：超音波檢查可動態觀察胎兒發育情況，能夠發現較明顯的胎兒畸形，如無腦兒、小兒畸形、腦積水、多囊腎、某些先天性心臟病等。最適宜進行超音波掃描的時間是妊娠20週左右。

2羊膜穿刺：在妊娠16～20週時，透過腹部抽取15～20毫升羊水，測定羊水中胎兒甲蛋白或其他生化成分，透過細胞培養分析胎兒染色體，並做進一步生化分析，可判定胎兒性別及是否患有某種染色體異常或代謝缺陷病。透過這項檢查可以診斷染色體異常、某些X連鎖疾病、某些先天性代謝缺陷病、脊柱裂和無腦兒等，有1/500左右的流產率。

3胎兒鏡檢查：胎兒鏡是一種帶有冷光源、直徑僅1.7～2.2公釐的纖維內視鏡。插入羊膜腔後可直接觀察胎兒的外形，能成功的對脣顎裂、趾指畸形、魚鱗病、無腦兒及白化病等胎兒進行產前診斷。透過胎兒鏡還可以鉗取胎兒活體組織，進行細胞學或生化學診斷。在胎兒鏡的幫助下，還可以從胎盤血管抽血進行檢查，抽取胎血進行血液生化分析。此項技術有一定的危險性。抽取胎兒血的主要價值在於診斷血中可檢測的遺傳病，例如：血紅蛋白病、地中海貧血等血液系統疾病。由於風險較高，極少被用來作為胎兒診斷用途。

產前要測量血壓

孕婦在產前要測量血壓。正常妊娠中期收縮壓和舒張壓比孕前稍低；懷孕末期恢復原狀。在妊娠6～7個月後，約10%孕婦會出現血壓升高或伴有浮腫、蛋白尿，這就是妊娠常見的併發症——妊娠高血壓疾病，對母親、胎兒有一定的危害，如儘早發現，及時就診，可以有效的控制病情。

早孕期血壓可作為基礎血壓。懷孕20週以後，如血壓在140/90mmHg

（毫米汞柱）以上，或收縮壓較基礎血壓上升30mmHg、舒張壓上升15mmHg，可診斷為妊娠高血壓疾病。通常年齡大、肥胖、雙胞胎、貧血、慢性高血壓等孕婦較容易發生。由於血壓過高會影響胎盤血液的循環，胎兒由於供血不足而生長遲緩，嚴重者可能胎死宮內；孕婦可能因全身各器官的衰竭致死，需及早治療。

產前檢查的時間

如果從妊娠5～6個月起才進行產前檢查，會使一些內科併發症、遺傳病需要中止妊娠者延誤治療時機，且對孕婦的基礎血壓、基礎體重也無法獲知。目前健保所提供產前檢查開始的時間已提前到懷孕後3個月。在正常情況下，整個懷孕期要求做產前檢查9～13次，懷孕3個月進行首次全面檢查；以後每個月檢查1次；28週後每2週檢查1次；36週後，孕婦、胎兒變化大，容易出現異常，需要每週檢查1次。發現孕婦或胎兒有異常情況時，應根據病情入院或增加門診檢查次數。

超音波檢查的範圍

超音波診斷技術應用於臨床醫學已有20多年，研究證明，超音波檢查對胎兒及孕婦的傷

害不大。曾有人用超音波對動物進行試驗，把未接受與接受超音波檢查的兩組懷孕動物做對比觀察，發現其子代畸形的發生率無顯著差別。醫療臨床觀察也有相同的發現，接受過超音波檢查的孕婦，其胎兒的畸形率與未接受過超音波檢查的胎兒相比，無明顯增加。實際上，用於人體診斷的超音波熱能相當小，檢查時間短，不足以對人體的組織、臟器產生損害。因此超音波是一種安全、可靠，使用方便，不會給檢查者帶來痛苦且可以重複應用的有效檢查方法。

　　超音波用在不同地方，有著不同的檢查內容。應用超音波做產前檢查，可以測知以下幾項指標：

　　1 **確定胎盤附著部位**：正常位置的胎盤附著於子宮前壁、後壁、側壁或宮底處。透過超音波檢查可確知有無異變。

　　2 **確定胎盤成熟度分級**：胎盤成熟度共分4級：0級、Ⅰ級、Ⅱ級、Ⅲ級。Ⅰ級表示胎盤基本成熟；Ⅱ級表示胎盤成熟；Ⅲ級表示胎盤老化。由於鈣化和纖維素沉著，使胎盤輸送氧氣及營養物質的能力降低，胎兒的生命隨時受到威脅。

　　3 **羊水量**：羊水量的多寡，也是胎兒健康的一項指標。台灣醫師通常會先以肉眼評估，若覺得羊水有過多或過少的情況，則會進一步測量羊水的深度。評估羊水量的指標有兩種：一種是羊水腔最深的距離，正常值在2～8公分，若低於2公分為羊水過少、高於8公分則為羊水過多；另一種方法是測量子宮四個象限羊水深度的總和：正常值介於8～24公分，若總和值低於8公分為羊水過少、高於24公分則為羊水過多。羊水過少通常是一個危險的訊號，可能顯示胎盤功能不足，或胎兒本身有異常，應進一步檢查。

　　4 **胎位**：超音波可測知胎兒在宮腔內所處的位置——胎位，了解是屬於頭位或臀位。

　　5 **胎兒頂臀長**：胎兒頭頂至臀尖間長度為「頂臀長」，此長度與胎兒的身長、體重有關。通常，胎兒頂臀長愈長，其身長也愈長，體重也相應較重。

　　此外，還可利用3D超音波測量胎兒整體體積、胎兒內臟（心臟）或胎盤體積，藉此判斷胎兒成熟度。但只是估算，有一定誤差，所以通常不會列為例行的檢查。

愛心提示

超音波檢查，除檢測上述外，胎兒在子宮內的生活還可經由超音波的螢幕顯現出來。如：胎兒吞嚥羊水、心臟的跳動、胸廓起伏的運動、逐漸脹滿的膀胱及尿液的排出等，都可以顯現出來。

產前檢查的內容

產前檢查應在確認為已經妊娠後進行，必須進行全方位的檢查，一旦發現異常現象，就應做好相應的準備。其主要內容包括下列各項：

1 了解病史：了解本次妊娠的經過，早孕反應情況、有無病毒感染及用藥史、放射線接觸史。可了解孕婦以往的月經情況，以往妊娠分娩有否異常，有無心臟、腎臟及結核等病史，家族中有無糖尿病、高血壓、結核病和遺傳病史。

2 全身檢查：每次產檢時需對全身情況進行觀察及檢查各臟器，尤其注意心臟有無病變，測量身高、體重、血壓和雙側乳房發育情況。

3 產科檢查：腹部檢查包括子宮底高度、腹圍大小的測量、胎兒的胎心音、胎位、胎兒活動性等。陰道檢查能了解產道、子宮頸、子宮及附件有無異常。

4 檢驗：初診必須做的特殊檢查為血型、尿液檢驗、母血篩檢唐氏症、妊娠糖尿病篩檢、B型肝炎表面抗原檢查、B型肝炎E抗原檢查、梅毒血清檢驗等，以及做超音波了解胎兒的情況。

5 其他：高危險妊娠者，如有不良產史，例如：死胎、胎兒畸形、遺傳病史等，應進行有關化驗，包括母體血清或羊膜穿刺檢查染色體、胎兒甲蛋白，主要用於篩選畸形。

超音波檢查胎盤位置

如果在妊娠後期，部分或全部的胎盤會附著在子宮下段，把子宮頸口遮蓋住，那就屬於病態，醫學上稱為「前置胎盤」。分為：邊緣性前置胎盤、部分性前置胎盤和中央性前置胎盤。在胎盤的後方其附著處做超音波檢查發現有液性暗區時，表示胎盤後有出血，是胎盤早期剝離的徵象之一。如果在妊娠的早期或中期進行超音波檢查，發現胎盤位於子宮

下段，胎盤緣在宮內口處時，尚不能診斷為前置胎盤。因胎盤的位置可隨妊娠月份的進展而「自動遷移」，這種情況多見於後壁胎盤。

　　胎盤之所以有這麼多位置，多由於妊娠後期子宮下段延長和增長迅速所致（子宮下段可從未孕時的1公分，最長增至10公分），因而，胎盤位置可隨妊娠月份的進展而上移。所以在妊娠早期或中期發現胎盤緣在子宮內口處時，不需過早擔心。注意此時應避免房事和重體力勞動，以防移動宮口處的胎盤緣引起陰道出血，並應遵照醫囑定期進行超音波檢查，了解胎盤位置的變動情況。

　　若在妊娠晚期，超音波發現胎盤位置低，胎盤緣在宮內口處時，則為「低置胎盤」。孕婦應臥床休息、嚴禁性交；如有陰道出血時，應隨時就近就診。若胎盤將宮內口完全覆蓋為「完全性前置胎盤」，產婦隨時可發生陰道大出血，需要住院觀察治療，萬一發生陰道大出血，須馬上進行剖腹產手術，避免危及母子的生命。

超音波測定胎頭雙頂徑

　　用超音波檢測胎頭情況既準確，又安全，且對胎兒、孕婦無不利影響，是產科測量中應用最早、最常用的方法。因此，胎頭雙頂徑的測量是中、晚期妊娠中估計孕期、胎兒體重和成熟度的有效指標。

　　通常，胎頭雙頂徑為8.5公分，胎兒體重約2500公克；若胎頭雙頂徑超過10公分，胎兒可能為「巨嬰」（體重大於或等於4000公克）。胎頭的形狀常影響其雙頂徑的測量結果。圓頭形者，雙頂徑值往往偏大；長圓形者，雙頂徑值則多偏小。

 愛心提示

僅根據胎頭雙頂徑值估計胎兒體重，準確率不是很高，僅50%左右。

超音波可發現畸形兒

普通超音波可以對胎兒的發育情況進行監測。但對於軟組織和小骨骼的病變，比如：小耳症、脣顎裂、多指、併指等畸形，則難以發現，因此普通超音波僅能發現胎兒畸形的90％左右，而且，畸形的發現率常取決於儀器的等級、檢查者的經驗以及孕婦的條件。超音波檢查即使未發現胎兒有畸形，也不能絕對肯定胎兒的發育完全正常。若超音波檢查發現胎兒疑似存在某種畸形時，往往需要進一步觀察，即反覆進行超音波檢查後，方能確診。嚴重的胎兒畸形往往需要人工終止妊娠──引產。

胎動的自行檢查

通常，在懷孕18～20週時，可以感覺到胎兒在子宮內的活動，如流動、蠕動、伸展、踢跳等動作，這種胎動於懷孕28～32週逐漸增多，近預產期則減少。孕婦學會數胎動，進行自我監護，可初步估計胎兒安危。

胎動計數方法是在妊娠28週以後，每天早、中、晚各數1小時胎動，將3個小時的胎動數相加後乘以4，就是12小時的胎動總數。各個孕婦的胎動計數有差別，孕婦要掌握自己的胎動規律，計數時最好左側臥，精神集中，才能準確。

目前胎動標準，多以胎動計數在12小時內大於或等於30次為胎兒情況良好，20～30次為警戒值，低於20次或1小時內少於3次為胎動減少，若在3天內胎動次數減少30％以上就要警惕，大約50％的胎動減少是由於胎兒在宮內缺氧，或者發生慢性胎盤功能不全，如妊娠高血壓疾病、慢性高血壓、過期妊娠等。遇到這種情況時，孕婦要立即告知醫生，因為從胎動完全停止到胎心音消失（胎兒死亡）往往還有數小時的黃金時間，及時搶救可以挽回胎兒生命，避免不幸結果發生。

愛心提示

檢查胎動的計數方法簡便易行，不需任何儀器設備，在家裡即可進行。透過檢測胎動，孕婦可及時了解胎兒是否正常，也可做為醫生診斷和處理的參考。

羊水檢查可預測的疾病

羊水檢查是產前診斷常用的有創傷性的一種方法。利用羊水檢查，可預測多種新生兒疾病：

1肺透明膜病：肺泡表面活性物質卵磷脂的缺乏，是引起新生兒肺透明膜病的主要原因。如卵磷脂與鞘磷脂的比例不到2～3：1時，對此病診斷具有重要意義。

2無腦兒或開放型脊柱裂畸形：可檢查羊水中胎兒甲蛋白的含量。當正常妊娠15～20週時，羊水中胎兒甲蛋白的含量在10微克/毫升以下。無腦兒或開放型脊柱裂畸形，此含量增高，有時高出20倍以上。Rh溶血病、先天性食管閉鎖、法洛氏四重症、先天性腎病等胎兒甲蛋白都會增高。

3各種染色體疾病或遺傳代謝病：羊水中胎兒脫落細胞培養後可檢測染色體疾病或遺傳代謝病。

臨產要內診

孕婦分娩時的「宮口」大小，對胎兒能否順利生產有決定性的作用。

當產道狹窄，骨盆腔的容積不足以通過胎頭時，即出現難產。為了解產程進展中宮口開大的情況，估計骨盆大小，及時發現胎頭下降梗阻及宮口擴張停滯，確定有無陰道分娩的可能性，常需進行內診。

內診的間限由產程進展階段所決定。原則上宮口開大2公分以前，每3～4小時查1次；宮口開大4～9公分時，1～2小時查1次，宮口開全（1公分）後，0.5～1小時查1次。

如何配合接生？

　　初產時，當宮口開全，頭位分娩者，經陰道口已看到胎髮，或經產婦宮口開大4～5公分時，助產人員即可準備上產臺接生。

　　通常，用肥皂、溫開水及1/5000的消毒液依次沖洗陰部及大腿上1/3，再用75％的酒精棉球擦拭乾淨。各醫院用的沖洗消毒液不同，若產婦有對消毒液過敏時，應提前告訴醫生，以便更換其他消毒液。當醫務人員為產婦沖洗外陰部時，產婦不要隨意移動身子及抬高臀部，以免藥液向腹、背部流灑。請注意沖洗乾淨後，不能用手去觸摸，以免污染產臺。

　　分娩時，產婦採取何種姿勢較好，目前國內外尚在探討中。有的國家試行「立位」或「坐位」分娩法，國內目前大多採取「臥式」分娩法。

　　胎兒的順產要靠子宮收縮力與產婦屏氣施加腹壓，兩者的合力。產婦分娩仰臥於產床上，擺正姿勢，才能最大限度的減少胎兒生產時的阻力及發揮腹壓作用。仰臥時，兩腿股及膝關節屈曲，盡量分開，不要併攏。子宮收縮來臨時，產婦應長長的吸一口氣，憋在胸腔內，待有憋不住的感覺時，閉住雙脣，像排便似的，用長勁，保持往下屏氣加大腹壓。每次宮縮應用力2～3次，每次屏氣用力時應快速吐氣，再次深吸氣憋住、用力；產婦不可將力用在脖子上，也切忌在用力時扭動身體或擺動臀部。同時，雙手緊拉住產床兩側的布帶，或抓住床邊，兩腳蹬住床，往下用力。產婦應將臀部坐在助產人員戴手套的手上，以利其保護會陰，防止胎兒經陰道生產時撕裂會陰。宮縮間歇時，應抓緊休息，養精蓄銳，待下次宮縮時用同樣的方法加大腹壓。若在沒有宮縮時仍屏氣用力，單靠腹壓一種產力，不能有效的將胎兒推出。相反的，由於體力的消耗、產力的分散，可能會延長胎兒生產的時間，用力時不要過猛，要均勻、持續用力。

　　當胎頭的後枕部（後腦勺）在母親的恥骨弓下露出時，助產人員將用

手控制胎頭，使其緩慢的、以最小頭徑生產。產婦必須聽從助產人員的囑咐，停止屏氣，大口哈氣。否則，若在這關鍵時刻，產婦不與助產人員配合，在宮縮的同時仍屏氣加腹壓，容易使胎頭急速通過尚未充分擴張的會陰，導致陰道及會陰嚴重撕傷，重者可波及肛門括約肌及直腸壁，使陰道和直腸貫通，造成會陰嚴重裂傷。若修補不當或癒合不佳，會遺患終身。

　　胎兒生產10分鐘左右，胎盤娩出時，產婦勿需拼命加腹壓，此時產婦也不會有任何不適感。若助產者協助胎盤流出，牽拉臍帶時，產婦覺腹部劇烈牽扯般痛，則為異常現象，可能由於胎盤黏連或植入、子宮內翻所致，應立即告知醫護人員，否則可能引起致命的疼痛與出血，嚴重者甚至休克死亡。

愛心提示

要想順利度過分娩，產婦必須與醫務人員配合，聽從指揮屏氣用力哈氣，切不可隨心所欲自作主張，以免發生意外。

選擇生產方式

　　剖腹產手術多選用脊椎麻醉或硬膜外麻醉，通常由麻醉科醫師視臨床狀況和產婦討論麻醉方式，但在少數特殊狀況也會使用全身麻醉。

　　施剖腹產術時，腹部手術區域一般用碘酒、酒精消毒。對這兩種藥液有過敏史者應提前聲明，以便更換其他消毒液。

　　比起自然生產，剖腹產風險較小，全世界剖腹產比例有增高趨勢，但剖腹產比起自然生產仍有下列風險：出血較多、住院久、恢復期長，以及下一胎只得選擇剖腹產。基本上大部分醫師鼓勵在許可的狀況下自然生產，若有醫學上的理由（胎位不正、前置胎盤等狀況）或想剖腹產的孕婦，應與醫師詳細討論再決定生產方式。

自然產與剖腹產比較表

項　　目	自然生產	剖腹生產
生產途徑	陰道	下腹
疼痛時間	待產/生產時	術後
麻醉	無或脊椎麻醉	脊椎麻醉
傷口	會陰/陰道/肛門	腹壁/子宮
待產	數小時～兩日	無
生產	數分鐘～一小時	約一小時
產後恢復	傷口恢復快	傷口恢復慢
胎兒風險	待產/生產中	無
母親短期風險	裂傷至直腸/陰道/子宮頸	傷及膀胱/子宮血管
母親長期風險	生殖泌尿道鬆弛……	疤痕/腹腔沾粘……

自然產與剖腹產優點比較

	項　　目	剖腹產	自然產
1	母親死亡率	☺	☺
2	母親再入院或併發症	☺	☺
3	母親下一胎生產方式		☺
4	下一胎懷孕的胎盤		☺
5	下一胎異常懷孕		☺
6	未來婦科手術風險		☺
7	母親生產經驗、產後心理及性生活	☺	
8	胎死腹中	☺	
9	嬰兒腦性麻痺	☺	
10	嬰兒生產傷害	☺	
11	嬰孩成熟度		☺
12	大便失禁	☺	
13	小便失禁	☺	
14	傷口美觀		☺

分娩所需時間與輔助分娩

通常分娩所需時間，生第一胎的初產婦平均需要12～14小時；生第二胎平均需要7～9個小時。由於每個人情況不盡相同，所以產程時間也各有差異。

輔助分娩是指分娩前估計有難產的可能，或是分娩過程中發生異常，而不得不借助其他方法輔助分娩。常見輔助分娩法有以下幾種：

1 催促分娩：也稱催產。用藥物刺激子宮促使分娩。這種方法通常是在超過預產期仍未有分娩跡象時採用。

2 產鉗分娩：是採用產鉗夾住胎兒的頭，藉子宮收縮和腹壓的力量將胎兒鉗出。一般在難產時採用。

3 吸引分娩：在緊急情況下，還可以用真空胎頭吸引器代替產鉗，這個胎頭吸引器的作用跟抽水機一樣，可以將胎兒吸引出來。

4 剖腹產：即切開腹部及子宮，取出胎兒。

緊張易造成難產

主管人體各器官的總指揮是大腦中樞神經，人無論是有意識的活動（如行走、進餐等）或無意識的活動（如心跳、胃腸蠕動等），均在神經、內分泌的支配下進行。

子宮收縮雖不受人的意識左右，但也在神經系統的支配下，由於諸多神經、內分泌因素影響，才能在子宮收縮力與腹壓的協同下，順產胎兒。

臨產時，若產婦神經過度緊張，尤其不吃、不喝、不睡時，必然導致其神經、內分泌功能紊亂，所以子宮收縮可能出現異常，造成難產。正常情況下，子宮底部的肌肉收縮力最強，向下傳導，至子宮下段處最弱，故宮口能逐漸開大，胎兒也隨之下降。宮縮失調時則相反，子宮下段的肌肉

收縮力最強，宮底部肌肉的收縮力最弱。

　　正常時，子宮肌肉各部位的收縮力是同步的，即「齊心協力」的在同一時間合成一股向下的力量，以擴張宮口，推動胎兒下降。宮縮紊亂時，則子宮肌壁各部位收縮的步調不一，雜亂無章，這種分散的無效宮縮，不足以擴張宮口及迫使胎兒下降。而且，由於子宮處於頻繁的不規則收縮中，肌壁呈持續性缺血狀態，產婦可能出現無緩解的腹部墜痛，痛苦異常，產程卻毫無進展。

　　當4～5分鐘出現1次宮縮，或破水時產婦均已入院待產。理想的待產環境，應是先生陪伴在身旁，讓產婦所在的病房和自己家裡同樣溫暖、舒適，可以減少產婦的心理壓力。

　　有的產婦尚未正式臨產，僅偶然有點腹墜、見紅就非常緊張，以為馬上要生產，這是緊張過度了。即便是出現規律宮縮，正式臨產後，也應抓緊宮縮的間歇時間休息；或是在幾分鐘內打個「盹」，有利於體力的恢復。

　　在第一產程，宮口開全前，產婦應盡量放鬆，保持心情愉快，無須胡思亂想、恐懼、憂慮，以免影響正常協調的子宮收縮。

憋尿對生產的危險

　　膀胱是一個具有相當大伸縮性的「尿囊」。正常情況下，經腎盂、輸尿管流至膀胱內的尿液，積存到一定量（400毫升左右），由於尿液產生壓力對膀胱壁的刺激，反射性的引起排尿需求。排尿後，膀胱收縮變小，膀胱壁變厚。

　　膀胱緊靠在子宮前壁下段，因此，當臨產子宮收縮，胎兒下降及生產時，膀胱均受到牽動與壓迫。臨產時，若不定期排尿，則充盈的膀胱可阻礙胎位的下降，使分娩進展緩慢，延長產程。脹滿的膀胱擠在硬的恥骨聯合與胎頭之間，時間愈久後果

愈嚴重。膀胱裡的尿液愈積愈多，膀胱愈脹愈大，最終可使膀胱壁「撐」得像一張紙般薄，組成膀胱壁的肌纖維由於被過度牽拉而麻痺，失去回縮排尿的能力，導致生產時、生產後「尿滯留」──排不出尿來。

　　脹大的膀胱不僅影響胎兒生產，還可能影響第三產程中胎盤的剝離與娩出，引起「胎盤滯留」，發生產後大出血。滯留在膀胱裡的尿液還可能繼發感染。尿液在膀胱裡存留的時間愈長，致病菌在膀胱裡生長繁殖的機會愈多，引起膀胱炎的機率也愈高。膀胱發炎後，會出現尿頻、尿急、排尿痛的症狀，尤其在排尿終了時可能有刀割般疼痛。尿中有膿球及致病菌，若治療不徹底，發炎症狀會向上蔓延，引起腎盂炎或腎盂腎炎，或遺留慢性膀胱炎。

　　因此臨產後，應每2～3小時排尿1次，每次排尿時應盡量空淨。實在不能自解小便的可插導尿管，尿管最好長期開放，使膀胱裡的尿液不斷流出，膀胱保持在排空狀態，以利胎兒下降。

臨產的飲食

　　由於陣陣發作的宮縮痛常影響產婦的胃口，產婦應學會宮縮間歇期進食的「靈活戰術」。飲食以富糖分、蛋白質、維生素，易消化的食物為主。根據產婦的愛好，可選擇蛋糕、麵湯、稀飯、肉粥、藕粉、點心、牛奶、果汁、蘋果、巧克力等多樣飲食。每日進食4～5次，少量多餐。身體需要的水分可由果汁、水果及白開水補充。注意既不可過於飢渴，也不能暴飲暴食。

　　有些不懂營養學的婦女認為「生孩子時吃雞蛋較有力」，便一次吃十幾顆，這種做法常適得其反，殊不知，人體吸收營養並非無限制，當過多攝入時，則「超額」部分經腸道及泌尿道排出。多吃浪費事小，由於胃腸

道的負擔加重，可能引起消化不良、腹脹、嘔吐，產婦每頓飯吃1～2顆雞蛋已足夠，可再搭配多樣化的營養補品。

何時才算真正結束分娩？

通常媽媽見到寶寶的第一句話是：「他（她）健康嗎？四肢外觀正常嗎？」天下父母心，在此表露無遺。看到可愛的寶寶，媽媽都會覺得以前所有的辛苦都得到了回報。

胎兒出生後，接下來便是胎盤的娩出，產婦的肚子會因收縮而感覺有些不舒服（剖腹產因為麻醉，一般無此感覺），接下來就是會陰切開處的縫合（剖腹產則是一連串子宮與腹壁組織的縫合），至此整個分娩過程大功告成。

第**3**章 產後

教妳做好月子，把握產後塑身黃金
期，搭配飲食、健美操，做個漂亮
的媽咪。

產後保健

產後的生理變化

　　從產婦分娩結束到身體完全恢復的這段時間，稱為產褥期，時間約為6週。在產褥期，產婦面對身體快速的改變，除了乳房外，妊娠期所產生的生理改變，在這期間都會迅速的回復。這所有的改變都是正常的生理現象，當然也會有不正常的改變發生。因此產婦要了解產後的生理變化，同時注意觀察自己的恢復是否正常，如果有異常應儘早診治。

　　1呼吸頻率：產後1週內產婦的脈搏跳動較為緩慢，每分鐘60～70次。呼吸方式應由懷孕期間的胸式呼吸恢復到腹式呼吸，使呼吸變深變慢，每分鐘14～16次。由於子宮大量的血液回流到心臟，使心臟負擔加重；因此產後72小時內，有心臟病的產婦容易發生心臟衰竭。

　　2泌乳：產後2～3天，體溫會因為出奶而略為升高。乳房因充血而出現結節，產後3～4天乳房發脹，開始分泌初乳，並持續4～5天。初乳含有胡蘿蔔素呈金黃色，蛋白質含量較高，對新生兒好處很多。產後7～14天分泌的為過度乳，產後14日以後分泌的為成熟乳。

　　3子宮收縮：生產後子宮會逐漸收縮復原，需適度做腹部按摩，以促進子宮收縮，不僅有助子宮的復原，還能加速惡露排出。

　　4子宮按摩法：將手置於肚臍周圍，尋找子宮位置，若摸不到一個如球狀硬硬的物體，就需要做子宮按摩，一手托住子宮底，另一手置於肚臍附近做環狀順時針按摩10餘次，每日2～3遍，有利於惡露、淤血排出，還可避免或減輕產後腹痛、產後子宮出血，幫助子宮儘快恢復。

　　5惡露排除：正常的惡露有血腥味沒有臭味，到第4週時應已停止，轉為正常的白帶。惡露分為以下三種：

	種　類	特　徵
1	血性惡露	產後1～4天，色鮮紅，含有較多血液，量較多，與平時的月經量差不多，或稍多於月經量，或夾有血塊。
2	漿液性惡露	產後4～10天排出，呈淡紅色，其中含有少量血液、黏液和較多的陰道分泌物，流量減少，無異味。
3	白色惡露	在產後10天左右開始排出。色白或淡黃，其中含有白血球細胞、蛻膜細胞、表皮細胞和細菌成分，量多於平時白帶，約持續到產後3週左右。

　　除了胎盤位置的子宮內膜外，其餘的子宮內膜在產後3天會變成兩層，外層隨著惡露排出，內層剩下一些基礎腺體和極少量的結締組織，在3週內形成新的子宮內膜。胎盤位置的子宮內膜，則要到產後6週以後才會長好。

　　6 會陰復原：陰道黏膜水腫、肌肉鬆弛等現象會逐漸消退，會陰部肌肉的緊張度也逐漸恢復正常，生殖器官到第4週時已大致復原，恥骨外逐漸恢復到鬆弛狀態，走路時已沒有不適的感覺。

　　7 避孕措施：產後第2個月，產婦身體的各種功能基本上已經復原，體重、子宮功能（內膜、大小、重量）也已恢復到懷孕前的狀況。沒有餵母乳的產婦可能有月經出現，少數人會恢復排卵，有些人甚至可能又懷孕了，所以要做好避孕措施。

產後三個重要階段

第一階段：產後24小時

　　1 凱格爾運動：也稱為骨盆底肌肉收縮運動，藉由主動收縮肛門、陰道、尿道周圍的肌肉，以增強骨盆底肌肉的強度與張力，並提升陰道收縮的力量，可改善因生產導致漏尿及陰道鬆弛等問題。適合在分娩後立即開始，於床上、坐浴或站立時進行。先在排尿時中斷排尿2～3秒，再放鬆，重複數次，或將中指放在陰道內感覺陰道收縮夾緊，熟悉骨盆底肌肉收縮的感覺。先練習收縮10秒，熟練後增加至20～30秒，做完1次休息5～7秒，再連續做10～20次，每天至少3次。

2 腹式深呼吸法：採取基本姿勢，把手放在腹部，當由鼻子慢慢吸氣時，能夠感覺腹部上升起來；由嘴巴慢慢吐氣時，縮緊腹部肌肉。剛開始只要做2～3次，以免發生換氣過度的情形（運動過量的徵兆，會有暈眩或昏倒、有刺痛感，或視力模糊等現象）。

第二階段：分娩3天後

1 胸部運動：平躺仰臥，全身放鬆，手腳伸直，用腹部吸氣擴張胸部，再收縮小腹，將氣慢慢吐出。屏氣，收縮小腹，下背部緊貼床，再放鬆，重複5次。

2 乳房運動：仰臥床上，雙臂向左右伸展至與肩部對齊，伸直平放。將兩手慢慢上舉合攏，再慢慢回復原位，重複5次。

3 頭頸部運動：平躺，頭舉起，下巴靠近胸部，保持身體其他各部位不動，再慢慢回原位，重複10次。

4 骨盆傾斜運動：平躺仰臥，後腰向地板下壓，同時吸氣，然後吐氣放鬆。剛開始重複3～4次，逐漸增加到12次，再增加到24次。

第三階段：產後檢查以後

在醫師的同意下，可以恢復較劇烈的運動，包括散步、慢跑、游泳、有氧舞蹈、騎自行車或類似活動，勿操之過急。產後運動不僅可以使腹部平坦，會陰緊縮，各項運動都有額外的功效：會陰運動可以避免尿失禁、骨盆內脫垂和性交困難；腹部運動可以減少背痛、靜脈曲張、腿抽筋、浮腫等。定期運動還可加速子宮、腹部和骨盆各部位的受損肌肉恢復健康，並減少因缺乏運動可能造成的虛弱狀態。此外，對妊娠與分娩所造成的關節鬆散也具有恢復功效，並且可以預防進一步的虛弱與緊張。最後，還有心理上的收效，能夠增強面對壓力時的應變能力，幫助放鬆，因而減少罹患產後憂鬱症的機會。

產後乳房按摩

產褥第2天，產婦已消除了分娩後的疲勞，這時嬰兒也要吃奶了。為了母乳能分泌順利，產婦在分娩後第2天到1週的時間，應對乳房進行按摩，由於這段期間按摩，效果較好。按摩的要領如下：

1 用熱毛巾敷在乳房周圍5分鐘。

2 在乳房周圍，從內向外輕輕按摩。

3 從乳頭周圍向乳頭方向進行揉搓。

4 按摩的範圍比 **3** 要更大些。

5 用5個手指壓住乳暈，做給嬰兒餵奶時的擠壓動作，反覆多做幾次。

為了促進乳汁的分泌，餵飽嬰兒後，一定要將剩下的奶水擠出來。這也是維持母乳分泌的竅門。為了使乳汁豐富，產婦特別要多吃蛋白質，如牛奶、蛋、魚、肉、豆、脂肪等，還要多喝水，吃些燉品和湯類，不僅富含營養，也是很有效的催乳食物。為了使產後恢復加快，試著在室內步行，以不疲勞為限。一開始陰道分泌物會增多，但不必擔心，也可以開始淋浴了。

自我檢查乳腺

產後需注意乳汁淤積，因淤積的乳汁易有細菌繁殖；且產婦乳頭、乳暈的皮膚薄，容易導致乳頭破損而引起細菌感染等現象。懷孕開始至餵奶期間，都要用乾淨溼毛巾擦洗乳頭和乳房，保持清潔衛生，增強局部皮膚的抵抗力，盡量避免細菌從裂口進入乳腺而引起感染。

乳腺位於胸前部的體表，亞洲婦女乳腺一般比較小，自我檢查可以及時發現乳房病變，便於進一步確定診斷與及早治療。

檢查方法：在光線明亮的房間內脫去上衣，站在鏡子面前。身體要站正，兩臂垂放在身體兩側，雙手插腰，再

將兩臂高舉過頭。過程中對著鏡子仔細觀察乳房，將兩側乳房對比來看，更容易發現問題。

1 平躺在床上，兩手伸開，分別去觸摸對側乳房，在觸摸檢查時，各個手指應當併攏伸直，輕柔平摸，如果乳房中有腫塊，就會出現在手指與胸壁之間。但是，不要用手去抓捏乳房，因為正常的乳腺組織也會被抓捏起來，誤認為腫塊。

2 用伸直的手指觸摸兩側腋窩，注意有無腫大的淋巴結。正常乳房外形呈現半球狀，隨著年齡和發育而有不同，也類似圓盤形或圓錐形。兩側乳房並不完全等大，經常是左乳稍大於右乳。如果發現一側乳房明顯增大與變形，兩側乳房就會出現不對稱現象。

3 注意乳房的皮膚，看有無鼓起或如同橘皮一樣的坑點與凹陷，這些現象是腫塊與皮膚發生沾黏的症候。乳房某處出現水腫，常預示水腫部位之下存在著癌腫。觀察皮膚有無靜脈曲張，因為迅速生長的乳腺腫物，例如：葉狀囊肉瘤或其他發展快的乳癌，可使乳房表面出現靜脈曲張。

4 觀察兩側乳房乳頭的位置是否在同一條水平線上，如果出現單側乳頭向上抬高與回縮，或偏向一方，表示在乳頭下方可能有病變存在。

5 注意乳頭上有無裂口、脫皮、糜爛或蓋有黃色痂皮等情況，這些是溼疹癌的表徵。

6 輕輕擠壓乳房，看乳頭有無流出物，注意流出物的性質，乳頭有流出液或乳頭失去彈性，是深部有病變的象徵。

7 乳房自我檢查可以每月進行1次，一般在月經過後乳腺處於最佳受檢狀態時進行，有利於發現乳腺腫塊。

產褥期重休息

隨著生活條件改善和觀念的更新，產婦產後4小時左右注意需排第1次尿，以防發生尿滯留，6～8小時可以坐起來，次日根據身體情況可以下床活動，如在病房臥室中散步，自己上廁所，以不感到疲勞為宜。產婦的睡眠

要充足，每天要維持10小時左右的睡眠時間。臥床時，有會陰側切傷口最好採右側臥位（因為會陰側切傷口在左側），保持一個舒適的休息姿勢。

醫師指點

產褥期不要站立過久，也不要採取蹲位，更不宜進行體力勞動，以免影響產後骨盆底張力的恢復，造成子宮脫垂。

剖腹產恢復期的保健

產婦行剖腹產後，其保健意義比自然分娩還重要。

1 無論局麻或全麻，術後24小時內絕對臥床休息，每隔3～4小時翻身1次，以免局部壓出褥瘡。產婦平臥時應注意將兩腿伸直，以利於宮內殘留積血流出。另外，應保持環境安靜、清潔，及時更換護墊，並清洗肛門。

2 在術後排氣前絕對禁止進食。排氣是腸胃蠕動的標誌，只有在腸胃蠕動恢復後方可進食。通常24小時內會出現排氣，若在48小時後還未排氣則為異常，須找醫生檢查處理。為了及早恢復腸胃蠕動，在24小時後也可在家人協助下，忍痛在地上站立一會兒或輕走幾步，每天持續做3～4次。實在不能站立，也要在床上坐起，可防止內臟器官的沾黏。陪護人員還可在產婦臥床休息時幫產婦輕輕按摩腹部，自上腹部向下按摩，每2～3小時按摩1次，每次10～20分鐘，能促進腸胃蠕動恢復，幫助子宮、陰道對殘餘積血的排空。1個月內可適當下床走動，時間根據身體情況而定。每日走4～5次，每次10～20分鐘，逐漸延長時間。

3 產婦在導尿管拔出後，最好能增加飲水量。因為插導尿管本身即可能引起尿道感染，再加上陰道排出的污血很容易污染到尿道，故透過多飲水多排尿可沖洗陰道，預防泌尿系統感染。

4 產婦在腸胃蠕動後恢復進食，起初應進食流質類，如牛奶、魚湯、雞湯、蛋湯等，再進食半流質食物，如小米粥、米粥等。一般腸胃蠕動後

的第3～4天可吃固體食物，或口服人參蜂王漿、鹿茸、阿膠等。生冷水果最好暫時不吃，或煮過再吃。

克服剖腹產後的憂慮

接受剖腹產的產婦，可能會因為傷口不適讓生活不便。對許多婦女而言，過度憂慮疼痛與擔心傷口不能癒合，反而使情況變得更糟。憂慮所造成的壓力，只會使傷口更加疼痛。

站立時，容易向前傾，以保護傷口，但是應該盡量直立站好。在行走時放鬆並輕鬆的呼吸，以一隻手支撐傷口部位。

找出最舒適的哺乳方式，可能需要不斷嘗試。將一個枕頭放在大腿上，以支撐嬰兒，同時也可以保護傷口。也許坐在椅子上，會比坐在床上更容易哺乳。

在上下床時，需要他人協助，但應以產婦自己的步伐行動。以一隻手支撐傷口，同時彎曲膝蓋，雙膝慢慢併攏，肩膀成一直線，避免肌肉扭曲。這時，盡量做出坐的姿勢，並將雙腳置於床沿，漸漸碰觸地板。最好床的高度能使腳剛好接觸到地板，同時可以用力，使自己保持站立的姿勢。如果床的高度並非理想，則應該慢慢的使腳接觸到地面，再慢慢下床，或要求調整床的高度。

回到床上時，盡量坐在靠床頭位置，環抱著腹部肌肉，放鬆雙腳，一次提起一隻腳到床上，也可以用雙手來提起雙腳，保持膝蓋彎曲，將腳跟貼在床上。同時，慢慢用手把自己的身體推到床頭位置。

醫師指點

如果做過全身麻醉，則需要深呼吸並咳嗽，以清除肺部的分泌物。這些分泌物是麻醉所產生的反應，因為咳嗽會使腹部的傷口產生疼痛感，可能會壓抑原本

的本能，而不能排出這些分泌物。如果分泌物留在肺部，可能會引發感染。

分娩過程對心理的影響

如果在分娩期間，有些重大經歷，應該把自己的感受告訴善於傾聽的人，以便從經驗中再站起來。在他人的聆聽下，有助於重拾信心。如果裝作若無其事，對己無益。

許多婦女在經歷過難產，或無法決定自己的生命去留之際，迫切的需要向他人傾吐。如果沒有機會說出心中感受，或是沒有意識到與人討論的重要性，那麼在最初的幾個月內，會備受煎熬，在腦海中無法忘懷。不少具有類似情況的女性，在分娩後數年內，仍不斷回憶第1次分娩時的經驗。當時的經驗仍會影響她們的情緒，尤其是當她們再度懷孕的時候。

與配偶共享分娩的經驗，也能從中獲益不少。寫下自己的分娩經歷，有助於了解事情經過，並緩解情緒。如果要了解分娩過程中的任何細節，可以寫信詢問醫生。

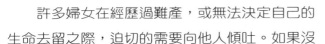

抒發自己的感受，不論是歡欣或沮喪的情緒，都是處理生活危機中不可或缺的一環。這對於日後晉升為母職的角色而言，助益極大。

產後會出現的問題

產後第1週內，由於荷爾蒙濃度（內分泌激素）急遽變化，生活環境改變，加上對新生兒的適應，很多產婦出現產後憂鬱。如何順利度過，需要丈夫和家人的細心呵護和照顧。

1掉髮、白髮：受到產後內分泌激素影響，頭髮的細胞週期會突然

改變，或因精神不安定，使得白髮、掉髮增多。正常人每天可脫髮40～100根。婦女產後4～20週，脫髮明顯增多，每天掉髮120～140根以上。如果切取一小塊頭皮做切片檢查，可見25％以上的毛囊處於休止期，而毛囊本身無病變也無發炎，這種現象稱為休止期脫髮。休止期脫髮的特點是脫髮增多，毛髮分布較稀，但不會超過頭髮的一半，因此產後掉髮是正常現象。相反的，產婦新陳代謝旺盛、汗多，適時洗頭，每天梳頭，按摩頭皮，對促進頭皮血液循環，保持烏黑亮麗的髮質非常重要；而靜心的休養，減少含鹽飲食也很有效果。

2 **眼睛疲勞**：在醫學上來說，眼睛在產後並不會變壞，所以，眼睛疲勞是受到半夜授乳、睡眠不足的影響所造成，白天應該和寶寶一起睡午覺。

3 **腰肩酸痛**：授乳的姿勢不良和睡眠不足，是造成腰肩酸痛的主要原因。不妨做輕鬆的體操，維持充足的睡眠。

4 **乳頭變黑**：在妊娠期間，由於黑色素增加，乳頭會變黑，在授乳期間會持續這種狀態，等斷乳後，色澤會漸漸變淡，不需特別處理。

5 **體型走樣**：產婦體型多少有些改變，尤其腰圍和臀部是最不易去除脂肪的地方。每天做體操運動，會逐漸改善。

6 **妊娠紋**：從產後1個月左右開始，妊娠紋會變淡、變白，變得透明較不明顯。

7 **腰痛**：應及早矯正妊娠中挺腰的不良姿勢；產後的運動不足和贅肉，也是造成腰痛的原因，要持續做產褥體操。

8 **陰道鬆弛**：在分娩時，10公分大的胎兒頭通過產道，所以分娩後4～8週陰道會出現鬆弛。做好產褥體操和會陰緊縮運動，盡早恢復陰道彈性。

9 **惡露不斷**：從產後第3週開始，量會減少、變黃，有時會在活動後又變紅。如果量少，一般持續5～8週就會乾淨。

10 **便祕及痔瘡**：充足的睡眠和食用多纖維的新鮮蔬菜、水果和飲食，

保持大便通暢，每天定時解大便；產後5～6天，坐浴可以促進下半身的血液循環，當便祕治癒後，痔瘡也會跟著減小，症狀自然減輕。

⑪腳部浮腫：做體操促進下半身的血液循環，指壓腳底效果也不錯，有輕度下肢靜脈曲張的人不妨試試看。

愛心提示

分娩後，內分泌激素的平衡會產生變化，媽媽的身心常會出現種種不適應，不可因忙碌而置之不理，需多加注意，盡量放鬆，一定可以順利度過產後第1週。只要堅持產後練習和適當運動、加強三餐飲食的調理、肌膚保養，就可以解決大部分的狀況。

出院後時間的安排

①第2週

雖然出院了，體力尚無法完全恢復，從事家務仍然不可勉強，最好僅限於自己身邊的事，如為寶寶授乳、換洗尿布之類，至於三餐飲食、打掃、洗衣等，最好能委託家人代勞，再視身體的康復情形，慢慢增加家務內容。

沐浴時，如身體虛弱則用溫水擦身體；行會陰側切手術、有縫合傷口的人，不可使用香皂；洗頭時，可以請丈夫或家人幫忙。

在處理惡露方面，要注意清潔衛生，會陰切開的傷口要常用溫水沖洗，保持清潔，不要掙裂傷口，不可污染，謹防細菌感染，造成傷口紅腫、化膿。持續進行乳房按摩和產婦體操，有助於身體復原。

②第3週

雖然體力大有恢復，因每人體質不同，恢復速度也因人而異。產後半個月，新手媽媽開始獨立操持家務，也要開始替寶寶洗澡。由於男人的手較大，扶持嬰兒比較有力，鼓勵父親替孩子洗澡，也是父子間肌膚相親的第一步。

這時半夜餵奶和換尿布成為常規，剛開始可能會睡眠不足、心煩不安，甚至手忙腳亂，為不使身心過度疲憊，最好與寶寶的作息相同，放鬆心情與寶寶相處，跟寶寶對話，培養感情，才是最重要的。

3 第4週

以第3週到第4週為標準，產婦可以全天下床了，也可到附近購物，並多利用購物車，在短時間內完成。育兒免不了會有精神壓力，偶爾可請先生代為照料，自己出門走走，可以紓解壓力和調解心情。

吸二手菸會使母乳流出不順暢，誘發寶寶的呼吸系統疾病，因此在家中不能抽菸。酒會導致酒精上癮症，咖啡具有興奮作用，辛香調味料也有刺激作用，均不可過量攝取，以免對嬰兒產生不良影響。

4 第5週

孩子已經滿月，媽媽和寶寶之間也逐漸彼此適應，帶寶寶到醫院做第1次產後檢查，了解子宮的恢復狀態、全身狀況、乳汁分泌、是否有後遺症等。其他方面若有疑問也可諮詢請教醫生，若沒有惡露等異常就可以入浴和擁有性生活。

身體的復原因人而異，有人1個月後復診時還有惡露，表示子宮恢復較慢，不必心急，重要的是以自己的步調來安排生活，獨自煩惱憂慮對身體沒有益處。

產後下床活動的好處

此是指輕微的床邊活動，時間長短因人而異，一般產婦在恢復體力後，可於產後6～8小時坐起來，12小時後可走到廁所排便，次日便可隨意活動及行走。

下床活動可以促進身心的恢復，有利於子宮的收縮和惡露的排除，減少感染機會，讓身體早日復原，減少產褥期各種疾病的發生。例如：早活動可以減少下肢靜脈血栓形成的發生率；使膀胱和排尿功能迅速恢復，減

少泌尿系統的感染；促進腸道蠕動，加強胃腸道功能，增進食欲，減少便祕；促進盆底肌肉、筋膜緊張度的恢復等。

分娩順利的產婦為了促使身體早日復原，產後8～12小時就可以在室內行走、活動，但應以不疲勞為度。剖腹產於術後平臥6小時後，可翻身、側臥，術後24小時可以坐起，如身體狀況許可則下床短時間的活動，術後可以哺乳。剖腹手術早下床活動，可以減少術後腸黏連。對於體質較差或難產手術後的產婦，不可勉強過早下床活動。

應該注意不要著涼或過度疲勞，要量力而行，開始每天出外1～2次，每次不超過半小時，以後再逐漸增多。

產後預防血栓

婦女產後不久，容易發生血栓病，這是由於妊娠期婦女體內血液循環處於高凝狀態，並一直維持到產後一段時間。另外，懷孕後期子宮增大也會壓迫下腔靜脈，使血液回流受阻。如果再加上產後婦女患某些疾病，或剖腹產後長期臥床，使血流緩慢，極易導致血栓。此病的發病時間多在產後3～12天，血栓可發生在不同部位，出現不同的現象。下肢靜脈血栓可能出現下肢疼痛，行走困難；盆腔血栓表現為腹痛、高燒、下肢壓痛、皮膚發紅和水腫；肺血管栓塞則出現胸痛、呼吸困難；深層靜脈血栓較小，易脫落遊走，若阻塞肺動脈可能致患者突然死亡。

因此，產後婦女應儘早下床活動。自然分娩者，可在產後24小時開始做輕微運動，如床上翻身、抬腿、繞床行走等；剖腹產者則可推遲至術後第3～4天。已發生血栓病者，應臥床休息，接受活血化瘀、抗凝及抗感染等治療。

產褥期的飲食原則

產褥期的營養會影響乳汁的質和量，對寶寶的生長發育及產婦身體的恢復都有影響。因此，產褥期的飲食要格外重視和合理安排。產褥期所需要的熱量均來自食物中的蛋白質、脂肪和糖類，礦物質和維生素也是不可少。產婦的飲食要根據實際情況以及營養成分的搭配來合理食用。

產後1～2天，由於勞累，產婦消化能力較弱，最好吃清淡易消化的食物，如牛奶、豆漿、粥、麵條等；之後再逐漸增加含有豐富蛋白質、碳水化合物及適量脂肪的食物，如蛋、雞、魚、瘦肉、魚湯、雞湯、桂圓紅棗湯等，不但容易吸收，也可促進乳汁分泌，不失為產婦的理想飲食。飲食要多樣化，除了攝取粗糧、米飯和肉、魚、豆、蛋類外，多吃新鮮蔬菜、水果，如蘋果、葡萄、櫻桃等，切記不偏食、不忌口。

為了恢復體力和餵哺母乳，保持充足奶量，產後前幾天的飲食安排很重要，以下幾點供參考：

1 由於產後胃消化能力弱，食欲尚未恢復，前幾天以軟食為主，如湯、粥、羹類，少量多餐，每日5～6次。選用含高蛋白又易消化吸收的植物性食物，如豆腐、豆漿等，其次選擇含動物性蛋白食物，如雞蛋、瘦肉、魚、雞等。除了3餐，可以在下午和晚間各加1餐。

2 雞湯、魚湯有利乳汁分泌，但要把浮油撇淨，以免進食過多脂肪，導致嬰兒腹瀉。在餵母奶前不要喝太多湯水，以防奶脹，乳管通暢後可以不再限制。

3 多食青菜和水果，有豐富的維生素C膳食纖維，使大便通暢。

4 孕期併發有缺鈣、貧血以及分娩時出血多的產婦，除了多吃含鈣、鐵的食物，如牛奶、菠菜、豆製品外，還可以在醫師處方下補充鈣片、鐵劑等。

5 凡大熱、大燥、生冷、寒涼、辛辣、酸澀之物，會導致脾胃虛寒、臟腑失調，有毒的、不潔的、有可能過敏的、含有特殊成分的，都要慎用

和忌用。

　　6剖腹產結束6小時後可以翻身、側臥，先由流質或半流質的食物開始，如湯、稀飯等，如無不適等排氣後，可像正常人一樣進食。飲食不要太油膩，要吃蔬菜，以保持營養均衡，促使大便通暢。不必為了讓乳汁充足而只喝湯，因為乳汁量不與湯量成正比。

　　7根據嬰兒大便性質調整飲食。嬰兒消化能力差，母乳成分發生變化時，嬰兒的大便性狀也改變。如：乳母吃了豆製品，腸脹氣明顯，排氣多，嬰兒也會排氣多，大便稀黃水樣，這時就要停食豆製品。嬰兒大便泡沫多且酸味重，與乳母進食過多甜食、糖類在嬰兒腸內發酵產氣有關，此時要控制甜食。

愛心提示

嬰兒大便呈油狀且有較多皂塊，表示乳母進食脂肪多。嬰兒進食不足時，大便色綠、量少、次數多，乳母應多食泌奶食品。同時，嬰兒對不良食物的反應較為敏感。

預防產後憂鬱症

　　產後憂鬱症，為產褥期間精神發生異常最常見的一種病症。

　　女性懷孕後，無形中受到壓力（尤其對無心理準備而受孕的女性更甚）；當將孕育腹中40週的胎兒產下後，由人妻變成人母，所承受的壓力（包括生理、精神、社會方面）更加重；若家人親友疏忽，未給予精神支援，很容易使原先心理不平衡狀態更加嚴重，產生種種精神異常現象，其中最常見的就是產後憂鬱症。

　　一般而言，平均每1,000個產婦，有1～2位會致病。尤其是初產婦、高齡產婦或先前有產後精神疾病者。主要症狀：頭痛、失眠、食欲不振、體重減輕、無精打采、面無表情、易躁動、情緒不穩、易哭、無助感；對自己缺乏信心，對事情不能集中精神；甚至有迫害妄想（如：覺得有人想殺

她的孩子），亦有自殺的傾向；有時還會產生矛盾念頭，又愛又恨嬰兒，有些媽媽甚至會拒絕餵食寶寶或對孩子漠不關心，少數媽媽甚至會傷害自己的嬰兒。

　　究其原因，可分生理與精神社會方面。生理因素，或因體內荷爾蒙在產下胎兒前後發生重大改變，或睡眠品質於分娩前後受到干擾，或水電解質代謝不平衡引起；精神社會方面，當由人妻變成人母，怕力不從心，尤其職業婦女，對於她所擁有的社會地位及成就，此時需考慮兼顧或放棄，而產生心理衝突；有人對體態的改變而煩惱等，這種種憂慮與壓力湊在一起，易導致心理不平衡。

　　產後憂鬱症重在預防，從懷孕的第1天開始，就須給予精神安慰與支援，尤其丈夫及家庭成員，一直到分娩後能適應且獨當一面時才終止。對於發病的產婦，除了精神治療外，也可給予抗憂鬱的藥及鎮靜安眠劑；至於嚴重的病人，需住院治療。

產後多汗是正常現象

　　懷孕以後，體內血容量增加，大量的水分容易在孕婦體內積聚。分娩以後，產婦的新陳代謝活動和內分泌活動顯著降低，出汗特別多，尤其在睡覺或剛醒時，夏天時甚至大汗淋漓，連衣被都能浸溼。主要是在妊娠時，體內滯留水分較多，到產褥期多餘水分將透過皮膚排出，皮膚排泄功能旺盛，以減輕心臟負荷，利於產後康復，所以產後出汗多是正常的生理現象。

　　人體排泄水分的途徑有三種：一是經泌尿系統，從尿液中排出；二是透過呼吸，從呼出的氣體中以水蒸氣的形式帶走水分；三是透過皮膚，以出汗的方式排出體外。所以產婦在產期不僅尿量增多，支配汗腺活動的交感神經興奮性也占優勢，汗腺的分泌活動增強，使得產婦無論在冬天還是春秋季節，全身皆汗涔涔。這是身體在產後進行自我調節的結果，並非是

身體虛弱，也不是什麼病態，屬於生理現象，常在數日內自行好轉，不必擔心。

中醫說：「胎前一盆火，產後一池冰。」由於產婦產後真氣大傷，氣血不足，百脈空虛，即俗稱的「體質虛弱」，稍有不慎就會引起疾病。分娩之後，產婦汗腺分泌旺盛，出汗多，冷風、寒氣很容易乘虛而入，可以直接引起神經性疼痛；或由於受涼後，血管收縮，影響了血液的正常供給，因循環障礙而引起偏頭痛、腰痛、腿痛等毛病。所以，產婦在分娩後要避免直接吹風、貪涼，穿著應舒適、柔軟、保暖；出汗時，要隨時把汗擦乾，汗液浸溼的衣服要及時更換，注意保持皮膚清潔；床鋪不要放在風口（但要注意屋子的通風透光，以保持空氣新鮮）；盡量不要用冷水洗刷東西，更不要洗冷水澡。另外，產婦消化力差，最好不吃生冷食物，以免寒涼傷胃，妨礙血液循環，引起胃痛或腹痛。倘若出汗過多，日久未見好轉，多是產婦體虛的表現，就要積極治療。

愛心提示

黃耆20克、白朮15克、防風10克，加水3碗煎服，每日1劑。在服藥的同時，也要加強營養，並避免過度勞累。

哺乳後乳汁殘留的處理

哺乳嬰兒沒有一定的時間和次數，現在大多認為應按需要哺乳，且一次哺乳滿足嬰兒的需要，在他不吮吸時，動動耳朵、摸摸臉頰，直到刺激後仍不吮吸，安靜入睡為止。哭鬧是嬰兒的運動，也是語言，啼哭可以促進肺部發育。啼哭代表很多情況，如餓了、冷了、尿布溼了、要睡覺或身體某處不舒服等，不一定都是餓了才哭。因此給嬰兒餵奶，生後第1次吸吮乳頭5分鐘就可以了。由初生到2個月，每2～3小時哺乳1次，每天應該8次以上。2個月以後，每4小時哺乳1次，每次哺乳15～20分鐘。餵奶時，應以2根手指輕輕挾住乳頭根部，防止嗆奶，避免乳房堵住嬰兒的鼻孔。

餵奶姿勢以坐姿較佳，把嬰兒抱在懷裡，頭側稍抬高。最好不要側臥餵奶，尤其在夜間，容易打瞌睡，不但容易壓著嬰兒，乳房也容易堵塞嬰兒口鼻，易使嬰兒發生窒息。

每次哺乳時，應先將一側乳汁吸空後，再吸另一側。如果哺乳後仍有剩餘的乳汁需排空，可用手擠或用吸奶器，不讓乳汁殘留。有人擔心乳汁量不足，授乳後有殘留也捨不得擠出，留著下次再餵則適得其反。只有當乳汁全部排空後，才有利於下次餵奶。如不排空乳汁，分泌量反而減少。

醫師指點

乳量不足時，如果能按時哺乳，每次將殘留乳汁全部擠出，同時加強營養，多喝肉湯、魚湯，如果不是乳腺發育很差，奶量也會逐漸增多。

哺乳前不需先餵養

在媽媽第1次餵奶前先餵嬰兒糖水或牛奶，稱為哺乳前餵養。最近的研究顯示，除非有特殊必要，如糖尿病產婦的新生兒、巨嬰等，沒有必要哺乳前餵養。因為新生兒在出生前，體內已儲存足夠的營養和水分，只要儘早為新生兒哺乳，少量的初乳就能滿足新生兒的需要。

如果堅持進行哺乳前餵養，反而對嬰兒和媽媽不利。對新生兒而言，吃飽後，不願再吸吮媽媽的乳頭，也就得不到具有抗感染作用的初乳，而人工餵養又極易受細菌或病毒污染而引起新生兒腹瀉。對媽媽來說，延遲哺餵，更容易發生乳腺炎。

注意哺乳期飲食

嬰兒最理想的食品莫過於母乳。母乳分泌的量與質，直接影響嬰兒的生長發育。哺乳期婦女必須攝入充足的蛋白質、脂肪、維生素、無機鹽

等，才能維護自身健康，提供充足的乳汁，而這些營養素都必須從每日的飲食中攝取。因此，這時期的飲食調養，對母嬰雙方均十分重要。

哺乳期婦女飲食量不足，會減少乳汁的分泌，降低乳汁中蛋白質和脂肪的含量。經常活動的乳母，每日所需熱量為2,500大卡，每日蛋白質不可低於100～120公克，並且維持優質蛋白質占較大的比例，因此，每日需至少吃1次肉食和1顆雞蛋。脂肪每日60～80公克，以保持乳汁分泌和乳汁中適量的脂肪，由於乳脂肪對嬰兒中樞神經系統的發育特別重要，還有對哺乳期婦女不可或缺的維生素，含維生素B群豐富的全麥麵包、饅頭及適量的根莖類等，可以促進乳汁分泌。

哺乳期飲食中鈣供應不足，乳腺會動用體內儲備，從媽媽骨骼中吸取鈣，造成媽媽的牙齒和骨骼脫鈣，這時必須提供含鈣豐富的牛奶、豆腐等，以維持乳汁中鈣的含量，而維生素D能促進鈣的吸收和轉化，產婦應該多吃魚肝油、動物肝臟等，並且進食含鐵豐富的食品，如菠菜、金針菜、動物肝臟等，一方面補充分娩時流失的大量血液，促進身體恢復；一方面改善母乳中缺鐵的狀況，供給嬰兒豐富的鐵質。為了維持乳汁分泌，使乳量充足，哺乳期婦女應多喝營養豐富的湯類，如雞湯、鯉魚湯、牛肉湯等，口味宜輕淡。

在哺乳期間應重視飲食中各種營養素的供給。產後1～2天可進食、豆漿、菜湯、小米粥、雞湯、肉湯、魚湯等流質食物。產後應進「三高」飲食，即高蛋白、高脂肪、高糖飲食，並應含有鈣、磷、礦物質及維生素，民間各種「發奶湯」基本上符合「三高」飲食要求，如清燉雞湯、豆漿、清蒸鯽魚湯、及各種麵食。

為了避免身體發胖，哺乳期婦女應進行必要的體力活動和運動，減少主食的進食量，且少吃糖分及甜食。飲食禁忌則少吃辛辣刺激食物，如：麥芽、神曲、山楂以及麥芽糖、麥芽精等回乳食品。

建議哺乳期婦女1日飲食攝取量		
營養素	作用	建議攝取量
熱　量	哺乳媽咪需多增加500大卡	每日2500卡
蛋白質	需要攝取大量蛋白質，有助大量分泌母乳	每日65克，5～6份，每份肉、魚(去骨)1兩或豆腐一塊(100克)、豆漿一杯(240c.c.)
維生素	預防便秘、促進體內修復	每日900毫克，每日3～4碟青菜
油　脂	幫助寶寶腦部發育	到第4個月底，寶寶的身高為59～62公分
鈣　質	滿足嬰兒成長需求，預防媽咪鈣質流失	每日約1000毫克，2杯250c.c.牛奶
鐵　質	加速母體修復速度	每日約45毫克
水　分	喝足夠的水分，才能幫助分泌乳汁	每日2500～3000 c.c.

素食媽咪營養攝取

目前台灣的素食媽咪人口越來越多，雖然不吃肉類，但仍可從下列食材獲得充足的營養素，為哺乳期做好準備。

營養素	作　用
蛋白質	豆製品、小麥、燕麥、核桃、杏仁
維生素B2	綠葉蔬菜、香蕉、奶類
維生素B12	雞蛋、奶類
鋅	菇類、南瓜、全穀類
鈣質	綠葉蔬菜、芝麻、奶類、豆製品
鐵質	深綠葉蔬菜、堅果類

乳腺炎的形成原因

乳腺炎俗稱「奶癤」，在初產婦中最為常見，病後全身發熱，乳房紅、腫、疼痛，常引起化膿，致病菌為急性化膿性細菌（以金黃色葡萄球菌多見）。對於初產婦來說，乳頭易被吸破，病菌就易由此侵入乳房。

病人感到畏寒、發熱，患側乳房紅、腫、熱、痛，同側腋窩淋巴結腫大、疼痛。如果不及時治療，則易形成乳房膿腫。

中醫稱之為「乳癰」，一般多由乳兒吮乳吹風，或乳兒含乳而睡感染風寒；或因乳汁過多，乳兒少飲，或乳頭龜裂疼痛，而不能給乳兒吸盡；或初產婦乳絡不暢，致乳汁淤積在體內，再加上情緒刺激、暴怒憂鬱等誘

因，於是肝氣鬱結，胃熱壅盛，宿乳積滯，互結為癥。在飲食上宜食清淡而營養的食物，如青菜、紅豆湯、綠豆湯等；忌辛辣、刺激、葷腥油膩食物，乳腺炎的飲食調理請見第529頁。

產後乳房護理

1定時排空乳汁：母乳寶寶採用按需哺餵，但若發生乳腺炎，則表示泌乳量高於需求量，所以建議哺乳媽咪在漲奶時將乳汁擠出，儲存於奶瓶或集乳袋，以避免乳腺炎的發生。

2哺餵後護理：每次哺餵後，可再擠出少許乳汁，輕輕塗抹在乳頭及乳暈，自然乾燥，有保護乳房皮膚的效果。

3避免使用酒精：若乳頭出現破皮，不建議使用酒精擦拭，因酒精會帶走肌膚正常的油脂，建議在患部擦拭羊脂膏護理。

4乳腺阻塞護理：若覺得乳汁不易排出，甚至乳房出現硬塊，建議先用熱毛巾熱敷或洗熱水澡，約5分鐘後，輕輕按摩乳房再餵寶寶。若胸部已腫脹疼痛，可冰敷患部，若效果無改善，甚至出現紅腫及發燒，需盡快就醫治療。

少穿化纖或羊毛內衣

據研究證實，數百名產後少奶或缺奶的婦女中，80％有異物進入乳房和乳腺內。對其乳腺分析發現，乳汁中混有一種繭狀微粒，這些繭狀微粒是細微的羊毛、化纖織品。由於許多人穿的內衣是羊毛或化纖製品，其纖維會堵塞乳腺管。為了防止乳腺管被堵塞導致少奶和缺奶，年輕的婦女在懷孕期、產褥哺乳期，不要穿貼身化纖織物或羊毛製品的內衣。胸罩要採用柔軟透氣的全棉織品，內側最好能墊上幾層紗布以防塵。

束腹帶的使用

1施行剖腹產的產婦，術後用束腹帶對傷口癒合有較好的保護作用。

2當腹壁非常鬆弛，呈懸垂狀，特別是站立時腹壁下垂更加嚴重，這時纖維細胞有較多斷裂，很難自主恢復，使用束腹帶會有支撐作用，也會使產婦感覺舒適，消除產後腹部空虛和垂脹感。這種情況多見於胎兒過大，一胞多胎或生育多胎的產婦。

3連接骨盆以及脊柱的各種韌帶發生鬆弛性疼痛時，束腹帶具有支撐效果。尤其是典型的恥骨聯合分離症者。

使用束腹帶時一定要寬，布料要牢、厚，在臥位時繫上，注意不要束得過緊而有不適感，晚上睡覺時要解開。

產後不宜睡彈簧床

彈簧床鬆軟又有彈性，但對產婦並不適宜。有報導指出，有些產婦因產後睡太軟的彈簧床而引起骶髂關節錯縫、恥骨聯合分離，造成骨盆損傷。若足月順產，分娩時又沒有骨性產道損傷，在醫院時身體皆正常，但出院回家後，睡了幾天彈簧床就出現問題。最後發現是睡在彈簧床上，翻身坐起時造成了骨盆損傷。

據分析，卵巢於妊娠末期分泌一種激素，稱鬆弛素，有鬆弛生殖器官各種韌帶與關節的作用，利於產道的張開，幫助分娩的順利進行。由於鬆弛素的作用，產後的骨盆本已失去完整性、穩固性，而如此鬆軟的骨盆，遇上太軟的彈簧床的鬆泡性與彈力，在身體的自重壓力之下，重力移動又彈起，人體睡在床上猶如睡在彈簧上，左右活動都有一定阻力，不利於翻身坐起，如欲急速起床或翻身，必須格外用力，很容易造成骨盆損傷。這些受傷的產婦均因睡彈簧床在起床翻身時發生骨盆損傷。為此建議，產後宜先睡硬板床，等身體復原後再睡彈簧床為佳。

產後可以讀書看報

　　產婦經過分娩後的休養，體內所發生的各種改變都會恢復到妊娠以前的狀態。如果妊娠期間沒有發生妊娠高血壓症，血壓正常，眼底沒有改變，身體又沒有其他疾病，產後完全休息好之後，讀書看報是可以的。

　　產後最初幾天，最好是半坐起來，在很舒適的位置看報或讀書，不要躺著或側臥位閱讀，以免影響視力；閱讀時間不應太長，以免造成視力疲勞；光線不要太強，以免刺眼，也不應太暗，亮度要適中。產後不要看驚險或帶有刺激性的書籍，以免造成精神緊張；看書也不能看得很晚，以免影響睡眠，睡眠不足會使乳汁分泌量減少，應加以注意。

產褥熱與風無關

　　不少人以為產婦怕風，風是「產後風」（指產褥熱）的禍首，因而將房間門窗緊閉，床頭掛簾；產婦則穿長袖衣褲，嚴防風襲。其實，產褥熱是藏在產婦生殖器官的致病菌在作怪，多源於消毒不嚴格的產前檢查，或產婦不注意產褥期衛生等。

產後放避孕器的時間

　　子宮內避孕器是一種安全有效、簡便經濟的避孕措施，取出後不影響生育而深受歡迎。對於分娩後要求節育的婦女，放置避孕器更為合適。產後放避孕器應以不含有避孕藥的為宜。

　　足月自然分娩，產後3個月就可以放避孕器。如果產後3個月來過月經，可在月經乾淨後3～7天再放入。如果產後3個月仍未來月經或哺乳期閉經，這時就要在排除早孕之後再放避孕器；經過醫生檢查，確定沒有懷

孕，最好先注射黃體素催經，乾淨後3～7天放避孕器，植入時間不能晚於7天，既可排除妊娠，又可收到早日避孕之效。

　　如果產後出現惡露不絕、子宮出血、產褥感染等不正常情況，要等疾病痊癒後再放避孕器。如果是剖腹產，放避孕器時間應當在手術後半年進行，在放避孕器前，可以採用保險套避孕法。

醫師指點

哺乳期間子宮腔較小，腹壁也薄，應由醫生測量子宮，選用大小合適的避孕器為宜。

哺乳期避孕必要性

　　產後何時來月經，因人而異。月經的恢復與哺乳有一定關係。不哺乳的婦女，產後4～6週就可來月經，99%以上的產婦於產後3個月內恢復行經。母乳哺餵嬰兒的產婦，排卵及月經恢復會較遲。在哺乳期間不來月經，是由於因嬰兒吸吮乳母的乳頭，刺激乳頭的反應會引起乳母催乳素的定期分泌。催乳素對下丘、腦垂體、卵巢、子宮等具有重要的控制作用，使卵巢對腦垂體所分泌的促性腺激素反應減弱，卵巢分泌的雌激素減小，因而產生了在哺乳期不來月經的情形。但是隨著餵奶時間的延長，催乳素的抑制作用逐漸減弱，於是恢復了排卵的月經。因此，在哺乳期間或產後閉經期，都有懷孕的可能，如果不採取避孕措施，月經恢復前就可能懷孕。

哺乳期的避孕方法

　　哺乳期並不是避孕的保險期，因此仍要注意避孕。究竟採用哪些避孕方法，應以不影響哺乳為原則，且各種避孕方法，須夫妻共同努力，互相協調。每對夫妻應根據自己的情況，選擇有效的方法。

1 工具避孕：屬於這類避孕的有男用保險套、女用陰道隔膜（使用前應先經醫生建議所適用的大小型號）。目前女用避孕套也已研製成功，效果很好。

2 避孕器（IUD）：放置避孕器的時間由醫生確定，一般在產後42天檢查時放置。但應符合以下條件：子宮收縮恢復良好，產後惡露乾淨5天以上；無子宮腔或會陰感染現象；無其他禁忌症。

3 陰道藥物：因其只含低劑量孕激素，所以不會影響哺乳。

4 外用殺精劑：如各種避孕栓、避孕片、避孕藥膜、避孕藥膏等。因屬局部外用，不影響哺乳。

不宜採用的避孕法

1 安全期避孕：產後月經週期不一定準確，因此很難準確測定排卵日，容易失敗。

2 基礎體溫法：只有基礎體溫的高溫期和低溫期有明顯區別的人才可以推斷出確切的排卵日，不適合基礎體溫不穩定的人使用。

3 口服避孕藥：在月經週期第5～24天這20天內服用一種黃體激素，雖然效果也不錯，但失敗的機率也不低，且存在不良反應，必須在醫生指導下服用。

愛心提示

哺乳期婦女不適用避孕藥避孕，因為藥物能抑制乳汁分泌，可使大多數服藥者的奶量減少。

調整角色轉換的壓力

在懷孕期間，可能會想像自己照顧嬰兒的樣子，不過，一旦真正成為

媽媽後，又會面臨更多、更大的考驗。很多媽媽都認為嬰兒時期很短暫，因此，將其視為家庭的重心，盡心盡力給予照顧，結果反而讓自己成為一個永不倦怠的「奴隸」，經常陪伴在孩子的身邊。不過，這對孩子來說，反而是一種負擔。

產後不僅要面對在生理方面的復原，還要面臨分娩的痛苦與情緒上的改變，以及成為媽媽以後，與其伴侶關係的調整。而且為人母者均要同時扮演好安慰者、指導者、護士、保姆、縫紉師、廚師、清潔員、管家的角色，在這同時，還要注意到配偶的需要。工作時間是屬於機動性，因為24小時內要隨時聽候差遣。同時，這些工作毫無薪俸可言，因為以傳統的眼光來看，其工作已在精神上獲得回饋。

對某些女性而言，要從早出晚歸的上班族轉變為全職家庭主婦與媽媽，經濟上要依賴配偶，並失去每天與同事接觸的機會，也喪失了社會地位。回到工作崗位上的媽媽，要先為孩子找保姆，並考慮嬰兒是否能適應等等問題。

所以初為人母必須了解何謂壓力？壓力對自己的影響？便可以學習如何處理這些壓力，有助於產婦由被動轉而採取主動，可能無法改變加諸自己身上的要求，但是可以學習如何安排這些事項。同時，可以視需要來改變回應的方式。當遇到某些重要的關鍵性時刻或要求時，可以減輕其他方面的要求，不需要隨時聽候差遣，自然能使壓力變小。

哺乳與工作的結合

產後決定對自己和嬰兒最適合的哺育方式，是以嬰兒的大小與媽媽是否全天上班來做決定，一旦有了良好的計畫，就不會使哺乳與工作產生問題。

1 上班前兩週開始儲奶：建議最好有3～7天的母奶庫存量，以免上班

壓力過大而影響母乳量。

2 **讓寶寶習慣奶瓶**：上班前2週先給寶寶奶瓶當玩具，讓他開始熟悉奶瓶。但不要強迫接受。有些寶寶拒絕的原因是因為熟悉媽媽的氣味，所以換成裸母餵奶瓶，寶寶反而不排斥了，媽媽不用太擔心。

3 **上班擠乳建議時間**

建議時間	方　　　　　式
上班出門前	先親餵寶寶，或先將乳汁擠出儲存冰箱
提早進公司	在上班開始前先擠乳
午休時間	利用午餐時間擠乳
下午時間	利用空檔時間擠乳
下班時間	先擠乳再返家，或返家後立即親餵寶寶

資料來源：台灣國健署

母乳儲存原則

集乳前，先將雙手清洗乾淨再進行集乳，並分裝至消毒好的奶瓶或集乳袋，注意不可用手碰觸容器內側及吹氣，最後貼上擠奶的日期和時間的標籤，詳細原則如下：

1 剛擠出來的母奶應先放置於冷藏室中冷卻後，再放入冷凍室。

2 擠出後隨即冷藏的母奶，在10小時內可轉存冷凍庫。

3 下班返家路程中，儘量以保冷器材運送母乳。

4 冷藏的母乳儘量置於冰箱內側，避免置於冰箱門邊，以免溫度不穩定影響母奶品質。

5 不可將擠出的溫母奶與冷藏母奶直接混合；若要混合時，應先將溫母奶放置冷藏中，待兩者溫度一致之後，再混合。

6 已解凍母奶不可再次冷凍。

愛心提示

母乳保存「333」要訣

儲存方式	溫度	保存時間
常溫	25℃	3小時
冷藏	0～4℃	3天
冷凍	－4℃	3個月

資料來源：台灣母乳協會

自我健康檢測

　　產後婦女一般都存在某些問題，或明顯或隱匿，有些有藥可醫，有的只能自我調理。以下問題可提供產婦自我檢測健康的狀況，請在□打√。

☐ 1.妳每日是否至少三餐，其中包括一頓固定的早餐？

☐ 2.妳是否限定飲食中脂肪的攝入量低於食物總量的20～30％？

☐ 3.妳每天的飲食中是否包含20～30公克的纖維素（富含於水果、蔬菜、糙米、全麥麵包、穀物、乾豆類食物中）？

☐ 4.妳是否每日吃5種水果或適量蔬菜（如柳丁、草莓、綠色花椰菜、番茄），以補充胡蘿蔔素和維生素？

☐ 5.妳每日是否攝入15毫克的鐵，從早餐的麥片、麵包、新鮮瘦肉、禽類、乾豆類、綠色闊葉蔬菜、豌豆與乾果中去攝取？

☐ 6.妳是否每日吃3次富鈣低脂的食物配餐，如優酪乳、牛奶與乳酪？

☐ 7.妳是否不抽菸，也遠離抽菸者？

☐ 8.妳是否保持每週3次，每次至少20～30分鐘的有氧運動？

☐ 9.妳的計畫中是否包含改善心血管循環、增長力量與提高身體柔軟度的訓練？

☐ 10.妳每日是否飲用8杯水，若進行運動則增加飲用量？

☐ 11.妳是否定期進行身體與牙齒的健康檢查？

☐ 12.妳是否在月經期後的1週進行乳房的自我檢查？

☐ 13.妳是否在半年到1年內做1次抹片檢查？

☐ 14.妳若大於35歲，是否接受醫生的建議做乳房X光片檢查？

☐ 15.妳是否有規律並適度的性生活？

☐ 16.妳是否有充足的休息與睡眠？

☐ 17.妳是否能承受生活中的壓力，特別是工作中人際關係的壓力？

每題打「√」得1分。總計15分以上，是非常好；若10～15分，則需要調整生活習慣；若10分以下，妳的生活方式對健康不利。

產後42天後回診檢查

　　妊娠期為了適應胎兒發育的需要，孕婦全身會有系列的生理變化，分娩後全身各器官除乳房外，均會在6～8週內恢復正常狀態。產後42天左右到醫院做產後檢查以了解產婦的身體恢復狀況、嬰兒的發育及健康狀況，並得到相關的指導。

　　1一般情況：測脈搏、量血壓、聽心肺、查血、尿常規，特別是對有孕產期併發症的產婦，如需要還可再做其他相關的檢查。

　　2乳房檢查：乳房有無硬塊、硬塊活動度、有無壓痛，乳頭有無龜裂，並了解哺乳情況。

　　3盆腔檢查：外陰、陰道、子宮、盆底組織恢復情況，陰道分泌物的性狀，惡露是否排淨，若血性分泌物仍較多則為子宮恢復不良或有發炎，需服藥治療；若有會陰側切傷口或腹部傷口，還要看傷口癒合情況。

　　4嬰兒檢查：了解嬰兒的生長發育情況、測身高、量體重、檢查全身各臟器有無異常，包括聽心肺、摸囟門大小、摸肝脾、檢查有無黃疸、外生殖器發育情況。

　　5其他問題諮詢：產婦也可以對日常起居、嬰兒護理、餵養中遇到的問題向醫生進行諮詢，如月經問題、避孕方式選擇、嬰兒補鈣補魚肝油問題、嬰兒常見症狀的處理等。

產後發胖的原因

　　根據統計，每生完一胎大約會有3公斤的脂肪堆積在身上；加上坐月子的習俗，認為產後要避免運動，並補充高熱量食物，體重自然會不斷的增加。產後每天只要攝取2,500大卡的熱量，並規律運動30～45分鐘，不但不會影響哺乳，也會逐漸回復產前的體重。

　　現代醫學認為，懷孕後，新陳代謝旺盛，各系統功能加強，抗病能力增加，食欲也大增，是有利於胎兒生長發育的正常生理反應。分娩

後，部分人會由於下丘腦功能的輕度紊亂，導致脂肪代謝失調，引起生育性肥胖。但大多數婦女是由於產後大量進食高脂肪、高蛋白、高熱量食品和缺乏產後應有的運動而導致肥胖。產後腹壁鬆弛，過量的營養，過少的活動量，都使熱量消耗不了而變成脂肪儲存在腹部，是產後腰粗臃腫的主要原因。

愛心提示

生育後體型變臃腫，是因為沒有掌握妊娠期、哺乳期的營養均衡知識及「坐月子」的要訣，懂得避胖知識就能趨利避害。

健美體型的標準

　　女子的身高與體重，四肢與軀幹等部位的比例，經專家、學者進行了大量研究，總結適合女子健美的測量標準。

　　❶**上、下身比例**：以肚臍為界，上下身比例應為5：8，符合「黃金分割」比率。

　　❷**胸圍**：由腋下沿胸部的上方最豐滿處測量胸圍，應為身高的一半。

　　❸**腰圍**：在正常情況下，量腰最細的部位，較胸圍應小20公分。

　　❹**臀圍**：在體前恥骨平行於臀部最大部位，較胸圍大4公分。

　　以上胸圍、腰圍和臀圍的周邊長度，俗稱「三圍」。一般認為，三圍的比例為3：2：3是最具女性美的體型。豐滿的乳房和發達的臀部是女性的第二特徵，也是雌激素的傑作。而腰圍和臀圍的比例2：3時，表示其大致具備合理的營養狀態和最佳的皮下脂肪分布等健康表現；而在營養過剩或缺乏運動等情況時，這個比例就會相等或相反。

　　❺**大腿圍**：在大腿的最上部位，臀折線下，較腰圍小10公分。

　　❻**小腿圍**：在小腿最豐滿處，較大腿圍應小20公分。

7 **足頸圍**：在足頸的最細部位，踝關節上部，較小腿圍應小10公分。

8 **上臂圍**：在肩關節與肘關節之間的中部，約等於大腿圍的一半。

9 **頸圍**：在頸的中部最細處，與小腿圍相等。

10 **肩寬**：兩肩峰之間的距離，等於胸圍的一半減4公分。

這些資料是在測量了多位健美女性的基數基礎上總結出來，有一定的普遍性，可供參考。

愛心提示

骨骼美在於勻稱、適度。即站立時頭頸、軀幹和腳的縱軸在同一垂直線上；肩稍寬，頭、軀幹、四肢的比例以及頭、頸、胸的連接適度。肌肉美在於富有彈性。過胖過瘦或肩、臀、胸部肌肉瘦弱或太發達，都不能稱為肌肉美。膚色美在於細膩、光澤、柔軟，摸起來有天鵝絨感，看上去為淺玫瑰色最佳。

做健身操的好處

1 **提高身體代謝率**：有氧運動目的之一是去脂減肥，當運動中消耗的熱量大於肢體吸收的熱量時，便開始消耗脂肪，達到減脂目的。有些人參加健身活動，體重卻減不下來，因運動消耗熱量的同時，各系統的功能也

因為運動而得到改善，如吸收功能增強，所以消耗等於吸收。有氧健身操是在肌肉的控制下完成的各種屈伸動作，而肌肉的控制能力及力量的大小是由肌力決定。當用力做每個動作時，肢體所需要的能力就會增大，脂肪被充分燃燒轉化為能量供身體代謝，才能有效消耗脂肪。

2 **不應一味追求動作多樣化**：有些健身教練缺乏專業知識，一味追求動作多樣化，一個或一組動作做幾遍就換下一組動作，一堂課總是換動作，沒有琢磨動作應該怎樣用力、如何到位。正確的方法是不斷重複前面的動作把每個動作要領都熟練且節奏流暢，才能收到運動效果。

❸**重視對肌肉的訓練**：很多人認為健美操是女性的專利，而肌肉練習是男性的專利，因此，很多女性都不願意做力量訓練，怕把手和腿練粗了。有氧體操能消耗脂肪，肌力練習則是完善各部位的形態，使人充滿活力的重要途徑。女子加強對肌肉的訓練有助於消耗多餘脂肪，做有氧體操可提高心肺功能，增強關節的靈活性和協調性。

❹**重視熱身及緩和運動**：運動前應先做簡單的熱身運動，即準備活動，如關節及肌肉、韌帶的伸展，使身體發熱，從身體到心理做好運動前的準備工作，可減少運動中對肌肉、韌帶的損傷，預先動員心肺功能，使之漸進適應運動的需要，並充分發揮潛能。運動結束後也應進行肌肉伸展和放鬆，使心率慢慢恢復正常，讓緊張的肌肉放鬆、拉長，減少運動後的疲勞感。

❺**產前產後的健身運動**：由於傳統觀念，孕婦通常在產前、產後都不敢輕舉妄動，怕傷著胎氣或留下什麼毛病。其實，產前適當的運動有利於胎兒發育，幫助產婦順利分娩；產後做簡單的產後操，有利於恢復體力和健康。

懶人健身法

產後是否一定要每天去健身房或花大量時間做室外運動呢？其實並非如此，只要妳願意，在日常生活中每個動作都是一種訓練，不費時間，不花金錢，就能擁有健康並恢復生育前的活力，即便是懶人也能鍛鍊健身。

每天起床，一踏進浴室便可以開始鍛鍊身體了。刷牙洗臉踮腳尖，有助於小腿及腹部肌肉的訓練。上班徒步到車站，在時間充裕時可以多走一兩站，沿路隨意聳聳肩、動動脖子、跨大步伐或做深呼吸，都有助於提振精神，使心情愉悅；如果是騎自行車，蹬車速度可加快，速度太慢沒有鍛鍊的效果。到達目的地時，不要圖省力一步跨進電梯，邁動雙腳爬樓梯也

不錯。爬樓梯時，不妨想像自己正在攀登一座小山丘，以腳尖走路，身體略向前傾，雙臂夾緊，一次跨兩階，一口氣登上五樓不要歇息，讓大腿的肌肉更結實健美、改善呼吸頻率，同時防止靜脈曲張。坐到辦公桌前時，先活動筋骨，雙手盡量不要觸及支撐物，做10秒鐘腳踏車的動作，有助於鍛鍊腹部肌肉，一有空都可以做，一天10次效果更佳；雙腳朝椅子左右外伸，再用大腿的力量往內緊靠，或將兩腳往內併攏後，再往外叉開，都可以使大腿肌肉更緊實。

感到疲勞時，將雙手置於桌上，用力壓10秒鐘，或打電話時，利用等待的時間，以一手握緊話筒10秒鐘左右，再換手握，也可以達到休息與活動的目的。只要依照自己的需要及生活習慣選擇適合的鍛鍊方法，能達到維持頭腦清醒和身體健康，都值得一試。

臀部按摩健美

產後女性的豐乳圓臀顯示出女性美。臀部和胸部、腰部一樣是構成女性的曲線美，大多數女性只注重胸部和腰部的鍛鍊，臀部常被忽略。鬆弛、下垂和過於豐滿的臀部多見於產後或中年女性，主要是脂肪在腰背部及大腿堆積及臀部肌力減弱。要改變這種狀況，需藉助運動和按摩。

運動可加速脂肪分解，加強臀部肌肉的承托力，但有些人不能從事運動量過大的訓練，如心血管疾病患者，因此按摩成為最佳選擇，能消除多餘脂肪，增強臀部肌力，達到治療目的。以下的按摩方法只要能持之以恆，臀位就能逐步提高，變得渾圓優美。

❶俯臥，立於一側的按摩者將手放在被按摩者臀部外側，用力向內側推擠，被按摩者則用力收縮臀肌，反覆15次。然後，按摩者手按被按摩者臀部，左右交替進行推擠，反覆5分鐘，再用手掌對臀部進行揉搓至皮膚發熱為止。

❷俯臥，按摩者將手掌重疊，從被按摩者臀部最高處向四周做放射狀推出，反覆5分鐘。

③側臥，按摩者用手從其骶部向下推擠到大腿，左右交替約15次，然後用手指揉按環跳穴約1分鐘，用力至有酸脹感。

④仰臥，按摩者壓住被按摩者下肢，囑其用力向上抬臀多次，然後左右扭動腰部多次。

⑤仰臥，按摩者用雙手握住被按摩者的一側膝部，向前推拉腿部，反覆25次，交替進行。

坐月子的飲食原則

月子期每天需要熱量2,500大卡，蛋白質80公克，適當的飲食調補可以改善體質，滋補養生，豐富的乳汁能哺育出健康的寶寶。

①少量多餐：建議採取餐次增加、分量減少的方式，以減輕腸胃負擔，更利於營養的吸收。可按照懷孕期間的食譜，但要增加主食量，以滿足身體恢復的需要。注意飲食成分的比例要適當，不要過於油膩，以免影響食欲。

②食物種類豐富：經常變換菜色，使產婦營養均衡。可多食鈣質較多的食物牛、羊肉湯等；多吃有利於乳汁分泌的食物，如鯉魚湯；多食新鮮蔬菜以及蛋、肉類，這些食物均含有豐富維生素、蛋白質、脂肪等，可以補充產後和哺乳期間身體的需要。

③飲食清淡：清淡並非完全不放調味料，需視產婦身體狀況而定，例如：產婦若有水腫現象，便應減少鹽及調味醬油的攝取量；至於蔥、薑、蒜、辣椒等辛辣物，若攝取得宜則有利於血液循環，可將分娩時殘留在體內的淤血排出，同時又能增進食欲，故可少量攝取。

④補充水分：產婦在分娩過程流失大量水分和血液，因此水分的補充十分重要。利用薄粥、鮮美的湯汁，給予產婦充分的營養與水分，可以促進母體的康復，又能增加乳汁的分泌量。

⑤忌生冷、寒涼食品：生冷食物會影響產婦牙齒和消化功能，容易引

起下痢，損傷脾胃，不利惡露排出，如雪糕、冰淇淋、冰鎮飲料及生拌涼菜、冷飯等。

⑥忌辛辣等刺激性食物：這類食物會影響產婦胃腸功能，引發內熱，導致舌生瘡，造成大便祕結或痔瘡發作，如韭菜、大蒜、辣椒、胡椒、濃茶、濃咖啡、紅茶等。

⑦忌不易消化食物：產婦身體虛弱，運動量小，如吃硬食、晒乾食品、多纖維蔬菜或油炸食物，容易造成消化不良。

⑧忌過鹹食物：如醬菜、醃菜等醃漬食品，含鹽較多，可能引起產婦體內水鈉滯留，易造成浮腫，並易誘發高血壓。但也不可忌鹽，因產後尿多、汗多，排出鹽分也增多，需要補充一定量的鹽。

⑨忌營養單一：產婦不要挑食、偏食，做到飲食多樣化，粗細、葷素搭配，廣而食之，合理營養。

⑩忌過飽：由於產婦胃腸功能較弱，過飽會影響胃口，妨礙消化功能。因此，產婦要做到少量多餐，每日由平時3餐可增至5～6餐。

宜多攝取的食物

從食物中獲得各種營養，不可偏食，少吃精製麵，多吃雜糧及新鮮蔬菜，才能獲得均衡營養。

①蛋白質：瘦肉、魚、蛋、乳和雞鴨等，都含有大量的動物蛋白質，其中雞蛋含有蛋白質、脂肪、卵磷脂和鈣、磷、鐵及維生素A、維生素B群、維生素D等，是很好的營養品，但也不可多吃；花生、豆類和豆類製品等，則含有豐富的植物蛋白質。

②油脂：肉類和動物油脂含有動物脂肪；豆類、花生仁、核桃仁、葵花籽、芥菜籽和芝麻籽等，含有植物脂肪。

③醣類：所有的五穀雜糧類、地瓜、花生、栗子、蓮子、蓮藕、菱角、蜂蜜和食用糖等，都含有大量的醣類。

4**礦物質**：油菜、菠菜、芹菜（尤其是芹菜葉）、雪裡紅、薺菜、萵苣和小白菜等，含鐵和鈣較多；魚類和豆芽菜等，含磷量較高；海帶、魚類和紫菜等，含碘量較高。

5**維生素A**：魚肝油、蛋、乳等，含有較多的維生素A。菠菜、薺菜、胡蘿蔔、韭菜、莧菜和萵苣葉等，含胡蘿蔔素較多，胡蘿蔔素在人體內可以轉化成維生素A。

6**維生素B群**：小米、玉米、糙米、麵粉、豆類和蛋等，含有大量的維生素B群；青菜和水果，也富含維生素B群。

7**維生素C**：各種新鮮蔬菜、柑、橘、橙柚、草莓、檸檬、葡萄等，含有維生素C，尤其鮮棗含量更高。

8**維生素D**：魚肝油、蛋黃和乳類等，維生素D含量豐富。

9**各種湯類**：有些地區的產婦有喝小米粥的習慣，其胡蘿蔔素、鐵、鋅及核黃素含量比米、白麵高，是一種很好的食物；各種湯類，如鯽魚湯、雞湯燉金針菜、醋或雞蛋等；某些中藥如當歸、川芎、黃耆等與雞肉同燉，都有促進乳汁分泌及催乳作用。

坐月子吃鯉魚的好處

中醫認為，凡營養豐富的飲食都能提高子宮收縮力，幫助清餘血。魚類含豐富蛋白質，能促進子宮收縮。據中藥食療方書記載，鯉魚性平味甘，有利於消腫，利小便解毒的功效；能治療水腫脹滿、肝硬化腹水、婦女血崩、產後無乳等病。

治婦女產後血崩不止，用活鯉魚1隻，重約500克，黃酒煮熟吃下，或將魚剖開，除內臟，焙乾研細末，每早晚用黃酒送下。這些都是中醫臨床經驗的結果，產後用之確有效驗，可見鯉魚確實有幫助子宮收縮的功效。

3個月內忌多吃味精

為了嬰兒不出現缺鋅症，產婦忌吃過量味精，特別是13週內的嬰兒，如果乳母在攝入高蛋白飲食的同時，又食用過量味精，味精內的谷胺酸鈉會透過乳汁進入嬰兒體內。過量的谷胺酸鈉對嬰兒，尤其是12週內的嬰兒發育有嚴重影響，能與嬰兒血液中的鋅發生特異性的結合，生成不能被身體吸收的谷胺酸，使鋅隨尿排出，導致嬰兒鋅缺乏，出現味覺差、厭食，還可造成智力減退，生長發育遲緩等不良後果。

不可急於節食

產後婦女所增加的體重主要為水分和脂肪，對授乳時所需求的脂肪根本不夠用，還需要從乳母身體的脂肪中支出部分營養，補足哺乳所需養分。為了維持嬰兒哺乳需要，產婦一定要多吃鈣質豐富的食物，每天攝取2,500大卡的熱量。

若產婦在產後急於恢復苗條身材立即節食，不但對健康不利，也影響哺乳所需養分不足，使新生兒營養受損，沒有任何好處。可以在過了哺乳期，開始適量節食。每天攝取1,500大卡的熱量，多吃蔬菜，規律運動，就可恢復健美的身材。

不急於服用人參

產後急於用人參補身子反而有害無益，應食用各式各樣的食物來補充營養，方為上策。

人參含有多種有效成分，如作用於中樞神經及心臟血管的「人參皂苷」、降低血糖的「人參寧」以及作用於內分泌系統的「配糖體」等。

這些成分能對人體產生廣泛的興奮作用，其中對人體中樞神經的興奮作用能導致服用者出現失眠、煩躁、心神不安等不良反應。剛生完孩子的產婦，精力和體力消耗很大，十分需要臥床休息，如果此時服用人參，反而因興奮難以安睡，影響精力的恢復。

人參是補元氣的藥物，服用過多又促進血液循環，加速血的流動，對剛生完孩子的產婦十分不利。因為婦女生孩子的過程，內外生殖器的血管多有損傷，服用人參有可能影響受損血管的自行癒合，造成流血不止，甚至大出血。

因此，婦女在生完孩子的1週內，不要服用人參，分娩7天以後，待傷口癒合再服點人參，有助於體力的恢復，但不可服用過多。此藥屬熱，會導致產婦上火或引起嬰兒食熱。

忌吃巧克力

產婦在產後需要給新生兒餵奶，如果食用過多巧克力，對哺乳嬰兒的發育會產生不良的影響。這是因為巧克力所含的可可鹼會滲入母乳，並在嬰兒體內蓄積，會損傷神經系統和心臟，並使肌肉鬆弛，排尿量增加，結果會使嬰兒消化不良，睡眠不穩，哭鬧不停。

產婦整天在嘴裡嚼著巧克力，還會影響食欲，使身體發胖，而必需的營養素卻缺乏，這當然會影響產婦的身體健康，不利於嬰兒的生長發育。

忌滋補過量

分娩後，適當的營養滋補有利身體的恢復，可以有充足的奶水哺乳嬰兒，但如果滋補過量就有害無益了。滋補過量的產婦，常水果成箱，罐頭成行，天天不離雞，頓頓喝肉湯。這種大補特補的做法，不但浪費錢財又

損身體健康。

🔢 滋補過量容易過胖。產後婦女過胖會使體內糖和脂肪代謝失調，引發各種疾病。調查顯示，肥胖冠心病的發生率是正常人的2～5倍，糖尿病的發生率可高出5倍。這對婦女以後的健康影響極大。

🔢 產婦營養太過，奶水中的脂肪含量會增多，縱使嬰兒胃腸能夠吸收，也易造成嬰兒肥胖；若嬰兒消化能力較差，不能充分吸收就會出現脂肪瀉，長期慢性腹瀉還會造成嬰兒營養不良。

🔢 嬰兒因受媽媽奶水脂肪含量過多的影響而發育不均，行動不便，成為肥胖兒，對身體健康和智力發育都不利。

適當補充紅糖

產婦吃紅糖也是中國的民間習俗之一，具有一定的科學道理。紅糖含有豐富的胡蘿蔔素及微量元素，都是產婦不可少的營養。紅糖含鐵量遠勝其他類糖，而鐵是構成血紅蛋白的重要成分，對產婦來說，紅糖是補血佳品。紅糖中含有胡蘿蔔素、維生素B_2、菸酸，以及鋅、錳、鈣、銅等微量元素，有助於產後營養、能量和鐵質的補充，防治產後貧血。

中醫認為，紅糖性溫，味甘，具有益氣緩中、行血活血、化淤散寒等功效，善治產後淤血所引起的腹痛，促進惡露排出和子宮復原。分娩後的婦女體質虛弱，氣血有虧損，食用紅糖可益氣養血，健脾暖胃，補血化食。產婦活動相對較少，怕風怕涼，飲用紅糖水可以幫助祛風散寒、利尿，可防治產後發生尿滯留現象。

愛心提示

有些產婦食用紅糖時間過長，連吃20～30天，反而不利於產後子宮的恢復。產後10天左右惡露逐漸減少，子宮收縮開始恢復正常，繼續食用紅糖水可因其活血作用而使惡露增多，造成失血不止，不利於產後子宮的恢復。所以，產婦補充紅糖應以7～10天為限，不宜過久。

宜補充鈣質

　　衛生署建議成年婦女，包括孕婦及哺乳婦女每日需攝取鈣1,000毫克。100毫克的母乳中含鈣34毫克，如果每日泌乳1,000～1,500毫升，就要失去500毫克左右的鈣，缺鈣如得不到補充，輕者肌肉無力、腰酸背痛、牙齒鬆動；重者骨質軟化變形。

　　鈣主要來自食物，奶類、豆類及豆製品等含鈣較多，海產中海帶、髮菜、紫菜等，及木耳、銀耳、瓜子、核桃、葡萄乾、花生米等，含鈣也比較豐富，雞、魚、肉類含量較少。牛奶中含鈣比較多，但有些人腸道內缺乏分解乳糖的乳糖，喝牛奶後會出現腹部不適、脹氣，甚至腹瀉，可以用發酵過的優酪乳代替。

醫師指點

要注意含鈣多的食物不要與含草酸高的蔬菜同時煮食，易形成草酸鈣，不能被人體吸收，菠菜、韭菜、莧菜、蒜苗、冬筍等含草酸多，因此菠菜燒豆腐的搭配是不妥的。

產後可以吃水果

　　中國流傳著產後不能吃生冷，不能吃鹹、酸等食物的習俗，所以有許多產婦很多東西不敢吃，連水果也不敢碰。產婦剛生完孩子，身體虛弱，消化能力差，宜吃富營養、容易消化、清淡的食物，以後可逐漸增加進食量和種類，由少到多，以身體能適應為宜。可以多吃水果，以補充所需要的維生素及礦物質，還可以防止便祕。飯後可吃水果，如蘋果、葡萄等。吃水果時要注意清潔，清洗或去皮後再吃，以免發生腹瀉；還要注意不要太涼，如水果剛從冰箱拿出來，要在室溫下放一會兒再吃。

產後宜吃青菜

　　所謂青菜，泛指各種綠葉蔬菜，如菠菜、油菜、地瓜葉等。青菜和其他蔬菜一樣，含有大量的維生素、礦物質及少量的蛋白質、脂肪、碳水化合物等，對人體有滋養作用，還能促進傷口的癒合。

　　成人每天需要6毫克的維生素A，主要是透過蔬菜獲得胡蘿蔔素，由肝臟和腸壁將胡蘿蔔素變成維生素A，供人體利用。富含胡蘿蔔素的蔬菜有：胡蘿蔔、韭菜、菠菜、芹菜葉、萵苣葉、金針菜、小白菜、莧菜、乾辣椒等。成人每天需要2～3毫克的維生素B_1和維生素B_2，金針菜、香椿、蓮藕、馬鈴薯、菠菜、雪裡紅、油菜和空心菜等含量較多。

　　維生素C是人體需要量最多的維生素，每人每天需要75～100毫克。蔬菜中的鮮辣椒含維生素C最多，花椰菜、甘藍、蘿蔔嬰、蒜苗、莧菜、高麗菜、菠菜中含量也很豐富。各類蔬菜多含有人體所必需的菸酸、維生素K等。蔬菜中還含有鈣、磷、鐵等人體所必需的豐富礦物質和纖維素，以及澱粉、糖、脂肪、蛋白質等營養成分。

　　一般成人每天吃500公克蔬菜就能滿足人體對各種維生素的基本所需，建議產後媽媽只吃熱性及溫和的蔬菜，而不建議食用如小白菜、冬瓜、高麗菜、白蘿蔔等涼性蔬菜。

烹調蔬菜技巧

　　1要吃新鮮蔬菜：新鮮蔬菜所含的維生素C比乾菜、鹹菜多。

　　2要連老葉一起吃：蔬菜外面的葉子比菜心養分高，不要把外面的老葉全扔掉，光吃嫩菜心。

　　3能吃帶皮的菜不要去皮：因為表皮含維生素C最多，如南瓜、馬鈴薯、蘿蔔等。

　　4菜要先洗後切：因為蔬菜富含多種水溶性維生素，若先切後洗，部

分維生素會被洗掉。

⑤切後隨即下鍋：蔬菜富含的維生素多半不穩定，如果切菜後放置過久，維生素易被氧化而流失。

⑥煮菜時間不能過長：水不要過多、烹調後的食物不宜放置太久，以減少維生素的損失。

醫師指點

產後吃菠菜能治療缺鐵性貧血、產後便祕；其他如空心菜能解毒療瘡，萵筍葉能通乳汁。由此可見，產後絕不可不吃蔬菜，否則會引起維生素缺乏症、口舌潰爛、大便祕結等病。

保留蔬菜營養的方法

①蔬菜的維生素C含量一般是菜葉高於菜莖，外層葉比內層葉含量要高，因此菜莖和菜葉均要食用，也不要丟棄外層菜葉。

②蔬菜要先洗後切，隨切隨炒，不要久泡水中，以防水溶性維生素和無機鹽類溶於水而流失。

③維生素C在鹼性環境中容易被破壞，而在酸性環境中比較穩定，所以烹調蔬菜時可適當加一點醋，可以減少維生素C的流失。

④燒菜時應將水煮沸後再把蔬菜放入，既可防止維生素流失，又能保持蔬菜原有色澤。

蔬菜要旺火急炒

有人實驗，大白菜在旺火上急炒8分鐘，維生素損失率為6.2％；中火慢炒12分鐘，維生素損失率為31％；如果炒後再煮，則損失率高達76％。蔬菜煮20分鐘以後，維生素一般只能保留30％。

蔬菜加熱到60℃時，就會破壞維生素，溫度達到70℃時破壞最嚴重，

到80℃以上時，維生素的破壞率反而下降。炒菜用旺火急炒，能使菜進鍋後溫度迅速達到80℃以上，避開最大的破壞溫度能保存較多的維生素。

夏天多吃含鉀食物

夏天，氣溫高出汗多，損耗大量體液，也消耗各種養分，很容易感覺到身體乏力和口渴。由於熱天一直出汗會帶走大量的鉀元素，使體內鉀離子流失過多，造成低血鉀現象，引起倦怠無力、頭昏頭痛、食欲不佳、精神不振等症狀。熱天防止缺鉀最有效的方法，就是多吃含鉀食物：如草莓、桃子、菠菜、馬鈴薯、大蔥、芹菜、毛豆等。茶葉含鉀量特別大，約占1.5%，故熱天多飲茶，既可消暑又能補鉀，一舉兩得。但有腎臟病、高血鉀者忌食。

滋陰養血的食物

產婦凡有頭暈眼花、心悸、四肢麻木、臉色發白或萎黃、肌膚失榮、口脣指甲淡白等症狀，或血虛，或經醫生診斷為陰血虧虛者，可選用下列滋陰養血類食物：

1 **肉類**：鯉魚、鴨等。

2 **糖類**：蜂蜜、紅糖等。

3 **水果類**：蘋果、桑葚、桃、鳳梨、香蕉等。

4 **蔬菜類**：豌豆、豆角、蠶豆、豆腐、木耳、菠菜、銀耳、胡蘿蔔、香菇、蘑菇、馬鈴薯、地瓜、紅菜、萵苣、綠豆、黑豆等。

食用藥膳注意事項

1 凡用藥粥須視體質強弱，身體強健、產後無疾病者，宜每日服1劑，連吃3～4日。脾胃弱者，可服半個月。

2 凡藥粥方均列有主治症（功效），如淮藥粥固腸止瀉、小麥糯米粥斂汗安神，最好按症選用，若無症狀可將藥量減半煮粥。

3 凡身體強健、產後無明顯虛損者，服食藥肉膳一般只宜服1～2劑。

4 凡用藥肉膳，冬宜選擇羊肉類藥膳，夏宜選用鴨、魚肉類藥膳，春秋宜選擇雞、魚肉類藥膳。

5 凡藥膳中有肉桂者，最好在冬月產後服食，陽虛者例外。

6 凡服藥肉膳，最好早晨或空腹服。

7 凡服藥膳吃後感到身體舒適者，可以多服幾劑。若出現稍有不適者，應立即停服。

慎用中藥

產後用藥的關鍵是：注意中藥成分對乳汁分泌的影響。

在產後一定要忌用大黃，該藥不僅會引起盆腔充血、陰道出血增加，還會進入乳汁中，使乳汁變黃，嬰兒吃了此奶可能造成瀉肚。此外，炒麥芽、逍遙散、薄荷有回奶作用，餵乳媽媽也要忌用；即使對產婦服用有益的中藥，也應在中醫師指導下服用。

泌尿感染的食療

產婦由於內分泌的變化，腎盂、腎及輸尿管長期擴張，膀胱張力降低，蠕動減弱，導致膀胱排尿不全、殘尿多，易發生泌尿系統感染。下列食療方法有助於預防、治療與恢復：

1 茶葉蛋療法：綠茶最佳，每日用2～3顆雞蛋，可滋陰利腎，活血化淤，補血益氣。

2 紅豆蒸雞療法：將紅豆250公克先倒入盆內墊底，放上雞，再撒滿紅豆，加佐料，上屜隔水大火蒸2小時，吃雞肉時搭配吃紅豆。

3 薺菜療法：薺菜性涼，有清熱解毒、抑菌、抗感染、退熱、利尿、止

血、促使惡露排出等作用，可做薺菜蛋花湯、薺菜炒肉、薺菜餡餃子食用。

4冬瓜鯽魚湯療法：可清熱、利尿，排尿困難時宜食用。

使用西藥禁忌

　　產婦分娩後生病在打針及用藥上需在醫生指導下進行。大多數的藥物都可透過血液循環進入乳汁，或使乳汁量減少，或使嬰兒中毒，影響嬰兒：如損害新生兒的肝功能、抑制骨髓功能、抑制呼吸、引起皮疹等狀況，所以哺育母乳時應避免服用西藥以免對寶寶造成不良影響，如下：

　　1抗生素：禁用氯黴素、四環素、滅滴靈（Metronidazole）。

　　2退燒藥：勿長期服用阿斯匹靈，以免造成嬰兒出血傾向。

　　3咳嗽藥水：有些可能含有碘化物，會造成嬰兒甲狀腺功能低下。

　　4口服避孕藥：產後前6週避免服用。

　　5其他：抗癌藥物、免疫抑制劑、毒品、鋰鹽、金屬製劑、放射性製藥、某些瀉藥（如Solven）和麥角製劑（Ergotamin）等，均不宜使用。

寒溫適中的保養

　　產後因失血傷陰，陽不內潛，腠理空疏，百節空虛，故抗病力低下。寒溫稍有不慎，則招致寒、熱、溼邪的侵襲，即中醫常言：「邪之所湊，其氣必虛。」所以，產後務必注意寒溫將養。其將養之法必須適宜，常見大多數產婦及家屬過於強調保暖防寒而忽視防暑，無論炎夏酷暑，還是春暖花開之季，產婦總是長衣緊裹，門窗緊閉，蒙頭護腳，遮護嚴密，生怕遭受風寒，致使煩悶、發熱，痱子、熱瘡滿身，甚者中暑也不肯鬆減衣被。須知產後預防暑熱更為緊要，因產後失血多，常有虛熱內伏，每見發熱、多汗、心煩、口渴、便祕等症狀。若將息過暖，每致內熱不能外出而致病。正如醫學家張景岳說：「產後有火證發熱者，此必以調攝太過……或過用炭火，或門窗太密，人氣太盛，皆能生火，火盛於內，多見潮熱、

內熱、煩渴喜冷，或頭痛多汗、便實尿赤。」可見保暖太過的危害性。

愛心提示

產後保養要寒溫適中，以「寒無悽愴，熱無出汗」為原則，順應四時寒溫，隨四時氣候變化而進行相應的保養。因此養生家說：「順應天時，調適寒溫，百病不生。」

春秋季的產後保養

春秋天氣溫和，室內溫暖宜人，然而春天多風，須關閉門窗。

中醫說：「風為百病之長」、「避風如避矢」。產後腠理空疏，百節空虛，風邪最易乘虛而入，導致感冒、頭痛、四肢關節疼痛等產後疾病。秋天氣溫乾燥多塵，室內宜經常灑掃清潔。若產婦感覺鼻咽乾燥，室內可置一盆清水調節溼度。

總之，春秋季節宜空氣流通，光線充足，窗明几淨，產婦的衣被較平常人稍厚，以無熱感為好，宜用薄巾包頭，薄棉襪護腳，如此保養至滿月必無產後疾病。

夏季的產後保養

夏天氣候潮溼炎熱，一定要維持室內涼爽通風，光線充足，窗明几淨。以室內無穿堂風，病人無風吹感為好。若產婦感到煩躁悶熱，可用扇子，感到有微風去熱即可，切不可用電扇或冷氣直吹。

若產婦感到悶熱難忍，可將電扇置於窗戶旁，開慢速度，以不覺有風吹感為宜。當熟睡時，尤忌風吹，應將電扇關掉。許多人為了避風，盛暑之季仍將門窗緊閉，致產後受熱，出現尿黃、便結、熱瘡、痱子滿身，甚至高熱、煩悶等中暑現象。

夏天的衣著被褥皆不可過厚，以穿著棉布單衣、單褲、單襪避風即

可。頭部無須遮圍，被褥須用毛巾製品，可吸汗去暑溼，以不寒不熱為好。若汗溼衣衫，應及時更換，以防受寒。

冬季的產後保養

在隆冬臘月生產，天氣嚴寒，應保溫暖，防風寒侵襲。正如養生家所說：「時當涼必將理以溫」。著名醫學家張景岳說：「產後或遇寒邪，則乘虛而入，感之最易。」所以，冬季宜保暖，常須關閉門窗，遮圍四壁，不使寒風從孔隙而入。

此時節床鋪衣著均須柔和，床上厚鋪墊褥，被蓋宜軟而輕，衣著宜穿棉布、羽絨之類，腳著棉線襪。背心和下體尤須保暖，若背心著涼，寒邪從肺腧而入，導致產後感冒、咳嗽；下腹受寒則易引起產後腹痛、惡露不下等病。倘若下腹覺冷，可用暖袋溫熨，或用艾葉、小茴香、生薑炒熱布包熱熨，以助散寒止痛，排除惡露。

愛心提示

冬季寒冷，飲食宜熱，以熱不灼脣為度。熱食能溫體，又易於消化；寒則損脾傷胃，而致腹滿泄瀉。

陰虛火亢者的飲食

產後由於流血過多，出現頭暈耳鳴、顴紅、五心煩熱、盜汗失眠、小便短赤、大便乾燥等症狀，或經醫生診斷為陰虛火亢者，除可以選擇上述滋補養血類食品外，還可選擇既能滋陰又具清熱作用的食物來調理。

1 動物類：如家鴿、鴨等。

2 蔬菜類：如莧菜、芹菜、金針菜、冬瓜、絲瓜、黃瓜、番茄、紫菜、海帶、蓮子心、荷葉、百合、空心菜、

茄子、青蘿蔔等。

3水果類：如梨、西瓜、柿子等。

陽氣虛弱者的飲食

產婦凡有腰膝酸軟，畏寒肢冷，下腹冷痛，頭暈耳鳴，尿意頻數，夜間尤甚等症，或經醫生診斷為陽氣虛弱者，宜選溫補益氣壯陽的食物。

1動物類：如羊肉、雞肉、鯽魚等。

2糖類：如蔗糖、蜂蜜、砂糖等。

3蔬菜類：如韭菜、薤菜、大蒜、蒜苗、洋蔥、大豆、黃豆、木耳、黑豆、芝麻、油菜、白蘿蔔、南瓜、茴香等，都有溫補作用。

4水果類：如胡桃、桂圓、紅棗、荔枝、甘蔗、櫻桃、楊梅等。

盜汗陰虛型的調理

產後盜汗陰虛型的臨床表現為產後睡眠中不覺而汗出，醒來自止，臉色潮紅，頭暈耳鳴，口燥咽乾，渴不思飲，或有五心煩熱，午後熱甚，腰膝酸軟，舌質嫩紅無苔，脈細數無力。

治療以養陰益氣，生津斂汗，方用生脈散加減。藥物如：黨參、麥冬、五味子、浮小麥、生地黃、白芍、烏梅。

血暈的調理

產婦分娩以後，頭暈眼花，難以起坐；或心中鬱悶，噁心嘔吐，心煩不安，甚則口噤神昏，不省人事，都是產後血暈的症狀。

本病的發生是由於產後失血過多、心神失養所致。此外，產後惡露不下，淤血上攻，擾亂心神，亦可致頭暈。

在治療上，若屬於血虛氣脫型，證見產後失血過多、質稀、暈眩、心悸、煩悶不適、昏迷、手涼肢冷、冷汗淋漓、臉色蒼白、舌淡無苔、脈微欲絕，治宜益氣固脫，用獨參湯，即人參15～30克煎湯，溫服，1日2次。

若產後血暈屬血淤氣閉型，證見產後惡露不下或量少，小腹陣痛拒按，心下氣滿，神昏口噤，牙關緊閉，雙手握拳，臉色紫暗，舌暗苔少，脈澀，治宜行血逐瘀，可用奪命散，藥用沒藥3克、血竭3克，煎湯溫服，1日2次。

尿滯留的防治

通常，產婦在產後6～8小時就會自解小便。不過，產後小便不能自解，發生尿滯留的情況也有。造成尿滯留的原因如：

１不習慣躺在床上解小便。

２會陰傷口腫痛厲害，反射性的引起尿道括約肌痙攣，因而導致排尿困難。

３產程較長，膀胱受胎兒壓迫較久，膀胱黏膜水腫及充血，暫時喪失收縮力而功能失調，或膀胱頸部黏膜腫脹。

４產後膀胱肌張力差，膀胱容量增大，對內部壓力的增加不敏感而常無尿意，以致存積過量小便。

產後尿量增多，要是造成尿滯留，脹大的膀胱妨礙子宮收縮會引起產後出血。因此，必須積極採取下列措施：

１躺著解不出，坐起來試試。

２便盆內放熱水，坐在上面燻或用溫開水緩緩沖洗尿道口周圍，以解除尿道括約肌痙攣，刺激膀胱收縮。

３小腹部放熱水袋，以刺激膀胱收縮。

４中藥蟬衣9克，煎湯1大碗服用，有利尿作用。

要是採用上述辦法仍然解不出小便，就只能在嚴密消毒準備下，插導尿管導尿數天。

膀胱炎的防治

產婦產後膀胱的肌肉暫時仍鬆弛，容易積存尿液，妊娠後期體內滯留的水分，在產後也主要透過腎臟排泄，從而增加膀胱的負擔，降低膀胱的防病能力，這時細菌容易侵入尿道引起膀胱炎。預防膀胱炎發生的方法是產後多排尿，不要使尿在膀胱裡儲存過久，以免細菌繁殖，還要經常清洗外陰部，保持清潔，防止髒水流入陰道。

肌纖維組織炎的防治

肌纖維組織炎又叫肌風溼，主要症狀是腰局部發涼、肌肉僵硬、酸脹不適，遇陰雨天更加嚴重，會嚴重影響婦女的身心健康，應積極防治。

首先，要防風邪。婦女分娩後，由於出血和體質的消耗，身體的抗病能力下降，若不注意防風寒，虛邪、賊風易乘虛而入，引起肌纖維組織炎。因此，婦女分娩後應注意四季氣候的變化，對虛邪賊風應注意避之。

其次，是注意增加營養。分娩時出血較多，身體耗損，抵抗力下降，極需增加脂肪、蛋白質及富含維生素的新鮮蔬菜和水果等。

此外，可做紅外線照射或超短波理療，亦可根據疼痛部位的大小，熱敷疼痛處，每天1次，每次20～30分鐘，或者用電針治療效果也佳。

子宮脫垂的防治

正常分娩時由於胎兒通過產道，盆底的肌肉和筋膜被牽拉，向兩側分離，肌纖維也常有撕裂，這些改變和損傷在產後雖然能恢復一些，但很少能恢復到妊娠前的狀態。分娩時會陰部亦常發生裂傷，使陰道口擴大且鬆弛，陰道壁也失去原有的緊張度，變得鬆弛而容易擴張。上述改變都使骨

盆底部比妊娠前變得薄弱。如果產後不加強練習,而且太早從事較重的體力勞動,不但盆底組織無法早日恢復,反而使其更加鬆弛和薄弱,日後可能發生陰道壁膨出,甚至子宮脫垂。

為了預防子宮脫垂的發生,在產褥早期可做膝胸臥式運動。加強產後訓練,並逐漸增加運動量,以促進盆底組織早日恢復;在產褥期間不要總是仰臥,避免子宮後傾而更容易脫出;在做家務時,最好是站著或坐著,避免蹲位做事,如蹲著洗尿布或撿菜;產後尤應防止便祕或咳嗽,這些都會增加腹腔內壓,使盆底組織承受更大壓力,容易導致子宮脫垂。

醫 師 指 點

產婦,尤其初產婦,雖然容易發生子宮脫垂,如果加以注意就可以完全避免。

陰道鬆弛的防治

在未生育時,兩性交合很緊貼,陰莖進入陰道時有一種令人愉悅的感覺,但生育後就完全不同了,陰道明顯寬鬆,性交時夫妻雙方會產生交合不夠緊的感受。這種情形可能影響性生活的和諧,造成丈夫的不滿足及妻子的性壓抑。

產後陰道鬆弛的關鍵是恥骨尾骨肌功能的下降。恥骨尾骨肌是提肛肌群中作用範圍最廣的肌肉之一,能托起盆腔內臟,保持盆尾陰部軟組織張力,和近端尿道壁括約肌相互交錯,還伸延進陰道括約肌的1/3,因此能收縮直腸下端和陰道,完善排便動作及陰道緊握功能。當兩性交合時,恥骨尾骨肌開始「工作」,陰道收縮緊握陰莖,使兩性結合更加完全、幸福。

愛 心 提 示

防治產後陰道鬆弛要注意鍛鍊恥骨尾骨肌的功能,要常做「提肛功」,即吸氣時用力使肛門收縮,呼氣時放鬆,反覆20~30次。隔1~2分鐘進行1次,可每天練習5~6次,或每週2~3次。練習時間可採用慢速收縮、快速收縮或兩者交叉進行。

乳汁自出的防治

1 氣血虛弱型

(1)臨床表現：乳汁自出，量少，質清稀，乳房柔軟，無脹感，神疲氣短，舌質淡紅，苔薄白，脈細弱。

(2)治療：治以補氣益血，佐以固攝。方用八珍湯加減。藥物如：黨參、黃耆、白朮、茯苓、當歸、熟地、白芍、五味子、芡實。

2 肝經鬱熱型

(1)臨床表現：乳汁自出，乳房脹痛，情志憂鬱，煩躁易怒，甚或心悸少寐，便祕尿黃，舌質紅，苔薄黃，脈弦數。

(2)治療：治以舒肝解鬱，清熱，方用丹梔逍遙散加減。藥物如：丹皮、梔子、柴胡、白芍、薄荷、當歸、木通、澤瀉、車前子、夏枯草。

斷奶後乳房萎縮的防治

1 乳房萎縮的原因

(1)哺乳的影響：大多數婦女哺乳期身體消耗較大，帶孩子又辛苦，營養跟不上，使體內儲備的脂肪耗竭，形體消瘦，再加上不注意哺乳期乳房保健，便造成乳房縮小。

(2)雌孕激素的影響：妊娠期及產褥期由於大量的雌孕激素作用，使乳腺管增生，腺泡增多，脂肪含量增加，乳房豐滿。而斷奶後，激素下降，乳腺腺體萎縮，腺泡塌陷、消失，結締組織重新取代脂肪組織，乳房則出現萎縮現象。

(3)性刺激的影響：有些婦女怕再次受孕，對性生活失去興趣，缺少性刺激等也可能使乳房萎縮。

2 防止乳房萎縮的措施

(1)保持乳頭清潔，以防產後乳腺炎的發生。

(2)哺乳期仍要戴合適的胸罩，支撐乳房，以維持正常血液循環。

(3)合理安排哺乳期生活，攝取足夠的營養和充足的睡眠。

(4)產後採取避孕措施可恢復正常的性生活。

會陰傷口痛的防治

會陰部皮下神經密布，非常敏感，如有傷口必然伴有疼痛；倘若會陰傷口的縫線因局部組織腫脹而嵌入皮下，則疼痛更加令人不安。應照醫護人員指示護理，以減輕疼痛，利於消腫。

要是會陰傷口疼痛劇烈，且局部紅腫、觸痛及皮溫升高，乃傷口感染徵象，必須用抗生素控制感染，局部紅外線照射可消炎退腫，減輕疼痛，促進傷口癒合。要是發炎不消退而侷限化和化膿，只能提前拆線，撐開傷口以引流膿液。

醫師指點

通常拆除縫線後，會陰傷口疼痛應當減輕。倘若傷口癒合良好，僅是由於皮下縫線引起周圍組織局部有硬結、腫脹與觸痛時，出院後可以用1：5,000濃度的高錳酸鉀溶液坐浴，每日2次，每次15分鐘左右。

急性乳腺炎的防治

乳腺炎重在預防，而且可以完全避免，關鍵在於防止乳頭龜裂和乳汁淤積。

乳腺急性發炎時，大多先有乳頭疼痛、破裂或乳房硬塊、脹痛，然後出現怕冷、寒顫、發燒，患側乳房觸痛，皮膚發紅、腫脹、皮溫升高，皮下腫塊，或皮膚不紅、不腫、不熱，腫塊位置較深，與皮膚不相連，但疼痛或壓痛厲害，同側腋窩有腫大和觸痛的淋巴結。如果治療不及時和不恰當，患側乳房紅腫更加厲害，硬塊增大變軟而出現波動，形成皮下或乳房淺部膿腫，最後，膿腫向外穿破或向乳房內部擴張，或原來在深部的硬塊

變大、變軟,原來不紅不腫的皮膚發紅腫脹,病變範圍愈來愈大,乳腺組織破壞增多。膿腫不但可以向外穿破皮膚,也可在內穿破乳腺管使乳汁含有膿液,甚至向後穿破進入胸壁肌肉而形成乳房後膿腫;此時,全身症狀也將愈來愈嚴重。及早治療是唯一阻止乳腺遭破壞過多的辦法。一般採取下列措施:

1患側乳房暫停哺乳:清潔乳頭、乳暈,促進乳汁排泄(用吸乳器或吸吮),凡需切開引流者應終止哺乳。

2托起患側乳房:用胸罩或兜帶抬高患側乳房可改善乳房的血液循環。血液循環通暢,局部不充血,腫脹易消退,發炎也易控制。

3外敷:早期局部可用冷敷,若化膿已不可避免,應趕快就醫。

4理療:紅外線照射可促進局部血液循環,有利於發炎吸收消散。

5內治:口服或注射抗生素。但若未停止哺乳,不宜用四環素及磺胺藥物。

6切開排膿:如果乳房局部已成膿腫,宜切開排膿,可避免發炎繼續擴散。

惡性葡萄胎與絨毛膜上皮癌的防治

惡性葡萄胎與絨毛膜上皮癌與葡萄胎同源,都來源於滋養細胞,這兩種病都屬於惡性腫瘤。惡性葡萄胎和絨毛膜上皮癌都可侵入子宮肌層或有轉移至肺、陰道、腦或其他組織的特點。惡性葡萄胎通常發生於葡萄胎清除後6個月以內;絨毛膜上皮癌則可繼發於葡萄胎、流產和足月分娩以後。

惡性葡萄胎與絨毛膜上皮癌的臨床表現幾乎相同,都有不規則的陰道反覆流血和轉移症狀,肺轉移常表現為咳嗽、咯血、胸部X光片上有轉移病灶陰影;腦轉移有頭痛、偏癱、失語和平衡失調等;腸道轉移有消化道出血等。所不同的是絨毛膜上皮癌惡性程度更高、結局較差。兩者的確切鑑別要靠病理切片組織學檢查,治療也相同,都以化療為主,手術為輔。

惡性葡萄胎與絨毛膜上皮癌雖屬惡性腫瘤,且絨毛膜上皮癌惡性程度

很高，但化學藥物治療效果極好。惡性葡萄胎經化療一般都能治癒，絨毛膜上皮癌的治癒率也達到70％以上。對年輕未育的病人盡量不切除子宮，以保留生育功能，不得已切除子宮者，卵巢仍可保留以提高生活品質。治療效果好的關鍵在於早期診斷。

　　早期發現惡性葡萄胎和絨毛膜上皮癌的關鍵是要提高警覺。葡萄胎子宮刮搔術處理後要認真隨診，起初每週檢查1次血或尿絨毛膜促進性腺激素，待陰性後每月檢查1次，持續半年，然後每年檢查1次，總共隨診2年。葡萄胎子宮刮搔術8週後絨毛膜促性腺激素持續大於正常值，或陰性後又轉陽，或降低後又增高，則往往是惡性葡萄胎或絨毛膜上皮癌的標誌。足月分娩後、流產後或葡萄胎後，陰道流血綿延不淨，要想到可能是絨毛膜上皮癌或惡性葡萄胎，特別是如果出現咳嗽、咯血等症狀時，應及時就醫，做必要的檢查，以確診治療。

醫師指點

惡性葡萄胎和絨毛膜上皮癌致死的主要原因是腦轉移，而腦轉移常繼發於肺轉移之後，所以只要提高警覺，早期發現，及時徹底治療，癒後的年輕未育婦女還可望保留生育功能。

乳房脹痛的防治

　　在產後2～3天，乳腺開始分泌乳汁之前，由於靜脈充盈、淋巴滯留及間質水腫，乳房會出現膨脹。此時，僅有少量初乳而乳房卻充滿硬塊，一碰就痛，可能腋窩還有腫大、變硬和作痛的淋巴結或副乳腺。一般不發熱，即使體溫上升，也不會超過38℃。乳脹持續1～2天後，即自然消退，乳腺正式開始分泌乳汁。

　　倘若乳房極度膨脹，疼痛劇烈難以忍受，可採取下列措施：

1 用胸罩將乳房向上兜起托住。

2 哺乳前，用溼毛巾熱敷乳房，或在溼毛巾上放熱水袋，促使乳汁暢流。

3 哺乳間歇，用溼毛巾冷敷乳房，減輕局部充血，夏季可用冰袋。

4 如果嬰兒吮吸能力不足，可用吸乳器吸出餵哺。

脫肛痔瘡的防治

產婦吃過多精緻食物，容易引起便祕；有的產婦會吃羊肉、薑湯等熱性食物，不吃或很少吃蔬菜、水果；加上常臥床休息、活動少，以致腸胃蠕動減慢，大便在腸內停留時間過久，水分被吸收而過於乾燥、硬結，引起排便困難，導致肛裂，大便時肛門疼痛，甚至出血。防止肛裂的方法是改變飲食結構，宜多吃新鮮蔬菜、水果等，以潤滑腸道和補充足夠的水分，有助於糞便的排泄。

產後易患痔瘡的原因，是婦女產後子宮收縮，直接承受胎兒的壓迫突然消失，使腸腔舒張擴大，糞便在直腸滯留的時間較長，而形成便祕，加上在分娩過程中會陰撕裂，造成肛門水腫疼痛等。因此，婦女產後注意肛門保健和預防便祕是防止痔瘡發生的關鍵。

由於產後失血，腸道裡的水分不足，以致造成便祕。勤飲水，多活動，可增加腸道水分，增強腸道蠕動，預防便祕。有些婦女產後怕受寒，不論吃什麼都加胡椒，這樣更容易發生痔瘡；同樣，吃過多糕點等精細食物，也會引起大便乾結而量少，使糞便在腸道中停留時間過長，除引起痔瘡，也對健康不利。因此，產婦的食物一定要搭配芹菜、地瓜葉等纖維素多的食物，這樣消化後的殘渣較多，形成軟糞易於排出。

此外，勤換內褲，勤洗浴，以保持肛門清潔，避免惡露刺激，並能促進該部的血液循環，消除水腫，預防外痔。

如果在懷孕過程患有痔瘡，經過分娩往往會加重。對於已有痔的婦女，當分娩胎頭露出時，接生者應當用手保護會陰部，同時壓迫肛門，防止肛管脫出；如果已經發生脫肛，在胎兒娩出後，要將脫出的部分立刻整復回去，然後將藥棉團搓成雞蛋大小的硬球，壓於肛門處，並用會陰墊緊

壓,以防再度脫出;如果大便後再度脫出,在清洗外陰及肛門後,將脫出部分送回,再用同法壓迫,就會逐漸好轉。

痔瘡在分娩後2～3週內呈現出紅、腫、疼痛,產婦因為怕痛而不敢大便,由於便祕、排便困難等,使痔瘡更為加重,形成惡性循環。因此產後要注意飲食,多吃水果、青菜,除細糧外也應吃粗糧,以防便祕。有痔瘡的產婦,產後應用藥物坐浴或軟膏治療。痔瘡翻出過大,發生水腫時,應將之還納回去,方法是在痔瘡的表面塗油膏,用手指將充血水腫部分慢慢推送肛門內,待水腫消退後,病情就會減輕,大約1個月後,紅腫和疼痛都會消失。

腰腿疼痛的防治

腰腿痛是因骶髂韌帶勞損或骶髂關節損傷所致。一是由於產後休息不當,過早持久站立和端坐,致使產婦妊娠時所鬆弛了的骶髂韌帶不能恢復,造成勞損;二是因產婦分娩過程引起骨盆各種韌帶損傷,再加上產後過早勞動和負重,增加骶髂關節的損傷機會,引起關節囊周圍組織黏連,妨礙骶髂關節的正常運動所致;三是產後起居不慎,閃挫腰腎以及腰骶部先天性疾病,如隱性椎弓裂、骶椎裂等誘發腰腿痛,產後更劇。

產後腰腿痛的主要臨床表現多以腰、臀和腰骶部日夜疼痛為主,部分患者伴有一側腿痛。疼痛部位多在下肢內側或外側;有人會伴有雙下肢沉重、酸軟等症。預防的關鍵在於產後要注意休息和增加營養,不要過早久站和端坐,更不要勞動和負重。避風寒,慎起居,每天持續做產後操,可有效預防產後腰腿痛。

宮縮疼痛的防治

有的產婦在分娩後3～4天,由於子宮收縮使子宮壁神經纖維受壓,

子宮組織缺血、缺氧，而引起下腹部劇烈疼痛，稱為產後痛或後陣痛；嚴重時，可在小腹中摸到或見到子宮明顯變硬並隆起，同時惡露排出增多，當哺乳時，可以感到疼痛更明顯，醫學上稱為產後宮縮痛。這種疼痛多見於雙胎或經產婦或急產婦，初產婦的陣痛較輕，疼痛一般在產後1～2天出現，以後逐漸減少至完全消失。其發生原因是在子宮復位病症，不必擔心。若子宮腔留有血塊或大片胎膜、殘留的胎盤小葉，也會引起產後宮縮痛並出血，甚至疼痛難忍，應詳細檢查子宮內是否有殘留物，如確無殘留物，可按後陣痛治療。

　　輕微後陣痛可以不必治療，較重的可給予鎮靜止痛藥，或做下腹部按摩。民間常用的方法是當疼痛劇烈時，有人吃山楂可見效。

醫師指點

產後宮縮痛，一般不需處理，覺得疼痛劇烈難忍時，可熱敷小腹、停止服用宮縮藥物、服用止痛片或針刺足三里、三陰交，艾灸關元等穴位，使疼痛緩解。另外，飲服紅糖黃酒、紅糖山楂水或吃山楂罐頭，也可見效。

骨盆疼痛的防治

　　產婦分娩時產程過長，胎兒過大，產時用力不當，姿勢不正以及腰骶部受寒等，或骨盆某個關節有異常病變，均可造成恥骨聯合分離或骶髂關節錯位而發生疼痛。此外，在韌帶未恢復時，由於外力作用，如懷孕下蹲或睡醒起坐過猛，太早做劇烈運動、負重遠行等，均易發生恥骨聯合分離，表現在陰阜處或下腰部疼痛，並可放射到腹股溝內側或大腿內側，也可向臀部或腿後放射。

　　通常，此病過一段時間（幾個月甚至1年左右），疼痛會自然緩解，如果長期不癒，可用推拿方法治療，並可服消炎止痛藥，既可減輕疼痛，又可促進局部發炎吸收。預防時應注意：

1患有關節結核、風溼症、軟骨症的婦女，應先治癒這些疾病後再考慮懷孕。

2懷孕後要多休息、少活動，但不能一直靜止不動。不要做過分劇烈的勞動或運動，可適當做些伸屈大腿的練習。盡量避免腰部、臀部大幅度的運動或急遽的動作。

3產後避免太早下床或在床上扭動腰或臀部。

腳腫的防治

產後出現下肢疼痛和腫脹會給病人及家庭帶來不快，同時也會影響哺育新生兒。引起產後腳腫的主要原因有：下肢深靜脈有血栓的形成，造成下肢靜脈回流受阻，引起下肢腫脹，壓迫神經引起疼痛。導致血栓形成的原因，是婦女懷孕後血液的黏稠度增加，造成血流速度減慢。另外，孕婦在懷孕後期，由於胎兒增大，子宮壓迫股靜脈，下肢血液回流受阻，形成血栓。

1預防

在飲食方面，盡量多吃蔬菜和水果，少吃含脂肪高的食品，同時也可多喝果汁和水，使血液中的黏稠度降低。

產前活動非常重要。產前如沒有任何不適，可適當做家務和散步，但是不宜久站，活動後可把雙腿抬起，高度是比坐位高15～30公分，有助下肢血液回流，減少栓塞形成。

產後麻醉過後，可在床上適當活動，如翻身、抬腿等。術後第2～3天，如傷口沒有滲液過多，可起床或下床活動。同時活動後，也需要把腳抬高15～30公分，有助於下肢血液回流，減少血栓的形成。

2治療

當感覺下肢有脹痛感時，應馬上告知醫生，醫生會做血液和下肢血管超音波檢查。當結果顯示是靜脈栓塞時，醫生馬上做溶栓治療。溶栓的方

法是根據出凝血時間來確定溶栓藥物的使用劑量。在治療過程中，病人絕對不能下床，只能在床上活動。一個療程9～14天，愈早治療效果愈好，下肢的腫脹會恢復愈快，但大部分病人的下肢腫脹只能恢復90%左右，以後必須長期穿醫療彈力襪來預防腫脹再次復發。如不及時治療將會造成下肢缺血壞死，甚至做下肢截肢處理。

為了減少產後出現下肢腫脹疼痛，產前和產後適當活動非常重要；因此出現下肢不適時，必須儘早到醫院就診，減少不必要的痛苦。

產褥期發燒的防治

產後發燒是大事，不要以為只是頭痛、發燒而不予重視。產婦在剛生過孩子的24小時內，可能發燒到38℃外，之後的體溫都應該是正常的。如有發燒必須查清原因，適當處置。乳脹可能發燒，但隨著乳汁排出，體溫就會下降。如果乳汁排出後仍不退燒，就可能是別的原因。

產褥期間出現發燒，首先要看發燒出現的時間。如果從產後24小時起到10天之內的發燒，應多考慮為產褥感染。因為產婦體力比平時差，又有流血，子宮口鬆，陰道內本來有的細菌或外來的細菌容易在有血時孳生，並容易上行到子宮和輸卵管。這時惡露有味，腹部有壓痛，如果不及時治療，可能轉為慢性盆腔炎，長期不癒；毒性大的細菌還可能引起危險的腹膜炎或敗血症。發燒的另一個常見原因是乳腺炎，可能發燒到39℃以上，乳房有紅腫熱痛的硬塊。一開始可行熱敷，用中藥和抗生素；如已化膿，就要行手術治療。乳腺炎往往是乳汁施出不暢，在乳腺內鬱積成塊，再加上乳頭有裂口，細菌襲入惹起的禍患。所以產前就應洗乳頭，產後要揉散奶塊，治療乳頭裂口，也可用吸奶器幫助排乳，防患於未然。此外，還常見如乳腺炎、泌尿系統感染、上呼吸道感染、產褥中暑等。所以產後一旦

發燒，就應積極找出原因，並針對病因治療。

1 乳腺炎：產褥期如果處理不當，易發生乳腺炎。急性乳腺炎多發生在產後2～6週，常引起產婦發燒，重者伴有寒顫；患側乳房表現為侷限性紅、腫、熱、痛，並有硬結，觸痛明顯；白血球數量增多，以中性粒細胞為主。早期用青黴素治療，發炎即可消退，體溫也隨之下降。

2 泌尿系統感染：也有發燒，有時伴有發冷，同時還有尿頻、尿急及腰痛等症狀，根據所出現的症狀及尿化驗檢查，即可做出診斷，經過合理治療及臥床休息，3～5天後體溫即可降至正常，尿內改變亦可消失。

3 上呼吸道感染：產婦由於分娩過度疲勞，抵抗力下降，或產後著涼、感冒容易發生上呼吸道感染。除發燒外，常伴有鼻塞、咽喉腫痛、咳嗽或呼吸困難等症狀，嚴重者也可能發生肺炎，應予相應的治療。

4 產褥中暑：多發生在夏季酷暑時節。由於氣溫高，室內又不通風，體內的熱散發不出去，表現為顏面及周身潮紅、高燒、無汗、皮膚乾燥、身上長滿痱子，重者發生昏迷。治療可立即室內通風，地上灑涼水及採取降溫措施，如用溼毛巾或酒精擦浴，輕者體溫很快即可下降，並感到舒服，病情較重或已出現昏迷時，應一邊治療，一邊送醫搶救。

產褥期發熱的各種病因根據其所表現的不同症狀、體症及實驗室檢查，不難確定診斷。如無特殊症狀，各系統檢查又未發現異常，而發熱又出現在產後10天之內則應考慮為產褥感染。

產後健美

產後運動注意事項

在6週以前的運動須遵守以下原則：

1 先確定腹直肌傷口已恢復到2指寬或縮得更小，能持續輕鬆做15次腹部收縮運動，就可以開始做仰臥起坐。如果是剖腹產者，應先做簡單運動，直到10～12週後才做進階運動。

2 使用健身器材時，不應引發疼痛、疲倦、胸部緊張感或呼吸困難，如果有上述症狀發生，應立即停止運動，或請教專業醫師。如感覺不適或身體有病痛，建議等痊癒後多休息2天才開始運動。

3 運動時感覺疲倦、肌肉持續疼痛，或運動後心跳無法恢復正常時，就是運動過度或強度過高。每週適度運動3次、每次30分鐘即可。

4 產後若覺尾椎骨不適，可以躺在毛毯、毛巾或瑜伽墊上，運動時，有疼痛感就應該停止。

產後運動正確動作要領

1 做所有站姿運動時，記住以下要領：

(1)保持上身直立。

(2)腹部收縮，骨盆向下收緊。

(3)肩膀向下並向後縮。

(4)保持膝蓋放鬆，身體不向後傾。

(5)頸部伸直，下巴微縮。

(6)正常呼吸。

2 做任何彎曲膝蓋動作時，確定膝蓋是在腳尖的正上方，眼睛可以稍看到腳尖。

3 做軀體向上時，膝蓋彎曲，腳掌貼地，腹部收緊，背部貼地。

④做任何運動時，都要收緊腹部核心肌群，維持背部平坦。進行任何頭部、頸部運動時，動作需平穩緩慢。

⑤請避免錯誤的危險動作：

(1)（危險！）頸部過於後仰、使胸口正對天花板，會對頸關節造成過大壓力。

(2)（危險！）膝蓋彎曲的角度過大，會造成膝關節壓力，正確是將大腿與地板平行，膝蓋不要超過腳尖。

(3)（危險！）做柔軟度訓練時，要注意自身體況，避免過度拉傷肌肉。例如：伸直雙腳，以手指尖碰觸腳趾時，需膝蓋微彎；膝蓋伸直易造成大腿後側肌肉拉傷。

(4)（危險！）平躺時，提起雙腳，會造成背部壓力。做仰臥起坐時，記得膝蓋彎曲，避免伸直雙腿使背部受傷。

產後不宜運動的患病者

有些疾病會影響產婦的運動能力，或使病情加重。因此患有以下疾病者不宜產後運動：

①重要臟器疾病，如嚴重心臟病、肺病、腎病、肝病等。

②內分泌及代謝性疾病，如糖尿病、甲狀腺功能亢進、高血壓、電解質紊亂、急性脂肪肝等。

③有出血傾向，如紫癜、便血、內臟出血、白血病等。

④傳染病，如開放性肺結核、重症肝炎、傷寒、痢疾等。

⑤高熱、血栓形成、哮喘等。

⑥嚴重皮膚病，化膿性疾病等。

⑦嚴重外傷、骨折、急性盲腸炎、急性腹膜炎等，及各種嚴重腫瘤。

⑧有嚴重產傷、產後感染、產後大出血、產後貧血、產後體弱者，及妊毒症產後恢復期者。

前6週訓練腹部肌肉運動

❶骨盆收縮運動：能幫助產後恢復身材、並減輕剖腹產後的疼痛。

(1)仰臥，屈膝，腳掌貼地。一隻手置於下背部，感覺背部與地面有輕微空隙。

(2)深吸氣，慢吐氣，將背部壓在手上，平貼地面，數4下放鬆，重複數次，可增強肌力。熟練後，可以坐直或站姿練習，減輕背痛；同時可練習凱格爾運動，防止腹部下垂。

❷腹部肌力運動

(1)仰臥屈膝，腳掌貼地，吐氣時，腹部收緊，做骨盆收縮運動。

(2)腹部持續緊縮，維持腳掌貼地。雙腳往兩邊移動，背部離地的同時縮緊腹部。當腹部肌肉愈來愈有力時，雙腿能張開的程度就會變大。

❸仰臥起坐

(1)仰臥屈膝，腳掌貼地。可在頭部下方置放靠枕進行。

(2)先吸氣，呼氣的同時收縮腹肌，收緊下巴，抬起頭部與肩膀，盡量離地，數4下，再慢慢放回頭部，可延長數至6～12下。

(3)注意：假如是剖腹產者，腹直肌會留下傷口，要用雙手交叉環抱腹部，做抬頭動作時，雙手盡量用力往中間拉近。

前6週訓練骨盆肌肉運動

❶收縮骨盆肌肉

(1)坐姿或躺姿，將背部往前推，會陰部向內夾緊，邊想像憋尿時的感覺、邊數4下，再仰躺放鬆全身。重複6次。

(2)每次如廁後練習，幫助骨盆肌肉收縮。產後可以盡量做，持續一段時間後，可練習在排尿中途試著暫停排尿，檢查骨盆肌肉的強度是否增加。

❷推升骨盆肌肉

首先想像骨盆肌肉有如一臺升降電梯，當繃緊背部和前側肌肉時，好像緊緊關上電梯門一樣。接著，想像把腹部推升至2樓，肌肉愈收愈緊，直到妳最大的限度為止，再慢慢放鬆；保持順暢呼吸。

愛心提示

可以在浴室鏡子或電話上，貼上自我提示貼紙；每次看到貼紙就做5～6次骨盆收縮運動。

前6週緩解背部疼痛運動

1 骨盆運動

(1)雙膝著地，雙手在肩膀的正下方支撐，背部保持平坦，收縮腹部，如發怒的貓咪拱起背部，停留數秒。接著，將頭部與背部保持一直線，放鬆並恢復姿勢。

(2)四足跪姿，保持背部平坦，低頭下巴微縮，先抬起一隻腳伸直，與背部成一條直線，再彎曲膝蓋，腳放回地板，頭回正，重複6～8次，再換腳進行。

2 環繞運動

減輕背部與肩膀肌肉的緊張，改善體態，增加上半身靈活度。

(1)站立，雙腳分開約30公分，膝蓋放鬆，身體不向後傾，臀部與腹部夾緊，舉起雙手高過耳朵，再向前、後擴胸繞圈。

(2)坐直在無靠背的坐椅上，雙腳踩地，雙手上舉，手指輕放在兩肩，兩手肘先於胸前相碰，再由上往前（或後）擴胸繞大圈，繞圈時雙手盡量貼近雙耳，身體保持直立、不拱背。順暢呼吸，重複8～10次。

3 側彎

(1)雙腳張開與肩同寬，雙手置於髖部，膝蓋放鬆。收腹部和臀部，身體重量平均分散在雙腳，吸氣，緩慢的向左側彎至最大限度，維持數秒、不可踮腳尖；吐氣，身體回正；換右側進行。

(2)坐直，雙手平放兩側。側彎時深呼吸，吐氣時恢復原姿勢，可重複8～10次。

剖腹產者的輔助運動

剖腹產後除了上述運動外，還需要做輔助運動。例如：腿部運動可促進血液循環，瑜伽橋式可強化脊柱力量，消除下背緊張感。

1 腿部運動

(1)扳推腳趾：先將腳趾頭往上扳，再往下推，左右連續交替做20次。

(2)腳踝環繞：腳踝先做順時針環繞，再做逆時針環繞。

(3)膝關節貼地：仰臥，盡量讓膝蓋後側貼於床面，再放鬆。

2 瑜伽橋式

視自身情況做簡單的瑜伽橋式動作。

(1)仰臥，肩膀放鬆，雙膝彎曲，雙腳打開與骨盆同寬，兩腳踏穩在墊子上。

(2)雙手自然置於身體兩側，手心向下。吸氣時，肚臍內縮，臀部夾緊抬起，從尾椎開始，而後骨盆、腰椎、胸椎，慢慢離開地面，直到重心放在肩膀，下巴微收，避免造成頸椎過度壓迫，停留數秒。

(3)吐氣時，從肩膀開始，將身體一節一節的放回墊子上。做4～6次。

6週後的熱身與緩和運動

運動前做熱身能讓身體準備好進入運動狀態，同時避免肌肉疲勞與受傷。即使時間不足也不可省略熱身步驟。運動後做緩和可讓運動後緊張的肌肉鬆弛，加速代謝肌肉中累積的乳酸物質。每個部位的伸展時間需維持30～60秒，可重複2～3次，做完後適當按摩，並自測脈搏檢驗恢復情況。

◎5組熱身與緩和運動

1 彎曲膝蓋

(1)雙腳開立，腳尖微向外，重心平均置於雙腳；膝蓋微彎，收臀、腹部，雙手置於髖骨，維持膝蓋在腳尖正上方，注意下蹲時膝蓋不超過腳尖，可運動到大腿肌肉。

(2)膝蓋彎曲與伸直的速度不要太快，按照本身節奏，肩膀自然放鬆、呼吸平順，重複4次。

(3)加入向上抬高膝蓋的動作，每側重複4次。

❷手臂環繞

(1)雙腳分開站立，腳尖微向外，重心平均置於雙腳，膝蓋微彎。保持臀部和腹部收緊，將左手向上並向前環繞。

(2)左手高舉過左耳，放下時膝蓋彎曲，上舉時膝蓋伸直，重複4次，再恢復原姿勢，換手進行。

愛心提示

若正值哺乳階段，運動時要穿良好的哺乳用胸罩，避免發生溢奶情況。在環繞手臂時，手臂盡量貼緊耳朵，不要讓肩膀僵硬而拱背。

❸骨盆傾斜與環繞運動

(1)雙腳開立，與肩同寬，膝蓋微彎，臀部收緊。

(2)收緊腹部，骨盆先朝前傾，再向後推，重複4次。

(3)臀部擺動順序由左向前、向右，再向後做大幅度的繞圈動作，類似搖呼拉圈動作，重複2次，再做反方向。將意念專注於擺動臀部，並保持膝蓋的彈性。

❹側彎

(1)雙腳開立，與肩同寬，膝蓋微彎，臀部收緊。

(2)雙手置於髖部，吐氣，身體向左側彎，右手臂向外延伸。

(3)吸氣，身體回到中間，反方向再做。每側重複4次。

(4)注意：身體不要向前或向後，是向側邊彎曲。

⑤膝蓋抬起

(1)雙腳開立，與肩同寬，重心平均置於雙腳，膝蓋微彎，手置髖部。

(2)抬起左膝蓋，與髖部同高，用右手肘碰觸左膝蓋，歸於原位，換腳進行，重複4次。假如有骶髂關節方面的問題，將身體的重量由一隻腳移至另一隻腳時，可能會引起疼痛，不要勉強做此動作。

◎9組伸展運動

①腓腸肌（小腿外側肌肉）伸展

雙腳開立，與肩同寬，右腳向後伸展約30公分，放在左腳後方，兩腳腳尖朝前，腹部收緊不拱背。維持右腳伸直、左膝彎曲，身體微向前傾，重心置於左腳，直到右小腿有拉長感（注意左膝在左腳尖正上方，使脛骨維持與地面垂直）。右腳跟貼地，維持數秒。

②比目魚肌（小腿後側肌肉）伸展

左腳伸直，置於右腳前方約10公分。重心置於右腳，膝蓋微彎，左腳伸直，腹部收緊不拱背，感覺小腿後側的伸展，維持數秒。

③腿後腱（大腿後側肌肉）伸展

(1)左腳朝後跨一大步，左腿伸直，髖部朝前擺正，雙手置於右大腿膝蓋上方。感覺左腿後側肌肉延展，維持數秒再換腳。兩邊重複3次。

(2)仰臥，背部貼地，雙膝彎曲，左膝抬至胸前，雙手輕輕抱住左膝後方，保持兩側臀部緊貼地面，伸展左腿，不需要完全伸直，感覺左大腿後方有點緊即可。維持6～8秒，放下左腳回復原姿，再換腳進行。

④股四頭肌（大腿前側肌肉）伸展

(1)站姿進行時：雙腳開立，與肩同寬，右小腿向後並向上抬起，用右手握住右腳踝，維持雙膝併攏、骨盆向內收，盡量將右大腿向後拉，可以感覺到右大腿前側肌肉的拉長延展，維持數秒，再換邊進行。若單腳站立很難平

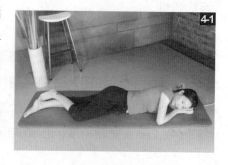

4-1

衡,可扶椅背或牆壁。

(2)仰臥進行時:身體朝左側躺,雙腳伸直,雙膝併攏,彎曲右腳。以右手捉住右腳踝,右大腿輕輕後移,與左大腿平行,直到感覺右大腿前側有伸展即可。骨盆向前不拱背,維持數秒,再翻轉至右側進行(圖4-1、4-2)。

5 **肱三頭肌伸展**:上臂後側肌肉,蝴蝶袖位置。

(1)站姿進行時:雙腳分立,與肩同寬,膝蓋放鬆,腹部與骨盆向內收緊。左手先高舉,左手肘貼緊左耳,再將手掌置於頭頸後方。用右手越過頭頂,輕拉左手肘向右側,使左手臂後側肌肉伸展,記得肩頸放鬆不拱背,維持數秒,再換手進行。

(2)坐姿進行時:雙膝交叉盤坐,腹肌收緊,背部挺直。右手越過頭部,右手肘貼緊耳朵,右手屈肘置於頭頸後方,左手越過頭部,拉右手肘輕輕向左側,感覺右手上臂肌肉的伸展。維持數秒再換邊進行。伸展時維持頭部伸直,下巴微向後縮(圖5-1、5-2)。

6 **胸大肌(穿過胸腔前方的肌肉)伸展**

雙膝交叉盤坐,腹肌收緊,背部挺直。雙手在背後十指互扣,挺胸,肩胛骨往後夾緊,感覺胸肌的張力(圖6-1、6-2)。

7 **臀大肌伸展**

(1)背部貼地,雙膝彎曲,將左腳踝橫跨於右膝。

(2)雙手置於右大腿後方,將橫跨的左腳拉近胸前,感覺左側臀部有伸

展即可，維持6～8秒，再換右腳進行，然後將雙腳踩地，身體先由仰臥改為側躺，再起身。

8 內收肌伸展

坐在椅子上，雙手置於膝蓋內側，屈肘，用力往外推，將大腿輕鬆的分開至最大限度，直到感覺大腿內側有一股拉力。維持6～8秒，隨著肌肉逐漸放鬆而拉開，不要用力過度（圖8-1、8-2）。

9 頭頸運動

(1)雙膝彎曲，腳踝交叉盤坐，雙手放鬆，置於膝蓋或大腿上，也可以置於身體兩側。頭部慢慢前點至胸前，直到感覺頸後方有拉力（圖9-1）。

(2)恢復原姿，頭部慢慢抬起，不要用力把頭部向後甩，也不要盯著正上方的天花板看，避免脊椎承受不必要的壓力。重複數次，以動作平順、和緩為要領（圖9-2）。

(3)保持上半身不動，頭部盡量向左轉；頭回正，再盡量向右轉。以平穩而溫和的節奏重複數次（圖9-3）。

(4)頭頸靠近左肩，肩膀放鬆，感覺右側頸部有股拉力即可，頭回正，再靠向右肩，各重複數次。

6週後的有氧運動

有氧運動是指運動時間30分鐘以上、任何能讓心跳加速，且氧氣吸收量充足的運動，如步行、健走、游泳、划船等，可幫助增進心血管（包括心臟、肺部與血管）健康。

無氧運動如百米衝刺賽跑、追趕公共汽車等，屬於短時間的爆發力，僅運用到身體的無氧能量系統。一般而言，需要快速全力、在幾分鐘以內的運動，屬無氧運動；速度與力道適中、時間持續較長的運動，屬有氧運動。

規律的有氧運動可強健心臟肌肉，輸送血液時更省力，健康狀況好的人心跳速率較慢，將心跳數每分鐘40～50下與每分鐘70～75下的族群相較，一天可相差36,000下，一年就相差1,300萬下，由此可見兩種心臟負荷的差別。

美國運動醫學學會（ACSM）研究指出，要維持良好的心肺功能、肌耐力等體能，個人的運動計畫必須符合下列條件才有效：

■1運動頻率：每週至少運動3～5次。

■2持久度與強度：每次心跳率達最大心跳率的60～90％，且持續20～60分鐘。最大心跳率以ACSM提出的「220－實際年齡」算式，作為個人每分鐘心跳數的限制；心跳率若超過此數值，對身體的害處將大於好處。

■3運動項目的選擇：選擇大肌群的運動項目，持久而有節奏的有氧運動。例如騎自行車，就屬於可長時間進行，並訓練大肌肉群的有氧運動。

運動時，心跳速率必須達到某種水準才有效。先以「220－實際年齡」算式，得出個人的最大心跳率，再參考下表：

例如30歲的人，運動目標是體重控制，則心跳速率應保持在（220－30）×（60～70%）＝114 ～133下／每分鐘，運動時將心跳數維持在這個運動區間，就可有效達成體重控制目標。

心跳速率	運動目標
50～60% × 最大心跳率	保持健康
60～70% × 最大心跳率	體重控制
70～80% × 最大心跳率	有氧訓練
80～100% × 最大心跳率	競賽訓練

可簡易自測脈搏，運動後立即由頸動脈或手腕脈搏測量，10或15秒後得出的心跳數分別乘以6或4，便可得出1分鐘的心跳數。可在1個月內任選5天，例如：早晨醒來即測量記錄，可追蹤體能進步情況，也評估運動量是否適合自己。

6週後的腹肌運動

做仰臥起坐抬起頭和肩膀時，要保持膝蓋彎曲、腰部與背部緊貼地面，才能運動到腹肌。

1 仰臥起坐：第1級

(1)仰臥，膝蓋彎曲，腳掌貼地。先吸氣，吐氣時收緊腹肌，腰部貼地，雙手置於兩側大腿靠近膝蓋處。

(2)收下巴，雙眼注視膝蓋，可以用一隻手支撐頭，抬起上身，在起身時不要用手拉頸部。重複6～8次，先做此動作16下，再進入第2級。

2 仰臥起坐：第2級

(1)同第1級姿勢，雙手交叉置於胸前。

(2)收下巴，雙眼注視膝蓋，如第1級動作，重複6～8次，當能夠做此動作16下，再移至第3級。

❸ 仰臥起坐：第3級

(1)背部貼地，膝蓋彎曲，雙手置於耳後，腹肌收緊。

(2)吸氣，抬起頭和肩膀，上身盡量靠近膝蓋；吐氣，慢慢回復背部貼地。重複6～8次，當能做此動作16下，再移至第4級。

❹ 仰臥起坐：第4級

(1)仰臥，背部貼地，雙手置於耳後，雙膝彎曲至胸前。

(2)兩腳踝交叉，雙腳朝天花板伸直，直到雙膝微屈於髖部上方。

(3)吸氣再吐氣，吐氣時，朝膝蓋方向抬起頭與肩膀。要確認膝蓋在髖部上方，保持背部貼地。重複6～8次，進展至能重複動作16下。完成動作後，抱著雙膝貼近胸前數秒，再放鬆，慢慢把腳置於地板，恢復原姿勢。

為了增強腹斜肌力量，可做以下練習。

❶ 對角線仰臥起坐：第1級

(1)背部與腳掌貼地，膝蓋彎曲，先深吸氣，吐氣時，收腹肌，背部緊壓在地面。

(2)收下巴，抬起右手穿過左大腿，盡量向外伸，伸至左膝外側。再回到準備動作，換邊進行。兩邊各做6～8次，當可以重複此動作16次時，再移至下一級。

❷ 對角線仰臥起坐：第2級

(1)背部貼地，膝蓋彎曲，右腳踝橫跨於左膝上，維持此姿勢，並將雙手置於耳後。

(2)深吸氣，吐氣時收緊腹肌，將頭與肩膀抬離地面，左手肘朝右膝方向移，右手肘貼地。重複6～8次，換邊進行。能做此動作16下，再進入下一級。

❸ 對角線仰臥起坐：第3級

(1)背部貼地，雙膝彎曲，雙手置於耳後。收下巴，腹肌收緊。

(2)彎曲右膝貼近胸口，同時頭部與肩膀離開地面，用左手肘碰觸右膝。重複6～8次，換邊進行。

4對角線仰臥起坐：第4級

(1)背部貼地，雙膝彎曲貼近胸口，腳踝相交，雙腳朝天花板伸直，直到位於髖部正上方，雙膝微彎並分開。

(2)雙手置於耳後，收下巴。吸氣再吐氣，收緊腹部，抬起頭與肩膀，讓左手肘碰觸膝蓋，慢慢回到地板，再換右手肘碰觸膝蓋。各做6～8次，回復原姿勢時，要慢慢放下雙腳。

(3)可以和寶寶一起進行這組動作。媽媽保持坐姿，彎曲膝蓋，腳掌貼地。寶寶坐穩在媽媽的腹部，背靠著媽媽的大腿，母子兩人對視。媽媽吸氣再吐氣，保持腹肌平穩收緊，再放鬆並慢慢將身體回復成平躺姿勢，可多次練習，重複6～8次。

6週後的上半身運動

隨著寶寶成長，媽媽需要更有力才能輕鬆帶著寶寶。手臂後方的肱三頭肌，因很少使用而容易變成蝴蝶袖，可以做以下的動作增強肌群。

1伏地挺身

(1)兩腳跪地，雙膝支撐臀部；手掌貼地支撐肩膀。收小腹，保持背部平直（圖1-1）。

(2)屈肘，使上半身靠近地板，再伸直回復原先姿勢，重複6～8次，進步至可以做此動作16次時，開始做下一級。

2進階伏地挺身

(1)預備動作同伏地挺身。

(2)臉部朝下，雙手在肩膀下方貼地，彎曲膝蓋（圖2-1）。

(3)身體向上推，大腿離開地面，讓身體由膝蓋至肩膀成一直線。過程中維持收小腹、背部平直，同時臀部收緊，兩腿用力併攏。

(4)屈肘，使身體貼近地面，重複6～8次，可進展至16次。如果無法重複此動作6次，或者身體很難貼近地面，先不要勉強做動作。

注意事項

做伏地挺身運動時，運動部位應在手肘而非腰部。肘關節與肩膀關節不會感到不適。

3 消除蝴蝶袖

(1)坐在地上，彎曲膝蓋，腳掌貼地，手掌置於身後支撐，手指朝前。保持肘關節微彎的彈性。

(2)吸氣，擴胸，肩胛骨盡量向後夾緊；吐氣，屈肘，降低身體盡量靠近地板，重複6～15次。

6週後的腿部運動

可增強臀部外側與大腿肌群。

1 外轉肌的上提：第1級

(1)雙腳站立併攏，左手扶著椅背，維持髖部朝前，雙腳平行。提起右腳，右膝向後彎曲，盡量朝外側伸。

(2)這動作同時運動到兩邊大腿的外轉肌。右大腿的外轉肌為動態運動，左大腿為靜態運動，保持與地面呈水平，同一腳做6～8次，先繼續做以下運動，再換邊進行。

2 股四頭肌下蹲運動：站立椅子旁，兩手扶著椅背，雙腳分立約60公分，背部平直，雙膝彎曲，如坐椅子般半蹲即可，不需完全蹲坐，停約數秒，恢復站姿，可做6～8次（下頁圖2-1、2-2）。

3 腿後腱的彎曲：第1級

(1)雙腳分立，與肩同寬，面對椅子，雙手置於椅背。保持骨盆居中，重

心置於雙手和右腳，將左腳腳尖盡量往後伸，腳尖點地。

(2)左腳不動，先屈膝再伸直，運動到臀大肌與腿後腱肌群（在左大腿後側的肌肉）。重複6～8次，換腳進行。

4 外轉肌的上提：第2級

(1)身體朝右側躺，右手屈肘，以手掌支撐頭，髖骨朝前。左側臀部在右側臀部的正上方，收縮腹肌，使身體從頭到腳成一直線。

(2)彎曲右膝，左手置於胸前地板，以保持身體穩定。儘量抬起左腳至最大幅度，再慢慢收回。

(3)保持左臀收緊、髖部朝前的姿勢，重複6～8次，可進展至16次，稍作休息，再換左側進行。

5 臀大肌與腿後腱運動：第1級

(1)背部貼地，膝蓋彎曲，兩腳踏穩，微微分開。

(2)吸氣再吐氣，吐氣時收縮腹部，使背部貼緊地面，將臀部緊壓併攏再放鬆。重複6～8次，再進展至16次。這動作運動到大腿後側、臀部、大腿與骨盆肌肉。

6 瑜伽橋式動作：第2級

(1)背部貼地，膝蓋彎曲，兩腳踏穩，微微分開（圖6-1）。

(2)吸氣再吐氣，吐氣時收縮腹部，使背部貼緊地面，先緊壓併攏臀部，再將臀部上抬，離開地面數寸，放鬆恢復原姿。重複6～8次，可做16次（圖6-2）。

7 臀部與內收肌群變化動作

與前面橋式動作一樣，唯臀部在壓縮和上提時，兩手壓著大腿，以運

動內側肌肉；放下臀部時，兩手放鬆，大腿分開。重複6～8次，可進展至16次。練習在收腹提臀、壓緊大腿內側併攏的同時，順勢將骨盆肌向上推，持續數秒，再放鬆恢復仰臥姿勢（圖7-1）。

8 內收肌的上提：第2級

朝右側躺，以右手掌支撐頭部，從頭到腳成一直線。彎曲左膝、擺在右腳前，將左小腿貼地，右腳踝朝著天花板微微向上。舉起右腳，離開地面數公分，再慢慢放下。有韻律的重複將腳上提與放下動作6～8次，能夠連續做16次時，再做下一級動作。

6週後的背部運動

由於直立的豎脊肌分布於背部，與腹肌相連，有助人體維持良好姿勢。

1 貓拱背：第1級

(1)四足跪姿，雙手在肩膀正下方，雙膝分開約一個拳頭寬，支撐臀部（圖1-1）。

(2)吸氣時，腰沉胸開，吐氣時，收縮腹肌，收下巴，頭往胸部靠近，背部拱起有如貓兒拱背一樣，再放鬆，抬頭恢復原姿（下頁圖1-2）。

(3)拱背時運動到腹肌，抬頭時運動到脊髓肌。按本身節奏重複6～8次，可

進展至16次。

2 瑜伽貓牛式：第2級

(1)四足跪姿，以雙手支撐肩膀，雙膝微分開，支撐臀部。

(2)收下巴，低頭朝向胸部，拱背，彎曲左膝向前，盡量碰觸額頭（圖2-1）。停約數秒，抬頭，腰沉胸開，保持臀部位置不往上翹，向後伸直左腳（圖2-2）。

(3)做此動作時，以緩慢節奏伸展，避免腳抬太高或過度拱背。重複6～8次，再換腳進行，或者兩腳交替進行各做8次。

3 頸部的豎脊肌運動：第2級

(1)俯臥，臉部朝下，前額貼地，雙手置於肩膀兩旁，兩手肘朝身體收緊。

(2)雙手支撐，微抬起頭與肩膀，離地約25公分，保持髖部貼地，背部沒有疼痛或拉傷感。重複6～8次，記得中間要有短暫休息。

4 腰胸的豎脊肌運動：第3級

(1)俯臥，臉部朝下，前額貼地，雙手置於背後，十指互扣。

(2)吸氣再吐氣，吐氣時，將頭與肩膀抬離地面，雙手盡量向後拉，將肩胛骨夾緊。

暢順乳汁健美操

1 靠牆站立，雙手上舉，盡量延伸，再輕輕放下，腳跟不可抬起。

②雙手握拳，左右手輪流往前擊出，當手往後拉回的瞬間，乳房會感到有點緊迫，幫助乳汁通暢。

③雙手左右平舉，與肩成一直線，輕輕擺動手與脖子關節。

 愛 心 提 示

以上的健美操，要在沒有漲奶時做；如果漲奶會疼痛，就無法進行。

胸部健美操

① 吸氣，雙手屈肘往兩側平行打開，吐氣時，邊想像正前方有棵樹，手肘朝胸前做擠壓樹幹的動作。

② 累時可將胳膊高抬，雙手舉至頭頂稍作休息，做10次即可。

③這個擴胸動作隨時隨處皆宜，手中的擠壓物可以用毛巾、水瓶代替，或者手掌撐地、撐牆、舉書籍也可擴展胸肌。

塑腰纖體操

①兩腳跪地或坐在椅上，雙手撐在後腰，吐氣時運用腰部力量向左扭轉，吸氣時回復，吐氣時再換向右扭轉。左右各進行數次。

②雙手與肩同高，朝前伸直，微側身向左右扭轉，保持手臂與地板平行。回轉1次約2～3秒，左右各反覆數次。

緊實翹臀操

①站姿時夾緊臀部，坐姿時挺胸收腹，腳尖抬起向內勾，直到臀部肌肉有感覺。

②雙手叉腰，前弓箭步向下壓腿，可增強臀肌彈性。

③後踢腿可使臀部緊實。後踢時，雙手扶住椅背，支撐的腳微屈膝，

上身保持不動，腰部放鬆，單腳向後踢。

腿部健美操

1踢腿：站立，腳向前、向後、側邊踢及來回擺動各10次。

2空中踩腳踏車：仰臥，屈膝，腿用力蹬直，再屈膝回轉，連續1分鐘。

3側臥舉腿：側躺，在上面的腳抬起，腳尖勾，盡量抬高成90度，落下，重複20次。換邊做相同動作。

4碰腳尖：座姿，先彎曲右膝蓋，將右腳踝放在左大腿上或靠近左大腿，向前俯身，儘量用手觸碰伸直的左腳趾尖，約停數秒後，回復坐姿；再換腳進行。或者將雙腳向前伸直，上身前俯，用雙手觸碰趾尖（圖4-1、4-2）。

產後運動傷害的處理

任何在緊急救助後無法快速恢復的傷害，應該儘速就醫。包括肌肉拉傷、裂傷、直接重擊、關節韌帶受傷、腳踝扭傷。受傷時，不要緊張，應立即停止動作，對於輕微腫脹與淤血部位，可以採取緊急處理方式R.I.C.E：

1 R＝rest（休息，不隨便移動）

2 I＝ice（冰敷，每次10~15分鐘，反覆實施）

3 C＝compression（壓迫，仔細觀察，避免過度壓迫）

4 E＝elevation（抬高，患部必須高於心臟）

休息，即在治療期間，暫時不要使用肢體1～2天。冰敷，可以減輕疼痛，減緩血液流動，降低受傷部位的腫脹。壓迫，是用彈性紗布或繃帶縛住受傷部位。抬高，是讓受傷肢體抬高於心臟部位，減緩血液流動來減輕腫脹。在扭傷24小時後，可用熱毛巾、熱水袋熱敷或用熱水浸泡傷處，輕輕按摩後貼止痛膏，或用外傷藥。

愛心提示

局部受傷時，其他部位的肌肉也要繼續活動，以利於恢復，經過妥善治療約1週可痊癒。如果出現劇烈疼痛、腫脹、皮下出血等情況時，應就醫處理。

產後腹痛的按摩

產婦分娩後的腹痛，大多由子宮收縮、痙攣造成，呈陣發性，一般在產後3～4天會自然消失，不需治療。但過後仍未減輕者，應積極治療，以免惡露誘發感染、發燒。中醫認為，可用推拿調養血氣、通絡止痛，方法如下：

1️⃣仰臥，一手掌置肚臍上，一手掌靠近恥骨，隨著呼吸，做輕重適度的按撫2～3分鐘。

2️⃣用手掌順時針按摩腹部3～5分鐘。

3️⃣用拇指按揉關元穴〔肚臍下正中約3寸（同身寸）處〕1～3分鐘。

4️⃣手掌豎起，用拳根推擦腹股溝1～3分鐘。

5️⃣用拇指按揉雙腳的足三里穴3分鐘。

6️⃣用拇指按揉小腿上的三陰交穴2分鐘。

7️⃣俯臥，用雙手揉腰骶部2分鐘，揉搓腰骶部應有溫熱感透入腹部。

8️⃣叩擊腰部1～2分鐘，還可做空中踩腳踏車運動1～2分鐘。

愛心提示

產後按摩注意事項

(1)注意衛生：按摩的人（產婦或家屬）手要清潔，指甲剪短。

(2)體位舒適牢靠：不要因為按摩而造成更疲勞或發生傷害。

(3)力量由輕到重：不能突然用力，多詢問對方感覺，以便及時調整力道。

(4)按摩部位由大範圍開始：逐步尋找最酸感部位，有嚴重傷病的地方，不要輕
　　易按摩，須有醫生指導。

產後痔瘡的按摩

　　痔瘡就是直腸下端、肛管和肛門緣靜脈叢擴張和彎曲所形成的靜脈團。多因懷孕時子宮壓迫靜脈形成瘀血，或分娩時用力引起血管壁損傷，或出現便祕後用力解便，導致腹壓增高，都會加重痔瘡。

　　產後多數不適感會逐漸消除，若病情加重，出現肛門紅腫、疼痛、下墜，不敢排便、或便時出血等惡性循環時，須積極治療。或用按摩方法：

　　1仰臥，按摩腹部，以肚臍為中心，逆時針環旋，緩慢按摩5分鐘，再用手掌從下腹向上，邊振顫邊推動，緩慢推移至肚臍為止。做10次。

　　2仰臥，用手在肚臍兩側做拿揉的動作，柔和而緩慢的提拿，持續片刻再鬆手。反覆操作10次。

　　3用拇指按揉兩腳足三里、陽陵泉各1分鐘。

　　4俯臥，在腰部用力向兩側分推20次，在骶部橫向按摩，以有溫熱感入內為佳，再揉肛門附近的長強穴1分鐘。

　　5坐姿，提肛，用拇指揉頭頂最高處的百會穴3～5分鐘。

抓住產後身體保健關鍵期

1產後是改變體型的重要時期

　　女性在一生中有3次改善體質的重要機會。第1次是成年前的初經來潮

時；第2次是妊娠期、產前、產後或流產後，特別應重視產後的養生；第3次則是停經期。對於初為人母的女性，請把握產後關鍵期來恢復風采。

2 持續做產後健美操

產後1週開始做保健操，先從慢動作開始，視身體狀況再調整進度。以下動作供參考：

(1)坐姿，兩膝一分一合。

(2)坐姿，右手上舉過頭後，左手觸右腳尖，交換做幾次。

(3)側臥，一腳伸直，另一腳屈膝靠近胸前幾次，然後轉向另一側進行。

(4)仰臥，兩腳像踩腳踏車般蹬轉幾圈。

(5)仰臥起坐10次。

(6)仰臥，做腹式深呼吸，間做提肛10次。

除了做操外，產後24小時可下床輕鬆走動、如廁，從產後第5天起，可嘗試簡單家務。

3 飲食調節

產後哺乳婦女，除了本身需要營養修復身體外，還要為寶寶哺乳。所以，應以均衡飲食為基礎，除了增加500大卡熱量外，蛋白質、鐵、鈣、維生素均能增加奶量，提供寶寶充足營養。

減肥不當易傷及元氣

中醫認為，過分節食或不當減肥，會影響脾胃功能，導致氣血不足，而引發月經過少、月經失調症狀。現代醫學也認為，過分節食減肥會使營養攝取減少，造成消化吸收障礙，導致人體缺乏必需的營養而貧血，引起月經失調。

如果減肥時出現精神倦怠、體虛乏力、食欲不振、大便溏薄等症狀，表示這種減肥方式已經傷及元氣。如果平常規則的月經忽然週期延長、經量減少，即是月經失調將發生的警訊，應調整飲食，增加蛋白質及維生素

的攝取，並就醫調經，以免後患無窮，因小失大。

判斷自己的肥胖程度

分級	身體質量指數(BMI)
體重過輕	BMI＜18.5
正常範圍	18.5≦BMI＜24
異常範圍(過重)	24≦BMI＜27
輕度肥胖	27≦BMI＜30
中度肥胖	30≦BMI＜35
重度肥胖	BMI≧35

資料來源：台灣國健署／肥胖及體重控制

最早的標準體重公式：成人標準體重（公斤）＝身高（公分）－100。

目前誤差更小的方法，是用身體質量指數（BMI）＝體重（公斤）÷身高2（公尺）。依照衛生署公告之「肥胖及體重控制」，

成人的體重分級與標準如上圖：

肥胖的定義是指體內脂肪過量。以體重為基準，正常體脂肪含量：男性為12～20％、女性為20～30％，過低則不利健康，女性會有停經症狀，成年女性體脂肪含量的正常範圍是20～25％。

由於肌肉的密度（1.1）比脂肪的密度（0.9）大，如果經過運動訓練讓肌肉發達、脂肪變少，體重不一定會下降，但體脂肪會逐步達到標準。建議產婦可以根據體重、體脂標準，確定自己的運動計畫和恢復身材的目標。

中醫防治黑眼圈方法

中醫有五臟配五色的理論，產生五色主病的望診方法：黑色屬腎，性寒，因此眼眶有黑暈與腎虛有關。常見原因有：

❶先天身體虛弱，內臟功能不佳。

❷工作或學習過度勞累。

❸情緒不穩、憂鬱不舒、精神委靡、睡眠不足、陰血暗耗。

❹疾病致腎精受損。

出現黑眼圈時，可用下列方法改善：

❶勞逸結合，每天至少7小時的休息。

❷情緒安定，學習自我放鬆。

❸生病須及時就醫治療。

❹可採用食療或藥療，需注意區分腎陰虛或腎陽虛的不同。

腎陰虛可以多吃黑木耳、黑芝麻、核桃、海參、花膠等進行食補，藥材則常用何首烏、旱蓮草、芡實等；成藥可用龜鹿補腎口服液（膠）、滋腎寧神丸、大補陰丸、知柏地黃丸、左歸丸、六味地黃丸。

腎陽虛者食療可用冬蟲夏草湯、燉鹿茸、雞子酒等；藥療可用右歸丸、附桂八味丸、壯腰健腎丸、十全大補丸。

消除黃褐斑的食物

產後由於體內代謝變化，雌激素、黃體酮濃度升高，促使皮膚黑色素細胞色素沉澱，形成黃褐斑，又稱蝴蝶斑。中醫認為，滋陰補腎、舒肝理氣、健脾補氣血的食物有助於產後護膚、清除黃褐斑、減少脫髮。常用食物如下：

❶薏仁、秋葵：含植物膠原蛋白，是皮膚細胞生長的主要原料，使皮膚細嫩。

❷冬瓜子、絲瓜：含多種酵素，可分解黑色素，使皮膚變白。

③番茄：含豐富的谷胱甘肽，可抑制酪胺酸活性，幫助色素消退。

④黑芝麻、松子仁：含豐富維生素E，可防止皮膚氧化。

⑤富含維生素C的蔬果：花椰菜、青辣椒、奇異果、紅棗、山楂、檸檬、柑橘等。

雀斑的治療

雀斑常有遺傳因素，或者產後雀斑顏色變深。目前治療雀斑以雷射為主，但採取預防和治療措施還是有一定的效果。例如：夏季外出時，戴帽或拿遮陽傘，避免陽光對皮膚直接照曬。正確使用防曬乳液也可降低雀斑的增加或變深。

愛心提示

平常以深色陽傘、草帽作為遮陽工具，多吃含維生素C豐富的蔬果，如彩椒、花椰菜、苦瓜、油菜、高麗菜、番茄、鮮棗、山楂、柑橘、草莓等，或服用維生素C片劑，每日3次，每次100～200毫克。

蝴蝶斑的治療

蝴蝶斑又稱為肝斑、孕斑，經適當治療可有效改善。

①抹外用擦劑

目前外用擦劑，有所謂的三合一治療（類固醇、對苯二酚、外用A酸），或用其他美白成分，如麴酸、熊果素、傳明酸等。

②雷射治療

目前有多種不同波長的雷射或脈衝光可治療蝴蝶斑，治療效果可改善現況，不代表可以完全根治。

過敏性皮膚保養

過敏性皮膚容易對某些化妝品產生不適反應，產婦表現尤其明顯，需要保養護理：

1 產後初次使用化妝品，應先進行試驗，可以在手背或耳後塗少量化妝品，如無不適再使用。

2 不用含香料過多及酸鹼過度的護膚品。

3 用溫和洗面乳洗臉，水溫適中。

4 擦防曬乳防曬，並多補充肌膚水分。

5 多吃蔬果，均衡補充營養。

6 充足睡眠，有助修復肌膚，改善循環。

食療消除皺紋

嘗試飲食療法可幫助妳變得更年輕。

(1)富含硫酸軟骨素食物，可增加肌膚彈力纖維。如雞皮、鮭魚頭。

(2)富含核酸食物，能延緩衰老、健膚美容。如魚、動物肝臟、酵母菌、蘑菇、木耳及花粉等，同時服用維生素C或蔬果，更有助核酸的吸收。

(3)膠質能改善皮膚涵水功能，恢復細胞活力。

按摩消除皺紋

1 前額按摩

兩手四指併攏，手指向上，用指腹從眉頭上方開始，向上輕推至前髮際，重複10次。

2 眼周按摩

(1)用雙手食指指腹按於雙眼內角的睛明穴、眼眶下承泣穴、雙眼外角的瞳子穴，各部位每秒按壓1次，共按壓5次後閉上雙眼，可重複10次。

(2)兩手食指指腹沿眼眶周圍做小幅度按揉，共按揉5圈。

3 身體按摩

用手指推擦、按揉或用毛刷，按摩膝以下足三陰經（脾經、肝經、腎經）線，由上而下進行5遍，並按揉三陰交和血海穴各30秒。

上述按摩可預防和延緩臉部皺紋出現。搭配平時的正確保養，可防止肌膚提早老化，留住青春。

按摩治療臉色晦暗

產褥期沒有好好休養，產婦的臉色容易晦暗、無光，需要按摩、休息來恢復神采。

1 兩手掌貼於臉部，做上下往返推摩，如洗臉狀，共10～20次。

2 用拇指指端按揉背部肺俞、脾俞、胃俞、腎俞穴各30秒。

3 按揉足三里、三陰交各1分鐘。

4 雙手四指併攏，用指腹輕輕拍打額頭和臉頰1～2分鐘。

按摩治療臉色蒼白

臉色蒼白者，需加強營養，還可用以下按摩方法：

1 同上 1，按摩臉部10～20次。

2 掌摩腹部，手法宜緩慢，順時針方向輕摩10～15分鐘。

3 用拇指按揉背部脾俞、胃俞、肝俞、腎俞穴，每穴30秒。

4 按揉足三里、三陰交各1分鐘。

保持雙頰紅潤

紅潤的臉頰使女人更添姿色嫵媚，白裡透紅就是最自然美的容顏。

膠原蛋白可保持微血管的通透、增加血管壁彈性，又能修補肌膚。此外，注意補充含鐵豐富的食物：蛋黃、黑木耳、菠菜、小米、紅棗、紫葡

萄、蘋果、櫻桃，並搭配含有維生素C的食物，可提高鐵的吸收率：如芭樂、柑橘類、深綠色蔬菜。含銅豐富的食物也參與人體的造血功能，幫助鐵的吸收利用：有芝麻、大豆、馬鈴薯、芹菜。

隨著年齡漸增，人體骨髓的造血功能會減退，若能強化造血功能，也能使臉頰保持紅潤，需多補充富含骨膠原的食物。判斷骨髓健康的簡易方法是觀察頭髮、皮膚和指甲，若頭髮脫落、指甲長得慢、身上出現斑點、經常感冒咳嗽等，可能是骨髓功能衰退的現象。

愛心提示

維生素C能使皮膚白淨、轉化膠原蛋白合成，還能促進腸道對鐵的吸收，在飲食中加入50毫克的維生素C，便能將鐵的吸收率提高3～5倍。

養血調經與美容

月經是女性健康的指標，因為女性的雌激素和孕激素分泌量，會隨年齡和婚育發生變化。如在排卵期前後和月經經期前，女性體內的性激素較多，就顯得格外動人。女性18～35歲的肌膚是一生中最柔潤細膩的時期，這時的性激素分泌旺盛，如有月經失調情況，應進行調經與養血，有益健康與常保美貌。

傳統中醫調經有女金丹、人參養榮丸、八珍益母丸、烏雞白鳳丸、安神贊育丸等。須知，女性在「經、孕、產、乳」四個時期，容易耗血和失血，若不善養，很容易出現臉色萎黃、脣甲蒼白、膚澀髮枯、頭暈眼花、心悸失眠等血虛證。嚴重貧血者，因各器官組織功能減弱，將過早出現皺紋、白髮，走路無力。所以，若欲容貌健美、肌膚柔潤，更應注意養血。

蔬菜美容

1 黃瓜

黃瓜含水分96％、豐富的維生素和鉀、鈣、磷、鐵、纖維素，能促進腸道排泄，抑制醣類轉化成脂肪。黃瓜可生吃、涼拌、打汁飲用，或切成薄片敷臉。

2 番茄

番茄營養豐富，可鮮食、沾梅粉、烹調，由於有機酸的保護，烹調時維生素C流失較少。常吃能美容、生津止渴、開胃消炎。

3 胡蘿蔔

胡蘿蔔含有微量元素鐵、鈷，幫助人體造血，對產後貧血患者、哺乳婦女、想改善乾性肌膚者是理想食品。

4 苦瓜

每100公克苦瓜含維生素C19毫克，是水梨5毫克的4倍，蘋果2毫克的10倍。豐富的維生素C能增強免疫力與肌膚活力。苦瓜富含奎寧精，有利於皮膚新生和傷口癒合，可將苦瓜切片擠出汁液後炒食，以減少苦味。

5 絲瓜

絲瓜，可食用、藥用、美容，絲瓜水有助消除皺紋。絲瓜的絲絡、絲瓜子都能入藥，可治療熱病煩渴、咳喘、痔瘡、白帶及乳汁不通。

6 冬瓜

冬瓜絕大部分是水分，不含脂肪，可減肥輕身。夏天常吃可利尿去溼、防暑除煩。

7 扁豆

扁豆中的銅、鋅、半乳糖、胡蘿蔔素、維生素B_2、C等，都可護膚美膚，清肝明目。鋅與銅可保持皮膚彈性潤澤。

8 蓮藕

生蓮藕能涼血止血、清熱潤膚，熟蓮藕可健脾胃、補血澤膚。夏天可取鮮藕切片，加醋、麻油及適量鹽，涼拌為消暑生津的護膚食品。

9 芋芴

芋艿，就是小芋頭，可以治療皮膚病，使皮膚光潔。還可輔助治療慢性腎炎、產後子宮脫垂、惡露排出不暢、痔瘡、淋巴結腫大、乳腺炎等病症。芋艿不能生吃，也不宜多食；吃多熟芋艿會悶氣，產後脾胃功能還不太好，不能多吃。

⑩菠菜

菠菜補血潤膚，尤適用於缺鐵性貧血的產婦食用，還有輔助治療糖尿病、夜盲症、便祕、便血等。

⑪大白菜

大白菜含胡蘿蔔素、維生素B_1、B_2、C、菸鹼酸、鉀、鈣、磷、蛋白質、糖類、脂肪等。可增加皮膚光潔度、延緩皺紋產生。

⑫芹菜

芹菜美容潤膚，還可治療月經不調、白帶過多，及輔助治療高血壓、膀胱炎、糖尿病、性冷感、黃疸型肝炎、產後腹痛等。

水果美容

①蘋果

蘋果味甘、酸，性平，可補心益氣、和血潤肝，是輕度貧血者的首選。肥胖體型、膽固醇過高及高血壓的產婦，可每日吃蘋果。胃酸過少及慢性胃炎者，在用餐前後各吃半顆蘋果，可改善病症。

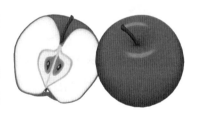

②檸檬

檸檬含有大量的維生素A、C、D和B群，維生素C最多，有27毫克。檸檬能增加血管壁彈性，皮膚新陳代謝旺盛，變得光滑細膩。可將檸檬榨汁，加入少量糖或蜂蜜，用溫開水沖服，每日1～2次。

③紅棗

紅棗含豐富維生素C，是生肌長肉、潤膚悅顏的佳品，長期食用可使

皮膚紅潤、保護肝臟，降低膽固醇。

4 葡萄

葡萄對體型瘦弱、伴有貧血、胃下垂的產婦具有很好的健身作用，可用於治療氣血虛弱、肺虛咳嗽、風溼骨痛、心悸盜汗、小便不利、面黃肌瘦、慢性胃炎、風溼性關節炎等。可每日於飯後吃新鮮葡萄、葡萄乾。

5 芒果

芒果性涼，味甘、酸，有生津解渴、和血潤膚、益胃止嘔、清熱利咽及止眩暈等功用。芒果鮮食遇有酸味時，可加入少許鹽，以中和酸味，是夏日降溫去暑的佳品。

6 櫻桃

櫻桃含有豐富鐵質，可補血益顏、健脾和胃、滋肝養腎、生精止瀉、祛風除溼等功效。除熱病者外，任何體型者都可食用。經期過後吃些櫻桃，可及時補充月經期間失去的血液，可治缺鐵性貧血。

7 草莓

新鮮草莓和草莓製品（如草莓醬、草莓果汁），可護膚美顏、增加食欲、降低膽固醇、通便補血、除煩解渴、止咳化痰。常吃可延緩皮膚衰老，益壽養顏。

8 椰子

椰汁與椰肉味甘、性平，常吃使人臉色紅豔，幫助胃腸吸收消化，增強免疫力。脾胃功能差、腎炎水腫者，最適宜選食椰汁，每日早、中、晚各飲1杯，有強心利尿作用，可減輕妊娠期遺留的水腫症狀。

9 柚子

柚子拌沙拉、打汁、入菜皆宜，柚肉中含豐富維生素C，可降血脂、降血糖、減肥、美膚養容。對高血壓、糖尿病、心血管硬化等疾病有輔助治療作用，對肥胖者有健體養顏功能。

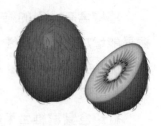

10 奇異果

奇異果味甘、酸，性寒，可解熱除煩、駐顏防衰，有烏髮、抗皺及促進肝細胞再生功能，輔助治療急、慢性肝炎。產婦常服奇異果粥，可養生保健及護膚益顏。

⑪西瓜

西瓜味甘、性寒，有清熱解暑、通利小便、輕身益顏功效，亦可治療腎炎水腫、咽炎、高血壓等病症，對產後恢復極有幫助。想保護肌膚、體型較胖者，可每日取西瓜皮30～40公克，加水煎服。服用西瓜皮水可以潤澤皮膚，保持紅潤細嫩。

⑫桂圓

桂圓肉味甘、性溫，可用於潤肌美顏及治療氣血雙虧、心脾兩虛、失眠健忘、白髮脫髮、產後浮腫。

身體虛弱、產後貧血者，可取桂圓乾12克，紅棗10顆，花生15克，糯米50克，紅糖適量，熬成粥，早晚各服1次。

頭髮早白、脫髮有虛證者，可取桂圓肉10克，黑木耳5克，加冰糖適量，煨湯，每日1次。

心悸怔忡、心血不足、失眠多夢致面容削瘦者，每日可取新鮮桂圓50克，或以桂圓乾15克水煎，當茶飲。

桂圓性溫，多食易生內熱，故一次不宜多食。素有痰火及溼滯者、性欲功能強者，忌食；體壯者，最好不吃。

⑬荔枝

荔枝味甘、性溫，有補益氣血、豐肌澤膚功效。用於治療產後津液不足、脾虛泄瀉、產後血虧、健忘失眠諸症。

腰膝酸痛、失眠健忘、體瘦膚黑者，可取荔枝乾（連殼）10粒，五味子10克，金櫻子15克，水煎服，每日1劑。

皮膚粗糙、體質瘦弱者，可常吃荔枝粥（蓬萊米），每日取荔枝10粒（去殼）、蓬萊米50克、紅糖適量，熬粥，當早餐。

產後貧血、臉色無華、體質瘦弱者,可取荔枝乾10粒、紅棗12顆,水煎服,每日1劑,15劑為1療程,間隔10天後可以接著服用下一療程。

身體健康欲使皮膚更紅潤細嫩的產婦,可每日取荔枝乾(去殼)6粒,用沸水沖泡,當茶飲,每日1劑。

飲料美容

1 蜂蜜

蜂蜜中含有60多種有機和無機成分,主要成分是醣類,還有豐富的維生素、酶、胺基酸、激素等成分,可營養皮膚,促進皮膚組織再生。可取蜂蜜和醋各1~2湯匙,溫開水沖服,每日2~3次。

2 牛奶

牛奶含蛋白質、磷脂、乳糖、維生素A、B_1、B_2、C、D、鈣、磷及8種人體必需胺基酸。其中所含的賴胺酸和蛋胺酸是植物食品中所缺少的,可延緩衰老、豐肌美顏。

牛奶中所含的乳糖可分解為葡萄糖和半乳糖,而半乳糖是最容易被人體吸收的單糖,有促進人體對鈣的吸收作用,對腦髓神經的形成與發展有助益,利於皮膚發育。孕婦適當喝牛奶,所生的寶寶皮膚會更白嫩。

3 優酪乳

優酪乳含糖量低,保存了鮮奶的營養素,其乳酸跟鈣質的吸收率也比鮮奶高,長期飲用可以預防癌症、腦溢血、心臟病、高血壓,還可潤膚美容、明目固齒、健髮。

優酪乳特別可強化維生素B群、A、C,降低皮膚中黑色素的生成,使產婦皮膚白皙健美。過期或喝剩的優酪乳可均勻塗抹在乾淨的臉上,10~20分鐘後洗淨,皮膚會變得柔嫩光澤。

4 母奶

母奶是所有食品中營養素最全面、最易被人體所吸收的健身養顏品。

母奶性平、味甘,可補氣益血、延年防老。富含的蛋白質,約2/3為

乳白蛋白，最易被胃腸所吸收。必需胺基酸與必需脂肪酸均多，可營養大腦、潤澤皮膚。

母奶中的礦物質比例適當，利於吸收，且養膚作用較牛奶好。此外，母奶特別含有一種分泌型免疫球蛋白A的物質，能保護胃腸，抑制病菌。產婦在哺乳之餘，不妨自己擠取一些嘗試美容健體。

其他美容食品

1 銀耳

銀耳又名白木耳，含有大量的蛋白質、脂肪、碳水化合物、維生素A、C、D、E、B群，及礦物質、鈣、鎂、磷、鐵等。可滋陰潤肺、養氣血、補腦提神及潤澤肌膚。常見銀耳食用法如下：

(1)銀耳紅棗湯：銀耳10～15克，紅棗10顆。小火煎熬半小時，加適量的糖服用。隔日1次。

(2)銀耳枸杞湯：銀耳10～15克，枸杞25克。小火煎半小時，加適量糖服用。隔日1次。

2 花生

花生營養價值勝於五穀雜糧，從主要營養成分來看，花生的蛋白質、鈣、磷、維生素B_2等含量均比奶、肉、蛋類高，且富含不飽和脂肪酸與各種維生素（A、E、K、B群等）、卵磷脂、蛋白質、胺基酸等，常食花生可健膚，令人容光煥發，但需注意不要吃發黴的花生，由於含有黃麴黴毒素，會導致肝癌。

3 核桃

核桃又名胡桃，其中含多價不飽和脂肪酸、大量蛋白質、微量元素及維生素。常吃核桃，能治療神經衰弱、消化不良，對皮膚病，皮膚早衰、脫髮和白髮也有療效。但需注意核桃屬溫性，能促陰血，所以陰虛煩躁、身體易出血的產褥期前幾天，不能多吃核桃；稀便、腹瀉時忌食。

4 芝麻

芝麻有黑芝麻、白芝麻，兩者性質基本相同。芝麻味甘、性平，可補血、潤腸、生津、通乳、養血、養髮，對於因肝腎精血不足而引起的身體虛弱、眩暈無力、黑髮早白、腰膝酸軟、腸燥便祕、皮膚枯燥有療效。尤其芝麻的含油量高於一般食品，能夠養血潤膚，效果甚佳。但須注意如為脾虛溏瀉、赤黃帶下者均應忌食。

5 黑木耳

黑木耳可護膚補血、調經、鎮靜、益智等作用，用以輔助治療產後貧血、胃出血、高血壓、冠心病、四肢麻木、經血過多、痔瘡出血等，是產婦可多食的美容食品。

6 大蒜

大蒜可刺激末梢神經、改善血液循環、增強活力、促進新陳代謝等，還具有防癌及抗菌力，對多種細菌、真菌和原蟲都有抑制作用，用於防治痢疾、腸炎、高血壓、動脈硬化症。嚼食大蒜3～5分鐘，可殺滅口腔細菌。

7 醋

含有豐富的鈣、胺基酸、維生素B群、乳酸、葡萄酸、琥珀酸、糖分、甘油、醛類化合物以及鹽類等，可增強皮膚活力。想要使手指甲和腳趾甲光亮晶瑩，可在溫水中加進半茶匙醋浸泡手指與腳趾，再進行修剪。在水中放點醋浸浴，可使肌肉放鬆、疲勞消除、皮膚光滑。

8 桑葚

桑葚含有豐富的葡萄糖、蔗糖、果糖、鞣酸、蘋果酸、鈣、磷、鐵等礦物質。可防衰駐顏，血虛體弱者適宜食用。

9 鳳梨

鳳梨味微酸、性平，含有糖、蛋白質、維生素B_1、維生素C、鈣、磷、鐵等，生津、益氣、消炎。致敏可能與鳳梨蛋白酶有關，因此食前將鳳梨果肉用鹽浸過，味道醇美，又可以防止過敏反應。

10 杏仁

杏仁主要含有苦杏仁、蛋白質和各種胺基酸，以及鐵、鈣、磷等多種微量元素，內服有止咳平喘、潤腸通便作用，不論內服或外用均是美容護膚佳品。將杏仁粉用水調和均勻，塗於臉部，20分鐘後以溫水洗淨，每週1次，可使皮膚光滑細膩。

11 花粉

花粉中含有美容所必需的14種維生素、11種礦物質和18種天然活性，能使毛髮烏黑光亮，皮膚潤澤，延緩衰老。花粉中的天然活性物質：和輔，能參與人體的新陳代謝，可以增加細胞活力，但有人對花粉過敏，則不宜使用。

12 松子仁

松子仁是松樹的果仁，每100公克果仁中含脂肪70.5公克，大部分為油酸、亞麻油酸等不飽和脂肪酸，對人體保健、預防心血管疾病有良好作用。常食松子仁可以滋補強身、延年益壽，如面容憔悴，肌膚粗糙，形神枯槁，可經常食用松子仁。

13 枸杞

枸杞味甘、性平，富含亞油酸，可防治高血壓、動脈粥樣硬化等心血管病，也有美容所必需的維生素A、C、B1、B2及多種胺基酸，使眼睛明亮、皮膚健美。

14 百合

百合味甘、性平，產婦常吃百合可使皮膚細嫩，皺紋減退。對於產後休養不好致面容憔悴、神經衰弱、失眠多夢者，可恢復容顏色澤。

15 薏仁

薏仁，學名叫薏苡。對防治胃癌、子宮癌、慢性腸炎、消化不良症有顯著療效。薏仁粥在薏米製品中的保健價值最高，食用最廣。能使皮膚光澤健美，消除粉刺、雀斑、妊娠斑。

不同體型的穿著

■ 嬌小玲瓏型

　　這種體型應該選擇淡色或小型花紋，質地柔軟的衣服，上衣採用鑲邊樣式，裙子則不妨在腰際打碎褶，使身材顯得較豐滿。帽子、提袋和項鍊等配件，則盡量選用小而可愛的類型。

貼心叮嚀

林葉亭老師建議，嬌小玲瓏者應選擇可突顯腰線的服裝，加上腰帶，搭配垂墜感的長型飾品，若有荷葉袖的設計，搭配高跟鞋更能拉長腿部線條。

■ 嬌小豐滿型

　　這種體型應該盡量選擇合身的短裙，選擇色彩明朗的運動衫、細小花格的洋裝、打結的圍巾，或裝飾領口的小胸針，都是理想而可愛的配件。

貼心叮嚀

林葉亭老師建議，豐滿者可拆開上下身搭配，搭配背心有簡單俐落感，配色外淺內深，袖子採用基本款，適合不太突顯上半身的低領口、船型領及寬領口。

■ 高而瘦削型

　　這種體型是最理想的「衣架子」，適合各種樣式的服裝。最好是穿著大型花紋且曲線豐富的洋裝。布料方面，以舒適、柔軟的質地最適宜，如果衣服上有橫向的花紋會顯得更為豐滿動人。另外，選擇寬邊帽、大型手提包和叮噹作響的耳環或項鍊，更能顯得大方、俏麗。

■ 高而豐滿型

　　這種體型裙長應該垂膝，迷你裙也很適合，服裝的款式以趨向運動裝的樣式最為合適，布料則以不要太顯露體型的質料為主；色澤方面，應選擇深而鮮麗的色彩。在配件方面，也以大方俐落為主。

林葉亭老師建議，高而豐滿者適合娃娃裝搭配靴子，修飾小腿線條，再外搭牛仔質料或硬挺外套，才有修飾身材效果。

⑤ 下身肥胖型

(1)以有腰身的外套搭配圓裙，使下半身的重量感消除。

林葉亭老師建議，下身胖者適合以洋裝搭配牛仔褲，用有設計感罩衫可以加大上半身的比例，維持下半身俐落的線條，再搭配高跟鞋，以深色衣服搭配亮色配件可以展現活潑感。

(2)以棉質針織衣料的粗獷掩飾肥胖的下半身，可以掩飾過粗的腰和臀部。皮帶束在T恤外，是裝扮的要訣。

林葉亭老師建議，下半身較胖者適合A-Line裙子，可用長T恤搭配筆管褲與窄管褲。

(3)以黑色窄裙和同色系飾件強調修長感，使腰部和臀部變細，皮帶、手袋、鞋子、手鐲等，均採用黑色，可強調修長效果。

林葉亭老師建議，下半身肥胖者穿深色裙可搭配同色褲襪，會顯得修長。

(4)穿著寬肩上衣來掩飾過胖的下半身，使視覺重心置於肩膀。
(5)下半身衣物有褶縫可掩飾過胖的腰和臀，使腰部有寬鬆感。

貼心叮嚀

林葉亭老師建議，採用花苞裙、燈籠褲展現時尚感，兼有修飾效果。注意穿百褶裙時，要選過了臀線才有摺線的百褶裙，才會有修飾臀部變小的效果。

視覺變瘦的裝扮

1 布料

衣料宜用薄或中等厚薄、質地光滑的織物，避免用厚的花呢，會給人有肥厚感。

2 色彩

以深色為佳，但不能黯淡無光，以深窄條或印花為宜。上衣和褲子或裙子偏差不宜過強，否則容易使人的注意力轉移到體型上。

3 款式

衣領型以前開襟為好，避免高領與小圓領，領角不宜過寬過窄，以適體為佳；式樣力求簡潔。

腿粗者穿衣要領

林葉亭老師建議，腿粗者適合用A-Line小洋裝搭配靴子與深色襪子，搭配鞋襪同色系更有加分效果。

(1)百褶裙配緊身褲襪OK：緊身褲襪與上半身的毛衣同是深褐色，可顯現苗條的身段。下半身搭黃褐色格子裙也是引人注目的焦點，圍巾的顏色與裙子中明亮的黃色同色，使整體更生動，視線也往上提升。簡單的鞋子顯得帥氣。這樣的穿扮可掩飾過粗的雙腿。

(2)長圓裙配緊身褲襪OK：深藍色的套裝散發一股清新的氣息，主要是有腰身且下擺圓弧設計的長外套與過膝圓裙的組合，配上黑色的緊身褲襪，能使過粗的雙腿看起來纖細。

(3)穿有醒目口袋的窄裙和皮帶等裝飾物OK：雙腿粗的人常不敢穿窄

裙,其實,大可選擇有口袋且袋口有金質亮片裝飾的窄裙、腰部的粗皮帶及皮帶扣也能轉移別人的視線,就可以輕鬆自在的穿窄裙了。

貼心叮嚀

林葉亭老師建議,腿粗者適合拼接裙或四片裙,盡量腰部選擇平口的樣式。

　　(4)穿至膝蓋上方的短褲展現修長的雙腿OK:穿著長度至膝蓋上方的寬擺短褲,顯得健康明快,配合條紋外套和白色T恤,使視線向上移,雙腿能因此而顯得修長。

　　(5)方格長褲與上衣及其他飾物同一色系OK:全身穿著同色系的服裝,可強調身材的曲線,穿著酒紅色的方格長褲時,上衣也應搭配同色系的,加上同色系的帽子、絲巾,十分醒目,能讓人的視線往上移,可產生修飾腿部效果。

貼心叮嚀

林葉亭老師建議,腿粗者適合小格子或斜格紋的裙子,視覺上才不顯得過寬。

使腹部平坦的穿衣技巧

　　鬆緊的、大小合適的裙子或褲子,深色調有壓縮視覺的效果;長度超過腹部的罩衫、或是束腰外衣是最佳選擇;拉鏈盡量裝在身後,前面只能用隱形拉鏈。

貼心叮嚀

林葉亭老師建議,想要腹部看來平坦,適合腰部平口不打折的低腰設計,並穿有高度6公分左右的高跟鞋(約2吋),自然會有縮小腹、收臀部的效果。

胸部豐滿且下垂者的穿著

要訣：穿胸前有寬大開口的服裝

胸部太大且下垂的人，無須勉強掩飾胸部，應巧妙的設法使之顯得優雅，譬如：穿著領口略低或胸前有寬大開口的衣服，也可選穿胸罩與束腹連接的內衣，如此有某種程度的掩飾後，再著毛線衣，即可顯得有美感。平時可用瑜伽的合掌或眼鏡蛇姿勢來訓練，讓胸大肌結實。

貼心叮嚀

林葉亭老師建議，胸部豐滿且下垂者可穿多層次的垂墜感上衣，或內搭無肩帶貼身衣服。

首飾服裝巧搭配

首飾與服裝搭配得宜，能增添不少亮色。

1 顏色

色調的和諧統一是首飾和服裝搭配合適與否的重要因素。同色調的配合，如深紅與淺紅、白與粉、藍與綠等，可使首飾與服裝相輔相成。而對比色調的配合，如黑與白、紅與紫等，可使首飾和服裝相得益彰。

2 質料

首飾的材料與價值應當與服裝相匹配。一件雍容華貴的造型大衣適合搭配華麗感的金飾、水鑽的首飾，更加華貴高雅、氣質非凡。

3 款式

為了充分展示首飾的魅力，配戴時應注意與服裝款式的協調。寬鬆的服裝可配粗獷、鬆散的首飾；緊身顯露體型的服裝，可選用結構緊湊、細小的首飾，比如：連身衣裙的領子開口大的可選擇長項鍊，開口小的可選擇短項鍊，雞心領可選擇帶掛件的項鍊。旗袍及婚禮服的領子無開口，也宜配上較長的珠式項鍊，會顯得端莊大方。如果是鉤織的露透式，首飾最

好選金絲編織或雕琢的剔透式，例如：金絲項鍊、繩索式手鍊、雕花戒指等比較合適。

貼心叮嚀

林葉亭老師建議，圓形臉或臉較寬大者，適合長項鍊；胸部大者，適合頸鍊；臀部大者，適合搭配大包包；腿粗短者，適合搭配長靴。褲襪方面，腿纖細者適合亮色緊身褲襪，腿較粗者適合深色褲襪及硬挺筆管褲。圍巾與項鍊可帶出服裝畫龍點睛的效果，同樣衣服搭配珍珠有都會風、搭配棉麻有樸素風、搭配牛仔有率性感，可用不同飾品搭配出一件服裝的多種風格。

胸小臀大者的裝扮

產後胸小臀大者，上衣袖子應蓬鬆、打褶，可以有寬肩的感覺。裙子可以採取斜裙的設計，不妨加上一點細褶，裙子的長度蓋住膝蓋或低於膝蓋為宜。為了轉移他人的注意力，裙子可採用暗色調，上身則用淺色和明亮的顏色。

這類體型者由於全身的重心較低，不要穿太高的高跟鞋，適中即可。褲子的褲管應該裁得較寬較長，不能順著體型剪，避免褲角有任何褶邊。

為了使上身顯得較寬，可以作一個蓬鬆的髮型，髮梢向外梳可加強寬度感。臀部大的產婦，應避免穿短而貼身的上衣，外衣以寬鬆且蓋過臀圍為原則，也可加上一條寬鬆的腰帶，別人就不易看出臀部比腰粗多少了。

身短腿長者的裝扮

為了減少上身短的感覺，因此不宜穿貼身款式的上衣，腰帶要鬆鬆的繫在腰下或剛好附在臀骨附近，外衣可以採取肩到臀以直線剪裁的對襟款式，看起來就不會覺得腰線那麼高了。如果在頸部配上別致的領子、圍巾或項鍊，將使頸部看起來特殊，別人就不會太注意上身過短的缺點了。因

此，上衣選擇淺色而稍長的款式，長度蓋住臀部為宜；外套要合身但不能太貼身；若配上一頂寬邊的帽子，則能收到平衡體型的效果。

皮包應盡量選用背帶式，可以給予上身較長的感覺。鞋子的式樣宜求簡單、低跟，不需要再穿著高跟鞋來強調腿部的長度。頭髮以短髮或長度不超過下巴為宜，如果上身短又披著一頭瀑布似的長髮，只會顯得上身更短小。在夏天，可以好好把握機會穿迷你裙，展示修長的玉腿。

貼心叮嚀

林葉亭老師建議，腰短腿長者掌握有腰身不緊身、選擇高腰的流行設計或上衣蓋過腰線的原則，就能展現身材的優點。

粗腰凸腹者的裝扮

粗腰凸腹者可以選擇較寬大、不貼身、裙擺呈A字型、不繫腰帶的罩衫式的服裝設計，這類服裝最能遮飾粗腰凸腹者腰腹部的缺點。

穿毛衣和外套以蓋過臀部為佳，不要穿太緊和太短的上裝，否則會更加暴露身材的缺點。穿裙子裙擺的寬度要夠，合身的剪裁很重要，應順著腰部剪裁，這樣過粗的腰部就不至於會過分突出。頭髮以不及肩為宜，到達下頜的長度最好，高蓬的髮式可以提高人們的視線，不妨戴一頂斜斜的小帽，是一種有效轉移視覺的辦法。

貼心叮嚀

林葉亭老師建議，粗腰凸腹者適合蛋糕裙的設計。

下身粗短者的裝扮

下身粗短者穿長褲是掩飾粗腿身材的最好款式，一年四季都可以穿著。這類體型者上身衣服一定要注重設計與花樣，顏色以較淺的色調為好，因為上身越突出，下身就越不易惹人注意。衣領、圍巾、帽子要加以

強調。鞋子應該考慮面較寬、式樣簡單，過於秀氣的鞋子只會襯得兩腿更粗更短。

貼心叮嚀

林葉亭老師建議，下身粗短者可穿上身窄緊的高腰效果，搭配靴型及腰帶。不適合七分或五分褲。穿裙子長度最好及膝，同色系鞋襪更有加分效果。在正式的場合，可以穿長及腳踝的裙子；若穿長褲，要注意上衣的花色要比長褲明顯，褲腰部分順著身材柔滑的剪裁，可以稍微掩飾粗短的腿部。

身長腿短者的裝扮

要盡量避免繫和衣服成對比色的腰帶，這只會更強調身材的缺點。宜穿高腰式服裝，可以給人明快的比例，並可掩飾過低的腰線，不易看出腿部的缺點。如果穿著蓬蓬袖或短而相稱的夾克上衣，會產生錯覺有提高腰線的作用。

穿著裙子時，注意要與絲襪的色調相調和，不可用對比色，如穿一件淺色裙子，卻配一雙深色絲襪，看起來彷彿把已嫌過短的下身一切為二，更覺得短了。所以裙色若深，絲襪顏色亦應屬深色。而不論是穿洋裝或長褲套裝，顏色一定要盡量和諧，產生立體感，才能彌補低腰的缺點。穿高跟鞋可以增加腿的長度，應盡量避免穿平底或厚重的鞋子。

貼心叮嚀

林葉亭老師建議，避免穿著上下身比例對等的打扮，適合上下身比例採3：1，或1：3原則，洋裝加短背心的3：7比例也很適合。

穿著顯示美臀美腿

林葉亭老師建議，洋裝搭配煙管褲，再搭配有跟包鞋或長靴，可顯出美臀長腿與流行感，忌搭配運動鞋。

臀部扁平者，要選擇帶褶的裙子。臀部低垂、腰部偏長者，應選擇鬆腰連衣裙或長外衣，貼身的裙子會突出不雅的臀線，不宜選用。臀圍大者則應穿裙褲或大擺動裙，能掩蓋臀圍大的缺點，不要穿過分苗條的款式。腰圍較粗和腹部稍突出者，一般應穿較長的上衣，下面配較長的帶褶裙，不宜穿連衣裙。腿短的產婦上衣不應太長，下身穿的褲子還要注意立襠不能太長，褲腿不可太寬，以筒褲為宜。

裙裝和連衣裙的顏色，臀大者宜深不宜淺、宜素淨不宜濃豔，更不宜大圖案及橫條紋的裙或裙褲。深色使人感覺集中，能縮小面積，淺色會使面積擴大。

一般東方女性平均身材應注意襪子與鞋子的搭配得當。例如：無花、透明的絲襪宜配低跟鞋或平底鞋；碎花、不透明的絲襪宜配高跟鞋。襪子的顏色一般比鞋子顏色淺些，或與衣、裙的底色相近。

第 4 章 育兒

0～24個月寶寶健康照護，提供成長發育、母乳哺育、預防接種、生病護理、急症處理、副食品添加等育兒訣竅。

出生第1個月

1個月寶寶的成長發育	
體重	健康新生兒的正常體重為2,500～4,000公克。新生兒在出生後1週內，體重會下降6～9%，也是正常；1週後，體重會迅速增加，每天增加25～30公克，至滿月時，約增加1公斤。
身高	正常新生兒出生時身長為47～53公分，在新生兒期身長會增加4～5公分。
頭圍	新生兒的頭圍平均為33～35.5公分，出生1個月後，會增加1～2公分。頭圍一般大於等於胸圍，到1歲後胸圍一直大於頭圍。

及時預防接種

家長必須按照〈兒童健康手冊〉中疫苗接種規劃，按時帶寶寶接受預防注射，本書另附1個月～12歲疫苗接種時間表，請見第413頁說明。

疫苗	接種時間及限制	接種後的反應及護理	接種禁忌
卡介苗 (1劑)	・預防肺結核 ・需24小時內接種完成 ・寶寶體重達2500公克以上才可接種	・接種後7～14天在接種部位有紅色丘疹，4～6週可變成膿泡或潰瘍 ・不可擠壓或包紮，可照常沐浴，保持清潔乾爽，用無菌棉球或紗布清潔並吸乾水分，經2～3個月潰瘍自然癒合 ・有時同側腋窩淋巴腺會腫大，如腫脹有感染情形，需請醫師檢查	・發高燒 ・患有嚴重急性症狀及免疫功能不全者 ・出生時伴有其它嚴重先天性疾病 ・新生兒體重低於2,500公克 ・可疑之結核病患，勿直接接種卡介苗 ・嚴重濕疹
B型肝炎 疫苗(3劑)	・孕婦若為高傳染性帶原者，嬰兒於出生24小時內注射一劑B型肝炎免疫球蛋白 ・若孕婦為低傳染性帶原者或健康者，其嬰兒仍需按時接種三劑B型肝炎疫苗 ・注射時程為出生後2～5天、1個月、6個月各一劑	・通常接種後，部位沒有反應或可能有紅腫、發燒、嘔吐反應	・出生後觀察24小時，認為嬰兒外表、內臟機能及活動力欠佳者 ・早產兒體重未達2,200公克 ・有窒息、呼吸困難、心臟機能不完全、嚴重黃疸、昏迷或痙攣等嚴重病情者 ・有先天性畸形及嚴重的內臟機能障礙者

輪狀病毒 (2或3劑)	· 預防輪狀病毒所引起的腸胃炎 · 分口服2劑型或3劑型，請與醫師討論 · 口服時程為寶寶1.5、3、6個月大各一劑	· 無任何明顯的副作用	· 已知對此疫苗之任何成分有過敏病史者 · 在接種第一劑後出現過敏症狀的嬰兒，不應再接種
六合一疫苗 (4劑)	· 預防白喉、百日咳、破傷風、b型嗜血桿菌、小兒麻痺、B型肝炎 · 注射時程為寶寶1.5、3、6、18個月大各一劑 · 第一劑接種時間較早於其他疫苗，須在寶寶1個月大就做好決定 · 若選擇施打六合一則初生滿兩天仍須接種一劑B型肝炎	· 施打疫苗30分鐘後，如出現高頻率地哭鬧、抽筋、腦病變、發高燒等，應列入下次施打時的參考	· 先確認對疫苗成分是否過敏 · 如寶寶正在生病、發高燒，則不應施打，痊癒後於一星期內補打

醫師指點

五合一疫苗少了B型肝炎疫苗成分，若父母選擇為寶寶施打五合一疫苗，其接種時程為寶寶2、4、6、18個月大各一劑，在寶寶1、6個月大時需再施打B型肝炎疫苗。

母嬰同室的優點

母嬰同室是把正常分娩的新生兒，出生後儘快送到媽媽身邊，實行晝夜24小時同室，並按需要哺餵母乳。這樣做的好處很多。

1利於早點餵母奶：早點餵母奶是母乳哺育成功的關鍵。產婦可在醫護人員指導下隨時哺餵母乳，促進奶水分泌。

2利於母子感情交流：媽媽產後就能看到自己心愛的小寶寶，從各種愛撫的動作、護理等，能增加彼此情感。

3確定新生兒得到營養豐富的初乳：按照舊習，產婦不覺奶脹就不哺餵或把初乳擠掉，這是不正確的。母嬰同室可以隨時哺餵，寶貴的初乳絕不要丟棄。

4解決媽媽乳房脹痛的難題：母嬰分室時，產婦常出現乳房脹痛，在乳汁充盈時還可能出現高燒等不適，為此要進行人工按摩或電動吸乳，增加護理工作量。母嬰同室後可隨時哺乳，就能解決媽媽乳房脹痛的問題。

5利於新生兒身心健康：新生兒有一定的感知能力，媽媽與新生兒頻繁接觸、說話、逗引等，都有助於新生兒早期智力的開發。

6減少嬰兒室疾病流行：醫護人員經常進入病房進行健康教育和護理指導，因此醫護人員與產婦的關係密切，還可以減少嬰兒室的醫源性感染。從母嬰同室的資料顯示，新生兒的發病率明顯下降，只要母嬰室注意通風換氣和適當使用空氣消毒劑，接觸新生兒前注意洗手等，就可以預防許多疾病的發生。

母乳哺育的重要性

母乳是造物者賜給寶寶的最佳禮物。因為新生兒剛脫離母體，無法喝水又不能吃飯，因此需要吸吮媽媽的乳汁，獲得大量的水分和營養。

母乳哺育寶寶的好處多。首先，母乳中有寶寶必需的免疫抗體，以母乳哺育的寶寶患病率明顯低於非母乳寶寶。其次，母乳中的蛋白質、碳水化合物的成分比例，適合寶寶消化吸收，其中氨基酸、乳鐵蛋白等成分，是其他任何乳品無法比的。

世界衛生組織明確指出，寶寶至少要餵滿6個月的母乳。因此，若不是

媽媽生病或母乳缺乏等客觀原因，不要完全使用配方奶粉代替母乳哺育。

珍貴的初乳

產婦最初分泌的乳汁叫初乳，雖然不多但濃度很高，顏色略呈黃色。與成熟乳相比，初乳中含有豐富的蛋白質、脂溶性維生素、鈉和鋅，還有人體所需的各種類酶、抗氧化劑等；相對而言，含乳糖、脂肪、水溶性維生素較少。初乳中一些物質可以覆蓋在嬰兒未成熟的腸道表面，阻止細菌、病毒的附著。初乳有促進脂類排泄作用，減少黃疸的發生。媽媽一定要把握給寶寶哺育初乳的機會。

早產乳具有最適合哺育早產兒的特點。如早產乳乳糖較少，蛋白質、乳鐵蛋白較多，最適合早產兒成長發育的需要。

母乳哺育的方法

1 寶寶出生後1～2小時內，媽媽就要做好抱寶寶的準備。

2 掌握正確的哺乳姿勢。讓寶寶把乳頭乳暈部分含在口中，寶寶吸奶姿勢正確，可防止媽媽乳頭破裂和不適當的供乳情況。

3 純母乳哺育的寶寶，除母乳外不需添加任何食品，包括不餵糖水。純母乳餵哺最好能持續6個月以上。

4 寶寶出生後前幾個小時和前幾天要多吸吮母乳，可促進乳汁的分泌。寶寶飢餓時或媽媽感到脹奶時，可隨時餵哺，哺乳間隔時間由寶寶和媽媽的感覺決定，這就叫按需要哺乳。

愛心提示

寶寶出生2～7天內，餵奶次數頻繁，以後通常每日餵8～12次，當嬰兒睡眠時間較長或媽媽感到脹奶時，可叫醒寶寶隨時餵哺。

新生兒開始餵奶時間

寶寶餵奶最好是在出生後半小時，好處如下：

1 防止新生兒低血糖症的發生。

2 防止新生兒出生後生理性體重下降過多。

3 及早使新生兒獲得初乳中的抗體、免疫細胞、溶菌酶、乳鐵蛋白。

新生兒不宜定時餵哺

傳統，初生到7天內的新生兒應定時餵哺，要求每3小時餵哺1次。有些媽媽為了在規定時間哺乳，寧可讓寶寶餓著拼命哭鬧，非到3小時後才哺乳。其實這樣定時哺餵的缺點很多，嬰兒飢餓時吸不到乳汁，飢餓感過了再餵就會影響其食欲。媽媽乳房脹得厲害時不哺乳，會反射性的使泌乳量減少，所以不主張這樣的方法。現代觀點認為，應當按寶寶的需要哺乳，只要寶寶餓了或媽媽感到有乳汁就可以進行餵哺，隨時需要隨時餵哺，叫做按需要餵哺，且要做到勤勞餵哺。

愛心提示

通常，出生第1～2天的新生兒，哺乳時間為每1～3小時1次，每天8～12次。須注意其每天的小便次數，至少6～8次，脫水不超過10%；2週大時，要回到出生時的體重。

新生兒不宜用奶瓶哺育

用奶瓶餵乳有兩項缺點：首要缺點是奶瓶易造成「乳頭混淆」。所謂「乳頭混淆」是指新生兒吸了奶嘴後，不願意再吸吮媽媽的乳頭。因為奶嘴軟、孔大，不需要花很大力氣就可以吸到乳汁，而吸吮媽媽的乳頭要費較大的力氣才能吸出乳汁。若是乳母的乳頭不經常吸吮，減少了對乳頭

周圍神經的刺激，影響泌乳反射、噴乳反射，使乳汁分泌量減少，造成母乳不足，最後會失掉母乳哺育的機會。第二項缺點是奶瓶、奶嘴不易洗乾淨，易生細菌，使用後易引起腸胃道感染。如果實在必須餵時，也主張用小匙、小杯餵，因為小杯、小匙容易洗乾淨。正確方法是在寶寶0～4個月內（母乳量充足在6個月內）用母乳餵哺。

拒絕吮奶的處理

用嘴吸吮乳汁是寶寶的天性，有些寶寶有時厭吮，表現出厭煩、不願吮奶的情緒或乍吮又止，甚至哭鬧。原因何在呢？

1乳頭不適：如奶瓶餵奶，奶瓶上的乳頭質地太硬或吸孔太小，吮乳費力而厭吮。

2疾病：如消化道疾病、臉頰硬腫時，均有不同程度的厭吮。

3鼻塞：鼻塞後就必須用嘴呼吸，如果吮乳必然妨礙呼吸，所以容易發生乍吮又止的現象。

4生理缺陷：如兔脣、顎裂等生理缺陷，其吸吮困難，也會出現拒吮現象。

5口腔感染：因幫寶寶擦拭口腔的動作不適當或飲料過熱，常使發生感染，吮奶時即產生疼痛而出現拒吮現象。

6早產兒：身體尚未發育完善，吸吮功能低下，故常表現出口含乳頭不吮或稍吮即止的現象。

擠乳餵哺注意事項

如果因為某些情況不能進行母乳哺育，需要擠乳餵哺，擠乳時必須注意以下要點。

1每件用品和所有容器均需消毒，雙手必須洗淨。

2 擠出的乳汁裝入奶瓶，特別是媽媽生病、疲乏不堪或將寶寶交給他人照顧時，可用奶瓶哺育。擠出的乳汁可以保存於擠乳袋，放在冰凍室保存可達3個月之久。

3 哺乳後擠出剩餘乳汁，是刺激下次餵哺時乳汁增多的好辦法。

4 如果擔心寶寶習慣了奶瓶哺育後不願恢復母乳哺育，可試著用杯子和小匙餵食。

愛心提示

擠出的乳汁必須正確儲藏，否則容易變腐壞。遵守母乳保存「333」要訣：常溫25℃保存3小時；冷藏0～4℃保存3天；冷凍－4℃保存3個月。

母乳餵哺常見的迷思

母乳含有豐富的營養，其中有些是寶寶發育不可少的微量元素，因此提倡母乳哺育。年輕夫婦由於沒有經驗，在哺育過程常出現以下迷思，須特別注意。

1 **遲餵母奶**：新生兒出生半小時後即可開始餵奶，最晚不超過2小時。太晚餵母奶不利於乳汁分泌。

2 **丟棄初乳**：錯誤的認為初乳不衛生，把營養價值極高的初乳丟掉，實在可惜。

3 **定時餵奶**：每次餵奶間隔時間是按寶寶的需要決定，切勿錯誤規定寶寶吸奶時間。

4 **斷奶過早**：母乳哺育至少4～6個月，最好是1年。斷奶過早不利於寶寶的成長發育。

母乳充足的判斷

當寶寶吸母奶時，可以聽到「咕嚕、咕嚕」的嚥奶聲，吸奶後會表現出愉快，較少哭鬧，很少發生消化不良，最重要的是，寶寶體重規律的增

加，這都是母乳哺育充足的表現。

如果母乳充足，乳房會充滿乳汁，餵奶後應變軟，兩次餵奶之間乳房會自動飽脹起來。吃飽奶後，寶寶會表現下列現象：

1 在24小時內會尿濕6次或更多次（1次尿量約有3片乾尿布重）。

2 在餵奶後會睡覺。

3 每天排大便超過2次。

4 體重增加。

母乳不足的判斷

寶寶的成長發育需要有充足乳汁，媽媽的乳汁是否充足很難辨別。常用的辨別方法有：

1 觀察寶寶體重：這是判斷母乳是否充足最簡單的方法。寶寶出生後1週至10天，體重減少屬生理性體重減少的階段，之後體重會不斷增加。因此，10天後的每週須量1次體重，將增加的體重除7，若在20公克以下，則表示母乳不足。體重增加不快，必然是母乳不足所致。儘管如此，在滿月以前，不必太過憂心，應該繼續觀察。過了1個月，如果體重增加情況依然不佳，必須立即採取混合哺育。

2 哺乳時間長短：正常的哺乳時間約20分鐘，如超過30分鐘，寶寶吸奶時總是吸吸停停，且到最後還不肯放掉乳頭，就可以判斷是母奶不足。

3 授乳間隔很短：如果出生2週後，寶寶隔2小時或1小時就哭著要吸奶。可在餵完奶後馬上餵嬰兒配方奶試試，如果寶寶一直喝且精神好，或小便不足6次，就可以確定是母乳不足。

4 觀察寶寶精神及腸胃狀況：如果寶寶總是沒精神，睡不好覺，連續好幾天便祕或腹瀉，就表示母乳不足。

5 觀察媽媽脹奶狀況：乳房是否發脹得厲害，一般在產後2週左右就知道，如乳房總顯得乾癟，表示缺乏奶水。

影響母乳分泌主要因素

母乳分泌量的多少受許多因素影響，主要有：

1乳母的營養好，熱量充足，各種營養素和水分充足，使乳汁分泌的品質高且數量多；反之，則質劣量少。

2乳母的精神、情緒，如憂慮、悲傷、緊張、不安等，都會使乳汁突然減少。因此，乳母應該營造一個寧靜、愉快的生活環境。

3乳母要有充分的休息與睡眠，過度疲勞和睡眠不足，均會使乳汁分泌減少。

4乳母生病也會使乳汁減少。每次哺乳不能完全排空或每日的哺乳次數過少，使乳房內乳汁淤積，會抑制乳汁分泌。

愛心提示

醫院通常會鼓勵產後母嬰及早同室，當寶寶醒後或餓了，即可隨時餵哺，使乳汁分泌逐漸增多。

夜間餵奶注意事項

新生兒還沒有形成一定的生活規律，夜間需要媽媽餵奶，在半夢半醒間餵奶很容易發生意外，所以必須注意：

1不要讓寶寶含著乳頭睡覺：有些媽媽為了避免寶寶哭鬧，影響自己的休息，就讓寶寶含著乳頭睡覺，這樣會影響寶寶的睡眠，也不能讓寶寶養成良好的吃奶習慣，媽媽睡熟後，乳房有可能會壓住寶寶的鼻孔，造成窒息死亡。

2保持坐姿餵奶：為了培養寶寶良好的吃奶習慣，避免發生意外，盡量坐起來抱著寶寶餵奶。

3延長餵奶間隔時間：如果寶寶在夜間熟睡不醒，大可不必弄醒他，

把餵奶間隔時間延長。通常，新生兒期的寶寶，一夜餵2次奶就可以，但間隔時間不要超過4小時。

嬰兒吞氣症的處理

餵奶時，寶寶突然中斷吮奶，兩腿伸直，雙手陣發性握拳、全身用力、臉紅耳赤、哭鬧不停，這種現象稱為嬰兒吞氣症。因吮奶時吞進了較多空氣所致，常發作於吮奶時、餵奶後，或在餵完奶即睡著時發生，表現為突然哭叫、頭向後仰、臉色蒼白、手足發涼、頻頻吐奶，此時可聽到「咕咕」的腸鳴音，並連連放屁，主要是空氣進入胃的下部不能逸出，而進入小腸和大腸，引起陣發性腸痙攣和腹部疼痛，致出現上述徵象。嬰兒吞氣症多數會在排氣後逐漸好轉，也有少數因嗆咳引起肺部病變或消化不良，故應加以重視。若寶寶太餓、吃奶太急、或媽媽的乳頭短小、出奶太慢等，都有可能使寶寶吞進大量空氣而發作。

愛心提示

嬰兒吞氣症發生時，可用溫熱的毛巾敷於寶寶腹部，輕輕由上至下施以按摩，使氣體儘快從大腸排出，切不可自行餵藥。預防方法是不要讓寶寶過於飢餓，每次餵奶不要超過20分鐘，餵奶後將寶寶立位抱起，輕拍其背，使胃部高於下半身，即可減少吞氣現象的發生。

嬰兒是否需補充水分

人體的體重大部分是水，年齡愈小體內水分比例愈高。滿1個月的寶寶體內水分約占體重的75％，早產兒占80％左右，成人占60％。由於新生兒體表面積較大，每分鐘呼吸次數多，使水分蒸發量較多，而他們的腎臟為排泄代謝產物所需的液量也較多。因此，寶寶按每公斤體重計算，所需液體較多，在第1週以後，新生兒每天需要液體量為每公斤120～150毫升。

4～6個月大時，基本上不太需要額外再補充開水，因為母奶或配方奶本身含水分8～9成，盡量以母奶或配方奶為主。

無母乳或量少時的哺育

有些媽媽生下寶寶後，無法馬上產乳或奶水稀少，這時如果寶寶餓了怎麼辦呢？在很多母嬰親善醫院裡，禁止餵哺母乳外的任何東西給寶寶，哪怕是糖水也不行。原因為何？會不會餓壞了寶寶？

通常，在寶寶出生1～2週後媽媽才會增加母奶量，而在寶寶出生的第1週必須多吸吮、多刺激媽媽的乳房，使之產生「泌乳反射」，才能使媽媽儘早產乳，直到足夠寶寶享用。如果此時用奶瓶餵寶寶吃其他乳類或米漿水，一方面容易使寶寶產生「乳頭混淆」，不願再費力去吸母奶，另一方面因為多數沖泡的奶比母奶甜，也會使寶寶不再愛吸母奶。這樣本來完全可以母乳哺育的媽媽會因寶寶吸吮不足，而造成奶水分泌不夠，甚至停止泌乳。

那麼，寶寶一時吃不飽，會不會餓壞呢？不會。因為寶寶在出生前，體內已儲存了足夠的營養和水分，足以維持到媽媽泌奶，而且只要儘早給寶寶餵奶，在寶寶吮吸的刺激下，母乳會愈來愈多，不要輕易失去信心。

哺乳過程中，寶寶的體重下降超過8～10%以上，可以考慮搭配添加嬰兒配方奶；如媽媽有糖尿病或寶寶為巨嬰，則均要混合哺育，不要盲目執行母乳哺育。若欲增加泌乳量，請見第526～528飲食調理法。

不宜母乳哺育的狀況

儘管大力提倡母乳哺育的好處，但部分情況不適宜母乳哺育，否則對寶寶或母體健康造成傷害，舉例如下：

1 患有嚴重心臟病、慢性腎炎。

2 患有急性肝炎、結核病等，不宜餵奶，以免傳染給寶寶，但患有B型

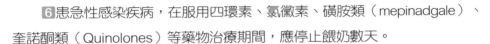

肝炎的媽媽仍可哺育母奶。而患有肺結核，若服藥2週後並為寶寶接種卡介苗(BCG)，則可哺育母奶。

3 患精神病、癲癇病。

4 服用避孕藥。

5 患有甲狀腺功能亢進，在服藥期間也不宜餵奶。

6 患急性感染疾病，在服用四環素、氯黴素、磺胺類（mepinadgale）、奎諾酮類（Quinolones）等藥物治療期間，應停止餵奶數天。

7 生下患有半乳糖血症或苯丙酮尿症的寶寶，必須停止哺餵母乳及其他乳類製品，改用特殊配方奶粉，以免寶寶智力受損。

8 媽媽若發生乳頭糜爛、乳腺炎等，可用另一側健康的乳房來哺餵。

9 媽媽患嚴重感冒或高燒時，仍可哺餵母奶，但與寶寶接觸時要戴口罩，以免傳染。

10 母親有愛滋病毒感染（HIV）、長期營養不良、乳癌、精神分裂，不宜餵奶，以免影響寶寶。

乳房病變及異常情況的處理

1 **乳頭破裂**：寶寶吸吮時，母親感覺像針刺般痛。用易處理的乳房墊或乾淨的手帕，保持乳頭乾燥，龜裂癒合前不要用患乳餵哺，可用手（不要用吸奶器抽吸）擠出乳汁，並用奶瓶或茶匙餵哺。

2 **充盈過度**：乳房極度豐滿和疼痛，乳暈腫脹時，可增加餵哺次數，鼓勵寶寶有規律的吸空乳汁。或可洗熱水澡，或輕輕擠壓出一些乳汁，或朝乳頭方向按摩，促進乳汁流出。

3 **輸乳腺阻塞**：在乳房外部乳腺的部位出現質硬而紅色的斑塊。輸乳腺阻塞常是由乳房充盈過度或胸罩、衣服過緊造成。預防方法與充盈過度相同，或穿戴恰當合身胸罩，及每次哺乳時用不同的位置餵哺。先用輸乳腺阻塞的乳房多次餵哺寶寶，讓乳汁被吸空。如有必要，可擠壓乳房。

4乳腺炎：由於輸乳腺的急性感染結果形成充滿膿的腫塊。預防方法與輸乳腺阻塞相同。採用醫生開的抗生素，如用藥無效則必須外科切開引流。但是，可繼續餵哺，即使在需要做手術時。

5乳房囊腫：這是輸乳腺阻塞、不用治療的一種感染，常見症狀如患流行性感冒般發燒，在乳房上有一發亮的紅斑塊。預防方法與3相同，但醫生也很可能開抗生素。除非另有醫囑，仍可用患乳繼續餵哺。

6乳頭疼痛：寶寶對乳頭產生新的刺激可造成乳頭疼痛。如果寶寶含乳姿勢正確，可輕輕把尾指伸入寶寶的嘴角，讓他自然將乳頭放開，以及在2次餵哺之間用剩餘奶水擦拭乳頭，使之保持乾燥，或擦羊脂膏，可有效改善疼痛狀況。

媽媽生病後的哺育

如果用母乳哺餵寶寶，縱使媽媽生病住院了，應該和護理人員商量安排，繼續進行哺育；如果必須接受麻醉藥劑，就不可以哺餵，因為麻醉藥劑會傳到乳汁中，且術後容易頭昏眼花，應先把乳汁擠出冷藏起來，即使寶寶失去餵乳時的愉悅感，也不會吸不到乳汁。如果病況嚴重或擠不出乳汁時，才用小匙餵食配方奶粉，寶寶可能會拒絕吸吮，當愈來愈餓時，就會開始吸吮。

媽媽如因妊娠中毒嚴重引起的腎功能障礙，或心臟障礙，以及結核病等，則不能用母乳哺餵。而麻藥中毒、酒精中毒、精神病患者，以及性病治療期間，更不可哺餵。

新生兒的體溫調節

新生兒出生後必須靠自身的體溫調節來適應外界環境溫度的變化。這段時期，由於新生兒的體溫調節中樞功能還不完善，透過中樞調節體溫的功能較差，而使體溫不易穩定。此外，新生兒的皮下脂肪也較薄，體表面

積按體重計算相對也較大（約為成人的3倍），容易導致散熱過多而發生體溫過低。在寒冷的季節，如不注意保暖，易全身冰冷，可能引起皮膚凍傷，甚至出現皮下脂肪變硬而發生硬腫症。

由於新生兒的汗腺發育不全，其排汗、散熱的功能較差，腎臟對水和鹽的調節功能也較差，如環境溫度過高、過分保暖或水分攝入過少，體溫會上升。因此，新生兒出生後，應注意保持周圍環境空氣溫度的基本穩定，冬天室溫最好控制在20℃左右，夏天室溫則控制在25℃，衣被要適當，在高溫季節要注意水分的攝入（母乳哺育兒可多吃母乳、人工哺育兒則應適當多喝水），以維持新生兒體溫的穩定。

在寒冷季節要注意給寶寶增減衣被。原則上以寶寶的臉色正常、四肢溫暖和不出汗為宜。可以觸摸後頸部或背部、軀幹等部位，以溫暖無汗為合適。如寶寶的行為異常，臉上有汗，體溫在37.5℃以上，即是保暖過度，應減點衣被；如孩子手腳發冷，體溫不足36℃，即保暖不夠，需要增加衣被和提高室溫。

新生兒正確包裹法

中國民間有項習俗：寶寶出生後，習慣先用布或小被子將寶寶的腿包直，再用帶子把寶寶整個身體捆成像結實的小包裹，俗稱「蠟燭包」，以為這樣能預防寶寶長大後變成「O型腿」，這種觀念缺乏科學根據。O型腿是缺乏維生素D所致，而「蠟燭包」對寶寶會造成不良的影響。新生兒離開母體後，四肢仍處於外展屈曲狀態，「蠟燭包」強行將寶寶下肢拉直，不僅妨礙其活動，且包裹過緊也影響皮膚散熱，汗液及糞便的污染易引起皮膚感染；嚴重時會造成髖關節脫位。因此，應該儘早為寶寶穿上小衣褲，讓四肢處於自然放鬆，任其自由活動，就能發育良好。

嬰兒需要包裹時，應以保暖、舒適、寬鬆、不緊包為原則。用寶寶睡

袋來替代包裹是理想辦法，可以避免對寶寶造成過分束縛，又不影響其成長發育。

新生兒的正確抱法

寶寶在走路之前，有很多時間需要在爸媽的懷裡度過，如何抱寶寶才合適呢？如下：

❶手托法：用左手托住寶寶的背、脖子、頭，用右手托住寶寶的臀和腰部。

❷腕抱法：將寶寶的頭輕輕放在左胳膊彎中，上臂護住寶寶的頭，左腕和手掌護住其背和腰部，右手護住臀和腰部。由於新生兒脖子軟，用這種抱法可支撐寶寶的腦袋，使頭不至於前傾後仰。

洗滌寶寶衣物須知

洗衣粉的主要成分是烷基苯磺酸鈉，這種物質進入人體後，對人體中的澱粉、胃蛋白的活性有很強的抑制作用，容易引起人體中毒。如洗滌不淨，衣物上殘留的烷基苯磺酸鈉會對寶寶造成危害。因此，寶寶的衣服忌用洗衣粉洗，最好使用嬰兒專用洗衣精（無磷、無螢光劑、無石化起泡劑成分）為宜。

寶寶洗澡注意事項

❶幫新生兒洗澡不要用肥皂。肥皂是一種脫脂劑，新生兒皮膚嬌嫩，需要保留所有的天然油脂，在寶寶出生6週內僅用清水清洗，洗後要徹底拭乾皮膚，任何潮溼的皺褶都會引起刺激。

❷給新生兒洗眼睛時，把兩個棉球放入溫水中，擠乾，每個棉球分別洗閉合的眼睛，從眼睛的內側往外側拭。

③鼻子和耳朵是自我清潔的器官，所以絕不能讓水或其他任何東西進入到鼻子和耳朵裡。如無醫生的囑咐，絕不能用滴劑滴鼻子或耳朵。

④新生兒在3～4週期間不必剪指甲。如果指甲刮傷皮膚，可在洗澡後指甲泡軟時用剪刀修掉。最好在寶寶睡覺時修剪，要沿著指尖的形狀小心修短。

⑤臍帶不需清潔，洗澡後，用乾毛巾擦乾即可。

⑥稍微翻開女寶寶外陰脣清潔。清洗時應小心從前至肛門擦，減少細菌傳染的危險性。對男寶寶的包皮則往後輕輕拉起來清潔即可。

新生兒臍帶護理

臍帶是胎兒與媽媽胎盤相連接的帶子，是媽媽供給胎兒營養和胎兒排泄廢物的必經之道。寶寶出生後，臍帶就失去了作用，故胎兒出生後，在離身體1～2公分處將臍帶結紮切斷，隨後會逐漸乾枯，7天至一個月左右即會脫落，若超過1個月仍無明顯萎縮脫落，則須進一步就醫，檢視是否免疫系統出問題。

因為臍帶血管與新生兒的血液相連，如果保護不好會發生感染，甚至造成敗血症而危及生命。所以，臍帶沒有脫落時要保持臍部乾燥，洗澡後最好用棉棒蘸75%酒精擦拭臍根部消毒，擦時從臍根部呈螺旋動作向四周擦拭，不可來回亂擦，以免把周圍皮膚的細菌帶入臍根部。

臍帶脫落後，在根部會形成一層痂皮，要讓這層痂皮自然脫落。痂皮脫落的局部會有些潮溼或有漿液樣的分泌物，可用棉棒蘸75%酒精擦淨，還可在臍根部塗硝酸銀來處理臍息肉的問題，但只能塗在臍根部，不要塗在周圍皮膚上。塗藥後可用消毒紗布包紮，隔天再續用75%酒精消毒。臍根部如有膿性分泌物、有臭味、周圍皮膚紅腫、有肉芽組織生長等症狀，應及時到醫院就診。

新生兒口腔和眼睛護理

新生兒剛出生時，口腔常帶有一些分泌物，這是正常現象，無需擦去。為了清潔口腔，媽媽可以偶而餵新生兒少量白開水，以清潔口腔的分泌物。新生兒的口腔黏膜嬌嫩，切勿有任何損傷。不要用紗布擦口腔，牙齒邊緣的灰白色小隆起或兩頰的脂肪墊都是正常現象，切勿挑割。如果口腔有髒物，可用消毒棉球擦拭，注意動作要輕柔。

新生兒的眼睛也要保持清潔，每次洗臉前應先將眼睛擦洗乾淨，平時也要注意及時將分泌物擦去。如果眼部分泌物過多，可滴氯黴素眼藥水，雙眼每次各滴藥1滴，每日4次。出生後3個月左右，寶寶早上起床時，有時眼角或外眼角有眼屎，或眼睛總是淚汪汪，大多是因睫毛倒向眼內，觸到眼球的緣故，或鼻淚管阻塞所致。倒睫毛刺激了角膜，所以流淚或有眼屎，不必對此太緊張，只要用手將眼皮輕輕撥開，使眼睫毛離開眼球即可。6個月後孩子臉部不再過於豐滿時，這種現象會自然消除。另外，經常幫嬰兒做鼻淚管按摩，以減少阻塞導致眼睛分泌物過敏。

注意觀察寶寶的囟門

寶寶在1歲半內，頭蓋骨還沒有發育好，頭部各塊顱骨間留有縫隙。位於頭部中央靠前一點的地方，有一塊菱形間隙，一半斜徑有1.5～2公分，醫學上稱為前囟。用手摸上去有跳動感覺，是頭皮下的血管中血液在流動，不是病態。

有經驗的人知道，寶寶生某些病時，囟門會發生變化，如吐瀉嚴重、脫水會出現囟門凹陷的現象；腦膜炎則腦壓增高，囟門會凸起。

醫師指點

囟門一般在1歲半左右閉合，如囟門閉合過早，可能是腦發育不良，小頭畸形；若囟門閉合過晚，則可能患有軟骨症或甲狀腺功能低下症。

寶寶鼻癤不要擠壓

鼻癤為鼻尖或鼻前庭部毛囊或皮脂腺被葡萄球菌感染所致，如處理不當可能發生海綿竇栓塞及其他顱內感染。因臉部靜脈內無靜脈瓣膜，血液可上下流通，這與四肢靜脈只能向一個方向流動有所不同。故此，如擠壓鼻癤，細菌感染可經臉部靜脈，經過內眥靜脈、眶上靜脈到達顱內海綿竇內而引起顱內感染，故小兒鼻癤切勿擠壓。

胎記不需要治療

寶寶出生後乃至一段時間裡，可以見到身上有青色的斑塊，就是我們說的「胎記」，俗稱「蒙古斑」。多見於背部、骶骨部、臀部，少見於四肢，偶發於頭部、臉部，形態大小不等，顏色深淺各異。這種青色斑是胎兒時期色素細胞堆積的結果，對身體沒有什麼影響，隨著年齡的增長，到兒童時期會逐漸消褪，不需要治療。

新生兒注射卡介苗

寶寶在出生後第2天即可接種卡介苗，接種後，可獲得結核菌的一定免疫能力。

新生兒接種卡介苗後，無特殊情況一般不會引起發燒等全身性反應。在接種後2～8週，局部出現紅腫硬結，逐漸形成小膿瘡，以後自行消退。有的膿瘡穿破，形成淺表潰瘍，直徑不超過0.5公分，然後結痂，痂皮脫落後，局部可留下永久性瘢痕，俗稱卡疤。為了判斷卡介苗接種是否成功，一般新生兒接種卡介苗後，2～3月就可以產生有效免疫力，大約2～5年後，在小學1年級時，再進行結核菌素試驗（OT試驗），如呈陰性，可再接種1次。

早產兒、低體重兒以及有明顯先天畸形、皮膚病等寶寶，忌接種，視

情況由接種人員告知何時接種。

卡介苗的護理

卡介苗是皮內接種，出現的反應較重，且持續的時間也較長，因此須細心護理。

卡介苗一般接種在左上臂外側。接種後2～3天內，注射部位可見有針尖大小略有紅腫的針眼，很快會消失，恢復正常皮膚。在此期間，給新生兒洗澡時應避免洗澡水弄溼注射部位，可用乾淨的手帕或紗布包紮局部；不可用手去觸摸，保持局部清潔，避免細菌感染。

若接種2～3週後出現局部反應，尤其是有「化膿」現象時，應經常更換內衣，以免膿液沾在衣服上，經常摩擦會影響局部潰瘍面的癒合，同時也要避免其他細菌感染。當局部形成膿腫時，切不可用手去擠壓，以免加重反應。

接種卡介苗後的局部反應須經過2～3個月才會結束，這段期間，最好用母乳哺育，以增強寶寶自身的抵抗力，並保持室內空氣流通。

新生兒的優育要點

新生兒必須細心護理，歸納起來，主要方法如下：
1 母子皮膚宜相碰、多接觸。
2 儘早餵母奶，讓寶寶多吸吮，餓了就餵。
3 多摟抱，多撫摸，多說話，多微笑。
4 尊重個性，讓寶寶充分享受母愛。
5 讓寶寶看臉譜，握搖鈴，聽音樂。
6 學逗寶寶笑、學抬頭，學爬行、學走路。

7 寶寶哭聲的「翻譯」與處理。

8 留心寶寶視聽能力，護理臍帶預防感染。

9 剛出生寶寶接種卡介苗、B型肝炎疫苗。

10 滿月常規檢查，注射第二劑B型肝炎疫苗。

新生兒的周圍環境

由於新生兒的抵抗能力較差，皮膚黏膜、呼吸道和消化道感染比較多見，如果不及時控制，容易導致敗血症，甚至危及寶寶生命。

因此，新生兒衣、食、住的衛生必須格外重視。首先居室空氣要新鮮，保持通風，寶寶不能直接吹風；地面不能乾掃，要用溼拖把拖地，防止灰塵飛揚；接觸新生兒的人要先洗淨雙手，常換衣服，感冒生病時盡量減少與新生兒接觸；媽媽要經常更換內衣，餵奶前先洗手，不需用生理食鹽水或肥皂水洗淨乳頭；寶寶的衣物、床單、被褥要保持清潔，常洗、常換、常晒。

新生兒的房間布置

1 溫暖、舒適、寧靜

新生兒從媽媽的肚子裡來到人間，其生存環境和方式都發生了很大的變化。身體的組織器官還十分嬌嫩，功能尚不健全，身體抵抗力較差，容易受外界環境的改變而影響成長發育，甚至患病，需要很長的適應過程。因此，爸媽有必要為

寶寶創造一個溫暖、舒適的生活環境，讓寶寶健康茁壯成長。

寶寶的房間要保持安靜。寶寶一出生就要自行呼吸，心臟等循環器官

也要進行大改造。為了不妨礙這些變化和改造，也為了母體恢復分娩的疲勞，均需保持安靜。若是無法保持安靜，等於增加了嬰兒的運動量，為此要多消耗氧氣，而為了補充多消耗的氧氣，寶寶就得加大呼吸量，然而此時寶寶的呼吸器官功能尚不健全、成熟。

所以，要盡量使寶寶能夠安靜的睡覺，但也不須過度小心，在寶寶附近走路時踮著腳，或說話時附耳低語。過於寂靜反而使寶寶變得神經質，稍有聲響便會受到驚嚇，但對於令人煩躁的噪音應盡量避免，千萬別刺激寶寶的聽力和神經。

２光照、通風、不潮溼

新生兒大多數時間處於睡眠狀態，為此要為寶寶準備較為安靜的房間，進出的人少，光照好、通風好、不潮溼，周圍環境又安靜的房間最理想，最好是和媽媽有專用的房間；或者在房間較好的位置為寶寶設個角落，讓媽媽能隨時關照寶寶。

保持內外空氣流通

為了保持寶寶房間安靜，關門閉窗，但也要適時打開門窗，讓空氣自由流通。特別是新生兒和坐月子的媽媽，奶水、尿布等容易發出氣味，混雜在一起並不好聞，因此室內外空氣流通很重要。同時，還能訓練寶寶的眼睛，促進新陳代謝，有益呼吸道健康。

寶寶出生2週後，從習慣室內空氣開始，打開窗戶，讓寶寶呼吸5分鐘的新鮮空氣。2～3天後，等寶寶習慣後，就可以帶到室外，呼吸新鮮空氣（一開始5分鐘左右），慢慢再延長時間，但對未滿月的寶寶不能超過20分鐘，以免受到風寒。到室外呼吸新鮮空氣，要選擇適當的時間和地點。夏天上午10點左右或下午3點以後，冬天在正午前後，春秋最好在上午10點到下午2點。炎熱的夏天，要在涼爽的樹蔭下；寒冷的冬天，要選無風或風不大的時間，有日光的地方最好，但不要讓陽光直射寶寶頭部；絕不帶寶寶到人多、有灰塵的地方。

新生兒日光浴和盆浴

日光浴

當寶寶習慣外面的空氣後，就可以開始日光浴了。日光浴使寶寶的血液循環通暢，增加鈣質和維生素D，使骨頭、牙齒和肌肉結實，促使身體吸收鈣，預防軟骨症。還可以滿足寶寶手腳想自由活動的欲望，進一步增進睡眠和食欲。

從出生後1個月開始日光浴，但由於陽光直射的刺激很強，應循序漸進。在有陽光直射的室內，先從腳開始，過4～5天習慣後，從膝蓋到下身再照4～5天，然後再到大腿，又4～5天的間隔，依次到腹部、胸部，直至全身日光浴。

局部日光浴大約經過1個月就可以進行每日30分鐘的全身照晒。夏天紫外線強烈，即使室內散射的光線很充足，因此沒有做日光浴的必要。陽光較少的冬季，則應特別注意。做日光浴時應注意以下幾點：

1 在炎熱的夏季，可以在上午9～10點和下午4～5點，避開陽光最強烈的時刻。在寒冷的冬季，要選擇天氣較好的中午，但要注意保暖。

2 不要讓陽光直射在寶寶的頭部或臉部，要戴上帽子或蓋著遮陽，特別要注意保護眼睛。

3 在室內做日光浴時不能只透過玻璃窗，必須打開窗戶，在陽光下照晒。陽光強的時候，注意不要灼傷皮膚；在寒冷季節，如能找到向陽背風的地方，裸晒也無妨。

4 做完日光浴後，要用乾毛巾或紗布仔細擦乾汗漬，更換內衣，可餵寶寶少許白開水。

5 如果寶寶明顯身體不舒服或生病時，應停止日光浴。如果是感冒，沒發燒，情緒好，照常進行無妨。

6 患溼疹且很嚴重時，不要讓陽光直接照射患部。

盆浴

盆浴時，水溫適度，雙手托住寶寶的胸腹部放入盆內，讓寶寶在水裡拍打，有利四肢和軀幹的靈活，促進肌肉發育，提高免疫力，調節神經功能，有助於有節奏的呼吸及代謝功能，增進肺功能和血液氧化作用，促進成長發育，消除消化不良，培養寶寶的靈活度和勇敢的精神。

愛心 提示

訓練寶寶游泳應根據實際情況而定，不要勉強。如寶寶不太適應，應停幾天再試；如果寶寶很高興，則可以隔一天游一次泳，唯時間不宜過久，以5～10分鐘為佳，隨著寶寶年齡增長，可逐漸延長時間。

嬰兒床的放置

許多媽媽怕寶寶受涼及照顧方便，喜歡和寶寶睡在一起，這並不是很好的方式。首先，不利於寶寶和媽媽的休息；寶寶和媽媽擠在一起，媽媽睡熟翻身容易壓到寶寶的臉部；如果媽媽喜歡側躺在床上餵奶，睡著後乳房易堵住寶寶的鼻子，易引起窒息；寶寶和大人同睡一床，呼吸的空氣比較污濁，如果媽媽生病，很容易傳染給寶寶。

最好的方法是在媽媽床邊放一張小床，既便於照顧，又保持一定距離，也給寶寶提供一個安全場所。

嬰兒床四周應有圍欄，不能太寬，高度20～30公分為宜，一面或兩面能有可以上下拉動的「拉門」且必須堅固，關閉時要絕對安全。寶寶還小時，可用床圍將欄杆包起來，以防頭、手、腳卡住發生意外。嬰兒床所有的邊角都要避免銳角。高度和成人床相同或略高，如此照護寶寶比較方便省力。可以在小床頭離寶寶約30公分高處懸掛色彩鮮豔的玩具。嬰兒床不

要長期安放在同位置，以免寶寶眼睛固定盯著相同的東西看，時間長了易造成斜視。嬰兒床要定期拿到外面晒太陽，有消毒殺菌作用，也有助於寶寶健康。

新生兒的寢具用品

寶寶降臨前，爸媽會為他準備適宜的寢具，包括被褥及枕頭。

墊褥選擇不要太軟太厚為適宜，因為薄的、稍微有點硬度的墊褥，寶寶睡在上面不會往下沉，比較舒服，也有助於寶寶脊柱的發育。床單最好採用純棉製品，吸水性好，便於洗滌和陽光消毒。新蓋被以柔軟為宜，被套應選擇全棉製品，透氣性能好，對寶寶皮膚無刺激性。蓋被不宜太大、太厚，同時要準備兩條小童毯，可根據室溫增減。墊褥、蓋被每週晒1次，被子會比較鬆軟暖和，還有消毒殺菌作用。

對2～3個月大以上的小寶寶來說，選擇適宜的枕頭也非常重要。首先，枕頭的長度應與其肩寬相等或稍寬，寬度略比頭長，高度2～3公分。隨著寶寶長大，應適當更換枕頭。如果枕頭過低，使胃的位置相對高，容易引起吐奶；枕頭過高，則不利於寶寶脊柱與頸部彎曲的形成。剛出生的寶寶脊柱幾乎是直的，可不用枕頭；隨著成長發育，2～3月大時會出現脊柱的3個生理彎曲，這時使用枕頭，對於維持身體正常姿勢平衡及脊髓功能有重要意義。

枕套最好用棉布，保持柔軟、透氣；枕芯應有一定的軟度，可選蕎麥皮或蒲絨，泡沫塑料枕芯透氣性差，最好不用。質地硬的枕頭易使寶寶的顱骨變形；彈性太大的枕頭，易使頭的重量下壓，半邊頭皮緊貼枕頭，血流不暢。為寶寶選擇枕頭時，要從高度、硬度、通風散熱排汗、不變形等各方面綜合考慮。

新生兒的睡眠

新生兒期是人一生中睡眠時間最多的時期，每天要睡20～22小時，其睡眠週期約45分鐘。睡眠週期隨寶寶成長逐漸延長，成人為90～120分鐘。睡眠週期包括淺睡和深睡，在新生兒期淺睡占1/2，之後淺睡逐漸減少，到成年僅占總睡眠量的1/5～1/4。深睡時新生兒很少活動，平靜、眼球不轉動、呼吸規則；若是淺睡，會有吸吮動作，臉部有很多表情，有時好像在做鬼臉，有時微笑，有時噘嘴；眼睛雖然閉合，但眼球在眼瞼下轉動；四肢有時如舞蹈動作，有時伸伸懶腰或突然活動一下。寶寶在淺睡時有很多表情，不要把這些表情當作是寶寶的不適，而用過多的哺育或護理去打擾寶寶。新生兒出生後，睡眠節律未養成，夜間盡量少打擾，哺育間隔時間由2～3小時逐漸延長3～4小時，讓寶寶晚上多睡白天少睡，儘快和成人生活節奏相同，爸媽精神好，才能更好撫育寶寶。

新生兒愛睡覺

新生兒除了吃奶外，幾乎所有時間都在睡覺，一天中需睡20～22小時，這是一種生理性的抑制過程。新生兒的腦相對大，其重量為出生體重的10～20％（成人僅2％），但腦溝、腦迴尚未形成，大腦皮質興奮性低；神經活動過程弱，外界刺激相對過強，因此易疲勞，此又會使皮質興奮性進一步低下，從而進入睡眠狀態。

一般新生兒一天的睡眠時間為20～22小時，2～3個月為16～18小時，

5～9個月為15～16小時，1歲為14～15小時，2～3歲為12～13小時，4～5歲為11～12小時，7～13歲為9～10小時。也有少數寶寶在最初幾個月裡就格外清醒，若看上去精神很好，也不必多慮。

讓寶寶睡眠充足

1 布置單獨的小床

原則上，從寶寶出生後，就可以讓他單獨睡。為寶寶準備一張小床單獨睡，對寶寶的成長發育和良好睡眠習慣都有助益。寶寶單獨睡小床，小床就是他活動小天地。可以在小床頭上方掛些紅、藍、黃色的彩球或玩具，寶寶醒來時用來訓練其視覺、聽覺和頭眼的協調性，對智力發育很有幫助。所以，讓寶寶單獨睡一床，從小訓練寶寶不依戀媽媽的良好習慣，這對培養寶寶的獨立生活能力和自立性格有好處。寶寶單獨睡，媽媽也可以安心入睡。

通常，寶寶的小床會放置在大床邊，便於睡覺時隨時抱起來餵奶和換尿片、蓋被褥等生活照料。小床的四周要有欄杆，床墊最好是木板或彈簧床，不宜睡軟床。可以不放枕頭，由於寶寶的脊柱是直的，沒有生理變曲，沒有枕頭一樣可以睡得舒適。被褥選用質地柔軟、保暖性佳、顏色淺淡的棉布做成，不要用合成纖維或尼龍織品，這些化纖織物不吸水、透氣性差，容易造成皮膚負擔。床褥上可墊防水布，預防大小便污染床褥。床上的用品要經常洗曬，保持清潔衛生，柔和舒適。

2 確保良好的睡眠

剛出生的寶寶除了哺乳時間，全天幾乎處於睡眠狀態。寶寶有充足的睡眠，才能促進身體和智力的發育，特別有助於骨骼的成長。睡眠正常規律的寶寶精神飽滿，成長發育良好。如果睡眠常受到干擾，會表現愛哭鬧、煩躁不安、打嚏驚悸、飲食不振、體重增長緩慢、抵抗力降低、反

應遲鈍。要使寶寶的睡眠品質好，養成有規律的睡眠習慣，要從新生兒做起。具體做法如下：

(1)不要過飢或過飽：母乳不足時，寶寶會餓醒啼哭；餵得過飽時，由於腹部不適，也難入睡。

(2)營造良好的睡眠條件：室內力求安靜；空氣新鮮；避免強光刺激；室溫不宜過高。

(3)被褥柔軟乾淨常曝晒、拆洗：不要蓋太重的被褥，應隨季節、室溫的變化而增減；睡前要換好乾軟的尿布；衣服要輕柔舒適，使肢體舒展，氣血暢通。

(4)睡前不要逗弄寶寶：以免過度興奮，也不要抱著搖晃、拍哄等，養成寶寶自然睡眠的習慣。

(5)新生兒哭泣不分晝夜：為了逐漸延長夜間的睡眠時間，讓爸媽也能得到休息，睡前要餵飽，換好尿布。

3 訓練寶寶安睡

剛出生的寶寶有時晚上不睡覺，不是哭就是鬧，稱為「小兒夜啼」或稱「嬰兒腹絞痛」。這情況常見於3個月以下嬰兒，真正原因不明，但不會影響嬰兒成長發育。

如果寶寶不是因為有病哭鬧，就必須想辦法解決夜哭問題，可以試試下面的「5個晚上訓練法」：

(1)第1個晚上：即在原來固定的餵奶時間哺育寶寶後，在他還醒著時就放在床上，讓其自行安睡。在半夜，必須聽到哭聲後才走到床邊，先檢查尿布，但不要抱起來，只輕輕拍拍他或和小聲說話。如此過10～20分鐘後，寶寶若仍不入睡，再抱起來。此時盡量拖延至20分鐘後才餵少量開水。記住，不要先餵奶。餵完水後讓寶寶安睡。如果還是不睡，再餵奶。

(2)第2個晚上：固定餵奶時間，應比第1個晚上晚30分鐘。寶寶如果半夜醒來，處理方法同前一晚，採用拖延戰術，要比頭一晚多拖延5～10分鐘才把他抱起來，如果哭得凶，也比第一晚多拖15分鐘再餵水。

(3)**第3個晚上**：依第2個晚上的方式繼續做，但每個環節應試著再多拖延10～20分鐘。

(4)**第4個晚上**：經過3天的訓練，寶寶大致已能睡到早上5～6點。施行的步驟仍同前晚，唯不同的是，寶寶醒來時，等10～20分鐘再去理他。

(5)**第5個晚上**：按前4天推算，固定餵奶時間應接近半夜了，此時可視情況，開始將餵奶時間提早30分鐘，調整到大人正常休息之前，並繼續將寶寶第2天早上醒來後的餵奶時間延遲10～20分鐘，直到寶寶被訓練成在大人起床後才醒為止。

4 營造睡眠情境

隨著寶寶逐漸長大，睡眠時間也逐漸減少，就會建立自己的睡眠習慣。良好的睡眠習慣就是按時睡，按時醒，自動入睡，睡得安穩。這樣，寶寶醒後自會精神飽滿、情緒愉快，活潑可愛，好玩好動。要培養寶寶的良好睡眠習慣，就必須採取必要的措施。

(1)保持室內空氣新鮮、溼潤，光線要暗些，電視、收錄音機的聲音要低，說話聲音也要放輕，使寶寶入睡得快、睡得熟。

(2)每天睡前給寶寶洗澡，換穿乾淨衣服；冬季若不便每天洗澡，也必須洗臉、洗手、洗淨臀部和腳，換乾淨衣服和尿布再睡。

(3)被褥要清潔、舒適、適合季節特點，被褥、被罩、床單、睡衣要勤洗、勤晒、勤換。睡衣要柔軟寬鬆，冷暖要適度，以寶寶睡下片刻後軀幹溫暖無汗為宜。

(4)白天餵奶後要有一定活動量，晚上才睡得沉；睡前不要過分逗引寶寶，會不易入睡。

(5)活潑型寶寶睡前常愛啼哭一陣後入睡，這是因為睡前疲乏不堪的表現，不是什麼大毛病。可以採用一些小辦法讓他習慣平時的睡眠姿勢，用固定的搖籃曲或低聲安慰、或輕輕拍撫，讓他在床上自己入睡：不要抱著

他連拍帶搖、又走又唱的哄睡，這樣入睡後常容易驚醒，睡得不安穩。

(6)要尊重寶寶的入睡姿勢，側臥、仰臥、俯臥均可，入睡一段時間後，再幫他變換成仰睡姿勢，使睡眠更舒服，能避免嬰兒猝死症發生。

(7)剛入睡時出汗較多，是寶寶的交感神經功能還不夠穩定的生理現象，不一定是軟骨症的症狀，可輕輕為他擦乾。

(8)寶寶熟睡時，可輕輕剪除長指甲，防止他抓傷自己或吃手指時把細菌帶入體內。可以每週剪1次，不宜剪太深，會損傷皮膚。

寶寶穿衣的禁忌

寶寶服裝樣式應按不同月齡、性別和季節特點來選擇。由於寶寶成長發育迅速和好動，所穿服裝不應束縛其活動；不得有礙自由呼吸、血液循環和消化；不應對皮膚有刺激和損害；不能使用腰帶，以防約束胸腹部。因此新生兒服裝樣式要簡單、寬鬆，且要易穿、易脫。上衣最好是無領小和服，掩襟略寬過中線，大襟在腹前線處繫布帶，使腹部保暖。後襟較前襟

要短1/3，以免尿便污染和浸溼。這種上衣適於新生兒和2～3個月的寶寶。新生兒下身可穿連腿褲套，用鬆緊搭扣與上衣相連，可防止鬆緊腰帶對胸腹部的束縛，也便於更換尿布，還對下肢有較好的保暖作用，可避免換尿布時下肢受涼。

4～6個月的寶寶開始會翻身、爬行，活動量增大，這時可穿寬鬆背心的連腳開襠褲，這種衣褲保暖效果好、便於運動、又不束縛胸腹呼吸及活動等優點。這時寶寶正處於乳牙萌出期，唾液腺發育較好，常流口水浸溼頸、胸部。可給寶寶戴上圍兜，最好用吸水性好的純棉布、毛巾或多層棉紗布製作。

隨著月齡的增長，10～12個月的寶寶活動能力大大增強，活動範圍、活動量也隨之增大，開始扶站、扶走。這時衣服的大小、長短特別要注意合體，以便於活動，上衣袖不宜過長，褲子長短也需合適，仍以背帶褲或連衣褲最好。這時抱寶寶去戶外玩耍時，在褲腳上最好縫一鬆緊套，但不能太緊，影響血液循環，套在襪底上或鞋底下，以防抱寶寶時褲腿拉起，使寶寶小腿外露受涼。

預防新生兒被感染

新生兒抵抗力較弱，口腔、黏膜、皮膚以及臍帶都是細菌侵入的門戶，要注意預防感染，新生兒的房間、衣著、尿布都要保持清潔，加強新生兒的護理和合理哺育，盡量減少親友的探望和親抱。特別是患有感冒、肝炎、皮膚病、肺病的人，不要接觸新生兒。如果媽媽患了感冒，餵奶時要戴上口罩，以免傳染給新生兒。媽媽沒有良好的衛生習慣，新生兒就容易發生感染，對產婦來說，更要勤換內衣，勤剪指甲，如廁後、給新生兒沐浴及餵奶前，都要用肥皂洗淨雙手。

愛心提示

新生兒的居室要經常打掃，減少灰塵等於減少室內的細菌數。室內通風可以大幅度降低空氣中的細菌密度。

新生兒肝炎症候群

新生兒肝炎症候群是一種以持續性黃疸、血清膽紅素增高、肝或肝脾腫大及肝功能不正常為主的疾病症候群的總稱。是由多種致病因素引起，病毒感染為主要病因。除B型肝炎病毒外，其他多種病毒均可以透過胎盤感染給胎兒，使胎兒的肝臟致病，並連累其他臟器器官。除了病毒感染外，

多種細菌感染，部分先天性代謝缺陷疾病的肝臟病變，肝內外的膽道閉鎖及膽汁滯留症候群所致的肝臟損害等，均屬於新生兒肝炎症候群範圍。

新生兒發病的初期表現為黃疸顯現，起病緩慢，一般在出生後數天至數週內出現，並持續不退，病情較重，伴有吃奶差、噁心、嘔吐、消化不良、腹脹、體重不增、大便淺黃或灰白色、肝脾腫大等。當出現上述症狀時要及時治療，即很快恢復健康。

新生兒餵藥方法

新生兒對藥的感覺已非常靈敏，能夠區分出甜、苦、辣、酸等味道。若給予乳汁、糖水就張大口吞食；如果給苦味的藥，酸味或味道不好的東西，他會用舌把餵食的匙向外推出。新生兒的味覺相當發達且很敏感，味蕾的分布範圍比成年人大得多，占據整個舌面。

新生兒餵藥應注意以下幾點：

1 苦味藥物應放少許糖以減少苦味，不致拒食。

2 先餵藥再餵奶，可防止溢奶時連同藥物一起吐出。

3 餵藥前不要哺乳，以免拒食，且飽食後餵藥會引起嘔吐。

4 餵藥時忌捏鼻孔強行灌入，以免藥物嗆入氣管而致窒息的危險。

5 餵藥時可用小匙盛裝，順著口腔的頰側慢慢餵入嘴內，不易嗆咳。

6 餵完藥後，可餵一些溫開水，讓口腔中的藥物全部進入胃內。

7 注意藥片要磨成細粉，調成糊狀才能餵。

生病徵兆與表現

1 哭：哭是寶寶尋求幫助的唯一方式。新生兒哭時一般不流淚，因此難以知道他需要什麼。正常新生兒的哭，常是因為飢餓、口渴或尿布溼、環境溫度過低或過高引起。哭還是寶寶的語言，正常新生兒每天總會哭幾

次，如果不哭不鬧，反要特別注意，要確定其大腦發育是否正常。

2 呻吟：如果新生兒有呼吸或心臟疾病，導致肺功能明顯紊亂，或呼氣時有哼哼呻吟聲，表示病情很嚴重。持續呻吟要比間斷呻吟病情更重，應立即送醫診治。

3 嘔吐和溢奶：嘔吐是指乳汁自胃經口吐出，吐出時有較大的衝力，常伴有腹部肌肉的強烈收縮；溢奶是指乳汁自食道或胃經口溢出，一般用力不大，並不伴有腹部肌肉的強烈收縮。不論嘔吐或溢奶，都可能是哺育方法不當，或食物攝入量過多引起，也可能是胃腸道功能紊亂或先天性腸閉鎖、食道閉鎖等疾病造成。只要寶寶食慾好，日漸發胖，就屬正常，但要注意哺育方法，餵奶時取右側臥位，防止吐出物吸入呼吸道。如果嘔吐或溢奶伴有下列情況，應請醫生檢查：

(1)食慾減退，精神萎靡。

(2)發燒或前囟膨出。

(3)體重減輕或有脫水表現。

(4)嘔吐物帶血或呈黃綠色。

(5)常吐泡沫狀液體或流涎。

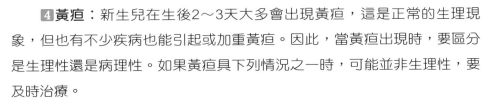

(6)腹脹或可見到胃、腸的蠕動波型。

(7)便祕或生後未排出胎糞者。

4 黃疸：新生兒在生後2～3天大多會出現黃疸，這是正常的生理現象，但也有不少疾病也能引起或加重黃疸。因此，當黃疸出現時，要區分是生理性還是病理性。如果黃疸具下列情況之一時，可能並非生理性，要及時治療。

(1)在出生後24小時內黃疸即相當明顯。

(2)黃疸遍及全身，呈橙黃色，並在短期內明顯加深。

(3)黃疸一度減退後又加深或出生後2～3週仍很明顯。

(4)大便顏色淡或呈白色，而尿色深黃。

(5)全身狀況不正常，發燒、食慾不佳、精神不好、兩眼發呆等。

⑤**呼吸**：新生兒正常呼吸時不費勁，每分鐘40次左右。若呼吸少，有些快慢不勻，幅度時深時淺，只要不伴有皮膚青紫或心跳減慢等現象，則屬正常。呼吸異常是指呼吸窘迫和呼吸暫停，有下列情況都要特別注意，需及時就醫治療。

(1)呼吸窘迫：即呼吸很費勁，吸氣時胸廓的軟組織及上腹部凹陷，呼氣時發出哼哼的呻吟聲；呼吸時兩側鼻翼翕動；呼吸速率明顯增快（每分鐘60次以上）或減慢（每分鐘30次以下），常伴有皮膚青紫。

(2)呼吸暫停：指病兒的呼吸停頓15秒以上，並且伴有臉色青灰、心跳減慢。早產兒發生機率較高，或嚴重感染時常見。

⑥**腹瀉**：母乳哺育的新生兒，每天大便可多達4～6次，外觀呈厚糊狀，有時稍帶綠色，多為金黃色稀便，屬正常。如果大便稀薄，水分多，為綠色稀便則為腹瀉；嚴重者水分甚多而糞質很少。腹瀉的原因很多：病毒或細菌感染、餵奶量或乳中含糖量過多、受涼等，也有少數因對牛奶蛋白過敏或腸道缺少消化、吸收乳糖的酶所致。

⑦**皮膚青紫**：皮膚呈藍紫色即為病變。新生兒剛出生時，由於生活環境驟然改變，心肺功能需要調整，皮膚有些青紫，但在出生20分鐘以後應逐漸消失，如沒消失則可能是病態。引起新生兒皮膚青紫的原因很多：單純青紫多為發紺型先天性心臟病，有些先天性心臟病兒皮膚會呈灰色；陣陣發青則由於中樞神經系統疾病或嚴重感染所致；另外，環境溫度低時，會發生唇部及四肢末端青紫，經保暖可隨之消失；有些寶寶在子宮內受壓，局部淤血，出生後臉部會有紫色斑，稱為「損傷性出血」，出生後可逐漸消失，不用擔心。

⑧**皮膚蒼白**：皮膚和黏膜蒼白也是一種病態，原因有：表淺血管收縮見於環境溫度過低，或有疾病時，或貧血因失血或溶血。出現這種情況應加以治療。

9 發燒：發燒也是新生兒在細菌或病毒感染時的重要表現之一。但新生兒感染後不一定都發燒，特別是出生體重輕或病情重的寶寶，甚至體溫低於平常。如果環境溫度過高也會使體溫上升，因此不能單純看體溫來判斷寶寶是否生病。體溫超過38℃必須看醫生，超過37.5℃可將室溫降低，多喝水、減少衣被、洗溫水浴，觀察體溫變化是否由於疾病所致。

10 驚厥：新生兒驚厥具有典型的抽搐症狀，有時只表現為：兩眼凝視、震顫或不斷眨眼；口部反覆有咀嚼、吸吮的動作；呼吸不規則、暫停，伴有皮膚青紫；臉部肌肉抽動；少數新生兒表現為：全身或一側肢體肌肉一陣陣抽顫或肌肉持續緊張。

驚厥是一種神經系統症狀，不一定都是腦部疾病，可由多種原因引起，如發高燒、水電解質紊亂、先天性心臟病引起腦缺氧、核黃疸、敗血症等。一旦發生，要查清原因，及時處理，切勿延誤。

新生兒在睡眠時，出現手指、足趾小抽動，醒後又一切正常，不要誤認為驚厥，此為新生兒抖動的正常表現。

黃疸的治療

新生兒黃疸是因血清膽紅素升高而引起皮膚及鞏膜感染，分生理性和病理性兩種。

1 生理性黃疸：在出生後第2～3天起出現並逐漸加深，第4～7天為高峰期，第2週開始逐漸減輕。黃疸有一定限度，其顏色不會呈金黃色。主要分布在臉部及軀幹部位，而小腿、前臂、手及足心常無明顯的黃疸。若抽血測定膽紅素，足月寶寶在黃疸高峰期不超過12毫克/分升，早產兒不超過15毫克／分升，但目前這個數值正在修訂中。

足月寶寶的生理性黃疸在第2週內會消退。寶寶體溫正常、食欲好、體重漸增、大便及尿色正常。

2病理性黃疸：出生後24小時內即出現黃疸，且程度重，呈金黃色或遍及全身，手心足底亦有較明顯的黃疸或血清膽紅素大於12～15毫克/分升；出生2～3週後黃疸仍持續不退甚至加深，或黃疸減輕後又加深；伴有貧血或大便顏色變淡者；有體溫不正常，食欲不佳、嘔吐等現象。

出現病理性黃疸時應特別注意，因為常是某種疾病的一種臨床表現，應積極尋找病因。此外，未結合的膽紅素濃度達到一定程度時，會通過血腦屏障損害腦細胞，引起死亡或留有腦性癱瘓、智能障礙等後遺症。所以一旦懷疑寶寶有病理性黃疸，應立即就診。

低鈣血症的治療

當新生兒血鈣總量在7.0毫克/分升以下，稱為低鈣血症，是新生兒驚厥的重要原因之一。其發病因素有多種，發病時間也不同。

1早期低血鈣：指出生後48小時以內出現的低血鈣症。由於暫時性甲狀旁腺功能受抑制所致，因在妊娠後期鈣經胎盤主動輸入胎兒的量增加，以致胎兒血清鈣增高，抑制了甲狀旁腺功能。本症多發生於出生低體重，或患窒息、呼吸窘迫症候群等，及母患糖尿病的寶寶身上，因其甲狀旁腺功能比正常寶寶差，鈣的儲備量少，腎排磷功能低，故易出現低血鈣症。

2晚期低血鈣：指出生後48小時至第3週末發生的低鈣血症。多見於人工哺育者，因牛乳、黃豆粉製的代乳品和穀類食品中含磷高，超過腎臟清除能力，於是血磷增加，致使鈣血降低。

3出生3週後發生的低血鈣：見於維生素D缺乏或先天性甲狀旁腺功能低下的寶寶。這種低血鈣持續時間長，多超過新生兒期。

新生兒低血鈣症的臨床表現輕重不一，主要表現有：不安、驚跳、震顫、驚厥，偶會出現喉痙攣和呼吸暫停。發作期間一般情況良好，但肌

張力稍高，腱反射增強。為本症患兒補充鈣劑可有特效。但必須到醫院就診，由專科醫生指導用藥。

溼肺症的治療

溼肺症（wet lung）又名新生兒暫時性呼吸急促，較多發生於足月兒或過期產兒。出生時有窒息史或剖腹產的寶寶較易發病。

寶寶在出生後短時間內出現呼吸急促，一分鐘60次以上，有時伴有發紺和呻吟，但一般情況尚佳。本病為一自限性疾病，一般在2～3天內會恢復正常，若有氣急、發紺時，可給氧氣吸入並及時住院治療，多見於剖腹產寶寶，症狀輕，癒後良好。

敗血症的治療

本症是嚴重的全身性細菌感染。由於細菌進入血液循環，不斷繁殖及產生毒素而致病，也可能同時停留在某些臟器上，發生轉移病灶的情形。

新生兒容易發生敗血症，因經過分娩過程時有感染機會，且本身免疫能力差，皮膚嫩薄，皮下血管豐富等，細菌容易進入血液循環，尤其當臍部未癒合或發炎時，更易導致細菌侵入。

1 臨床表現

早產兒表現為厭食、拒奶、溢奶、虛弱、臉色蒼白、口周發青、體重不增長、體溫不恆定，可能發燒、體溫正常或未升高。足月兒多表現為發燒、精神反應差、吃奶食慾差、煩燥不安、皮膚老化等。重症患者可能出現不規則的體溫，甚至高燒，有明顯中毒症狀，臉色蒼白、發青或發灰；安靜時出現心律增快、黃疸加重情形，可能發生高膽紅素血症。

新生兒敗血症常併發為肺炎，可見呼吸增快、不規律、嗆咳、嗆奶，並伴有腹脹、腹瀉和嘔吐，有時會發生瀰散性血管內凝血，引起嘔吐、便血或因肺出血而死亡。早期病例因局部病灶不明顯，只表現為全身症狀。

因此，當局部症狀不重，難以解釋全身中毒症狀時，應考慮是敗血症。

☑防治措施

雖然新生兒容易發生敗血症，但了解細菌入侵途徑後還是可以預防。

懷孕媽媽要做好產前檢查，以確保懷孕期健康和接生時無菌操作。對出生寶寶應每日清潔全身，大小便後清潔臀部；臍帶未脫落前要防止被大小便污染，包臍帶的紗布應消毒，臍部如有少許滲出或膿性分泌物，可用75%的酒精清潔臍部，如處理無效應到醫院就診；避免用布擦口腔而損傷口腔黏膜；室內需保持空氣新鮮；嬰兒如有皮膚感染、感冒、腹瀉等，須及時治療。

膿皰病的治療

新生兒膿皰病又稱天皰瘡及剝脫性皮膚炎。新生兒皮膚防禦功能差，較易發生傳染性膿皰病，並往往形成流行。

病原大多為金黃色葡萄球菌或溶血性鏈球菌。病症重者發生水泡，內含混濁液體，但不發生化膿和結痂，稱為新生兒膿皰瘡；更重者由於表皮和真皮聯繫薄弱，水皰破後發生全身的表皮剝脫，稱為剝脫性皮膚炎。

☐臨床表現

(1)單純性膿皰病：新生兒表皮柔嫩，易受感染而出現細小的膿皰，患處大多位於皮膚皺褶處。膿皰直徑2～3公釐，較周圍皮膚微高，基底微紅，大多在出生後第1週出現，或2週後才顯著。

(2)膿皰瘡：膿皰較大者自0.5至3～4公分，皰內含有透明或微濁的液體，當膨脹至相當程度時，即行破裂，形如灼傷。嚴重者可有全身症狀，並出現脫水及休克；輕者僅有微熱或體溫正常，經治療約需2週可痊癒。

(3)剝脫性皮膚炎：病重者皮膚感染迅速蔓延全身。先為皮膚發紅，隨

即大片脫落，偶可能先有少許天皰瘡，然後出現表皮剝脫。剝脫處紅溼如火灼，往往出現全身中毒症狀，如拒食、發燒、嘔吐、腹脹及休克，偶見黃疸，可於2～3日內發生性命危險。若倖免死亡，脫屑漸止，於1週後皮膚逐漸恢復原狀。

2 治療方法

初期只有少數小膿皰時，宜將表皮穿破，吸去液體，再用2％硝酸銀溶液點於患處，使患處皮膚變乾，或塗2％龍膽紫溶液（溶於水內，或溶於25％酒精內），或塗上新黴素0.5％油膏。患處四周的正常皮膚，應每隔2～3小時用75％酒精塗抹，以減少自體接觸感染的機會。若表皮已大塊剝脫，則應住院治療。

破傷風的治療

本病是由破傷風桿菌感染傷口所致。破傷風桿菌廣泛生存於泥土、塵埃、水、人類和畜類糞便中。新生兒破傷風可透過臍部傷口感染而得，主要是在接生斷臍時消毒不徹底，經由接生員的手或各種用具（包括剪刀、紗布和繃帶等），將破傷風桿菌帶到新生兒的臍部傷口，細菌在臍部傷口繁殖生長，不斷產生毒素，毒素和神經結合後，透過神經通路傳到腦部和脊髓。

新生兒破傷風的起病時間多在出生後第4～7天，發病時間愈早病情愈重，則癒後愈差。早期症狀有哭鬧、煩躁、張口困難、不會吸吮乳頭等。進一步發展便可出現典型表現，如：苦笑面容，表現為牙關緊閉，臉部肌肉痙攣，眉毛上抬，額紋明顯，口角向外牽引，全身肌肉呈強直性抽筋；此外，外界刺激如微不足道的聲、光、輕觸、餵水、換尿布等，都能誘發患兒抽筋。所以，要保持周圍環境安靜，並立即送醫院治療。

愛心提示

本病多因使用未消毒的剪刀斷臍及污染的繩線結紮臍帶，破傷風桿菌從臍部侵入所致，故預防應做到：強調新法接生；若遇急產、臍帶未適當處理者，宜重新處理，可用無菌操作剪去一段，再另行結紮，也可肌肉注射青黴素及破傷風抗毒素1,500單位來預防。

結膜炎的治療

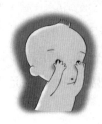

分娩過程如果產婦陰道內的病菌侵入寶寶眼中，便可能發生新生兒結膜炎；倘胎膜早破，胎兒在宮內也易受到細菌的感染而發病；或出生後，由媽媽或護理人員的手指和毛巾污染而發病。常見病原菌為：肺炎球菌、葡萄球菌、大腸桿菌和巨細胞包涵體病毒等。

1臨床表現：一般在出生時或2～3天出現症狀，兩側眼瞼紅腫，有膿性分泌物。由於巨細胞包涵體病毒所致的結膜炎常發生在溫暖季節，發病緩慢，於出生後5～10天出現症狀，以結膜下穹為顯著，球結膜亦可受到波及，如不及時治療，經過1～2週後易遷延成慢性，可長達1年之久，偶會引致脈絡膜視網膜炎及視神經萎縮。

2防治措施：用0.25％氯黴素或0.5％卡那黴素點眼，1日4次，每次點眼前先清除兩眼分泌物，直到痊癒為止。一般治療1週左右即可。

壞死性腸炎的治療

本病一般發生在體重低於2,500公克的早產兒，尤其多見於體重小於1,500公克的出生兒。於出生時曾發生過窒息，或出生後曾有缺氧、敗血症或腹瀉等疾病的早產兒，更易引發本病。

本症發病原因，可能和腸壁缺氧及腸道細菌感染關係密切。因缺氧時身體調整血流分布，為了使重要器官得到較多氧氣，腸壁缺氧更嚴重；再

因腸壁受損，腸道細菌乘機侵入，可引起腸黏膜壞死，重者腸壁各層都可能壞死，甚至併發腸穿孔。本症無明顯季節性，男女發病機率大致相同。有窒息、換血等誘因者，發病多在出生後2週內，以2～10天為高峰。因腹瀉、敗血症或無誘因而發病的寶寶，則起病年齡較晚，在出生後3～4週甚或7～8週發病。

本病症狀以腹脹、腹瀉、嘔吐、便血為主，分輕症和重症。輕症僅有輕度和中度腹脹，以腹瀉和嘔吐、便血為主，腹瀉和嘔吐次數不多，每日1～3次，大便稀薄，伴有少量血液，有時大便顏色深，呈潛血陽性；重症者腹脹明顯，甚至腹壁發亮，可看到腸型，腹瀉和嘔吐次數可多可少，便血量多，成為果醬樣便或黑糞，嘔吐物呈咖啡狀或吐鮮血，嚴重者腹壁紅腫並伴有肌肉緊張。全身症狀有：發燒或體溫不升，出現神智萎靡，心率減慢、呼吸不規則或呼吸暫停，有的病例可併發腸穿孔和腹膜炎，有的併發敗血症。

愛心提示

新生兒在治療期間應嚴格禁食，停止一切餵哺7～14天，禁食期間從靜脈滴入葡萄糖液、生理食鹽水和營養液，有時需輸血或血漿，待症狀消失後開始餵糖水和餵奶，皆從少量到多量，逐漸增加。為控制腸道細菌感染需用抗生素治療，如用第3代頭孢菌素和氯苄青黴素等。

肺炎的治療

1感染性肺炎：感染可能發生在出生前、娩出時及出生後，發病的時間不一。患兒的反應差，食慾不佳、吸吮無力、口吐泡沫，常有呼吸困難、發紫等表現；有的患兒有咳嗽症狀，有的則出現呼吸暫停；部分患兒

肺部有細水泡音，但大部分並無明顯症狀，需經X光檢查才被證實。除根據病原體選用抗菌藥物外，呼吸急促、發紫者尚需供氧，營養維持和保暖也很重要，大部分患兒要住院治療。媽媽臨產有感染或羊膜早破水者，可酌情給新生兒用抗生素預防，新生兒有上呼吸道感染時應及時治療。

❷**吸入性肺炎**：是由於吸入羊水或胎便引起的肺炎。胎兒在宮內或娩出過程如缺氧會出現呼吸運動，以致吸入羊水或帶有胎便的羊水。足月兒及過熟兒相對較易發生。一般在出生後即有呼吸急促、發紫等症狀，肺部聽診可聞及水泡音；胎便吸入者較易併發氣胸。病情輕者1～2天內症狀即可減輕，重症會導致呼吸衰竭。避免子宮內缺氧是預防本病的關鍵，若已有羊水或胎便吸入，在剛娩出時應盡量將吸入物吸出。

發燒的治療

正常人腋下溫度在36～37℃間（試表調節時間5分鐘為準）。寶寶餵奶或飯後，運動、哭鬧、衣被過厚、室溫過高等，都可使體溫暫時升高達37.5℃左右，尤其是新生兒、小嬰兒更容易受上述條件影響，有時甚至可達38℃以上。所以，一般認為肛溫38℃以上為發燒。

❶**發病原因**：寶寶發燒主要是由於細菌、病毒或其他病原微生物感染引起。如常見的流行性感冒、肺炎、敗血症、痢疾等，都常引起發燒。發燒還可由於非感染性疾病引起，如藥物過敏、中暑、脫水、嚴重燒傷、創傷等。另外，疫苗接種後也可能會短暫發燒。

❷**病狀表現**：發燒既是疾病的一種症狀，也是身體與疾病作戰的結果。身體弱的寶寶或早產兒，即使有嚴重感染也可能不發燒，甚至體溫低於正常，所以不能單純以發燒高低來判斷病情輕重。發燒時，除體溫升高外，還可能伴有四肢發涼、臉紅、呼吸急促、脈搏心跳加快、煩躁不安、消化功能紊亂，如腹瀉、嘔吐、腹脹、便祕等症狀。少數可能發生高燒驚

厥，發燒時心跳加快、血液循環旺盛、白血球增高，抗體產生增加，這些都有助於身體與疾病作戰。

▋3 **注意事項**：在病因不明時，不能急於用大量退燒藥，易抑制身體防禦疾病的能力，又可能把發燒形式搞亂，影響疾病的診斷和治療。任何疾病都有一定的發展過程，即使診斷明確，用藥及時，也可能要持續2～3天才能退燒，有些病毒感染或較嚴重的細菌感染，要持續3～5天甚至1週以上。對於高燒39℃以上，尤其有高燒抽筋史的寶寶，要及時給予退燒。有些寶寶對某些退燒藥過敏，用藥後會起皮疹、誘發哮喘等。退燒藥都有一定不良反應，故切勿濫用。

▋4 **治療方法**

(1)發燒時，食欲明顯減退，應少量多餐，以可口、清爽、少油膩為原則。

(2)發燒時，需注意高燒驚厥，當體溫超過39.5℃，應採取退燒措施。

(3)物理降溫方法：降低環境溫度，利用電扇或冷氣來通風換氣。大孩童可利用冰枕、冷溼毛巾置於大血管處，如頸部兩側、腋窩、腹股溝，以降低血液溫度，但注意防止凍傷；亦可置於頭部、前額，來降低顱內溫度，但新生兒及較小嬰幼兒則建議用溫水進行擦浴，加速散熱。大孩童可用藥物退燒，如普拿疼應在醫生的指導下使用；若是小於3個月以下的嬰幼兒發燒，會建議住院作詳細檢查，尋找病因。

發燒抽筋的措施

6個月大以上的寶寶由於神經系統還未發育成熟，在39℃的高燒時易出現抽筋，即肌肉不能控制的收縮和意識障礙。寶寶發燒時要防止抽筋，可採取下列措施（建議使用於較大嬰孩）。

▋1 **降溫**：用冷水或冰袋敷頭，使頭部溫度降低。

▋2 **擦浴**：若寶寶身體發燙全身又無汗，可用溫水輕擦四肢和胸背，尤

其是腋下、肘部、頸部、大腿根部及腋窩等血管豐富的部位。

③雙足保暖：若寶寶雙足發涼表示身體血液循環不良，可用熱水袋或37～38℃的溫水浸泡雙足讓血液流通，以利於腦部降溫防止抽筋，並及時送醫院治療。途中應保暖，但不可穿得過多，以防體溫上升。

④注意保暖：寶寶發燒時若身上出大汗，口脣發紫，不可冷敷降溫或擦浴，而是稍微注意保暖，但不可過度保暖，因為若保暖過度，反而會造成體溫升得更高。

有抽筋史的寶寶在下次發燒時也容易抽筋，所以應預防感冒等疾病，此外，若寶寶低血鈣，可能在體溫不太高時就抽筋，尤其是患軟骨症的寶寶一定要注意。對抽筋的寶寶應檢查血鈣，以考慮補鈣，防發燒抽筋。

愛心提示

寶寶在發燒時應保持呼吸通暢，多喝開水，少量多餐。此外，在寶寶發熱時也不要隨意晃動寶寶，以免誘發抽筋。

甲狀腺功能低下症的預防

甲狀腺功能低下症（又稱甲狀腺功能減退症）是由於寶寶體內缺少甲狀腺素引起的一種疾病。甲狀腺素是人體成長發育不可少的內分泌激素。寶寶缺乏這種激素會影響腦細胞和骨骼的發育，若在出生後到1歲內不能早期發現與治療，則會造成終身智力低下以及身材矮小的遺憾。

甲狀腺功能低下症主要病因有：一是某些地區缺乏微量元素碘，缺碘的婦女懷孕後，供給胎兒的碘就不足，導致胎兒期缺乏甲狀腺素。二是寶

寶先天甲狀腺功能發育不良,及早治療,才不影響寶寶的智力發育。

如何早期發現呢?在新生兒期如果寶寶黃疸持續不退、吃奶差、反應遲鈍、愛睡覺、很少哭鬧、經常便祕、哭聲與正常寶寶不一樣、聲音嘶啞等症狀時,應就醫檢查。如果延誤診斷,到2~3個月時會發現更多的症狀,如:舌大且常伸出口外、鼻梁塌平、脖子短、頭髮乾且黃又稀疏、皮膚乾燥粗糙、肚子相對較大,這時便不可再耽誤,一定要儘早診治。新生兒代謝疾病篩檢包含這項檢查,可儘早發現。

出生第2個月

2個月寶寶的照顧

寶寶離開媽媽的子宮2個月了，但還很嬌弱，適應能力差、抵抗力較低，媽媽應多了解育嬰的相關知識或請教有經驗的人，作為照護的參考，例如：培養寶寶良好的生活習慣，應從這個月做起；母乳哺育，仍然是寶寶最佳的選擇；出生滿2個月時，記得要接種小兒麻痺疫苗。

2個月寶寶的成長發育	
體重	出生後第2個月體重可增加800～1,000公克。到第2個月底，可增加到4,200～4,700公克，有的甚至可達4,800～5,100公克。
身高	到第2個月底，身高為55～57公分。
頭圍	到第2個月底，頭圍平均為36～38公分，頭圍過大的寶寶應注意是否有腦積水，過小則應該注意是否腦部發育不全。
運動發展	能抬起頭來，手的活動增多。

及時預防接種

1 五合一疫苗：台灣從2010年3月1日實施免費接種五合一疫苗，共4劑，施打時程為幼兒出生滿2、4、6個月，並於18個月（1歲半）再追加一劑。以完成百日咳、白喉、破傷風、b型嗜血桿菌、小兒麻痺5種疾病的免疫注射。

大部分寶寶在注射五合一疫苗後都有些不適：常表現為發燒，食欲不好，注射部位紅腫，愛哭鬧。這些現象是正常反應，一般2～3天就會好。如果體溫超過38.5℃，才建議用藥。如果發燒持續3日不退，並出現皮疹、咳嗽等症狀，需就醫檢查是否有其他的不適。

2 肺炎鏈球菌：5歲以下的嬰幼兒為肺炎之高危險群，建議施打肺炎鏈球菌疫苗，使嬰幼兒增加對細菌性腦膜炎、肺炎、中耳炎、敗血症有97%保護效力。但有血小板減少症或凝血異常的嬰幼兒除非必要應避免施打。

	23 價多醣體疫苗	7 價接和型疫苗
適用年齡	2 歲以上	2 個月以上，5 歲以下
接種時程	基本接種0.5 ml 一劑 5年後追加接種0.5 ml	・2～6個月→4劑 （施打間隔至少一個月，第四劑 需於滿一歲至2歲間施打） ・7～11個月→3劑 （施打間隔至少一個月，第三劑 需於滿一歲以後施打） ・12～23個月→2劑 （施打間隔至少二個月） ・2～5 歲孩童→1劑
禁忌	・對此疫苗之任一成分過敏。 ・免疫受損的孩童。	・對此疫苗之任一成分過敏者（包括白 喉毒素）。 ・免疫受損的患者。
反應	少數會發生注射局部不良反應、發燒、衰弱、食慾不振、嘔吐或腹瀉、約 48小時內會消失。但症狀若持續，需趕緊就醫。	

注意寶寶的營養

　　餵食不當及疾病影響會造成寶寶輕度或重度的營養不良。預防重點是加強寶寶的保健，進行營養指導和積極防治疾病。鼓勵母乳哺育，母乳不足者，應採取適當的混合餵食，補充適當的嬰兒奶粉；另外，合理安排生活作息，在患病期間要補充足夠的熱量和營養素，如有先天性畸形，如脣顎裂等，要及時矯治，在醫生指導下選購合適的營養食品。

　　寶寶最常見的營養障礙之一就是貧血症。乳類（指牛、羊乳）最主要的缺點是含鐵量少，維生素C含量受消毒（如煮沸）的影響含量減少，而減少鐵的吸收，因而1歲以下的寶寶不用牛、羊奶作為營養來源，因其易造成貧血。嬰兒配方奶粉由於強化了維生素C和鐵質，可食用至寶寶1歲。

母乳哺育注意要點

1 在床上餵奶，使寶寶覺得暖和舒適。

2 若是非常疲倦，可先擠出足夠的乳汁放入消毒瓶內，作為晚間哺育。

3 在臥室放些尿布等替換用品，以方便替換。

④在床邊放些飲料，以備在授乳期間媽媽口渴時飲用。

⑤假如寶寶睡在另一房間怕聽不到他的哭聲，可安裝能傳遞聲音的信號器。

⑥以輕鬆的心情餵奶。如果媽媽精神上有負擔或心情緊張不安，乳汁容易流不出來或不順暢。

⑦掌握適宜的餵奶時間與間隔，並形成規律。

⑧餵奶前先查看尿布是否溼了，如果溼了就要更換，否則寶寶不能好好吃奶。

⑨媽媽的手先用肥皂洗淨，指甲要常修剪，避免劃傷寶寶。

⑩乳房要全露出來，不要讓衣服擋住，更別讓衣服遮住寶寶的頭和嘴。

⑪餵奶前不須做乳房護理，因乳暈上的蒙氏腺具有清潔及潤滑作用，因此宜用清水每天清潔乳頭1次即可。

⑫輕輕按摩乳頭和乳房，特別是扁平乳頭要向外拉動。

⑬以正確的姿勢餵奶，讓寶寶一隻手放在媽媽胸前，另一隻手放在媽媽身後，讓寶寶的頭部、肩膀及腰部呈一直線側躺，臉貼近乳房，肚子緊貼媽媽的胸腹部。

⑭輕輕用乳頭碰觸寶寶的上唇，寶寶的嘴會張得很大，下唇外翻含住整個乳頭及乳暈，有節奏的吸吮及吞嚥。媽媽隨時注意調整哺乳的姿勢，手掌呈C字型托住乳房至適當高度，協助寶寶正確含乳。

⑮左右乳房輪換哺餵。如果中途寶寶停止吃奶或睡著了，可輕碰其臉使其清醒，但不要過於勉強。

⑯餵好後，用清水稍擦拭乳房及寶寶的嘴周圍，免得奶液形成汙垢。

⑰餵完奶，要讓寶寶打嗝（排氣）。寶寶吃奶時也會吃進空氣，所以必須排除空氣，否則放在床上躺下容易吐奶。

⑱將寶寶的上身直立起，靠在媽媽的肩上，輕輕撫摸拍打。餵奶時，

如果寶寶被嗆著或樣子很難受時，可以離開乳頭一會兒，等打嗝後再餵。

⒚餵完奶寶寶睡著後，要過15分鐘左右再放在床上，並注意是否有吐奶。過10～30分鐘檢查尿布，如溼了應及時換掉。

⒛如有乳汁殘留要擠出扔掉。剩下的乳汁如不處理，會造成出奶不暢，還有可能得乳腺炎，所以必須注意，養成良好的餵奶習慣。

腹瀉時的餵哺

寶寶腹瀉以夏、秋多見，發病原因除腸胃受細菌感染外，主要是由於餵食不當，天氣太熱，或突然受涼。如果未按時添加輔食或餵食不定時，一旦食物變化較多，小兒腸道不能適應，也會引起消化不良而腹瀉。寶寶腹瀉，除了要注意衣著，用藥物治療外，飲食也非常重要。用母乳哺育的寶寶，不必停止餵奶，只需適當減少餵奶量，即縮短餵奶時間，並少量多餐。若嚴重腹瀉時應停止使用一般嬰兒配方奶粉，改用無乳糖的配方嬰兒奶粉，隨著病情的好轉，逐漸恢復餵奶量和原先嬰兒配方奶粉。

母乳的營養成分與媽媽的飲食密切相關，當寶寶腹瀉時，媽媽應少食用脂肪類食物，以避免乳汁中脂肪量增加。目前，有些家長因寶寶腹瀉而全部停用母乳，換餵米湯，這是不恰當的。單吃米湯無法滿足寶寶的蛋白質需要。

以上方式是針對腹瀉不嚴重，只需飲食調整即可得到治療的情況。如果腹瀉次數較多，大便性質改變，或寶寶兩眼凹陷有脫水現象時，應立即送醫院診治。根據醫生安排，合理掌握母乳的餵哺。

吐奶的處理

有的寶寶出生後就有吐奶的毛病，到第2個月
還是經常吐奶，有的吃完就吐，有的過20分鐘左右
吐。原來人的胃有兩個口，入口叫賁門，出口叫幽
門。賁門和食道相連接，幽門和十二指腸相連接。
寶寶成長中，賁門肌發育較鬆弛，而幽門肌容易痙
攣。寶寶吐出的奶呈現豆腐腦狀，這是奶蛋白在胃
酸作用下形成乳塊的結果。

常吐奶的寶寶餵食需少量多餐，餵完後要多抱一會兒。抱的姿勢是使
寶寶上半身立直，趴在大人肩上，用手輕拍其背部，直到打嗝將胃內的空
氣排出為止，再輕輕放在床上，向右側臥15～30分鐘，可以減少吐奶。偶
爾吐奶是生理現象，不必緊張，隨著年齡的增長，寶寶身體不斷發育就會
自行緩解。

如果吐奶頻繁且呈噴射狀，吐出的除了乳塊，還伴有黃綠色液體及其
他東西，一定不能忽視，要及時到醫院檢查，有可能是腸道阻塞所致。

乳母禁用的藥物

以下藥物在哺乳期最好不要用，如必須使用
時要考慮停止哺乳：免疫抑制劑、抗癌藥物、溴化
物、放射性同位素、鋰鹽等。

注意寶寶的清潔衛生

寶寶來到人間，身上還帶有母腹中部分的污穢，特別是其分泌物，因
此要特別注意衛生清潔。

1 理髮：出生1～2個月的寶寶，頭髮長得慢，後腦袋的頭髮好像被磨

掉似的，顯得光禿禿；有些寶寶則長得很快，亂蓬蓬的，可將長的部分剪掉。寶寶還小，皮膚很嫩，不能用剃刀，避免傷及皮膚造成細菌感染，只要用剪刀剪短即可，免得積聚灰塵、汗垢和皮脂。

②修剪指甲：出生後的寶寶正是骨骼發育成長的高峰，指甲長得特別快。1～2個月的指甲以每天0.1公釐的速度生長，10天就能長1公釐，1個月長3公釐，且寶寶喜歡用指甲搔臉及其他會癢的部位，容易抓破皮，因此要常修剪。由於寶寶的指甲小，很難剪，每次不要剪太多，以免剪傷。最好在洗完澡睡覺時用小指甲剪修，別損傷寶寶的肌膚。

③清洗眼屎：1～2個月的寶寶分泌物很多，容易長眼屎、流鼻涕等，且由於生理上的原因，會倒長睫毛，因受刺激眼屎也會更多。洗完澡後或眼屎多時，用脫脂棉沾點水，由內眼角往眼梢方向輕擦，注意別劃著了眼膜、眼球。如果眼屎太多，怎麼擦也擦不乾淨，或出現眼白充血等異常情況時，就應到醫院檢查，看有無眼睛發炎等異常情況。

④減少鼻塞：1～2個月的寶寶鼻涕分泌較多，由於鼻孔很小，容易造成鼻塞，呼吸困難，讓寶寶不能好好吃奶而情緒變壞。如果鼻子堵塞厲害，可用棉棒輕輕弄掉鼻孔外側的鼻屎；若妨礙呼吸，用棉棒又弄不出來，可用吸鼻器，不能濫用滴鼻藥。經常把寶寶抱到室外進行空氣浴和日光浴，讓其皮膚和鼻腔黏膜得到鍛煉，使其呼吸趨於正常，自然鼻塞就減少了。

⑤清除耳屎：寶寶的耳屎會自行移到外耳道，沒有必要特地用挖耳勺來掏，會損害正在形成的耳膜和耳鼓，對聽覺有很大的影響，可以在洗完澡後用棉棒在耳道口抹抹，切不可太深進耳朵裡邊。

⑥清除頭皮的皮脂油垢：頭皮脂腺分泌物積聚而形成一層黃褐色的皮脂油垢，常給寶寶洗頭就不會產生，可用嬰兒皂和溫水洗淨。清洗頭皮的動作要輕柔，不可用梳子硬刮或指甲硬摳，容易弄破頭皮引起感染。寶寶

的囟門處只要動作輕柔,是可以清洗的。

　　洗頭後要防止寶寶受涼,可用毛巾遮蓋或戴上小帽子。如果皮脂油垢結痂比較厚,可分數天多洗幾次,就能除掉;或用植物油幫寶寶清除頭皮的皮脂油垢,有助於保持寶寶皮膚的清爽。

　　7胎脂護理:剛出生的寶寶全身有一層乳白色的胎脂覆蓋。在頸部、腋窩、腹股溝等處,積聚較多。胎脂可以減少體表熱量的散失,也可以減輕衣服、尿布對皮膚的摩擦刺激,對寶寶有保暖和保護作用。胎脂通常在幾週內會自動褪去,另外在出生24～36小時後會開始有脫皮的現象,並持續2～3週。由於新生兒的表皮角質層於出生時並未完全褪去,再加上油質分泌不足,所以皮膚較容易產生乾燥及皸裂現象,最好定時為寶寶擦拭嬰兒油以滋潤皮膚。

醫師指點

寶寶出生1～3天後由於護理和衣服摩擦,胎脂會慢慢消失,這時寶寶也已習慣環境溫度和衣服的摩擦刺激,已充分發揮了胎脂的生理作用,對胎兒的皮膚是有利的。

正確的穿衣原則

　　1穿衣建議:滿2個月的寶寶穿衣要便於活動,且要比新生兒時穿薄些。雖然穿衣厚度、件數的多少跟季節有關,此時寶寶的穿著與媽媽差不多,這是最好衡量寶寶穿著的標準。

　　寶寶滿2個月後,兩條腿會不停蹬踢,常會把被子踢開,這時要特別注意別著涼。新生兒時穿的衣服會顯得緊繃,會妨礙活動,這時應準備幫寶寶換上衣和褲子分開的內衣。

　　晚上最好穿著衣服睡覺。白天室溫達20℃以上時,可穿短袖衣褲,讓寶寶的手腳好伸展自由活動,四肢才會不斷的生長發育。內衣最好採棉布

織品，便於吸掉身上的汗水。在寒冷地方或冬季，可用合成纖維的布料。總之，柔和、舒適最適宜寶寶穿衣原則。

2 換衣原則：寶寶逐漸長大，活動較以前更活躍，容易出汗，最好能經常更換內衣，以免受涼感冒。

寶寶白天醒的時間長又好動，因此白天盡量穿合身衣物，且要單薄。晚上睡覺時，則換穿稍微長的睡衣。早晨把內衣都換掉，晚上最好光著身子穿睡衣，即使將被子踢掉，手腳及肚皮也不會露在外面，避免受涼。

如果寶寶大小便已形成習慣，活動時可不用包尿布，給寶寶穿上背帶式的開襠褲，既美觀大方又能防止泌尿道感染。不要用鬆緊式、縮腰式的褲子，讓寶寶自由自在的成長發育。

3 換衣方法：幫寶寶換衣服時要有耐心，動作要輕柔，最好在床上進行，可墊一條毛巾或墊子，方便、寬敞，又使寶寶感到舒適。在換衣服時，需要適當移動寶寶，他可能會覺得反感而哭鬧，可以一邊不時與他親熱，一邊與他閒聊，來分散他的注意力，使他能開心地換衣。

幫寶寶換衣服前，要把他身上所有衣服的衣帶或鈕扣全解開但不敞開，再脫去衣服。穿內衣或外衣時，輕輕托起寶寶的頭部及上背部，從背後往胸前穿，先分別穿兩隻衣袖，注意不要晃動他的頭部或使頭跌下碰著床面。穿袖子時，先把一隻手從嬰兒服收攏的袖口穿過去，然後輕握住寶寶的手，把衣袖套在他的手上再往下拉，而不是把他的手往外拉，以免拉傷手臂。兩袖穿好後，把背面的衣服向下拉平，合攏衣服，打好結扣。

脫衣脫褲同穿衣穿褲，只是反著做。換寶寶衣褲時，如果不是連身衣褲，應先換衣後換褲，不要上下全部脫光，以免著涼。無論穿的是不是連衣褲，當脫下衣服後，在沒來得及穿衣的間隙，都要用一條毛巾包住他，以免皮膚接觸冷空氣而感到不適或受涼。

正確的洗澡方式

　　適時幫寶寶洗澡和換衣，才能保持皮膚清潔。4個月以前的寶寶不需每天洗澡，大約1週3次就可以了，但如果是夏天可以增加洗澡次數。洗澡可以去除隱藏在皮膚堆積物中的細菌，讓血液循環通暢，促進新陳代謝，還能增加食欲，睡得更香甜，對寶寶的發育很重要；而且洗澡時能全面檢查寶寶的皮膚，能達到按摩和活動全身的效用，非常有助於活絡寶寶的身體和血液。

　　1洗澡用具和用品：主要洗澡用具有：嬰兒澡盆、浴巾、毛巾、紗布（2塊）、嬰兒香皂、脫脂棉花、棉棒、嬰兒油、梳子、爽身粉等。可以準備大澡盆1個；小盆2個，一個用來洗臉，一個用來洗屁股；浴巾1條；小毛巾3～4條，分別用於洗臉、洗屁股、洗腳等；痱子粉或爽身粉1盒；嬰兒香皂1塊。

　　2洗澡時間和水溫：洗澡沒有什麼特別的時間，只要不讓孩子受涼的時間均可，選1天中氣溫高的時間來洗。冬天，最好在正午至下午2點鐘間，餵奶前30分鐘洗；如果是冬天晚上，先將室溫提高到22℃左右。

　　幫寶寶洗澡要快速，洗澡水的溫度不可過高或過低，以夏天38℃，冬天40℃左右為宜。冬天，要準備些更熱的水備用。如果習慣了，用手測溫

即可，將洗澡、最好用溫度計測量，將洗澡水量放7成即可，中間還會加水。洗了第1遍後，最好用清水再清洗1次，進行沖浴，清除身上的皂液泡沫等，要爭取以短時間內洗完，每次5～7分鐘，最好不要超過10分鐘。倘若時間太長，媽媽和寶寶都會疲勞，寶寶也易受涼。

3洗澡方法和步驟

(1)準備好換洗衣服、尿布及洗澡用具等。

(2)將溫度適當的熱水倒入澡盆內，約15公分深即可。

(3)迅速脫去寶寶衣服，儘快看一下身上有無異常。

(4)將浴巾從寶寶胸部包至後背，將後腦勺放在左腕上，用左腕和左手的拇指按著耳朵，用右腕支撐後背和屁股，抱起寶寶。

(5)從腿到屁股按順序慢慢放進澡盆，一直到水沒過肩頭。如果把屁股放在浴盆底部，寶寶不吃驚也不哭，表示水溫適當。

(6)先從臉部開始洗。用另一個準備好的臉盆裡的水擰一塊紗布，按眼睛、額頭、臉蛋、下頜的順序擦。眼睛要從內眼角向外眼角方向擦，不要用嬰兒香皂，絕對不能擦口腔。

(7)擦洗頭。左手伸到孩子後腦勺，用拇指和中指向前壓耳廓將耳孔堵住，右手拿紗布打溼頭髮，蘸嬰兒香皂幫寶寶洗頭，再沖掉肥皂沫。清洗乾淨，用擰乾的紗布擦去水分。

(8)洗身體。用另一條紗布沾上嬰兒香皂全身擦洗，按頸部、胸部、上肢、腹部、後背、腿部、屁股順序洗。皺褶處、腹股溝、脖子、腋下、手掌、屁股等處要認真洗乾淨。

(9)洗完仔細沖淨肥皂沫，讓寶寶充分暖和後，再用熱水沖淨身子就算完成了。

(10)將寶寶抱出澡盆，用乾浴巾包好後輕拍全身，以便吸光身上的水分。切記不要搓，特別是有皺褶的部位要輕輕擦。

(11)上痱子粉或爽身粉時，要少量輕按；切忌用粉撲拍打，寶寶會吸進去粉末。

(12)穿衣服前，迅速用手指輕扒開肚臍，用棉棒和紗布拭去水分。肚臍弄不乾時，可用棉棒和消毒棉蘸酒精擦，再敷消毒棉用膠布固定。

(13)墊上尿布，快速穿上衣服。

(14)消除耳朵和鼻子的汙物。寶寶如果扭動不安，須用手牢按頭部。轉動棉棒清除汙物，但絕不能插入太深。耳朵周圍和耳垂等漏洗的地方，可用消毒棉擦洗。

(15)用梳子輕輕梳理頭髮。

(16)洗完澡，喉嚨易乾，餵寶寶喝些接近體溫的白開水，補充水分。

以上是一般的洗澡順序與進行方法。若先將孩子脫光可放在浴巾上，放入澡盆前先擦上嬰兒香皂；或根本不用嬰兒香皂，而是將沐浴乳置入澡盆中等方法。請注意，在進入澡盆前先擦嬰兒香皂的方法不適用於寒冷季節；將沐浴乳溶於熱水中不適宜於皮膚不好的寶寶。

1個月內的新生兒，盡量在專用的浴盆洗澡。出生後3個月內不要去公共浴池。

4 不能洗澡的情況： 在許多情況下不適宜給寶寶洗澡，特別是寶寶不舒服或疑似生病時，如：不吃奶、嘔吐、咳嗽厲害、體溫達37.5℃以上。至於輕微的流鼻涕、打噴嚏、咳嗽等通常屬生理現象，只要情緒穩定，可以照常洗澡。

對寶寶來說，洗澡是消耗體力的事。因此，每次時間不要太長，在熱水中浸泡最好不超過5分鐘，以洗乾淨為宜。

5 無法洗澡時的清潔： 隨時注意寶寶的清潔衛生很重要，即使寶寶生病或其他原因幾天不能洗澡，也可用海綿浴或油浴保持皮膚清潔。用海綿浴時，在暖和的室內，脫去寶寶衣服，用浴巾包裹起來。

把紗布或海綿放入熱水中，擰乾後沾上少許嬰兒香皂，擦脖子、腋下、屁股和有皺褶的地方，擦到哪個部位就將哪個部位從浴巾下露出，輕輕擦，別把皮膚擦紅了；用熱毛巾擦2～3次，不要殘留肥皂沫，注意熱毛巾不要太熱。

用油浴時，用脫脂棉沾著嬰兒油，按照海綿浴洗澡的要領擦洗身體。（注意：冬天寶寶用油太涼，要先將油搓暖，否則會驚嚇寶寶）；再用紗布或毛巾輕輕擦拭身體，把油揩掉，再薄薄塗上痱子粉。

患鵝口瘡的飲食禁忌

鵝口瘡是寶寶常見的一種口腔疾病，普遍發生在1歲以內的哺乳寶寶，

尤其多見於先天不足、體質虛弱的新生兒。臨床表現為寶寶口舌布滿膜狀白屑，形如鵝口，故稱為「鵝口瘡」。

患鵝口瘡的寶寶，開始微有發燒，經常啼哭，舌上口腔黏膜出現白屑雪片，逐漸蔓延，形如鵝口，白屑周圍有紅暈，互相融合而形成結實的厚片，狀如凝固的牛奶，不易消除，嚴重的可延至喉嚨，吮乳困難，呼吸不利，乃至全身情況惡化。

因此患鵝口瘡的寶寶，媽媽的哺乳飲食要注意忌食辛辣香燥動火的食物，如菸酒、大蒜、胡椒、辣椒、油煎燻烤等，多吃新鮮蔬菜、水果。

過量用抗生素也會引起鵝口瘡，故媽媽在哺乳期不要過量用抗生素，必須使用大量抗生素時，可代用人工哺育，以防寶寶發生鵝口瘡。如見寶寶發燒、痴呆、吵鬧等症狀，應忌食牛奶，少哺母乳，更應忌食海鮮、雞鴨、牛羊肉及其湯類。若暫停人工哺育，多給予米湯、葡萄糖、多種維生素、果汁、蔬菜湯等。切忌給過多的奶糖、巧克力和粗糙的食物，以免加重淫熱和損傷黏膜，使病症加重或併發感染。

預防脊髓灰質炎

脊髓灰白質炎是感染小兒麻痺症病毒所致的急性傳染病。病毒主要侵犯人體的脊髓灰質部分，臨床表現為發燒、肢體弛緩麻痺為特徵。好發於嬰幼兒，故又稱為小兒麻痺症。本病很難防治，易引起肢體麻痺成為終生殘疾。常規免疫方式為，初次2月齡開始服用，連續服用3次，每次間隔2個月。第4次與第5次服用時間，在出生18個月（1.5歲）及國小一年級時各追加1劑。因為本疫苗為活疫苗，口服前後半小時勿食用任何食物，以免影響小兒麻痺疫苗活性。極少數寶寶服用口服小兒麻痺疫苗後會發生輕微腹瀉，可不治自癒。

預防維生素D缺乏

維生素D主要是指維生素D_2、D_3。人體皮膚經陽光紫外線照射可形成維生素D，其主要功用是調節體內鈣、磷的正常代謝，促進鈣吸收和加強鈣利用，對寶寶骨骼和牙齒的正常生長很重要，缺乏時將導致軟骨症。

含有維生素D的食物甚少，寶寶所需維生素D的主要來源是魚肝油，二是靠陽光紫外線照射。動物肝臟、蛋黃中含量較多，夏季動物奶中含量也較豐富。寶寶每日需10微克維生素D。

2歲以下寶寶常因日光照射不足或哺育不當，導致食物中維生素D供給不足，使鈣磷的代謝失常，鈣鹽不能正常的沉著在骨骼的成長部位，以致骨骼發生病變，而罹患軟骨症。在6個月內的寶寶，易發生顱骨軟化（乒乓頭），即顱骨與枕骨中央部位用手按壓時稍有凹陷，並且顱縫加寬；1歲左右時，可能發生肋骨串珠和骨外翻；開始學走路時，會有「O型腿」或「X型腿」出現。這些寶寶往往多哭、多汗、神情呆滯，及出牙推遲，約在10個月以上才萌出乳牙。

軟骨症應從圍產期開始就注意預防，孕婦應多進行戶外活動，並吃富含維生素D與鈣、磷的食物。寶寶應注意不可單純用乳類哺育，要適時、合理的添加輔助食品，在哺育中，除供給魚肝油外，還要供給含維生素D_1、鈣豐富的雞蛋、蛋黃、奶油、奶類、動物肝臟、芝麻醬、豆製品、綠葉蔬菜等。嬰兒期平時要多晒太陽，也是補充維生素D、預防軟骨症的好方法。

寶寶忌吃蛋清

不足6個月的寶寶為小嬰兒，不宜吃蛋清。小嬰兒消化系統發育尚不完全，腸壁很薄，通透性很高，蛋清中的蛋白分子小，可以直接透過腸壁進入血液中。這種異體蛋白為抗原，會使小嬰兒體內產生抗體，再次接觸這

種異體蛋白時，易出現各種過敏反應與疾病，如溼疹、蕁麻疹、喘息性支氣管炎等。所以，小嬰兒只宜餵蛋黃，不宜餵蛋清。

脂肪和醣類的攝取

脂肪和醣類，是提供寶寶熱量的主要來源。

寶寶每公斤體重每日約需脂肪4公克、幼兒及學齡兒童需3公克。初生兒所需的脂肪與成人不同，含不飽和脂肪少，在母奶哺育1年後，脂肪的性質漸與成人相似。食物中所提供的脂肪需新鮮並防止氧化，因氧化作用會使脂肪流失營養價值。每1公克脂肪可產生9,000卡能量，脂肪所供的熱量約占寶寶每日總熱量的35％。

醣類又叫碳水化合物，寶寶飲食中的醣類一般為乳糖、蔗糖及澱粉類。乳糖為乳類所含的糖，不發酵，味不甚甜，新生兒能消化吸收，適用於熱量需求較高的寶寶。蔗糖指日常食用的白糖和紅糖，能發酵，味甜，寶寶可以消化，但每次用量不要太多。蜂蜜中主要含果糖及葡萄糖，有助於大便通暢。

寶寶所需醣類較成人多。1歲內的寶寶每公斤體重每日約需12公克，2歲以上約需10公克。寶寶飲食所供醣類的能量約占總能量的50％。其中醣類含量過高，而蛋白質含量過低時，體重會開始增長很快，繼之會出現肌肉鬆弛無力，成為虛胖，免疫力低下，嚴重者可能會發生營養不良性水腫，且易患各種疾病。

有些家長認為，寶寶的飲食也要像大人一樣控制脂肪的攝入，這樣做並不利於寶寶的成長發育。寶寶的成長對脂肪的需求量比一生中任何階段都多，寶寶每公斤體重每日約需脂肪4公克，2歲以上其碳水化合物提供的熱量應占總熱量的50～60％，而脂肪只占25～30％。寶寶出生後前24個月是成長最快的時期，也是需要熱量最多的時候。人體內每個細胞的成長都

需要膽固醇，寶寶的中樞神經系統發育也需要脂肪。

有專家指出，寶寶如不吃母乳應多吃肉及適當吃蛋類，不能喝低脂奶類，以確保脂肪的充足攝入。

不能只用豆奶哺育

豆奶是以豆類為主要原料製成。豆奶含有豐富的蛋白質及較多的微量元素鎂，還含有維生素B_1、B_2等，是極好的營養食品，很受大眾喜愛。但是，豆奶所含的蛋白質主要是植物蛋白，且含鋁比較多，如果寶寶長期喝豆奶，會使體內鋁增多，影響大腦的發育。

愛 心 提 示

哺育寶寶還是以牛奶蛋白質成分為主的嬰兒配方奶粉較好，特別是4個月以內的寶寶，更不宜單獨用豆奶餵食。

疫苗預防接種時間表																	
年齡 / 疫苗	≧24小時	2~5天	1個月	1.5個月	2個月	3個月	4個月	6個月	9個月	12個月	15個月	18個月	24個月	27個月	30個月	國小1年級	國小6年級
卡介苗（BCG）	一劑																陰性追加一劑
B型肝炎		第一劑	第二劑					第三劑									
水痘										一劑							
麻疹 腮腺炎 德國麻疹 混合疫苗（MMR）										第一劑						第二劑	
日本腦炎											一、二劑隔兩週			第三劑		第四劑	
A型肝炎													第一劑		第二劑		
五合一疫苗					第一劑		第二劑	第三劑				第四劑					
六合一疫苗				第一劑		第二劑		第三劑				第四劑					
口服輪狀病毒				第一劑		第二劑		第三劑									
肺炎鏈球菌					第一劑		第二劑	第三劑			第四劑						

出生第3個月

3個月寶寶的照顧

寶寶成長至第3個月，視覺、聽覺都發育得更成熟。更讓人興奮的是，寶寶開始辨認人臉。

這時候可以逐步增加寶寶戶外活動的時間，多晒太陽有助於寶寶的健康成長。媽媽要多吃含鐵、含鈣食物，使乳汁營養更豐富，才不會使寶寶發生營養缺乏的疾病。

3個月寶寶的成長發育	
體重	第3個月體重會增加800～1,000公克，到第3個月底，為5,700～6,100公克。
身高	到第3個月底，身高為57～62公分。
頭圍	到第3個月底，頭圍平均為38～40公分。
運動發展	能看2～3公尺遠的距離，視力已發展完整。能清楚辨別聲音的方向，聽到令他愉快的聲音會微笑。
語音發展	大人逗寶寶時會發出聲音，如a、e、i、o、u等韻母音；聲母音很少，主要是h音，有時是m音。

及時預防接種

寶寶滿3個月了，記得按時帶寶寶至醫院施打六合一疫苗、口服輪狀病毒第二劑。免於受到白喉、百日咳、破傷風、b型嗜血桿菌、小兒麻痺、B型肝炎、以及輪狀病毒所引起的腸胃炎病菌的侵襲。如果在注射疫苗後，發燒持續3日不退，並出現皮疹、咳嗽等症狀，需就醫檢查是否有其他的不適。

認識輪狀病毒

台灣屬於亞熱帶國家，專攻寶寶腸胃道的輪狀病毒一年四季都流行，以1~3月及6月為兩大高峰期，由於致病率高，5歲以下的幼童，幾乎每人

都至少感染過一次，其中又以6～24個月大的寶寶情況比較嚴重。

　　輪狀病毒容易造成寶寶發燒、嘔吐、腹瀉，大便呈水狀帶有酸味，易併發脫水，導致抽搐、休克，治療修復期至少為3天至一星期以上，目前治療輪狀病毒並沒有專門的藥物，處方多針對防止腹瀉脫水，給予靜脈點滴及無乳糖配方奶等。因此，施打輪狀病毒疫苗的保護格外重要喔！

大腦發育的關鍵期

　　寶寶的大腦無論在功能和重量上，都與成人相距很遠。在日後的生長過程中，大腦需要不斷接受外界的刺激和營養，逐步發育直至成熟。

　　在大腦的發育過程，有一段時間對大腦的發育是關鍵期，一般認為是懷孕後3個月至出生後2歲，正是腦重量增長最快的時期。

　　在這段時間，大腦受到不利影響而嚴重阻礙其發育，將會產生不可逆的後果，直接影響到兒童的智力，導致智力低下。

餵寶寶吃藥的妙法

　　寶寶生病若能好好服藥，可免去點滴挨針之苦。可是，餵藥時常因寶寶怕苦而哭鬧拒服，讓家長頭痛。在此，介紹一種簡單有效的餵藥方法——奶嘴給藥法，為醫護人員經驗總結，不妨一試。

　　1 洗淨雙手及奶瓶，將藥片碾碎成粉末放於紙上。

　　2 奶瓶內放入少許糖水，將奶嘴取下，乳頭向下，用左手拇指、食指捏住奶嘴出孔，右手持藥粉緩緩倒入奶嘴內頂端（奶嘴內壁溼的更好，藥粉易貼於壁上）。

　　3 奶瓶傾斜約10度，將奶嘴輕輕擰到奶瓶上，盡量不要讓奶嘴內的藥粉掉入瓶內，不要使瓶內的水流入奶嘴。

④讓寶寶平臥，將奶瓶的奶嘴放於寶寶嘴角處寶寶即張口，這時將奶瓶尾部慢慢抬高，使水流入奶嘴內，隨著寶寶的吸吮，奶嘴內的藥粉隨水被寶寶嚥下。

這種給藥方法簡單易行，無任何不良作用。尤其在寶寶夜間發燒時及平時服藥，不妨一試。

愛心提示

餵藥時應注意：奶瓶內的甜水不要太多，以20毫升左右為宜；寶寶吸吮後，應注意觀察奶瓶奶嘴內的藥粉是否已完全吸淨。

寶寶需要喝多少水

人體不可缺少水，水也是組成細胞的重要成分，人體的新陳代謝，如營養物質的輸送、廢物的排泄、體溫的調節、呼吸等都離不開水。

水被攝入人體後，有1～2%存在體內供組織生長的需要，其餘經過腎臟、皮膚、呼吸道、腸道等器官排出體外。水的需要量與人體的代謝和飲食成分相關，寶寶的新陳代謝比成人旺盛，需水量也就相對要多。

一般寶寶每公斤體重每日需要120～150毫升的水，如5公斤重的寶寶，每日需水量是600～750毫升，包括餵奶量在內。然而，4～6個月以下嬰兒盡量不要多餵開水。

寶寶不適合喝成人飲料

寶寶喝成人飲料對其發育成長有害，尤其是下列的飲料：

①興奮劑飲料：如咖啡、可樂等含有咖啡因，對寶寶的中樞神經系統有興奮作用，影響腦的發育。

②酒精飲料：酒精刺激寶寶的胃黏膜，以及腸黏膜，可造成損傷，影響正常的消化過程。而且酒精對肝細胞有損害作用，嚴重時使轉胺酶含量增高。

3 汽水：內含小蘇打，可中和胃酸，不利於消化。胃酸減少，易患胃腸道感染。汽水還含有磷酸鹽，會影響鐵的吸收，成為貧血的原因。

1歲寶寶忌食蜂蜜

蜂蜜是最常用的滋補品之一。據分析，蜂蜜中含有豐富的果糖、葡萄糖和維生素C、K、B_1、B_2，以及多種有機酸和有益人體健康的微量元素等。一些年輕的父母，為增加寶寶的營養或讓寶寶大便通暢，喜歡在寶寶的牛奶或開水中添加些蜂蜜。但是，現已證明，1歲以下的寶寶食用蜂蜜及花粉類製品，可能會導致肉毒桿菌污染引起食物中毒。

灰塵和土壤中含有被稱為肉毒桿菌的細菌，蜜蜂在採花粉釀蜜的過程，很有可能會把被污染的花粉和毒素帶回窩巢。微量的毒素即可使寶寶中毒。中毒後先出現持續1～3週的便祕，而後出現弛緩性麻痺、哭泣聲微弱、吮乳無力、呼吸困難。因此，為了寶寶能健康的成長發育，最好不要給1歲以下寶寶食用蜂蜜。

優酪乳不能取代奶粉

目前，優酪乳的種類很多，都含有少量牛奶，易於消化吸收，很適合寶寶的口味，孩子也都喜歡飲用。有的寶寶不喜歡喝奶粉，爸媽就用優酪乳代替奶粉，從營養價值上來看，奶粉和優酪乳相差懸殊。奶粉中營養素的含量比優酪乳高出很多，其中蛋白質、脂肪、鐵和維生素的含量均是優酪乳的3倍以上。優酪乳含奶量不足30%，其營養含量比奶粉低，即喝10瓶優酪乳還不如喝1瓶牛奶。

因此，以優酪乳取代奶粉餵食寶寶是不對的。為了寶寶能健康的成長發育，不能讓寶寶只喝優酪乳，而應餵母奶或嬰兒配方奶粉為宜。

乳母要添加健腦食品

從第3個月起，寶寶的腦細胞發育逐漸趨向高峰。為促進腦發育，除了確保足量的母乳外，還需要給媽媽添加健腦食品，使得母乳能為寶寶的發育提供充足的營養。常用的益智健腦食品有：

1 動物腦、肝、魚肉、雞蛋、牛奶。

2 大豆及豆類製品。

3 核桃、芝麻、花生、松子、各種瓜子。

4 金針菇、金針菜、菠菜、胡蘿蔔。

5 橘子、香蕉、蘋果。

6 紅糖、小米、玉米。

養成正確的睡姿

1 選擇合適的枕頭：寶寶大部分時間處於睡眠狀態，因此枕頭的選擇和使用很重要。3個月的寶寶已開始學抬頭，趴著時能用雙肘支起上半身，頸部脊柱開始向前彎曲，胸部脊柱漸向後彎曲，同時軀幹生長加快，肩部增寬。為了維持睡眠時脊柱的生理彎曲，保證體位舒適，在出生3個月應給寶寶使用枕頭。

寶寶的枕頭不宜過大，要輕便且吸溼透氣。可用蕎麥皮或用晒乾後的茶葉裝填枕芯，高度以2～3公分為宜。不要讓寶寶使用成人枕頭，因為成人枕頭往往過高，睡起來不舒服，久而久之會出現駝背、斜肩等畸形。另外，頭部抬得過高，頸部過度彎曲，會使氣管受到壓迫，造成呼吸不順暢、容易驚醒等。因此，最好購買或自製寶寶專用枕頭，有助於寶寶的成長和發育。

2 培養睡眠姿勢：寶寶睡覺姿勢沒有固定模式，可以順其自然。但目前小兒科醫學會建議嬰幼兒睡覺時不要趴睡，最好是仰睡，因為嬰幼兒猝死症與趴睡有密切關聯。受慣性影響，剛出生不久的寶寶總是保持在子宮

內的姿勢，手腳屈曲，略低頭，朝各種方向的睡姿都有，只要注意姿勢的基本要求：要有利於呼吸，防止發生意外，如嘔吐、被褥壓蓋造成窒息，要防止頭顱變形。

愛心提示

從科學角度來看，圓形的容積是最大的，如果把頭睡成扁頭、歪頭，顱腔的容積就會略微縮小，外形也不好看了。所以寶寶睡覺時要經常改變方向，避免頭部變形。如果頭部已經睡得左右不對稱，要設法使已經扁下去的一側頭部不再承受壓力，可在寶寶頭下放一個小枕頭或小米袋，讓頭形慢慢糾正過來。讓寶寶從小就保有美麗的外表，長大自然就非常漂亮。

抱寶寶的正確姿勢

1 仰臥時：寶寶仰臥床上要抱起來時，用一手慢慢托住其下背部及臀部，另一手慢慢托住頭及頸下方，再慢慢抱起，使寶寶的身體有依靠，頭不會往後仰。再小心的轉放到肘彎或肩膀上，使頭有依靠。

2 側臥時：寶寶側睡要抱起來時，用一手慢慢托住頭頸部下方，另一手慢慢托住臀部，再把他挽進手中，確保頭已支撐，再輕輕、慢慢的托起，讓他靠住身體，再用前臂輕輕滑向頭部下方，使他的頭靠在肘部，感到有所依靠。

3 俯臥時：寶寶俯臥著要抱起來時，用一手慢慢托住胸部，並用前臂支撐他的下巴，再用另一手放在臀下，慢慢抬高，使他的臉轉向妳，靠近妳的身體；再用另一手撐他頭部向前滑動，直至頭部舒適的躺在妳的肘彎上；另一手則放在他的臀下及腿部。這樣，寶寶好像躺在搖籃裡一樣，感到很安全。

4 放下時：用一隻手置於寶寶的頭頸部下方，另一手托住臀部，再慢慢、輕輕的放下。放的過程要一直托住寶寶的身體，直到安全落到床

褲上為止。然後從寶寶的臀部慢慢抽出手來，再用抽出的手慢慢抬高他的頭部，使另一隻手能夠抽出來，再輕輕放下，不要一下就把他的頭放在床上，或把手臂抽得太快，注意別讓寶寶受到驚嚇，否則會出現夜哭。

⑤用背帶時：若想帶寶寶出去走走或需要騰出手來做點家務事，使用

背帶是好辦法，優點是安全可靠、簡便靈活。可以請別人幫助穿脫，也可在無人幫助時自己穿脫。在走動時，能夠使寶寶獲得安撫和親切感，增加母子感情交流，且媽媽活動時還可使寶寶得到運動，有助於成長。

　　用背帶兜抱寶寶要在腰部扣緊腰帶。為求方便，可在前先扣緊再轉回腰部，再抱起嬰兒，讓他靠在妳的肩膀，然後一隻手托住他的頭後部。坐下來，身體向後傾，讓妳的胸腹部支撐著寶寶，再向上拉起兜袋，讓寶寶的腿穿過兜袋的洞（但不要用手去拉），用一隻手托住寶寶，再用另一隻手把肩帶拉到肩膀上，當坐直身體時，寶寶的重量自然落到背帶上。記得身體向前傾時，要用手把寶寶的頭托住，以免頭部後仰。

　　脫背帶的方法與穿背帶的方法相同，只是反著做而已，但需要非常注意寶寶的安全，注意別摔著或嚇著寶寶。

保護寶寶眼睛和耳朵

　　❶保護寶寶的眼睛：寶寶的眼睛十分嬌嫩、敏感，極易受到各種物質的侵襲，因此需要小心保護，讓寶寶有一雙明亮的大眼睛。

　　(1)講究眼部清潔，防止細菌感染。寶寶的洗臉用品應有專用的毛巾和臉盆，要經常保持清潔。每次洗臉時，先擦洗眼睛，如果眼屎過多，應用棉棒或毛巾沾溫開水輕輕擦掉。寶寶毛巾洗後要放在太陽下晒乾，不要隨意用他人的毛巾或手帕擦拭

寶寶的眼睛。寶寶的手要保持清潔，不要讓寶寶用手去揉眼睛，發現寶寶患有眼睛疾病，要及時治療，按時點眼藥。

(2)防止強烈陽光或燈光直射寶寶的眼睛。嬰兒室的燈光不宜過亮，到室外晒太陽時，要戴遮陽帽，以免陽光直射眼睛。平時還要注意，不帶寶寶到有電焊或氣焊的地方，免得刺傷眼睛，引起炫目。

(3)防止銳利物刺傷眼睛及異物入眼。寶寶的玩具不能有尖銳稜角，不能給寶寶小棍類或帶長把的玩具。要預防塵沙、小蟲等進入眼睛，一旦有異物入眼，別用手揉，可滴幾滴眼藥水刺激流淚，將異物沖出。

(4)成人患急性結膜炎時要避免接觸寶寶。少帶寶寶去公共場所，尤其是流行病傳染期間更應避免，以免寶寶被感染。如果父母患上眼病，應及早為寶寶預防。

②保護寶寶的耳朵：聽覺功能是語言發展的前提。如果耳朵聽不到聲音，就無法模仿語音，也就無法學會語言，若有聽力障礙，對寶寶的智力發育極為不利。因此，需保護好寶寶聽力，必須對下列加以注意：

(1)慎用鏈黴素、青黴素、卡那黴素、慶大黴素等會引起聽神經中毒的抗生素，這些藥物會導致聽力受損，即使非用不可也應少用。

(2)防止疾病發生。麻疹、流行性腦膜炎、日本腦炎、中耳炎等疾病，都可能損傷寶寶的聽覺器官，造成聽力障礙。因此，要按時接種預防這些傳染病的疫苗，積極治療急性呼吸道疾病。

(3)避免噪音。寶寶聽覺器官發育還沒有完善，外耳道短、窄，耳膜很薄，不宜接受過強的聲音刺激。各種噪音均易損傷其柔嫩的聽覺器官，降低聽力，甚至引起噪音性耳聾。

(4)盡量不要給寶寶挖耳朵，以免引起耳部感染。

(5)防止寶寶將細小物品，如豆類、小珠子等塞入耳朵，這些異物容易造成外耳道黏膜的損傷，如果出現此類問題，應該去醫院診治，千萬別隨便掏挖，以免損傷耳膜耳鼓，引起感染。

出生第4個月

4個月寶寶的照顧

　　4個月的寶寶已經開始會側翻，爸媽要幫助寶寶進行動作的訓練，因為運動能刺激寶寶的智力發展。

　　除了母乳外，可以嘗試給寶寶吃副食品，像果汁或新鮮菜泥，以補充母乳中所不足的營養，若缺乏維生素D會引起寶寶手足抽搐或得軟骨症。

4個月寶寶的成長發育	
體重	前3個月體重增加最快，第4個月起增加速度略慢，為600～700公克，到第4個月底，為6,400～6,900公克。
身高	到第4個月底，身高為59～62公分。
頭圍	到第4個月底，頭圍長到39～41公分。
運動發展	開始出現隨意動作。4～5個月俯臥時可以抬頭，也可以雙上臂撐直。在大人的協助下偶而可以坐2～3分鐘，還會自己側翻。
知覺發展	大腦神經系統的發育逐漸完成，特殊反射逐漸消失，視覺、聽覺和動作之間的協調逐漸發展，開始能分辨顏色，尤其對紅色最感興趣。

及時預防接種

　　寶寶滿4個月了，記得按時帶寶寶至醫院施打五合一疫苗第二劑、肺炎鏈球菌第二劑。免於受到白喉、百日咳、破傷風、b型嗜血桿菌、小兒麻痺、以及肺炎的侵襲。如果在注射疫苗後，發燒持續3日不退，需就醫檢查是否有其他的不適。

太早學坐的害處

　　嬰兒期的骨骼很柔軟，肌肉也軟弱無力。寶寶出生6個月以前，脊柱和背部肌肉均缺乏支撐力，一般寶寶在7個月時才能獨自坐穩。有的爸媽過早讓寶寶學坐，甚至用被子把寶寶圍起來讓他支撐坐起，這樣做可能引起寶

寶的脊柱變形，容易發生駝背或脊柱側彎等畸形。根據嬰兒成長發育的特點，5～6個月開始練習翻身；7～8個月就可以學坐，但時間不能過長，每次5分鐘，每日2～3次為宜。隨著寶寶的長大，坐的時間和次數再逐漸延長增多。

預防腸套疊

4～10個月的寶寶最容易發生腸套疊。其中因腸道結構異常所造成的約占5~10%，如美克爾憩室、息肉等。大部分的原因不明。

此時寶寶會出現的臨床表現有：陣發性腹痛，陣發性哭鬧不安，臉色蒼白；伴嘔吐，起初吐奶汁，以後為膽汁；便血，之後6～12小時內，會排出稀薄帶紅色的黏液便，類似草莓漿血便；腹部可觸及腫塊。

愛心提示

出現以上症狀應該立即去醫院進行治療，發病在12～24小時內，一般情況好，無發燒、休克等中毒症狀的可在X光線下，用鋇劑灌腸或加壓空氣灌腸復位。但如果延誤了治療時間，至晚期發生腸壞死則只能採用手術治療。

不睡覺的調節方法

許多家長會問醫生：寶寶晚上不愛睡覺，又沒有其他不適的症狀，怎麼辦？

睡眠既然是個可以調節的生活習慣，這需要爸媽有計畫的訓練，讓寶寶養成良好的睡眠習慣。白天盡量少睡，夜間除了餵奶、換1～2次尿布外，不要打擾寶寶。在後半夜，如果寶寶睡得很香也不哭鬧，可以不餵奶。隨著寶寶月齡增長，逐漸過度到夜間不換尿布、不餵奶。如果媽媽總是不分晝夜的護理寶寶，寶寶也會養成不分晝夜的生活習慣。不建議為了讓嬰幼兒晚間好睡，而開予鎮靜藥服用。

準備連身睡衣

　　小寶寶在最初幾週內不喜歡換衣服，因此在開始時最好採用嬰兒睡衣，一旦寶寶穩定下來（可能在1個月內），一件式的彈性連衣褲套裝也相當實用。

　　當寶寶4個月左右時，他也許需要睡袋，特別是冬天。寶寶可以溫暖舒適的睡在裡面，且不會發生在寒冷的夜晚踢開毯子和被子的危險。

　　許多爸媽會擔心寶寶睡覺後是否會太熱或太冷，可以用手（不能太熱或太冷）觸摸寶寶的後頸部或軀幹來辨別。如果摸起來溼潤或多汗則寶寶多半是太熱了，可以取走多餘的毯子；如果摸起來涼冷，就外加1條毯子或1層被單保暖。

醫師指點

絕不要摸寶寶的雙手來判斷他的體溫，因為寶寶的肢體體溫常較身體其餘部位低（冷），並經常呈藍色。這些都不必擔心。

便祕的護理

　　喝奶粉的寶寶常會便祕，每次排便很痛苦，有的甚至把肛門撐破而哭鬧，不願排便，使爸媽心急如焚。怎樣避免這種情況呢？可以試著給寶寶喝新鮮果汁水、蔬菜水和水果泥等纖維質含量高的副食品。經常便祕的孩子，除了在飲食上調整外，還應加強水分補充。

發燒不喝奶的處理

　　人體發燒會引起胃腸功能紊亂、交感神經活動增強、消化酶的分泌減少。儘管攝取量很少，但食物在胃腸內停留的時間很長。所以，寶寶在發

燒時容易食欲減退、肚子脹。

這時可以讓寶寶少量多餐，而且要吃些稀釋而清淡有助於消化吸收的食品，如米湯或多餵水，確保足夠的液體供給。發燒時體內水分消耗較多，如果沒有適當的補充水分，不容易退燒，又容易引起代謝紊亂。補充水時，特別要注意補充鮮果汁水或蔬菜水等。

預防營養缺乏症

目前在寶寶營養中存在的主要問題是母乳哺育率逐漸下降，在大城市中母乳哺育率只有20～30%，因此要大力宣導母乳哺育的好處。小兒科和產科醫生要通力合作，以提高母乳餵哺率，如在產前做好產後餵乳的準備，產後可及早餵奶。因為寶寶愈早吸奶愈能促進奶汁的分泌，如果大多數的寶寶都能由母乳哺育，且在4～5個月後合理的添加副食品，就可以使寶寶在營養方面順利的度過出生後生長發育最快的第1年。合理添加副食品，是指除了穀類食品外，還要有一些蛋白質食品，如魚肉、豆類、肉泥等。此外，果汁、菜泥和果泥也很重要，能提供人體必需的維生素和礦物質，但須依據年齡大小給予適當副食品。

目前常發生的寶寶營養缺乏有：一是由於缺乏維生素D而引起的軟骨症；二是缺鐵性貧血。維生素D在食物中含量較少，主要靠太陽中的紫外線照射皮膚轉變成維生素D，因此要讓寶寶多到戶外晒太陽。由於冬季較長，晒太陽的時間少，可以吃魚肝油或維生素D以補不足。缺鐵性貧血主要是鐵攝入不足，或吸收不好。影響鐵吸收的因素很多，而維生素C能有效促進鐵的吸收率，所以飲食中應供給足夠的維生素C。動物性食品中除了奶和蛋以外，其他食物中的鐵都較易吸收，這便是要給寶寶吃肉泥的原因；此外，還可以吃強化鐵的食物和鐵劑。其他的營養缺乏病，如維生素A、維生素B$_2$、維生素B$_1$、維生素C等的缺乏，由於生活品質的提高，已較少見。近年來，發現有些父母過於擔心過敏，而減少海鮮食物飲食，會導

致兒童有缺鋅的症狀，如食欲差、生長發育遲緩、異食癖或皮膚炎等，因鋅缺乏有可能影響智力發育，應予以重視。

預防呼吸道傳染病

　　寶寶由於發育尚未健全，體溫調節功能差，對寒冷氣候的適應能力低，所以在冬季常患流行性感冒、流行性腮腺炎、麻疹、百日咳等呼吸道傳染病。這些傳染病的早期酷似感冒，極易被誤診，如治療不及時，不僅會造成疾病流行，還很容易發展為肺炎。如果寶寶得了呼吸道傳染病，再併發感染上肺炎，就會增加治癒的難度，出現呼吸急促、鼻翼翕動、喘憋、煩躁等症狀，嚴重的出現抽搐、昏迷，甚至危及生命。

　　怎樣預防寶寶患呼吸道傳染病及肺炎呢？

　　首先，要加強體能鍛鍊，注意增加營養，讓寶寶多在戶外活動，常晒太陽，呼吸新鮮空氣，以增強身體的抵抗力和對寒冷氣候的適應力。

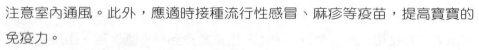

　　其次，在疾病流行期間，不要帶寶寶去公共場所；外出時，要戴口罩，以減少被傳染的機會；應注意室內通風。此外，應適時接種流行性感冒、麻疹等疫苗，提高寶寶的免疫力。

　　寶寶患了呼吸道傳染病應及時去醫院診治。在家要加強護理，室內空氣要新鮮，不要在室內吸菸，空氣過於乾燥會刺激氣管黏膜，加重咳嗽和呼吸困難。要保持安靜，確保寶寶睡眠。要遵照醫囑按時給寶寶用藥，寶寶鼻腔及咽喉分泌物過多時，要及時清除，並隨時密切觀察病情變化，一旦出現口脣發紫、出汗、四肢發涼等症狀，要立即就醫處理。

早期判斷視力障礙

　　觀察寶寶的眼球運動，如果眼球有震顫，即眼球快速度的左右抖動，則很可能存在視力障礙。評量標準如下：

☐ 直徑10公分的紅色線團放在距寶寶眼睛15公分處，寶寶的眼睛
　能隨著紅絨線團自右向左，或自左向右至中線處移動。

☐ 2個月的寶寶，當有人逗弄時，會出現應答性微笑。

☐ 4個月的寶寶，兩眼能隨著紅色線團左右移動180度。

☐ 4個半月的寶寶，兩眼能注視放在桌面上有顏色的小珠子，如
　糖豆。

　　寶寶如果在4個半月時達不到上述幾項檢查標準，可能存在視力障礙，要及時去眼科做進一步檢查。

出生第5個月

5個月寶寶的照顧

寶寶5個月大了,想必寶寶的活動更活躍了!此時寶寶慢慢可以自發性做出一些動作,以及隨著感官發展的刺激與成熟,想要伸手碰、握、抓眼前的東西,可能還會出現搖晃雙臂想要人抱的可愛模樣呢!

新手爸媽應多看育嬰方面的書籍。每個寶寶都有不同的特點,要細心觀察自己的寶寶。天氣好的時候,多帶寶寶到室外晒太陽吹風,增強寶寶對環境的適應力。從這個月開始,應該慢慢的為寶寶添加副食品,以滿足寶寶的營養需求。

3個月前的寶寶,在媽媽懷孕時已從母體及胎盤獲得足夠的抗體。然而,寶寶免疫系統發育尚未成熟,從5個月大開始,自母體得到的免疫抗體逐漸減少,病毒與細菌的感染機率可能會增加,因此容易生病,父母應特別注意寶寶居家照護。

5個月寶寶的成長發育	
體重	第5個月體重會增加550～650公克,到第5個月底時,為7,000～7,500公克。
身高	第5個月底時,身高為62～65公分。
頭圍	第5個月底時,頭圍為40～43公分。
運動發展	逐漸在大人扶著時可站立、跳躍,會將小腳丫放進自己的嘴裡,雙手能抱住奶瓶,已能很準確的用手拿玩具。
知覺發展	視覺與聽覺已建立起聯繫,聽到聲音時,會用眼睛去尋找聲源。視覺與手的動作也協調起來,能夠分辨遠近,按視線方向抓到東西。

適時添加副食品

母乳中維生素C含量不多,並常因媽媽的飲食品質而變動,為維持寶寶維生素C的需要,常以菜湯供給。隨著寶寶月齡的增加,媽媽的乳汁和配方奶粉已經不能滿足寶寶快速生長發育的需求。因此,從寶寶4個月起,媽

媽要根據兒童保健專家的指導，為寶寶添加副食品。蔬菜和水果是最好的副食品，深綠色和紅色蔬菜裡除維生素C外，還含有豐富的維生素A和鈣、磷、鐵等礦物質。4～6個月的寶寶，每天可以餵果汁（1：1稀釋）或菜汁5～10毫升左右7～12個月的寶寶除了餵菜湯外，還應餵食蔬菜泥、水果泥。

1 蔬菜湯：先將新鮮的蔬菜，如菠菜、小青菜、胡蘿蔔、空心菜等，任選一種取50～100公克，洗淨，切碎。鍋內放適量水，煮沸後將切碎的菜放入，繼以大火煮沸6～7分鐘，關火。將菜及湯倒入消毒過的勺內，湯盛碗中，加少許鹽，即供食用。

4～6個月的寶寶初次吃菜湯可從少量開始，第1次喝5毫升，適應了再增加至10毫升，7～9個月可增加到30毫升。

2 蔬菜泥：取新鮮綠色蔬菜或胡蘿蔔50～100公克，洗淨，切碎。鍋內加少許水，煮沸後將蔬菜或胡蘿蔔放入，繼煮7～8分鐘至熟爛。倒入勺中，去湯後用匙背壓榨成細末，去除粗纖維，剩下的倒入碗中即可食用。

初次吃菜泥的寶寶可逐步增加用量，第1次可餵I/2湯匙（10～15公克），第2天如無特殊反應可增加到1湯匙（20公克），3～4天後無特殊反應，可增至2湯匙（30～40公克）。

3 水果泥：新鮮蘋果50公克，將蘋果去皮，切碎，放入鍋中加水以大火煮軟，用湯匙壓榨或壓過篩孔即成蘋果泥。也可以將蘋果洗淨，削皮，以小匙慢慢刮下為蘋果泥，可供7～126個月寶寶食用。

愛心提示

副食品以天然食物為主，不使用調味料，以免造成過早拒喝奶水或偏食。副食製作之食物、用具、雙手都應洗淨，並養成寶寶先吃副食品再喝奶水的習慣。

429

不要把食物嚼碎後餵食

切勿把食物嚼碎後再餵寶寶，這是錯誤的餵食方法和不良習慣。

🔳食物經咀嚼後，香味和部分營養已受損。嚼碎的食糜，寶寶囫圇吞下，未經自己的唾液充分攪拌，不僅食不知味，也加重了胃腸負擔，使寶寶營養缺乏及消化功能紊亂。

🔳會影響寶寶口腔消化液分泌功能，使咀嚼肌得不到良好的發育。讓寶寶自己咀嚼可以刺激牙齒生長，還可以反射性的引起胃內消化液的分泌，以幫助消化，提高食欲。口腔內的唾液也可因咀嚼而分泌增加，能滑潤食物，使吞嚥順利。

🔳會使寶寶感染某些呼吸道傳染病，如流行性感冒、流行性腦膜炎、肺結核等。用嘴對嘴餵時，如果大人有上述疾病，更容易經口腔、鼻腔將病菌或病毒傳染。

🔳會使寶寶患消化道傳染病，如肝炎、痢疾、腸寄生蟲病等。即使是健康成人，體內及口腔中也常寄帶病菌，這些病菌會透過食物，由大人口腔傳染給寶寶。大人因抵抗力強，雖然帶有病菌可以不發病，而寶寶的抵抗力弱，接觸病菌則容易生病。

預防男嬰睪丸扭轉

睪丸扭轉的典型表現是突然發作的陰囊疼痛，多數男嬰伴有腹痛，少數則伴有噁心、嘔吐。睪丸扭轉分為鞘內扭轉和鞘外扭轉。鞘外睪丸扭轉除了產生上述症狀外，還會出現精索增粗、睪丸上縮、移位等症狀，診斷鞘外睪丸扭轉並不困難。但鞘內睪丸扭轉除了前述一般症狀外，僅有睪丸腫痛的體症，數小時後陰囊會紅腫，如患兒未及時就醫或被誤診為睪丸炎或副睪炎，就會延誤手術治療的良機，造成切除睪丸的嚴重後果。因長時間睪丸扭轉造成睪丸供血受阻，導致睪丸不可逆的壞死。但有些鞘內睪丸

扭轉單靠症狀很難確診，需藉助超音波儀器掃描。

凡睪丸扭轉發生後8小時內手術者，治療效果大多良好。若超過12小時，則75%患兒的睪丸發生壞死，必須進行睪丸切除，因此，對男嬰的睪丸處疼痛要特別注意睪丸扭轉的發生，應該儘早就醫。

正確保護乳牙

人共有兩副牙齒：乳牙和恆牙。最先長出的是乳牙，乳牙共有20顆，出牙有先後順序。最先萌出的是下顎的2顆中門牙，然後是上顎的2顆中門牙。出第1顆牙的年齡每個孩子都不一樣，早的4個月，遲的可到10～12個月，平均是在7～8個月齡出牙，以後陸續萌出，到2歲半時20顆乳牙出齊，6歲以後開始脫乳牙換恆牙。

有些爸媽擔心寶寶還沒有出牙會感到不安。通常，只要在週歲前能萌出1顆牙齒都不算出牙太遲。如果1歲後還未出牙就應該去找兒科或牙科醫師檢查，是否有缺鈣、缺碘等問題。

乳牙一般持續6～10年時間，這段時間正是寶寶生長發育的高峰時期，如果牙齒不好，會影響對營養的消化吸收，阻礙健康，還會影響容貌和發音。因此，必須十分注意乳牙的清潔。

在胎兒期即開始乳牙發育，乳牙的好壞一般決定於媽媽妊娠期的營養。在乳牙萌出後，應注意以下問題：

1 保持口腔清潔：嬰兒期雖然用不著刷牙，但每次進食後及臨睡前，都應喝些白開水或用紗布擦拭牙齦，清潔口腔，保護乳牙。

2 維持足夠的營養：及時添加副食品，攝取足夠營養，以維持牙齒的正常結構、形態及提高牙齒的抵抗力。如多晒太陽、及時補充維生素D，可幫助鈣質在體內的吸收。肉、蛋、奶、魚中含鈣、磷十分豐富，可以促使牙齒的發育和鈣化，減少牙齒發生病變的機會。缺乏維生素C會影響牙周組織的健康，所以要經常吃蔬菜和水果，其中纖維素還有清潔牙齒的效用。

飲水中的微量元素氟的含量過高或過低時，對牙齒的發育都不利。

3慎用抗生素：四環素以及其部分抗生素類的藥物會使寶寶牙齒變黃及牙釉質發育不良，因此不可服用四環素等藥品。

4養成正確的喝奶姿勢：喝奶粉的寶寶如因姿勢不正確或奶瓶位置不當，會形成下顎前突或後縮。寶寶經常吸吮空奶嘴會使口腔上顎拱起，使以後萌出的牙齒向前突出。這些牙齒和顎骨的畸形，不但會影響寶寶的容貌，還會影響咀嚼功能。寶寶喝奶時要取半臥位，奶瓶與口唇成90度角，不要使奶嘴壓迫上、下唇；不要讓寶寶養成吸空奶嘴的習慣。

5適當的訓練咀嚼：萌出牙後要常給寶寶吃較硬的食物，如餅乾、烤麵包片、蘋果片等，訓練咀嚼肌，促進牙齒與顎骨的發育。1歲以後臼齒長出後，應當經常吃粗硬的食物，如蔬菜等，如果仍吃過細過軟的食物，咀嚼肌得不到練習，顎骨不能充分發育，但牙齒卻仍然生長，就會導致牙齒擁擠，排列不齊或顏面畸形，影響容貌美觀。

醫師指點

如果發現乳牙有病要及時治療。乳牙因病而過早缺失，恆牙萌出後位置會裡出外進，造成咬合錯亂，導致多種牙病的發生，因此，必須及時診治，否則會影響寶寶之後的容貌。

不須禁止寶寶啼哭

寶寶大腦發育還不夠完善，當受到驚嚇、委屈或不滿足時就會哭。哭可以使寶寶內心的不良情緒發洩出來，透過哭能調和人體七情六慾，所以哭有益於健康。

有的家長在寶寶哭時會強行制止或進行恐嚇，不讓寶寶哭。這樣會使孩子的精神受到壓抑，心胸憋悶，長期會導致精神不振，影響健康。當寶寶哭時，

家長要順其自然，等哭後就能情緒穩定，嬉笑如常了。

預防痢疾

細菌性痢疾是一種急性腸道傳染病。主要表現是發燒、腹瀉、大便膿血，伴有腹疼，重者出現脫水、休克、抽搐等症狀，甚至危及生命。

細菌性痢疾的發病是由於痢疾桿菌隨污染的飲食經口進入胃腸後，在腸道大量繁殖，釋放毒素，引起腸道的發炎病變。同時，毒素的吸收引起發燒、全身不適等症狀。如果毒素首先侵犯中樞神經系統就會引起腦中毒症狀，發生抽筋、昏迷、血壓下降等，就是中毒性痢疾。

預防痢疾一定要做到，大便後、吃飯前用肥皂洗手並養成衛生習慣；生吃的瓜果、蔬菜一定要洗乾淨；腐爛變質、不新鮮的食品不給寶寶吃；寶寶的餐具要專用並經常消毒；如果家中有人得痢疾應注意隔離，避免傳染給寶寶。

如果寶寶得了痢疾要及時到醫院檢查治療，按醫囑服藥，千萬不要吃兩次藥覺得腹瀉好了就自行停藥。最好在服藥3天後複查大便，在常規檢查正常後再服2～3天藥，一般療程為7天。除用藥外，還要注意適當休息，吃易消化的食品；如果寶寶出現高燒，可服用退燒藥和物理降溫。若發生中毒性痢疾，則應儘早住院治療。

預防腦震盪

寶寶腦震盪不單是因碰撞頭部才會引起，有很多是大人的習慣性動作在無意中造成。比如：有的家長為了讓寶寶快點入睡，會用力搖晃搖籃，推拉嬰兒車；為了讓寶寶高興，把寶寶拋得很高；有的帶寶寶外出，讓他躺在過於顛簸的車裡等。這些不太引人注意的習慣做

法，往往會使寶寶頭部受到某種程度的震動，嚴重者可引起腦損傷，留有永久性的後遺症。

寶寶在最初幾個月裡，各部位的器官都很纖細柔嫩，尤其是相對大而重的頭部，當頸部肌肉仍軟弱無力、遇有震動時，寶寶自身反射性保護功能差，很容易造成腦損傷。

預防心律失常

1寶性心律不整：表現為隨呼吸而改變，吸氣時心率增快，深吸氣時更為明顯；呼氣時心率減慢。由於心律快慢不一，常導致暈眩乏力。

2寶性心動過速：表現為寶寶的正常心率因年齡而異，如新生兒心率超過200次/分；1歲以下超過160次/分；1～2歲超過140次/分；2～6歲超過130次/分；7～12歲超過120次/分，這被稱為寶性心動過速，常見於運動、緊張、哭鬧、發燒、貧血、出血、休克、心肌炎、心力衰竭等。其他如甲狀腺功能亢進及某些藥物，如阿托品、麻黃素等影響，也可能引起心率過速的情形。

3病寶症候群：這是由於寶房結功能衰竭而引起的激動產生和傳導發生障礙。寶寶可由心肌炎、心肌病、毛地黃中毒、先天性心臟病引起。臨床特點是持久而顯著的寶性心動過緩、心率不隨運動、哭鬧、發燒而增加。除心動過緩外，還可出現陣發性室上性心動過速，所以也稱心動過緩——心動過速症候群，簡稱「快——慢症候群」。

4陣發性室上性心動過速：此病約有60%發生在健康兒童身上，5～10%病人原有心律不整，亦可見於上呼吸道感染、先天性心臟病、心肌炎、缺氧、毛地黃中毒、甲狀腺功能亢進等。4個月以下寶寶多見，常突然發作，此時會出現煩躁不安、臉色蒼白、出冷汗、四肢涼、呼吸急促、拒奶、嘔吐、口唇發紺等症狀，可持續數秒、數分鐘或數小時而突然停止。

血壓低，聽診時會發現心音弱、心律快而規則，新生兒可達300次/分，嬰兒可達200～300次/分，年長兒可達160～180次/分。

5 早搏：正常心臟跳動的起搏點是在心臟竇房結，而早搏是由異位節律點提前發出脈衝而引起心臟搏動。按異位節律點出現的部位不同，可分為房性早搏、室性早搏和交界性早搏。這些症狀可以透過心電圖檢查來確切診斷。

6 房室傳導阻滯：可由心肌炎、先天性心臟病、風溼性心臟病、藥物中毒（如毛地黃）、低血鉀等原因引起。按受阻程度可分為1、2、3度，1度一般無症狀，心電圖表現P-R間期延長。2度可出現心臟漏跳現象。3度由於心律過慢，會出現急性心源性腦缺氧症候群，這是十分危險的，需要及時去醫院診治。

出生第6個月

6個月寶寶的照顧

6個月的寶寶,從母體中得到的抗體已經逐漸消失,寶寶得傳染病的機率增大。少數寶寶在這個月開始長牙,媽媽要幫寶寶清潔口腔。

寶寶活動能力更強了,所以要幫助他做些翻身、站立、獨坐的練習。另外寶寶6個月大的時候,活動力也愈來愈強,睡覺翻來翻去,需要多一點空間,若繼續和父母同眠,容易不小心摔下床,也會干擾彼此睡眠,而且與爸媽一起睡覺的時間愈長,要自己學習獨立睡覺就愈困難。

愛心提示

為了母嬰的健康,寶寶還是與媽媽分床睡比較好。讓寶寶單獨睡在可以靈活搬動的小床上,大人睡覺時,把小床搬到大床邊,以便於夜裡照顧。

6個月寶寶的成長發育	
體重	第6個月的體重會增加500～650公克。到第6個月底時,可達7,500～8,000公克。
身高	第6個月底時,身高可達63～69公分。
頭圍	第6個月底時,頭圍可長到41～43公分。
運動發展	手部的動作在6個月以前,幾乎是用手掌抓握物品,6個月大以後,拇指和其他四指可以對指握物;6個月以前,大多只用一隻手抓東西,同時另一隻手會鬆開,現在則可以兩手同時抓東西,並會把玩具從這一手換到另一隻手;寶寶會自己由側臥轉為俯臥,也可以從俯臥翻到仰臥。此時可訓練練習自己改變體位,訓練時要注意不要使臉部受壓迫,時間也不可太長。6個月一般坐著,常會歪向一邊,為了不影響寶寶的脊椎發育,練習坐的時間不可太久,否則容易造成駝背或脊柱側彎。

及時預防接種

由於6個月大的寶寶體內來自母體的抗體逐漸消失,外出的次數開始變多,增加病毒與細菌的感染機率。這階段必須提升寶寶的抵抗力,給予充足的營養,除了奶類攝取,必須添加副食品以補充鐵質、蛋白質、維生素等營養素需求,並按時接種疫苗,預防寶寶免於疾病的威脅。

這個月要記得帶寶寶接種B型肝炎、五合一或六合一疫苗、輪狀病毒、肺炎鏈球菌第三劑。若爸媽為寶寶選擇接種六合一疫苗，則不需再施打B型肝炎，所有疫苗都必須按時完成接種程序，保護效果才能完整發揮。

二手菸對寶寶的影響

寶寶進食時若有人在室內吸菸，會使寶寶發出陣發性尖聲啼哭，同時雙拳緊握，顏面發紅等，這些症狀是胃腸道痙攣。統計結果發現，雙親每人每日吸1～10支菸，寶寶發生腹絞痛者占45％；雙親每人每日吸11～20支菸，寶寶發生腹絞痛者為69％；雙親每人每日吸菸達20支以上時，寶寶患腹絞痛可達90％。為了寶寶的身心健康，父母及家人不要吸菸，為他創造一個舒適、清新、安全的成長環境。

訓練寶寶抓握能力

寶寶一過6個月，手的動作會變得更加靈活，已經可以用手抓東西往嘴裡放，這是寶寶發育必然出現的動作。若禁止用手抓物品，可能會打擊日後學習自己吃飯的積極性。因此，爸媽應該從積極面採取措施，把寶寶的手洗乾淨，讓他抓餅乾、水果片，不僅可以訓練手的技能，還能摩擦牙床，以緩解長牙時牙床的刺痛，更重要的是讓寶寶體會自食的樂趣。

斷奶時間與方法

斷奶是一件痛苦的抉擇，這時的寶寶還不完全習慣改吃其他食品，又哭又吵，顯得非常煩人。讓寶寶斷奶的技巧在於準備期與適應期，讓寶寶慢慢脫離單純以母奶或配方奶為主食，逐漸增加其他流質（4～6個月）、半固體（6～12個月）、固體（1歲以後）的食物攝取。

若媽媽決定不繼續餵母乳，最好的斷奶辦法是媽媽不抱寶寶，到另一房間睡，寶寶醒時由爸爸哄餵開水或配方奶，過了1週就可以斷奶。媽媽抱寶寶會產生自然反射的泌乳，寶寶會自己尋找乳頭吃母乳。媽媽不抱孩子，少喝湯水，母奶的分泌自然會減少，有的1週完全不餵就能自然斷奶。千萬別用吸奶器及手擠，因為吸和擠都會使泌乳增加，經過1～2天可以減少奶脹和自動退奶。

愛心提示

斷奶最好避開夏季，因為夏天寶寶易患消化不良和腹瀉。如果寶寶在夏季時滿週歲，不妨提前在春末斷奶。

半歲內不要常飲果汁

果汁的特點是維生素與礦物質含量較多，口感好，許多寶寶愛喝，但最大的缺點是沒有蛋白質和脂肪。如果常喝果汁，易使正餐（母乳或配方奶）攝取減少，會破壞體內營養平衡，招致發育遲緩，年齡愈小愈易發生，所以4個月以下小嬰兒暫時不能接受副食品攝取。

嬰幼兒餵食的迷思

1 用葡萄糖代替其他糖：如果常用葡萄糖代替其他糖，腸道中的雙糖酶和消化酶就會失去作用，使胃腸「懶惰」起來，時間久了就會造成消化酶分泌功能低下，導致消化功能減退，影響寶寶生長發育。

2 用果汁代替水果：以市售果汁代替吃新鮮水果，這是錯誤的。因為新鮮水果不僅含有完善的營養成分，而且在孩子吃水果時，還可鍛鍊咀嚼肌及牙齒的功能，刺激唾液分泌，促進食慾。各類果汁裡皆含有食用香精、色素等食品添加劑，且甜度高，會影響寶寶的食慾。

副食品的添加原則

1 與寶寶的月齡相適應：副食品添加的過早或過晚，都會對寶寶的健康有不良影響。過早添加副食品，寶寶會因消化功能未成熟而出現嘔吐和腹瀉，消化功能發生紊亂；過晚添加則會造成寶寶營養不良，甚至因此拒吃非乳類的流質食品。

2 從一種到多種：要按照寶寶的營養需求和消化能力逐漸增加食物的種類。剛開始時，只能給寶寶吃一種與月齡相宜的輔食，待嘗試了3～4天或1週後，如果消化情況良好，排便正常，再嘗試另一種，千萬不能在短時間內增加好幾種。

3 從稀薄到濃稠：寶寶在開始添加副食品時，還沒有長出牙齒，因此只能餵流質食品，逐漸再添加半流質，最後發展到固體食物。

4 從細小到粗大：訓練寶寶的吞嚥功能，為日後吃固體食物作基礎，讓寶寶熟悉各種食物的天然味道，養成不偏食、不挑食的好習慣。

5 從少量到多量：每次添加一種新食材，一天餵1次，而且量不要多。

6 遇身體不適要立刻停餵：寶寶吃了新添的食品後，要密切觀察消化情況，如果出現腹瀉或大便裡有較多黏液的情況，就要立即暫停添加，等恢復正常後再重新少量添加。

7 吃流質或泥狀時間不宜過長：流質或泥狀食品非常適合寶寶消化吸收，但餵食不宜過長，會使寶寶錯過發展咀嚼能力的關鍵期，可能導致在咀嚼食物方面產生障礙。

8 不可很快讓副食品替代乳類：在寶寶6個月內不能減少母乳或其他乳類的攝取。此階段主要食品應以母乳或配方奶粉為主，其他食品只能作補充食品。

9 鮮嫩、衛生、口味好：媽媽製作副食品時，不要只注重營養而忽視了口味，不僅會影響寶寶的味覺發育，增加日後挑食機率，還可能使寶寶對副食品產生厭惡，影響營養的攝取。調理應以天然清淡為原則。

⑩**培養寶寶進食的愉快心理**：餵食時，最好選寶寶心情愉快和清醒的時候。寶寶不願吃時，千萬不可強迫進食。

寶寶每日飲食建議表							
寶寶月份	母乳餵食次數	嬰兒配方奶餵食次數	配方奶沖泡量	水果類副食品	蔬菜類副食品	五穀類副食品	蛋白質類副食品
1個月	7	7	80～140C.C.				
2個月 3個月	6 6	6 5	110～160C.C.				
4～6個月	5	5	170～200C.C.	果汁5～10C.C.	青菜湯5～10C.C.	米糊或麥糊3/4～1碗	
7～9個月	4	4	200～250C.C.	果汁或果泥15～30C.C.	青菜湯或青菜泥15～30C.C.	稀飯、麵條1～2碗 吐司2.5～4片 饅頭1個 米糊2.5～4碗	蛋黃泥2～3個 豆腐1小塊 豆漿240～360C.C. 魚、肉肝泥1～1.5兩 魚、肉鬆0.5兩
10個月 11個月 12個月	3 2 1	3 3 2	200～250C.C.	果汁或果泥30～60C.C.	剁碎青菜30～60C.C.	稀飯、麵條1～2碗 乾飯1～1.5碗 吐司4～6片 饅頭1～1.5個 米糊4～6碗	蒸全蛋1～2個 豆腐1.5～2塊 豆漿360～480C.C. 魚、肉肝泥1～2兩 魚、肉鬆0.7兩
1～2歲		2	250C.C.	果汁或果泥60～90C.C.	剁碎蔬菜30～60C.C.	稀飯、麵條3～5碗 乾飯1.5～2.5碗 吐司6～10片 饅頭1.5～2.5個	蒸全蛋2個 豆腐2個四方塊 豆漿480C.C. 魚、肉肝泥2兩 魚、肉鬆0.8兩

治療營養不良症

寶寶營養不良是一種慢性營養缺乏症，多見於3歲以下，主要表現為體重減輕，逐漸消瘦，嚴重時伴有各器官的功能減退。

①**發病原因**：多為長期飲食不足、母奶不足、餵食品質低劣、飲食習慣不良，或長期缺乏蛋白質等，造成急、慢性疾病；如持續性肺炎、長

期腹瀉、結核等；先天營養不良者；多胞胎、雙胞胎、未成熟兒、先天不足，出生後需要營養高，但消化力薄弱，造成營養不良者。

2 病狀表現：營養不良的診斷，根據體重減輕程度和皮下脂肪消失程度分為3度。脂肪減少有一定順序：首先是腹部，然後是軀幹、四肢和臀部，最後是臉，所以有的寶寶身體很瘦，臉還是白胖圓潤。

I度營養不良，體重低於平均值15～25％，僅腹部皮下脂肪減少；II度營養不良，體重低於平均值25～40％，腹部皮下脂肪近於消失，軀幹、四肢皮下脂肪明顯減少，臉部皮下脂肪也減少；III度營養不良，體重低於平均值40％以上，全身各處的皮下脂肪近於消失，明顯消瘦呈皮包骨狀，皮膚彈性消失，多皺褶，似老人樣面容。其他方面表現為皮膚乾燥、鬆軟、蒼白、運動功能差，嚴重者影響智力發育，容易併發營養不良性水腫、貧血、各種維生素缺乏、易患感冒、肺炎及消化不良等。

3 預防與治療：寶寶營養不良是可以預防的。首先，母乳是寶寶最好的食品，如果母乳不足或無母乳，應採取嬰兒配方奶合理混合哺育或人工哺育為佳，不應只食用米糊。隨著寶寶年齡增長，必須添加各種輔助食品，以滿足生長發育所需各種營養。

寶寶營養不良的治療應注意尋找病因，積極處理。調整飲食，補充營養要根據不同年齡、病情輕重、原有飲食習慣等，由少到多逐漸調整和增加，選擇適合患兒消化能力及符合營養需要的食物，並給予足量維生素。

培養良好的生活習慣

要注意培養寶寶良好的生活習慣，生活有規律，飲食、睡眠、遊戲等都應有固定的時間。生活規律的寶寶，會更健康、快樂，不易生病，也不會哭鬧黏人。如此一來，父母就能節省精力與時間去做其他的事情。

當寶寶學會坐之後，就要開始訓練他坐盆大小便的習慣。最好要定時、定點坐盆，並教他用力的方法。當有大小便表示時，如突然坐立不安或用力「嗯嗯」時，就應該讓他坐盆，逐漸形成習慣。

口水多的處理

6個月左右，寶寶由於長牙的刺激，唾液分泌增多，又不能及時嚥下，就會出現流口水，這是正常現象。適時為寶寶戴圍兜，並經常洗換，用柔軟乾淨的小毛巾或衛生紙擦嘴、擦臉以保持乾燥。

寶寶在長牙時，除流涎外，還會出現咬乳頭情形，這都是正常現象，不必過於擔心。

治療維生素D缺乏性軟骨症

軟骨症是因缺乏維生素D而引起的一種常見營養缺乏症。人體內維生素D有兩個來源：一是內源性，經日光中的紫外線照射，皮膚能合成維生素D；另一個是外源性，即從食物或藥物中得到維生素D。

1 發病原因：引起軟骨症的主要原因是寶寶戶外活動少，攝取紫外線不足。其次由於食物中鈣、磷不足，或鈣、磷比例不合適，例如：母奶中鈣、磷比例合適（2：1）易吸收；奶粉中鈣雖比母奶多，但鈣與磷比例為1.2：1不易吸收，故1歲前不可喝鮮奶，要吃嬰兒配方奶粉。嬰幼兒時期生長發育迅速，如維生素D和鈣補充不足，易患軟骨症，此症在台灣發生較少，維持適度晒太陽即可。

2 病狀表現：骨骼改變是軟骨症的主要症狀；此外，還有神經症狀和肌肉鬆弛等。軟骨症早期症狀為，寶寶易急躁、出汗多、睡眠不安、睡驚、夜哭、枕禿，活動期主要是骨骼改變。

(1)頭部：顱骨軟化多見於6個月內的寶寶，用手指輕按枕、顳部，有按乒乓球樣感覺，前囟和骨縫邊緣也有軟化現象，但在3個月以上的寶寶才有診斷意義，頭顱變形多見於8～9個月以上患兒，最早見方顱，嚴重者可見馬鞍形或十字形。患兒前囟閉合晚，1歲半仍未閉全。長牙晚，10個月後才長牙，或見長牙順序顛倒，牙質缺乏釉質而患齲齒。

(2)胸部骨骼改變：有肋骨串珠（前胸肋骨一部分像算珠子樣鼓起）；肋緣外翻，嚴重的可見雞胸（胸骨向外突出）、漏斗胸（胸骨下部凹陷）。

(3)四肢：手鐲和腳鐲多見於6個月以上。患兒手腕和足踝部呈鈍圓形環狀隆起，到寶寶會站立開始走路後，因骨質軟化及肌肉關節鬆弛，在身體重力影響下造成下肢彎曲，出現O型腿（兩足跟靠近時膝向外彎曲）和X型腿（雙膝靠近時雙足分開向外）。

(4)其他骨骼變化：例如：脊柱彎曲、骨盆扁平等。活動期軟骨症還有全身肌肉鬆弛，表現頸部無力，坐、站、走較正常寶寶晚，腹肌無力使腹部膨隆如青蛙肚。軟骨症患兒血液化驗則有血鈣、磷、鹼性磷酸酶含量的變化，骨骼X光檢查也有特異的改變，結合臨床表現可確定軟骨症的診斷。

3 治療與預防：軟骨症患兒用維生素D和鈣治療，應根據病情輕重和活動狀況決定用量和給藥方法，還要多帶孩子到戶外散步，多接受日光照射，多吃含鈣豐富的食物。中醫以補腎、壯骨、健脾、益氣為主，治軟骨症常用龍骨等藥味。

軟骨症的預防應從孕婦做起。孕期和哺乳期婦女要多晒太陽，每天最好有2小時戶外活動，或口服鈣劑，同時每天服維生素D5,000～10,000國際單位，每天應攝入鈣800～1,000毫克，並提倡母乳哺育。寶寶維生素D預防用量每天400國際單位，早產兒前3個月用量加倍，要同時注意鈣的補充。

出生第7個月

7個月寶寶的照顧

7個月寶寶長出了牙齒，所以要在副食品中加一點半固體的食物，使寶寶的牙齒得到適當的刺激，有利於長牙。

7個月後的寶寶患軟骨症、缺鐵性貧血、發燒抽筋、腹瀉的機率顯著增高。增加母乳和副食品的量，並保持清潔衛生，可使寶寶免於這些常見疾病的侵襲。感染疾病時，要及時送醫院診治。

這時寶寶的智力發育快速，多與寶寶說話、逗玩、做適當的體操，可促進寶寶智力的發展和體格的發育。

7個月寶寶的成長發育	
體重	第7個月體重增加500～550公克。到第7個月底時，達8,000～8,600公克。
身高	到第7個月底，身高為65～70公分。
頭圍	到第7個月底，頭圍為41.5～43.5公分。
運動發展	第7個月寶寶肌肉迅速發育，動作發展很快，這時會獨坐，但時間不宜太長。已經會翻身和獨坐的寶寶，要讓他在床上或地上練習各種翻身動作。可使用玩具在前面逗引，用手抵住寶寶的腳掌幫助向前移動，直到學會用手、腳將身體撐起向前移動時，才算會爬行。爬行在寶寶的腦部發育過有著重要的意義。爬行能促進眼、手、腳的協調，加強視覺和聽覺的功能，並鍛鍊意志力。

忌拍打後腦後背

在後腦和脊椎骨的椎管內有中樞神經和脊髓神經。如果用力拍打寶寶的後腦及後背部，會產生壓力和震動，容易使其中樞神經受到損傷。

不宜斷奶的情況

寶寶如有以下情況不宜斷奶。

1 寶寶從未添加過副食品，消化道對斷奶後食品

沒有適應的能力，如果突然斷奶會引起消化功能紊亂、營養不良，影響寶寶生長發育。

② 寶寶患病期間不應斷奶。斷奶時，母嬰的身體都會發生變化。寶寶患病又加上斷奶，將使病情加重或造成營養不良。

③ 炎熱的夏天不宜斷奶。一般嬰兒大約10～12個月準備斷奶，夏天天氣炎熱，寶寶消化能力差，容易引起消化道疾病，建議可延遲到秋季再為寶寶斷奶。

奶水不宜過濃

若奶粉濃度過高，其中的鈉離子也會增多，這些鈉離子沒有適當稀釋而被寶寶大量吸收，會使血清中的鈉含量升高，對血管的壓力增強，致使寶寶的血壓增高，極易引起腦部微血管破裂或出血，甚至出現抽筋、昏迷。因此，寶寶不宜喝過濃的奶水。開水沖奶粉的稀釋比例最好是依照奶粉罐上的指示去沖泡。

預防脊柱側彎

引起脊柱側彎的原因很多，有先天及後天性。妊娠4～7週是胚胎脊柱發育形成的時期，此時孕婦體內外環境變化的刺激，都會導致胎兒發生脊柱畸形。寶寶學坐過早，或剛學坐就坐太久，坐的姿勢不正確，都易導致脊柱側彎。

① 早期徵象：當寶寶以立正姿勢站立時，兩肩不在一個水平面上，高低不平；兩側腰部皺紋不對稱，或上肢肘關節和身體側面的距離不相等。如果發現以上情況，應及早到醫院診治。

② 預防：不要在6個月前太早學坐，適合在6～8個月左右，此階段從翻身到坐起是連貫動作的自然發展。但不可長時間坐，容易疲勞，也容易造成脊柱彎曲。

治療急性化膿性中耳炎

本病是因化膿病菌，如鏈球菌、葡萄球菌、肺炎球菌等，侵入中耳而發生，為寶寶多見的耳病。因寶寶抵抗力弱，較易患呼吸道疾病，耳咽管短，位置低而平，平臥喝乳，易反胃嗆咳，帶菌分泌物會侵入耳咽管，中耳常遺有胚胎期的結締組織，容易感染，這些因素均易導致中耳發炎。

🔢臨床表現

(1)**發燒**：體溫介於38.5～40℃或以上，鼓膜穿孔流膿後，體溫可降至正常。

(2)**耳痛**：年長兒可表達耳痛，此疼痛可反射至頭部及齒部。鼓膜穿破流膿後疼痛減輕。嬰幼兒不會訴說耳痛，則哭鬧煩躁不安，常用手抓耳。有明顯的胃腸症狀，如食欲不振、嘔吐、腹瀉等，極似胃腸道疾病，間有驚厥及頸部僵直。

🔢併發症：如不及時治療會發生急性乳突炎、急性化膿性腦炎、重症嬰兒腹瀉等併發症。

🔢治療方法：若及時治療大多能控制流膿並使穿孔癒合，恢復聽力。若治療不及時可變成慢性。

(1)**全身療法**：立即使用有效的抗菌藥物及磺胺藥消炎，治療全身性疾病，如鼻竇炎、肺炎等。

(2)**局部療法**：保持耳部清潔，清洗外耳道膿液，用各種消炎藥水滴入耳內，2～3分鐘後，使患耳朝下倒出藥水，反覆2～3次，然後用棉棒清拭乾淨。清除耳周圍病灶，治療鼻炎、鼻竇炎或扁桃腺炎。

預防缺鐵性貧血症

缺鐵性貧血以7個月到2歲的寶寶最為常見。寶寶缺鐵時，會導致聽覺和視覺發育及學習能力下降，甚至會出現「異食癖」，如喜歡吃粉筆、土

塊等異物，血清中鐵的含量與智商成正比。

　　缺鐵性貧血的預防應以飲食中補鐵為主，嚴重貧血寶寶需由醫生處方服用鐵劑。雖然許多食物中都含有鐵，但有些食物中鐵卻不易被吸收，如菠菜雖含鐵，但草酸易與鐵結合而使鐵不易被吸收。所以食物中鐵的吸收率是十分重要的，動物的血紅蛋白易於吸收，動物血和臟腑類食物對防治貧血有良好效果，每週至少食用1～2次肝及內臟類的食物，以確保寶寶有容易吸收的鐵元素供應。

不要亂用鎮咳藥

　　應當明確診斷引起咳嗽的病因，並積極採取治療措施。首先控制感染，口服抗感染藥物，消除發炎症狀；或對抗過敏原，配合對症治療，才能使止咳袪痰藥達到良好的效果。

　　對一般咳嗽的治療應以袪痰為主，不宜單只使用鎮咳藥。只有因胸膜、心包膜等受刺激而引起的頻繁劇咳；或痰液不多而頻繁發作的刺激性乾咳、影響病人休息和睡眠時；以及為防止劇咳導致併發症（如肺血管破裂、肺氣腫、支氣管擴張、咯血）時，才能短時間使用鎮咳藥。對咳嗽伴有多痰者，應與袪痰劑合用，以利於痰液排出和加強鎮咳效果。

　　對痰液特別多的咳嗽，如肺膿瘍，應該謹慎給藥，以免痰液排出受阻而滯留於呼吸道內或加重感染。

　　對持續1週以上的咳嗽，或伴有反覆發燒、皮疹、哮喘、肺膿瘍的持續性咳嗽，應及時去醫院確診或諮詢。除用藥外還應注意休息、保暖，忌食刺激性食物。

出生第8個月

8個月寶寶的照顧

常帶著寶寶到外面活動，開闊視野，將有助於寶寶的智力發育。

寶寶能夠聽懂大人簡單的語言，會用聲音和動作，做出正確的反應。

水痘、腮腺炎是7～8個月以上寶寶容易得的傳染病，還可能引發腦炎等其他疾病，故應該隨時注意寶寶的健康狀況，避免接觸到感染源。

8個月寶寶的成長發育	
體重	第8個月的體重增加200～300公克。到第8個月底時，已有8,300～8,800公克。
身高	第8個月底時，身高為68～72公分。
頭圍	第8個月底時，頭圍為42.5～44公分。
運動發展	8個月大的寶寶，可以用手臂或用腿推動身體爬行，腿的力量增加，能藉著物體的支撐而稍微站立。會用拇指、食指抓住小玩具。
認知發展	隨著寶寶與外界接觸增多，父母可以隨時觀察他們感興趣的事物。這時父母要利用日常生活中隨處可見的事物來訓練寶寶的知覺發展，如常帶他去公園看其他的小朋友遊戲，以增強寶寶的視覺功能。

嘔吐時應忌的食物

寶寶患胃腸道疾病時比較容易發生嘔吐，這是因為嬰兒時期胃較淺，胃部肌肉發育不全，賁門肌肉較弱，幽門肌肉緊張度較高，故發生嘔吐的機會更多。如寶寶經常嘔吐，臨床多見於急性胃炎、腸炎、發燒等疾病。因此，食物除針對不同疾病採取不同的忌口外，凡嘔吐者一定要忌服不宜消化和油膩粗糙之食物，包括魚、肉、辛辣油炸之食品；如哺乳患兒因嘔吐而口渴多餵乳汁，會增加消化道負擔而加重嘔吐，嘔吐物多呈黃或白色奶瓣（皂塊），味酸臭等。與此同時，還應忌食生冷瓜果類食物。

寶寶嘔吐時應忌餵食油膩、辛辣、煎炒類食物及生冷瓜果，以避免病情加重，應多給予飲水或小兒口服電解質液，少量多次飲服。

嬰兒室忌放花卉

要知道花卉除了花粉致病外，某些部位也含有毒素，例如：仙人掌的汁有毒，仙人掌的刺扎破皮膚會發炎；夾竹桃的枝葉中含有劇毒；丁香、茉莉花有強烈的香味，會引起過敏反應。因此，花卉忌放置在嬰兒室。

寶寶忌過頻洗澡

寶寶的皮膚角質層軟而薄，血管豐富，吸收能力非常強，如果一天洗澡次數過頻，或洗澡時使用藥皂及強鹼性的肥皂，會因皮膚表面油脂去除而降低皮膚防禦功能。因此，應一天幫寶寶洗澡一次，若因流汗需增加洗澡次數，宜用清水清潔即可。

不要擠壓寶寶乳頭

新生兒出生前受母體內分泌激素的影響，出生後乳腺會逐漸增大，並且有少量乳樣分泌物，這是正常的生理現象。如用手去擠壓易引起局部紅腫，甚至感染化膿，嚴重可導致敗血症。

預防斷奶症候群

傳統的方式往往是，當決定給寶寶斷奶時，就突然中止哺餵，或採取媽媽與寶寶隔離幾天等方式。如果此時在寶寶斷奶後沒有給予正確的哺

育，寶寶需要的蛋白質沒得到足量供應，會造成寶寶缺乏蛋白質，可能出現發育停頓、頭髮由黑變棕或由棕變紅，容易哭鬧，哭聲不響亮、細弱無力，腹瀉等症狀。這種寶寶雖不消瘦，但皮膚常有浮腫，肌肉萎縮，有時還可見到皮膚色素沉著和脫屑，有的因為皮膚乾燥而形成特殊的裂紋鱗狀皮膚，檢查可發現肝臟腫大，這是由於斷奶不當引起的不良現象，醫學上稱為「斷奶症候群」。

如果媽媽因斷奶而與寶寶暫時分開，則孩子精神上受到的打擊更大。蛋白質攝入不足和精神不安會使寶寶，抵抗力下降，易患發燒、感冒、腹瀉等病。預防斷奶症候群的關鍵是在於合理哺育和斷奶後注意補充足夠的蛋白質。

正確的斷奶方法，是將嬰兒期以母乳為主的飲食逐步過度到以粥、飯為主，漸漸添加各種副食品至接近成人飲食的過程。正常發育的孩子1歲左右可斷奶，但母奶可餵至2歲。為了使孩子適應斷奶後營養供應，應從出

生後4個月開始吃菜汁、米湯、菜泥等；7～8個月可餵蛋黃泥、魚肉泥及豆類製品等，10～11個月大以後可吃蛋、粥、麵條、餅乾、肉等。孩子的食物應單獨烹調，要求精細、乾淨，並要煮爛，切勿餵食大人的食物或大人嚼過的食物。

醫師指點

如果寶寶出現斷奶症候群，應積極進行飲食調整，給予每日每公斤體重1～1.5公克蛋白質，同時多吃新鮮蔬菜和水果來補足維生素，寶寶會很快獲得改善和痊癒。

適當使用天然乳糖

乳糖是乳品中唯一的糖，對寶寶有許多好處。天然的乳糖可以提供熱能，也能促進腸內有益細菌的繁殖，有利維生素B群的合成：乳糖可以轉換

為乳酸，有助於溶解礦物質，促進鈣、鐵、磷、鎂及其他礦物質的吸收。此外，許多病菌都無法在酸性的環境中生存；乳糖也不會使嬰兒肥胖。

嬰兒奶粉中大量添加其他糖類，如玉米糖漿、麥芽糖或一般的蔗糖，足以造成重大的傷害。這些糖對於有益細菌的繁殖不利，無法促進維生素B群的合成或礦物質的吸收，甚至刺激小腸中鹼性消化液的分泌，阻礙其他礦物質的吸收。

與乳糖相比，這些糖都太甜了，容易使寶寶增加贅肉，並且吃糖成癖，易造成日後嚴重的蛀牙。寶寶躺在床上自己吸奶，或以奶瓶喝果汁，牛奶及果汁中的糖累積在牙床及牙齒上，形成酸性並適合蛀牙細菌生存的溫床，最後只好拔除蛀壞的牙齒。

吃太多糖的寶寶其皮膚會鬆軟、蒼白、缺乏彈性，且經常患腸絞痛、腹瀉、感染。如過度餵食可能導致童年時期肥胖，成年後也容易過重。

培養正確的生活習慣

1 按時吃和睡：如果寶寶不按時吃和睡，無須著急，每到吃飯時間，繼續餵食，但不要強迫；到該睡的時候，仍然把他放在床上。當他做得很好時稱讚他，一段時間後就能養成有規律的生活習慣。

2 培養進食習慣：定時、定量、固定場所餵食，營造使他愉快的進食氣氛，可以伴隨輕鬆柔美的背景音樂，音量適當。

3 養成衛生習慣：先洗手洗臉，帶上小圍兜或墊上小毛巾，並準備1條溼毛巾可隨時擦淨髒物。要1次餵完，不要吃一點又玩耍、玩耍後又吃。注意掉在地上的東西不應再餵食。

4 忌食生、冷、腥、辣食品：進食時，忌嬉笑或哭鬧，免得被嗆到。

⑤哺育指導：中、晚餐可以副食品為主，為斷奶做準備。寶寶一天的食物中應包括：五穀類、動物類、豆製品類、果蔬類等，營養搭配要適當，不可偏廢。

1歲內不宜餵的食物

①酒、咖啡、濃茶、可樂等比較強刺激性的飲料，易影響神經系統的正常發育。

②糯米製品，如湯圓、粽子，湯泡飯、花生米、瓜子、炒豆等，為不易消化和易誤入氣管的食品。

③太甜、太鹹、油膩、辛辣等刺激性食物，如肥肉、巧克力等，容易消化不良。

④少吃冷飲，因冷飲含糖高並含食用色素，易降低食欲，引起消化功能紊亂。

⑤刺激性太強的調味料，如薑、咖哩粉及香辣食品等，不宜餵食。

⑥不易消化的竹筍、牛蒡等，最好不餵。

⑦太鹹的東西，如醃製鮭魚、醬油紅燒魚和鹹菜等，都不宜給寶寶吃，過鹹易損傷血管，影響血液供應而提早老化。

發燒與測量體溫

當家長感到寶寶不活潑、不愛玩或食欲不振時，可先測量體溫，檢查是否發燒了。

要注意，體溫計不能放在口裡，容易把體溫計弄破，割破口、舌或嚥下有毒水銀。可以將體溫計放在寶寶的腋下或肛門處，測量前先將體溫計中的水銀柱甩到35℃以下，再夾在寶寶腋下，要緊貼皮膚，不要隔著衣服量。家長扶著寶寶的手臂3～5分鐘，取出觀察度數。寶寶腋下正常體溫是

36～37℃，而肛溫是38℃以上為發燒。如果發燒，應臥床多休息，多喝開水。太高時，以物理降溫法，如溫毛巾擦拭、頭枕冷水袋等，也可服退燒藥片，切勿用酒精擦浴。同時觀察是否有其他症狀，如嘔吐、腹瀉、咳嗽、氣喘等，就醫時需要告知醫生，協助醫生做出正確的診斷，並按醫囑服藥。

餵藥的方法

餵藥前不要餵奶，也不要讓寶寶喝太多水，以免引起嘔吐。餵藥時，勺子不要順著舌頭直往裡插，容易嗆到，應把勺子從寶寶的嘴角處插入，倒在舌邊稍停，等到嚥下時再將勺拿出，動作要輕巧。餵藥後可給少量的酸味果汁，以避免嘔吐。如果寶寶不合作或藥味過苦，可在勺裡放點果醬，哄其吃下。

在餵膠囊、藥粉時，有時需要一半份量，後可在一粒膠囊分開，用飯粒或麵食堵住被分開的開口處，這樣既節約，又可達到預期的效果。

出生第9個月

9個月寶寶的照顧

寶寶由爬行到直立，站起來，再到學步、逐漸拓展生活的範圍。父母應幫助寶寶適應新環境，同時也要協助寶寶做運動，有益於活動能力的發展。

9個月寶寶的成長發育	
體重	第9個月的體重增加250～300公克。到第9個月底時，已達8,600～9,100公克。
身高	到第9個月底時，身高為69～73公分。
頭圍	到第9個月底時，頭圍為43～45公分。
長牙	長出乳牙3～4顆。如至13個月大還未長牙，就是長牙遲緩。
運動發展	寶寶扶著東西能比較穩當的站著，有的還會單手扶站，但不能自行由站立到坐下。雙手的活動較敏捷，能用拇指、食指夾取較小的東西，會從抽屜裡取出玩具，能將手中的玩具隨意扔掉，還會出現偏用右手或左手的習慣。

幫寶寶補鈣的迷思

補鈣雖然重要，但並非多多益善，對於各年齡層有不同標準的每日攝取量。成年人每天補鈣超過2,000毫克，不僅造成浪費，還會產生不良反應。寶寶處在發育期，如果攝取鈣含量過高，易造成血壓偏低，使精力無法集中，思慮遲鈍，智力低下，還容易罹患心臟病，因此千萬不可過度補充鈣片。

寶寶補鈣的同時應補鋅、鐵，缺鋅會降低身體免疫能力，因而患兒多病，患病又影響鋅和鈣的攝入和吸收，形成惡性循環，影響寶寶生長發育。鐵則是構成紅血球內血紅蛋白的主要成分，在體內參與氧氣的運轉、交換和組織呼吸過程，人體內有72%的鐵存於血紅蛋白中。

寶寶6個月以後，因體內原有的鐵已耗盡，母乳中含鐵量又很低，此時極易發生缺鐵性貧血。因此在補鈣的同時應積極補鋅、補鐵。

長牙期的營養保健

寶寶在6個月以前沒有牙齒，進食半固體無渣食物時，靠牙床將食物壓爛。到6個月以後開始長牙，長牙是寶寶發育過程中的重要階段。

寶寶長牙時一般無特別不適，但個別情況可能出現哭鬧不安，咬媽媽乳頭、咬手指或用手在將要長牙的部位抓劃，口水增多，甚至發燒、食慾不振、腹瀉和生口瘡等，這些症狀可能與牙齦輕度發炎有關。此時，媽媽要耐心護理，分散寶寶的注意力，不要用手或筷子去抓劃寶寶的牙齦。若寶寶自己咬破或抓破牙齦，可塗少量口內膏（但蠶豆症兒童不適合使用），一般不需服藥。因為一旦牙齒萌出，牙齦紅腫和上述症狀就會自行消失或減輕。

由於長牙與寶寶添加副食品的時間幾乎一致，若寶寶出現腹瀉等消化道症狀，可能是長牙的反應，也有可能是抗拒某種副食品的表現，可先暫停添加，觀察一段時間就能得知。

寶寶在6個月後，開始對食物感興趣，大人可把蔬菜果條放在他面前，示範如何吃，讓寶寶學習咬嚼，在進食時，他如果要吃也不要阻攔。經過一段時間的訓練，就會脫離只會吮吸食物的階段，而學會自行咀嚼。寶寶經常吃蔬菜果條，有助於改掉吮手指或吸奶嘴的不良習慣，還可以使牙齦和牙齒得到良好的刺激，減少長牙的痛癢。對牙齒的萌出和牙齒功能的發展都有好處。

愛心提示

寶寶在咀嚼食物時，必然增強牙頜系統的運動，這種功能性運動對整個頜面和牙齒的生長發育是不可或缺的，使頜骨功能健全且與其他部位更加協調，以便乳牙和將來的恆牙能整齊的排在上面，讓成年後有一口漂亮的牙齒。

增加粗糙耐嚼的食物

不少父母總喜歡讓寶寶吃細軟的食物，認為有助於消化和吸收。寶寶若長期吃細軟食物，會影響牙齒及上下頜骨的發育。因為寶寶咀嚼細軟食物時費力小，時間也短，可能引起咀嚼肌的發育不良，結果上下頜骨都不能得到充分的發育，而此時牙齒仍然在生長，會出現牙齒擁擠、排列不齊及其他類型的牙頜畸形和顏面畸形。

若常吃粗糙耐嚼的食物，可提高寶寶的咀嚼功能，乳牙的咀嚼是一種功能性刺激，有助於頜骨的發育和恆牙的萌出，對於維護乳牙排列形態和功能完整性很重要。適合粗糙耐嚼的食物有：地瓜乾、生黃瓜、水果、蘿蔔等。

開始教寶寶說話

■ 多表揚和鼓勵

寶寶到9個月時就能聽懂大人的話了。寶寶喜歡被稱讚，一方面已能聽懂爸媽常說的讚美話，另一方面他也發展出言語動作和情緒，會為家人表演遊戲，聽到喝采稱讚時，通常會重複原來的語言和動作，因為這是他初次體驗成功歡樂的表現。

對寶寶的每一個小小成就，爸媽要隨時給予鼓勵讚揚，可以用豐富的表情、由衷的喝采、興奮的拍手、豎起大拇指等動作，及一人為主、全家一起稱讚的方法，營造一個「強化」的親子氣氛。這種「正向強化」的心

理學方法，會促使寶寶維持最佳的腦力活動狀態，是智力發育的催化劑，將不斷啟動寶寶探索的興趣和動機，形成自信的心理特質，使寶寶健康快樂的成長。

2 教寶寶說話

孩子說出的第1個詞，常常是「媽媽」，這簡直是天使的聲音。媽媽和寶寶是接觸最多、最親近的人。「媽媽」一詞發音容易，當他模仿「媽媽」發音時，媽媽總是興奮的答應著他：「媽媽在這兒呢！」終於，寶寶理解了！他看到了餵他、抱他、為他換尿布、洗澡，給他愛撫、與他玩耍的人和「媽媽」這個詞之間的聯繫。於是，他開始有目的的、主動的叫「媽媽」。

也許有的寶寶先說的第1個詞不是「媽媽」，而是「爸爸」；或他全然不考慮「媽媽」和「爸爸」，而先說「不」這個詞；或說「還要」等。總之，寶寶說的第1個詞究竟是什麼，完全取決於他的經驗，取決於爸媽平時教他學習的是什麼，並非孩子天生帶有偏向媽媽或爸爸的感情因素。

8～9個月是寶寶在1歲前最善於模仿的時期，要充分利用這些寶貴的、最利於進行語言教育的月份，教他許多生活詞彙，這對日後的教育具有事半功倍的效果。那麼，要怎樣教寶寶說話呢？

(1)爸媽必須對寶寶說話、說話、再說話，逐漸形成語言系統。要用與寶寶生活有密切關係的簡短詞，用簡單的語彙教他，主要是名詞和動詞，以及某些稱讚或否定詞。要結合寶寶認識的親人、身體、食物、玩具，並配合日常生活中的動作教他。

(2)當寶寶說「兒語」時，不要重複它，應當用清晰柔和的語調，教正規的語言。

(3)當寶寶指著他想要的東西時，要鼓勵他邊指著東西邊發出聲音來，教他將手勢與聲音相結合，到最後用言詞代替手勢。

(4)要使寶寶經常保持愉快情緒，一不高興他就會哭，愉快時就咿呀

學語,而寶寶的語言正是在咿呀學語中發展起來。在其他條件相等的情況下,愉快的寶寶學習說話的成效更好。

糾正牙齒發育期的不良習慣

在寶寶生長發育期間,許多不良的口腔習慣會直接影響到牙齒的正常排列和上下頜骨的正常發育,嚴重影響臉部的美觀。若出現下列不良習慣應及時糾正:

1咬物:有些寶寶在玩耍時,愛咬東西(如袖口、衣角、手帕等),在經常咬物的牙弓位置上易形成局部小開牙畸形。

2偏側咀嚼:常見有些寶寶在咀嚼食物時,固定同一側,這種一側偏用、一側廢用的習慣形成後,易造成單側咀嚼肌肥大,而廢用側因缺乏咀嚼功能刺激使局部肌肉萎縮,使臉部兩側發育不對稱,造成偏臉或歪臉。

3吮指:寶寶在3～4個月時,常有吮指習慣,約2歲左右會逐漸消失,如果3歲後還常有這種動作就屬不良習慣。由於手指經常被含在上下牙弓之間,牙齒受到壓力,使牙齒正常方向的萌出受到阻力,而形成局部小牙,即上下萌牙之間不能咬合,中間留有空隙。同時由於經常做吸吮動作,兩頰收縮使牙弓變窄,形成上排牙前突,或開脣露齒不正常的牙頜畸形。

4張口呼吸:使上頜骨及牙弓受到頰部肌肉的壓迫,限制了頜骨的正常發育,使牙弓變狹窄,前牙相擠排列不下引起咬合紊亂,嚴重的還可能出現下頜前伸,下牙蓋過上牙,即俗稱「兜齒」、「癟嘴」。

5舔舌:多發生在替牙期,可使正在生長的牙齒受到阻力,致使上下前牙不能互相接觸或把前牙推向前方,而造成前牙開咬畸形。

6偏側睡眠:這種睡姿使頜面一側長期受到固定的壓力,造成不同程度的頜骨及牙齒畸形,兩側臉頰不對稱。

7下頜前伸:倘若寶寶常將下巴不斷向前伸著玩,容易形成前牙反

合，俗稱「地包天」。

8 含空乳頭：有些寶寶喜歡含空乳頭睡覺或躺著吸奶，奶瓶壓迫上頜骨而寶寶的下頜骨不斷向前吮奶，長期反覆如此動作，會使上頜骨受壓，下頜骨過度前伸，而形成下頜骨前突的畸形。

預防先天性缺牙

寶寶一直沒有長牙，父母應該帶去醫院檢查。牙齒是由頜骨裡的牙胚逐漸發育鈣化而成，如果頜骨裡天生就沒有這個正常的牙胚，自然在這個部位就不會長出牙來。經過X光片照射證實頜骨裡沒有牙胚，醫學上稱為「先天性缺牙」。

常見的先天性缺牙多發生在上頜和下頜的第3磨牙，也就是「智齒」。這個牙齒在人類牙齒發育中屬於退化牙。隨著人類文明程度的不斷提高，食品加工的日益細膩，人們咀嚼也就不那麼費力了，根據用進廢退的道理，人的頜骨逐漸變小，牙齒也發生了退化。當完全退化時，頜骨裡就沒有牙胚生成，自然也就不會長出牙來。因此，第3磨牙的先天性缺牙並不屬於病理性，也不需要治療。

醫 師 指 點

有些如遺傳、全身性疾病（如結核病、軟骨症）等因素，使牙胚破壞或發育受阻，也可能引起先天性缺牙。發現寶寶的牙沒長出來，到醫院檢查證實是先天性缺牙時，應該請醫生根據缺牙的數目、部位、牙齒的排列和咬合關係等情況，採取相應的治療方法。

預防多生牙

正常人的牙齒有一定的數目和形態，凡是在正常數目額外長出的牙，醫學上稱為多生牙。多生牙的數目可多可少，以1～2顆最常見。多生牙的

危害在於它占據了正常牙的位置，正常牙受到多生牙的擁擠，只好從牙床旁邊長出來，形成錯位，造成牙齒排列不齊，甚至成雙層牙。

要及早拔除多生牙，但有的多生牙在生長初期沒注意，等發現時已經長在牙列中了，如果牙齒的形態、大小基本正常，且在牙列中排列得還算整齊，牙齒的咬合沒有出現異常情況，可以保留，然而這種情況比較少見。通常有多生牙應該儘早拔除，以利於其他恆牙的正常萌出。

預防畸形牙

正常的雙尖牙在咀嚼面上有2個尖，如果在2個尖的中央多長出一個又高又細的小尖，稱為「畸形中央尖」。畸形中央尖易發生的牙位是下頜第5顆牙，且是對稱出現在左右兩側。

如果發現寶寶長出的牙齒是畸形中央尖，應該儘早到醫院治療。牙科醫師一般的處理是分次將中央尖磨低，1次磨低一點，約1個月磨1次，逐漸磨除，不斷刺激牙髓組織，在中央尖腔的頂部有新的牙本質形成，新的牙本質可以封閉牙髓腔，不使其外露。

如果中央尖已經被折斷，出現了明顯的牙髓炎症狀，或感染已經蔓延至牙根部，應馬上到醫院治療，早期可以進行牙髓治療或根管治療；如果根尖破壞嚴重，反覆治療效果不好，可能就要拔除患牙了。

打針與吃藥

寶寶生病時，父母很著急，常要求醫生打針，讓寶寶趕快好起來。其實，吃藥或是打針應根據病情及藥物的性質、作用而定。有些病口服用藥效果好，如腸炎、痢疾等消化道疾病，藥物透過口服進入胃腸道，可保持有效濃度；或者只能口服不能注射，如止咳嗽漿等，所以不必迷信打針效果。

　　藥物經口服後，大部分都能夠被身體吸收，經過血液循環運送到全身而發揮作用，透過注射給藥，藥物吸收快而規律，所以有些病是打針效果好。然而打針會感到刺痛，還有可能造成局部感染或損傷神經（雖然機率很小），反覆打針，局部會有硬塊，肌肉收縮能力減弱，少數發生臀大肌攣縮症，還得要進行手術治療。所以，盡量以口服用藥為佳。

治療淋巴結腫大

　　淋巴系統是身體的自然防衛組織，可以抵抗感染和毒素的侵入，表淺的淋巴結群存在於頸部、腋窩、腹股溝、膝蓋後面及耳朵前後。

　　寶寶淋巴結腫大，最常見的原因是感染。腫大的部位取決於感染的位置。喉嚨和耳朵感染可能會引起頸部淋巴結腫大；頭部感染會使耳朵後的淋巴結腫大；手或手臂感染會使腋窩下淋巴結腫大；腳和腿部感染會引起腹股溝淋巴結腫大。

　　寶寶最常見的是頸部淋巴結腫大，常因咽喉痛、感冒、牙齒發炎（膿腫）、耳朵感染或昆蟲叮咬等引起，假如淋巴結腫大出現在頸部正中間或在鎖骨上方，就必須考慮感染以外的原因，如腫瘤、囊腫或甲狀腺功能紊亂，必須由醫生診斷。

出生第10個月

10個月寶寶的照顧

這個階段的寶寶，開始會用牙齦咀嚼食物，可以試著給與一些有形狀的食物，如餵稀飯，只需煮至大人吃的軟硬度即可，或是將魚類弄碎，做成魚肉醬或肉鬆，也可以拿小塊的餅乾給寶寶吃，這個階段的咀嚼可以鍛鍊寶寶的牙齦和牙齒更健康。另外，寶寶也開始了解拍拍手及揮手，是表示很棒及再見，也逐漸聽懂「不可以」的意思。

10個月寶寶的成長發育	
體重	第10個月的體重增加200～300公克。到第10個月底，達8,800～9,400公克。
身高	到第10個月底時，身高為70～74公分。
運動發展	能自己從坐姿中站起來，扶著站一會兒，還能將一個玩具放入另一玩具中，會用兩隻手捏起很小的東西。

檢核居家環境安全

從寶寶開始學會爬行後，接下來站立及步行在8～12個月陸續發展，他們就像個探險家不斷接觸家中各個角落，經常爬高爬低，任何物品都能夠引起他的好奇心。因此，要特別留意家中物品的擺放，避免有容易掉落及誤食或中毒的危險，注意事項如下：

不可獨自讓寶寶留在澡盆或浴室，以免發生被洗澡水燙傷，或溺水，或跌倒。**1**

熱水瓶或開飲機要放在高處，且下方不可放置垂墜桌布，以免被寶寶拉扯掉落，發生砸傷及燙傷。**2**

食物容器絕不可裝藥物或清潔用品，以免寶寶誤食。**3**

保養品、化妝品、防蚊液、清潔劑、沐浴品、酒精等化學藥劑，應放在寶寶拿不到的地方。

因寶寶還不會控制力氣，與寵物親近時需注意被抓傷。

床和沙發靠窗擺放，必須在窗戶加裝安全護欄並上鎖。

陽台也避免放置可以墊腳的物品，以免造成墜落意外。

茶几及家具突出的尖角需安裝防撞護墊，避免寶寶撞傷。

感冒注意事項

寶寶感冒時，應注意以下幾點：

1詳細記錄：必須1日測量體溫3次，做好紀錄。大便形狀和流鼻涕、咳嗽等情況，也應記錄下來，幫助醫生診斷。

2注意室內環境：要保持室內溫度25～27℃，也要注意相對溼度，一般以50～60%為宜，並保持空氣流通。如果高燒使寶寶覺得不舒服，不妨先用冰枕，若寶寶不喜歡時，也不必勉強。

3飲食問題：感冒時容易併發腹瀉，因此可以充分尊重寶寶的「反抗」，暫時不給其他食物，能用母乳餵哺最好。

4補充水分：特別是在發燒時，更需要補充足量的水分。

5用藥須知：發病的第1天可以考慮先服用常備的感冒藥或感冒糖漿，若小兒狀況仍不穩定，次日應該用醫生開的處方。

6公共場所：感冒多是受到病毒感染所致，出生6個月左右的寶寶免疫力開始降低，在感冒流行期間，最好不要帶寶寶到人多的公共場所。

膳食應多樣化

　　世界上沒有任何單一的食物可以全面滿足寶寶的營養需要，所以食物必須多樣化，需要葷素搭配，才能營養充足。穀、豆、肉、蛋、奶、蔬菜、水果、油、糖、調味品，樣樣齊全。多種食物合理搭配，比例適當，同時進食時取長補短，才能充分利用。動物性食物屬酸性，蔬菜、水果、豆類、牛奶等屬鹼性食物。由於健康人的體液為弱鹼性，當體質為弱鹼性時精神飽滿，免疫力強，不易患病。

醫 師 指 點

寶寶自己調節酸鹼平衡的功能不成熟，因此多吃肉、不愛吃蔬菜的寶寶容易生病，為免寶寶偏食，需各種食物都吃，讓營養素都齊全，才有助於寶寶健康的成長。

嬰幼兒強化食品

　　一般家庭自製的斷奶期副食品均非強化食品，如蔬菜汁、果泥、胡蘿蔔泥、肉泥、肝泥、肉菜糊等，嬰兒食品廠生產的斷奶期配方食品，大多是斷奶期寶寶比較容易缺乏的，如：維生素A、D、B_2和鈣、鐵、鋅、碘等礦物質。這些嬰幼兒強化食品是為增加營養，而加入了天然

或人工合成的營養強化劑（較純的營養素）配製而成，選購時要注意包裝說明、廠名、食用對象、方法和保存期、保存方法，要結合寶寶的情況選購，最好能在醫生的指導下使用，不可亂吃。

繼續增加鈣質攝取

鈣是人體骨骼發育不可缺少的重要元素。寶寶身高增長較快，不久又要長恆齒，對鈣的需求量仍要達到每月1毫克的標準。

寶寶腸道對鈣的有效吸收需要一定的鈣磷比例，否則會相互結合而排出。米飯中含磷很高，所以食物中的鈣含量也有必要提高，否則鈣便不能被有效吸收，易出現軟骨症。

如果每日持續攝入400毫升牛奶，可增加0.4毫克鈣的攝入量；此外，飲食和烹調也可以增加鈣的攝入，必要時也可補充鈣劑。

預防缺鋅

鋅，是一種人體不可或缺的微量元素。如果鋅缺乏，易導致疾病或引起寶寶生長障礙。缺鋅的寶寶往往食欲不佳，又矮又瘦，免疫力低下，常生病。特別容易患消化道或呼吸道感染、口腔潰瘍等，如果患有鋅缺乏症，可以服用硫酸鋅治療。

醫師指點

缺鋅的寶寶平時應注意膳食搭配，動物食品要占一定比例，同時飲食習慣不要挑食、偏食，可多攝取豆類和豆腐，以及海鮮類。

防治扁桃腺炎

扁桃腺炎是兒科常見疾病。扁桃腺發炎時，寶寶會發燒、喉嚨疼痛和輕微咳嗽，需要服用抗生素或其他消炎藥。如果不及時治療或未按時服藥常會復發。得過扁桃腺炎的寶寶，到5～6歲甚至青春期，仍未能完全制

止，復發會引發風溼病或腎炎。產生嚴重的併發症，甚至會威脅到生命。

扁桃腺內含有淋巴細胞，能產生對人體有免疫功能的抗體和免疫球蛋白，還分泌干擾素，具有抑制病毒生長的作用。因此，切除扁桃腺並不是好辦法，若在幼年切除扁桃腺後咳嗽，發音嘶啞，易引起慢性支氣管炎。所以不應輕率的切除扁桃腺，應及時預防治療才正確。

適時幫寶寶更換衣服，防止忽熱忽冷；盡量不到人群擁擠、空氣污濁的地方；在寶寶面前不抽菸，最好禁菸；多帶寶寶到戶外活動，呼吸新鮮空氣，享受充足陽光。

愛心提示

改善體質與提升免疫力是最好的方法，常吃消炎藥會使口腔和扁桃腺上原有的一些致病菌被殺死或產生抗藥性，一旦發病後再用這些藥品，就無法發揮應有的作用，甚至會使醫生在臨床治療時更感困難。

不宜濫用抗生素

抗生素可使很多疾病得到有效的治療，但是並非萬靈丹。如：絕大多數寶寶感冒發燒都是由病毒感染引起，抗生素對病毒性疾病沒有療效。反之，常用抗生素會使細菌產生抗藥性，使治療疾病困難。濫用抗生素還會增加過敏和毒性反應

的機會，有些寶寶因為感冒發燒注射慶大黴素而造成耳聾。濫用抗生素抑制了敏感的細菌，卻使耐藥的細

菌乘機大量繁殖，造成人體菌群失調，發生二度感染。切記抗生素需在醫生指導下使用。

預防乳牙齲齒

　　牙齒保健應該從嬰幼兒時期做起，乳牙一旦發生病變，對寶寶的健康十分不利。寶寶的乳牙常發生的一種齲病稱為奶瓶齲，發生原因主要是寶寶的牙齒浸泡在奶瓶的奶液裡，在細菌的作用下，牙齒脫鈣形成了齲齒。

　　保護乳牙不僅在於及時治療齲病，更應該積極預防牙病為主。

🔢 控制使用奶瓶的時間，一般應限制在10～15分鐘以內，並及早戒除含奶瓶睡覺的壞習慣。

🔢 每次餵奶後，可再餵幾口白開水或用紗布擦拭，以稀釋口內殘留的奶液，達到清潔口腔的目的。

🔢 儘早停止使用奶瓶，最好在孩子1週歲以後就改用水杯喝水或用小匙餵水，盡量避免睡覺前喝大量的牛奶或果汁。

🔢 提倡1歲6個月大以後，定期帶寶寶檢查牙齒，有了牙病及早治療。

包皮過長和包莖的處理

　　正常寶寶也可能有包皮過長的情況，但包皮應該能夠向陰莖龜頭後方翻轉。若包皮口狹窄，緊包陰莖龜頭，不能上翻，就稱為包莖。對先天包皮過長的寶寶，父母可經常協助反覆翻，以擴大包皮口，手法要輕柔，露出龜頭後，要清洗聚集的污垢，然後復位。如果將包皮強行上翻，又未及時復位，包皮口會卡在陰莖溝處，使包皮和陰莖頭血液、淋巴回流受阻，引起充血水腫，容易發生感染，甚至壞死。

出生第11個月

11個月寶寶的照顧

從6個月開始漸進式的離乳，到了第11個月已經有了很好的成效。若仍然以全母乳哺餵的媽媽，欲進行斷奶，也不能立即施行，因為對寶寶或媽媽而言，快速斷奶並不是一件好事。對寶寶而言，生理上和情緒上都會變得很焦躁；對媽媽而言，突然停止授乳，會造成滴奶，形成乳房硬塊。

最好的方式是一天中減少一餐授乳，改餵其他斷奶食品，等到寶寶習慣之後，再減少一餐，通常起床和睡前的授乳可以最後停掉。斷奶之後，寶寶若尋求其他慰藉，例如吸吮手指頭或咬棉被，這是健康的反應，因為寶寶可以藉此獲得足夠的安全感。

這個階段的寶寶更懂得利用表情、聲音、動作來表達情緒，尤其是「喜歡」或「拒絕」，也逐漸能分辨熟悉和陌生的環境，也會想認識新朋友。

11個月寶寶的成長發育	
體重	第11個月的體重約增加300公克。第11個月底時，可達9,200～9,600公克。
身高	到第11個月底時，身高為72～76公分。
頭圍	到第11個月底時，頭圍達43.5～45.5公分。
運動發展	11個月時，已經能夠扶著學步車走路，有的孩子已經能夠單獨蹣跚學步，或仍以爬行移動。會主動拍手，可以用大拇指或其他手指捏起小物體，如積木或手掌大的東西；開始對「堆疊」、「開關」動作有興趣。
語言發展	已能聽懂10～20個單詞，還會說出簡單的物品名稱，如：杯杯、車車等。此時，應讓寶寶接受聽力的訓練，多聽些音樂、廣播，讓寶寶多模仿大人的說話動作，以訓練說話能力。

預防疾病傳播

細菌病毒是肉眼看不見的微粒，可以任意飄浮在空氣中，伴隨著灰塵被吸入人體內，引發各類疾病。因此，應特別注意下列事項：

　　1 避免寶寶接觸刺激性氣味及煙霧。例如：屋內盡量少用蚊香、燃香、油漆、樟腦丸、殺蟲劑等有刺激性的物質，甚至香水、廚房油煙、廁所臭味也很容易刺激寶寶的眼睛、呼吸道及胃腸，增加生病的機會。

　　2 孩子房間內可使用空氣清淨器，以減少空氣中的雜質、灰塵。

　　3 照顧寶寶的人或家中有其他人感冒時，盡量避免與寶寶親密接觸，如果暫時無法託旁人照顧，也要避免直接對寶寶呼吸、咳嗽、打噴嚏；幫寶寶沖泡牛奶或調理食物時，應先洗手或戴口罩，避免對食物造成污染。

　　4 疾病流行期間，盡量少出入公共場所及人潮擁擠之處，如：遊樂場、戲院、百貨公司等，避免呼吸道感染及接觸傳染。

　　5 天氣變化較多的季節，如春夏之交、秋冬之際，早晚溫差變化很大時，應注意寶寶保暖，以減少對呼吸道黏膜的刺激。

過補易導致疾病

　　寶寶處於快速生長時期，合理的補充營養供給身體和智力發育所需，有其必要性。但補之不當則適得其反。

　　1 **過早補參害處多**：「少不食參」，人參和含參的食品，健康寶寶不宜使用。健康寶寶服用人參會削弱免疫力和抗病能力，容易感染疾病，會出現興奮、激動、易怒、煩躁、失眠等神經系統功能亢進症狀。人參可促進人體性腺激素分泌，健康寶寶長期補參會導致性早熟。服參過多對心臟也有害，易導致心收縮力減弱，血壓、血糖降低，嚴重者可危及生命。寶寶因身體虛弱需要用參時，需在醫生指導下酌情使用合適的劑量。

　　2 **補鈣過多會致低血壓**：寶寶補鈣過量會造成低血壓，並使日後有罹患心臟病的危險。疑有軟骨症或缺鈣的寶寶，應在醫生指導下合理補鈣，不可攝入過多或補充不足。

3 補鋅過量易致鋅中毒：寶寶缺鋅會導致食欲不振、營養不良。補鋅過量造成鋅中毒則會食欲減退、上腹疼痛、精神萎靡，甚至造成急性腎功能衰竭。若寶寶需補鋅一定需遵照醫囑服用。

4 補魚油類過多易致高鈣血症：魚油富含維生素D、A。維生素D攝入過量，寶寶身體鈣吸收增加會導致高鈣血症，症狀為食慾減退、皮膚乾燥、嘔吐、多飲多尿、體重減輕等。

兒童嗜糖性精神煩躁症

寶寶每日以攝入15～20公克糖類為宜，過食糖類可致「兒童嗜糖精神煩躁症」，表現為情緒不穩、愛哭鬧、好發脾氣、易衝動、睡眠差、常在夢中驚醒、注意力不集中、臉色蒼白、抵抗力降低、易患感冒、肺炎等症狀。此外，吃過多甜食還會引起腹瀉、腹脹、厭食、嘔吐、消化不良、水腫、肥胖、糖尿病、心血管疾病、齲齒等。

兒童過動症和潰瘍病

可樂含有咖啡因，這類飲料對寶寶記憶有干擾作用，使中樞神經系統興奮，產生兒童過動症。寶寶長期食用酸梅粉，則會使其胃酸含量增高，胃黏膜被腐蝕，引發胃及十二指腸潰瘍。

治療腹痛

腹痛是寶寶常見的症狀，其病因大致可分為兩類：一類屬功能性腹痛，多由單純的胃、腸痙攣引起；另一類為腹部器質性病變，如發炎、腫脹、阻塞、損傷、缺血等。在器質性病變中尤其要注意外科腹部急症，因這類疾病常需緊急處理，有些要手術治療，若延誤就醫會引

起嚴重後果。胃腸痙攣常由於飲食不當、暴飲暴食、大量冷飲、甜食造成消化不良引起的腹部受涼，有些過敏症如蕁麻疹、過敏性紫斑或上呼吸道感染，發燒時也常發生腹痛，當然有些器質性病變也會誘發腸痙攣，如痢疾、腸炎等。

腹痛雖然多由腹腔內臟器病變引起，但其他系統、器官疾病也會反映到腹部而引起腹痛，例如：腹壁、胸壁帶狀皰疹和大葉肺炎等。此外，腹部鄰近器官如肛門、尿道、腰、背等部位的疼痛，與年齡小、體檢時不會合作的寶寶腹痛有時易混淆。寶寶常見引起腹痛的疾病有：

1急性闌尾炎：起初腹痛多位於臍帶周圍或上腹部，6～12小時後轉到右下腹。表現症狀為持續疼痛，陣發性加劇，常有發燒，可伴有噁心、嘔吐，腹部檢查右下腹有明顯固定的壓痛伴隨肌肉僵硬。寶寶闌尾炎的症狀有時不如成人典型，所以更需要仔細觀察。

2腸套疊：可見陣發性哭吵，臉色蒼白，伴嘔吐，直腸採檢可見果醬樣血便。仔細按摸寶寶腹部，常可摸到一個似「香腸狀」的腫塊，必須立即送醫，早期透過空氣或鋇劑灌腸可將腸套疊復位，時間太晚則需手術治療，且套疊處腸壁易因缺血而壞死。

3腹股溝疝氣：俗稱「小腸氣」，在腹股溝（大腿與軀幹交界處）部位出現一橢圓形隆起，大多進入陰囊。當寶寶站立、咳嗽或啼哭時，腫塊出現或增大；安靜躺下時，腫塊縮小或消失。這種能復位的疝氣，可等寶寶稍大後再行手術，如不能復位即稱嵌頓性疝氣。有小腸氣的寶寶，如有陣發性哭吵應仔細檢查腹股溝，以便及時發現嵌頓性疝氣，立即送醫就診。

 愛心提示

寶寶腹痛病因複雜，診斷未明確前，不可亂用止痛藥，以免遮蓋症狀，增加診斷的困難。更不要在腹痛時，自己服驅蟲藥或亂吃瀉藥等，以免使病情加重。

治療腹脹

　　腹脹是寶寶常見現象，尤其在嬰幼兒中多見。當寶寶患有胃腸感染時，多伴有吐瀉和發育異常等情況。改善腹脹應以合理飲食和控制胃腸道感染為主。

　　腸阻塞是指因腸管堵塞或腸蠕動功能不良所造成，前者可見於腸套疊、腸黏連和腸道蛔蟲團阻塞等；後者則多見於寶寶患腸炎、腹膜炎或重症肺炎、敗血症等嚴重感染性疾病。此時除表現較為明顯的腹脹外，還多有腹部絞痛、嘔吐黃綠色膽汁或液體和無法解便、無排氣現象，應暫時禁食，嚴重者還應使胃腸減壓，以減輕腹脹。

　　腹水為另一種腹脹常見表現，多為寶寶患有較嚴重疾病時的續發現象，如肝、腎疾病引起的低蛋白血症、腹腔內化膿性或結核性炎症、腹腔內腫瘤等。少量的腹水，腹脹並不明顯，只有醫生在進行腹部叩診時方能查出；中等或大量的腹水，則會表現出明顯的腹脹。此外，先天性巨結腸、營養不良的孩子因吐瀉嚴重，鉀攝入過少而造成低鉀血症時，均易有較明顯的腹脹。寶寶在長時間的哭鬧後，也可因吞入氣體而導致腹脹，但數小時後可自行緩解，而寶寶由於其腹腔體積相對較小，且腹壁肌肉發育不健全，所以常可見腹部較為膨隆，尤其是在飲食後腹脹更為明顯，此乃正常生理現象。

　　如上所述，寶寶的腹脹現象大多與疾病有關，且嚴重腹脹時可能發生呼吸困難。所以一旦發現寶寶腹脹，即應密切觀察其體溫、大便、精神等狀況，並注意有無嘔吐、哭鬧不安、腹痛等其他異常。

愛心提示

對腹脹的寶寶應注意減少其進食數量和進食次數。食物以無刺激性和易消化為宜（如稀飯、米湯等）。腹脹較為嚴重者，則應停止進食，待原發病得以控制，腹脹緩解後，再逐步恢復飲食。

治療細菌性痢疾

細菌性痢疾是寶寶常見的腸道傳染病，一年四季都可能發病，以夏、秋最普遍，主要是沒有良好的衛生習慣，如：喝生水、生吃未洗淨的瓜果或吃腐爛變質食物。

主要是從污染的手部開始，因為寶寶常東摸西摸或在地上爬，手很難保持乾淨，如果吃東西前不洗手或有吮手指、啃玩具的壞習慣，則細菌很容易進入體內。

1 病狀表現：細菌性痢疾一般發病迅速，突然發熱、腹瀉，病初常先有稀便，稍後出現黏液、膿血便，大便1天少則幾次，多則幾十次，常伴有噁心、嘔吐、食欲減退，陣陣腹疼，寶寶常哭鬧不安，排便時很用力，臉漲紅，但排便量不多，大孩子的肛門有灼熱下墜感，好像總想大便又解不暢、解不完。少數寶寶對痢疾桿菌病毒反應特別強烈，在出現腹瀉膿血便前先有突然高燒達40℃左右，隨即出現頻繁抽筋、昏迷、休克，這就是中毒型痢疾，如不及時搶救可能導致死亡，家長需重視。

2 治療方法：寶寶得了痢疾要及時診治，重症應馬上住院治療，一般可在家裡讓患兒臥床休息，天熱時發燒再加上腹瀉容易脫水，所以要多喝水，吃易消化的食物，以減輕腸道負擔。一定要遵照醫囑按時服抗菌藥物，有時吃1～2天症狀暫時好轉，家長就停藥，實際上病還沒根治，過幾天病情又會反覆，而且痢疾桿菌很容易產生抗藥性，所以在疾病急性期應連續服藥根治，否則易不癒或變成慢性，後患無窮。

3 注意事項：預防細菌性痢疾首要是教寶寶養成良好的衛生習慣。不吮手指頭、啃玩具，不要隨地爬，飯前、便後確實洗手。要注意飲食衛生，積極消滅蒼蠅、蟑螂。總之，避免「病從口入」，做好飲食衛生，痢疾是可以避免的。

大便乾燥的家庭護理

　　大便乾燥的寶寶平時應注意多飲溫開水、多吃蔬果。另外，要訓練定時排便的習慣。如果寶寶已經2天沒有解便，而且很不舒服，哭鬧、煩躁，可以用灌腸藥劑塞入寶寶肛門後，稍過幾分鐘，讓藥物充分發揮作用，再去排便。但是，不要養成靠藥物排便的習慣，對較小的寶寶，除非醫生允許，一般不要隨便服用瀉藥。

氣管炎、肺炎的家庭護理

　　氣管炎的主要症狀是咳嗽和發燒，有些可能合併哮喘。肺炎的寶寶除上述症狀外，還會有呼吸困難，症狀比氣管炎更重。當患了氣管炎、肺炎後應注意：

　　1充分休息與睡眠，以利恢復。

　　2多喝水，吃易消化有營養的食物，如牛奶、豆漿、蒸蛋等。

　　3如果喘得厲害，將枕頭墊高，讓寶寶半躺半坐，可緩解呼吸困難。

　　4餵奶時要注意防止嗆奶，喘得太嚴重時要用小勺慢慢餵奶。

　　5室內空氣流通，若是冷天，開窗通風時不要讓冷風直接吹寶寶，使用電暖氣易使室內太乾燥，可放一盆水，使室內保持適當溼度。

　　6按醫囑用藥，高燒時可用物理降溫。

防治溼疹

　　寶寶患溼疹常反覆發作，不易治癒，父母需多注意。

　　1找出致敏原因：溼疹、食物過敏、對化學物質過敏、對動物性或植

物性過敏，均要找出過敏的原因，迅速消除。

2 **避免刺激性食物**：患溼疹要避免吃辣椒、酒、濃茶、咖啡等刺激性食物和飲料。同時觀察寶寶是否對魚、羊肉等食物敏感，如某些食物會使搔癢加重，則應避免。

3 **不要亂用藥**：大人常自行用藥或偏方塗抹，不一定有效，甚至使病情加重，用藥要經過醫生指導。

4 **不要用熱水洗燙**：熱水可使皮膚微血管擴張，紅腫加重，滲出液增多，危害病情。可以用溫水洗，不要搓擦和浸泡。

5 **避免用肥皂**：寶寶的皮膚細嫩，不要用鹼性強的肥皂洗浴，肥皂對寶寶皮膚是一種化學刺激。洗浴時，盡量使用嬰兒皂。

6 **不要搔抓**：溼疹刺癢難耐，但要說服寶寶不要搔抓，因為搔抓後皮膚因受刺激而變厚、變粗，而且容易引起感染。過於搔癢時，可外用止癢藥水塗抹。

 醫師指點

治療溼疹，需按醫囑服用抗組織胺藥，注射非特異性抗過敏藥，或中藥治療。

出生第12個月

12個月寶寶的照顧

寶寶1歲開始學步，爸媽無須限制任何寶寶練習走路的機會，不要總是牽著寶寶走，在搖搖晃晃及愛的掌聲中，使他逐步學會如何平衡，以及獨立成長。爸媽必須注意環境安全，學步時間勿過長，若寶寶不喜歡走路，要想辦法鼓勵他，例如以拍掌、口頭獎勵、用玩具誘導等方式，讓寶寶對學步產生興趣。這階段隨著活動範圍擴大，提供寶寶活動的空間越大，越能刺激腦部開發，表現的能力也越佳，尤其在3～4歲的智能有明顯的提升。所以不要讓寶寶在雜亂的空間，或玩具太多的房間內活動，會妨礙他的積極探索，影響智能發展。

12個月寶寶的成長發育	
體重	第12個月的體重約增加250公克，到第12個月底，可達9,300～10,000公克。
身高	到第12個月底，身高為74～78公分。
頭圍	到第12個月底，頭圍為44～46公分。
知覺發展	兩眼之間的協調功能較好，能區別垂直線與橫線，目光能跟隨移動的物體。聽力的發育上已能聽懂簡單的話，會說簡單的單字。
運動發展	1歲的寶寶大多數能放手站立，甚至自己走幾步路，從開始走不穩到步履穩健，約需要2個月，手指運動發展迅速，此時寶寶會把一個東西放在另一東西上，能疊起2塊積木；或用一個東西去推另一個東西，喜歡用筆亂畫。

及時預防接種

寶寶12個月大了，要記得接種水痘疫苗、麻疹腮腺炎德國麻疹疫苗(MMR)。

根據統計，近幾年幼兒麻疹腮腺炎德國麻疹(MMR)疫苗接種完成率，一直維持在九成五以上，因此2006年元月起，台灣醫療院所停止幼兒出生滿9個月的麻疹疫苗接種，改在出生滿12個月接種第一劑MMR疫苗，第二劑在國小一年級集體接種。

依規定，一歲幼兒需要接種水痘疫苗，疾管局建議，MMR疫苗可以和水痘疫苗同時接種，但須打在不同部位，或兩者間隔一個月，至於未滿一歲尚未完成疫苗接種的幼兒，建議家長暫時避免攜往流行地區，以降低遭受感染的機會。

接種疫苗注意事項

1 接種前：如有下列狀況不能注射：發燒、過敏體質、哮喘及嚴重心、肝、腎等慢性疾病等。且注射前1天，寶寶需洗澡，以免注射後引起局部感染。

2 接種後：注射正常反應包括，打針24小時後出現紅、腫、熱、痛現象，或有發燒、頭昏、頭痛、全身不適、噁心、嘔吐、腹痛、腹瀉等症狀。

3 異常反應：最常見的是過敏性皮疹，尤以蕁麻疹最為常見，一般在注射後幾小時至幾天內出現。若發生血管神經性水腫、過敏性休克等異常反應，要立即就醫處理。打預防針後2週左右可產生抗體，特別是在流行季節裡沒被傳染，表示預防針的效果很好。

認識腮腺炎

流行性腮腺炎是腮腺炎病毒引起的急性呼吸道傳染病，以兒童、青少年為主要感染對象，多見於冬、春季。臨床特徵為腮腺單側或雙側腫大、疼痛、發燒，也可能波及附近的頜下腺、舌下腺及頸部淋巴結。併發症可見睪丸炎、卵巢炎、胰腺炎、心肌炎、腦炎。

腮腺炎病毒是後天罹患耳聾的重要病因之一，必須預防其併發症。目前於12個月大即可接種麻疹、流行性腮腺炎、風疹疫苗（MMR三合一疫苗）可同時預防三種傳染病，並於國小一年級追加第二劑。常見的接種反應是在接種部位出現短時間的熱感及刺痛，個別接種者可在接種疫苗5～12日出現發燒或皮疹。

若寶寶體質過敏，在注射後第3天，局部的紅腫搔癢會達到最嚴重程度，之後會逐漸消除，不必過於擔心。

流感疫苗預防注射

由美國疾病控制和預防中心（CDC）最新研究結果顯示，嬰幼兒接種流感疫苗不僅可預防流感病毒感染，而且對呼吸道合胞病毒（RSV）感染也有保護作用。

經常與流行性感冒病毒一起流行的RSV感染，是美國5歲以下兒童因下呼吸道感染接受住院治療最常見的病源，每年因此而住院的患兒約8.4～14.4萬例。經研究人員發現，1歲左右寶寶急性呼吸道感染的住院率約是5～17歲兒童住院率的12倍，因此應該考慮給2歲以下幼兒施行常規接種流感疫苗。

打預防針前後應注意：第1次施打時，應帶兒童健康手冊，每次打針都需攜帶，以便了解情況，防止重打或漏掉。

預防水痘

水痘是最容易傳播的疾病之一，在兒童中的傳播占90％以上。水痘患者全身可見水皰疹，平均數量為200～300個，伴有發燒。最常見的併發症是皮膚感染、水痘病毒性肺炎和腦炎，遺留下瘢痕。水痘患兒暫不能入托兒所、上學，須等全身皰疹完全乾燥結痂後才能解除隔離，一般在7～10天左右。

接種水痘減毒活疫苗可以預防水痘。接種對象指12月齡以上的健康個

體、高危險及其健康密切接觸者。接種反應是輕微和暫時性的，健康兒童接種後的血清抗體陽性率可達98％以上。

注意寶寶的聽力

寶寶發育成長中要具有正常的說話能力，首先聽力要正常。任何年齡的聽力異常，即使輕度，也會影響語言及學習，必須及早發現和治療。由於聽力減退是一個隱藏的問題，因1歲以下寶寶還不會說話，父母可能遲至寶寶1歲多或2歲時才發現，已失去了治療的寶貴時機。

聽力異常有些發生於媽媽子宮內，或因孩子本身的情況，損害一耳或雙耳的聽力，導致聽力受損的高危險因素有：出生時重度窒息、宮內感染、早期疾病、重度黃疸、早產兒、化膿性腦膜炎、先天畸形、某些藥物影響等。因此，凡具有高度聽力喪失危險的寶寶，均應在出生後6個月內檢查聽力，如能早期發現，可以使用助聽器給予幫助，以免影響語言能力。

補充含鈣食品

對寶寶來說，奶類是其補充鈣的最好來源，母乳中500毫升含鈣170毫克，牛奶中含鈣600毫克，羊奶中含鈣700毫克，奶中的鈣容易被消化吸收。

蔬菜中含鈣最高的是綠葉菜。如油菜、雪裡紅、空心菜、大白菜等，給寶寶食用綠葉菜，最好洗淨後用開水燙一下，可以去掉大部分的草酸，有助於鈣的吸收。

豆類含鈣也很豐富，每100公克黃豆中含360毫克的鈣質，每100公克豆皮中含鈣284毫克。含鈣特別高的食品還有海帶、紫菜等。

注意挑嘴偏食

1歲左右的寶寶已會挑選喜歡吃的食物，也容易養成偏食的習慣，如偏愛甜食、肉、魚，不吃蔬菜等。長期挑嘴偏食容易造成營養失調，影響正常發育和健康。如何讓寶寶不偏食呢？父母應該做到：

1 引起寶寶的食欲：寶寶習慣吃熟悉的食物，當出現偏食現象時不必急躁、緊張和責備，應引起寶寶對各種食物的興趣，如偏愛吃肉、不吃蔬菜可告訴他：「小白兔最愛吃白菜，媽媽愛吃，爸爸愛吃，寶寶也愛吃。」以引起寶寶食慾。

2 以身作則：父母的飲食習慣對寶寶影響非常大，所以父母要為寶寶做榜樣，不要在寶寶面前議論哪種菜好吃與否；不要偏食愛吃或不愛吃什麼；更不能因為自己不喜歡吃某種食物，就不讓孩子吃，為了寶寶的健康，父母應改變和調整自己的飲食習慣，飲食均衡，以維持寶寶生長發育所需的營養素。

3 烹調方法多樣化：每餐菜的種類不一定多，但盡量使寶寶都吃，經常變換花樣，對寶寶不喜歡的食物，可在烹調上下功夫，如寶寶不吃胡蘿蔔，可把胡蘿蔔摻在喜歡吃的肉裡，做成丸子或餃子餡，逐漸適應。

4 食物種類豐富：讓寶寶總是吃千篇一律的食物，可能會拒食，導致厭食挑食。當寶寶一開始不吃某種食物時，不應輕易放棄，但絕不可強迫。吃飯是一件愉快的事，強迫會讓寶寶形成條件反射。寶寶不吃某種食物可用另一種營養成分相同的食物替代，如：油菜可換小白菜。但為了寶寶能逐漸適應不愛吃的菜，可採取少量添加方式，也可在烹飪上下功夫，一種菜做出多種樣式，如油菜，除了清炒外，還可包餃子、餛飩等。

愛心提示

當寶寶偏食時，大人要耐心說明食物的特色，對寶寶長大有什麼好處，甚至可透過兒歌、順口溜、小故事等提高寶寶對食物的興趣。

開始吃硬食的時間

　　寶寶在12個月大時，可以開始吃固體食物，在這個階段，寶寶通常已能掌握拿東西、嚼食物的基本技巧。剛開始可將固體食物弄成細片，好讓孩子便於咀嚼，或先吃去皮、去核的水果片和蒸過的蔬菜（如胡蘿蔔）等。

　　當寶寶習慣後，便可以使食物的硬度升級，讓他們嘗試吃煮過的蔬菜，但不宜太甜、太鹹或含太多油脂，以免「倒」胃口，產生厭惡、拒食行為。

　　在讓寶寶逐漸適應不同硬度的食物時要有耐心，不可超過他們牙齒的切磨、舌頭的攪拌和咽喉的吞嚥能力。固體食物應切成1.5公分大小，太大時很容易阻塞寶寶的咽喉。

醫師指點

硬殼食物至少要到4～5歲時才適宜吃。試吃時，先分成4份，以防寶寶「囫圇吞棗」，釀成意外。

提高活動量

1 提供機會增加活動

　　父母很容易把寶寶智力的發展視為看圖識字、數數字、背詩等，卻很少考慮運動發展，事實上，運動對寶寶的智力發展非常重要。

　　運動鍛鍊寶寶的骨骼和肌肉，促進身體各部位器官及其功能的發育，發展身體平衡能力和靈活性，促進大腦和小腦之間的功能聯繫。運動能力與寶寶智力發展有密切相關。

　　寶寶滿週歲後，運動能力明顯提高，爬得更靈活，站得更穩，能邁步行走、轉彎、蹲下、後退等。寶寶這時不僅在運動中探索認識周圍的環境，而且學會使用工具，使寶寶的主動性、創造性都得到了發展。在各種

運動中不斷嘗試成功的喜悅，情緒會非常愉快，自信心
也得到加強，如：寶寶開心的享受著被大人追逐的感
覺，大笑大叫的從溜滑梯滑下來等。

　　此外，在運動中寶寶接觸其他的小朋友，在大人的
指導下逐漸學會了與人交往，將促進其社會性的發展，
進一步使寶寶發展獨立性，共同為寶寶進入學前階段做好準備。

②寶寶多活動有好處

　　寶寶從1歲到1歲半有許多新的表現，比如走路比較平穩、喜歡跟著媽
媽在屋裡轉來轉去、或獨自爬上椅子、沙發或矮茶
几、喜歡四處探索等。

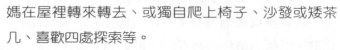

　　1歲半的寶寶喜歡用小手玩各種物體。自己動
手讓玩具動起來，會讓他們非常開心。這時候抱著
寶寶讓他按牆上的電燈開關，不用2次就會發現其中
的奧妙，會反覆的開、關、開、關，且每次都會抬

頭去看燈光的亮和滅，由自己的動作引起的變化讓他樂在其中。當大人擠
牙膏時，不妨讓小寶寶嘗試，他很可能也能擠出來，並對自己的白色作品
洋洋得意呢！安全而自由的活動空間對寶寶尤為重要，如果室內環境是按
成人的方便設計，現在就需要做改變了。要為寶寶準備一張屬於他的小板
凳，好讓他搬來搬去，爬上爬下，不要忘了對寶寶容易攀爬摸到的危險物
品及電路插座等，採取安全保護措施。

愛心提示

最好的活動空間是在室外。可以適當延長室外活動時間，讓寶寶獨自上臺階、
「過小橋」（走窄路）、坐小滑梯，寶寶得到的樂趣會超出大人的想像。

培養規律活動

　　此時寶寶主要活動就是睡覺、吃和玩。睡眠方面，寶寶一晝夜要睡

13～14個小時，白天2次，上、下午各1次，每次約2個小時；飲食1天5次，2餐之間間隔3～4小時；在活動中，每日應有2個小時以上的戶外活動時間。可參照下表，根據寶寶的自身特點做調整。

一日活動表

時間	活動內容
06：30～07：30	起床、盥洗、大小便、早餐
07：30～09：00	室內外活動
09：00～11：00	喝水、睡覺
11：00～11：30	起床，洗臉、洗手，午餐
11：30～13：00	室內外活動
13：00～15：00	喝水、睡覺
15：00～15：30	起床、洗臉手、吃點心
15：30～17：30	室內外活動
17：30～18：30	洗手吃飯
18：30～19：30	室內外活動
19：30～20：00	大小便、盥洗、準備睡覺
20：00～次日晨6：00	睡眠，夜間可餵1次奶

教寶寶學走路

寶寶剛學會獨立行走時，走起路來總是搖搖晃晃，隨時都可能摔倒，因腦發育尚不完善，動作協調性較差，為了使身體平衡，寶寶兩腳間距離比較寬，以加大腳的支撐面積。因此父母不必擔心，只要在旁邊加以保護即可。

通常，寶寶滿週歲以後便會蹣跚邁步了，但也有到1歲半還不會走，然而以後走得很好的例子很多，對此不必過分憂慮。

寶寶學走路與其身體、神經、精神狀態的發育都有關係，如果具備良好體力，精神狀態又好，便會主動的學步。如果在剛學步時重重摔了一跤，必然會影響其積極性，可能一連幾天，甚至幾個星期內都不敢練習，緊抓大人不放。另外，生病也會使寶寶無意練習走路。所以，應維持寶寶

身體的健康發育，使其保持良好的身心狀態，對寶寶行走等動作的發展都有益處。父母不可太心急，過早訓練寶寶走路可能會使寶寶出現X型腿和O型腿，尤其是患有軟骨症的寶寶更是如此。

家庭常備的外用藥

寶寶學會走後，可能常會有碰撞的情況發生，父母應該備些外用藥，輕傷小傷可以自行處理。

1碘酒：常用1～2%濃度。用於皮膚未破的癤腫及毒蟲咬傷等。因為碘酒的刺激性很大，當傷口皮膚已經破損時不能使用（對碘過敏的人也不能用碘酒）。如用碘酒消毒傷口周圍的皮膚，應在稍乾後即刻用75％酒精擦掉。

2乙醇（酒精）：當消毒傷口周圍皮膚損傷時，應用75％濃度酒精。用乙醇塗擦皮膚，能使局部血管舒張，血液循環增加。

3OK繃：用於外傷、傷口出血時，消毒止血。

寶寶胸部發育的特點

寶寶出生時胸圍比頭圍小1～2公分，到了12～21個月時才與頭圍相等，以後隨著年齡增長，胸圍要大於頭圍。胸圍大於頭圍的時間早晚與寶寶營養有密切關係，營養不良的寶寶，由於胸部肌肉和脂肪發育差，所以時間較晚。

治療厭食症

1發生原因：厭食症是指較長時期的食欲減退或消失。是由於多種因素的作用，使消化功能及其調節受到影響而導致。主要原因是不良的飲食習慣，還有父母的哺育方式不當、氣候過熱、患胃腸道疾病或全身器質性疾病、服用某些藥物等。

②**臨床表現**：患兒由於長期飲食習慣不良，導致較長時間食欲不振，甚至拒食。表現為精神及體力欠佳、疲乏無力、臉色蒼白、體重逐漸減輕、皮下脂肪逐漸消失、肌肉鬆弛、頭髮乾枯、抵抗力差、易患各種感染等。

③**治療方法**：西醫治療可口服胃蛋白合劑、乳生片、多酶片、酵母片等。

④**注意事項**

(1)調節飲食，糾正不良的偏食、零食習慣，禁止飯前吃零食和糖果，定時進食，建立規律生活和良好習慣。

(2)改正父母對寶寶飲食不正確的態度，合理哺育，針對寶寶的口味變換菜色。

(3)患消化道或全身性疾病者應及時醫治。

治療異食癖

異食癖是指嬰兒和兒童在攝食過程中逐漸出現的一種特殊嗜好，對通常不宜取食的異物，進行咀嚼與吞食。發病年齡以幼兒為多，但學齡兒童亦可見到。

本症患兒常喜食煤渣、土塊、牆泥、砂石、肥皂、紙張、火柴、鈕扣、毛髮、毛線以及金屬玩具或床欄上的油漆。對較小的物品能吞食下去，較大的物品則舔吮或放在口裡咀嚼。不聽從勸阻，常躲著暗自吞食。一般臨床症狀為食欲減退、疲乏、腹痛、嘔吐、面黃肌瘦、便祕和營養不良等。

寶寶異食癖可能與不良習慣、缺乏鐵鋅，或腸內寄生蟲病等因素有關，應多加注意。

醫師指點

對心理異常引起的異食癖，絕不能責罰和捆綁患兒手足，如此不但不能解除異食習慣，反而使他們暗中更喜偷吃此類不潔食物。對於鐵、鋅缺乏者或腸道寄生蟲病者，可到醫院治療，在醫生指導下服用鐵劑、鋅劑或驅蟲治療。

出生1～2歲

哺餵重點

隨著寶寶乳牙的陸續萌出，咀嚼消化的功能成熟，在哺育上應略有變化。寶寶消化功能不斷完善，食物的種類和烹調方法將逐步過度到與成人相同，這時哺餵重點有：

1️⃣1歲半的寶寶應選擇營養豐富、容易消化的食品，以確保足夠的營養，滿足生長發育的需要。由於已經斷奶，每天吃主餐，再加1～2頓點心。若晚餐吃得早，睡前最好再進食，如牛奶等。

2️⃣寶寶的食材要新鮮，飯菜要煮至軟爛，油煎的食品不易消化，魚要去除刺，瓜果要洗乾淨。寶寶的碗、匙最好專用，用後洗淨，每日消毒。吃飯前要洗手，大人餵飯前也要洗手。

3️⃣孩子的飲食安排盡量種類多樣化，葷素搭配，粗細糧交替，維持每日能食入足量的蛋白質、脂肪、醣類以及維生素、礦物質等。培養寶寶良好的飲食習慣能使食欲較佳，避免挑嘴、偏食和吃過多的零食。為了維持維生素C、胡蘿蔔素、鈣、鐵等營養素的攝入，應多食用黃、綠色新鮮蔬菜及水果。

4️⃣有的寶寶快2歲了，仍然只愛吃流質、不愛吃固體食物，主要是咀嚼習慣沒有養成。此時牙齒快長齊了，咀嚼沒有問題，但還沒養成咀嚼習慣，只能加強鍛鍊。有些父母圖省事，讓寶寶繼續用奶瓶，對其心理發育是不利的。

5️⃣寶寶對甜味特別敏感，喝慣糖水就不願喝白開水。但是甜水喝多了，既損壞牙齒又影響食欲，若已形成習慣可逐漸減低糖水濃度。一般每天不超過2塊糖，而且糖降低可使寶寶的食欲增加。

6️⃣每天飲食分量需視寶寶的個別情況不同。通常，每天應保持主食100～150公克、蔬菜150～250公克、牛奶250毫升、豆類及豆製品10～

20公克、肉類25公克、雞蛋1顆、水果40公克、糖20公克、油10公克。另外，要注意吃點五穀雜糧，粗糧含有大量的蛋白質、脂肪、鐵、磷、鈣、維生素、纖維素等，都是寶寶生長發育所必需的營養物質。

注意飲食原則

1 細軟爛：麵條要軟爛，麵食以發麵較佳，肉菜要切碎，雞魚要去骨刺，花生核桃要製成泥或醬，瓜果去皮核。

2 小和巧：小巧的食物外形美觀，花樣新穎，氣味誘人，透過視覺、嗅覺等感官，傳導至寶寶大腦神經中樞，能刺激食欲，促進消化液的分泌，增進消化吸收。

3 保持食物營養素：如蒸或燜米飯要比炒飯少流失蛋白質5％、維生素$B_1$18.7％；蔬菜要注意新鮮，先洗後切，急火快炒，蔬菜切了燙洗會使維生素C損失99％以上；炒菜熬粥都不要放鹹，以免水溶性維生素被破壞；吃肉時要喝湯，可獲得大量脂溶性維生素。

4 注意不宜食用食物

(1)一般生硬、帶殼、粗糙、過於油膩及帶刺激性的食物都不適宜。

(2)刺激性食品，如酒、咖啡、辣椒、胡椒等，應避免食用。

(3)魚、蝦蟹、排骨肉等，都要認真檢查是否有刺和骨渣後方可食用。

(4)豆類不能直接給寶寶餵食，如花生米、蠶豆等，另外，杏仁、核桃仁等應磨碎或製醬後再食用。

(5)含粗纖維的蔬菜，如芥菜、金針菜等。因2歲前的寶寶乳牙未長齊，咀嚼力差，不宜食用。

(6)易產氣脹肚的蔬菜，如洋蔥、生蘿蔔、豆類等，宜少量食用。

(7)油炸食品宜少吃。

(8)寶寶喜歡吃糖，應注意分量，否則既影響食欲，又容易造成齲齒。

攝取蛋白質的需求

蛋白質是生命的物質基礎。人體的每個部位、組織、細胞都含蛋白質，如果缺乏人體就會發生代謝紊亂、貧血、浮腫、易患各種疾病，寶寶則生長發育遲緩。1歲半的寶寶每天約需40公克蛋白質，其中至少應有一半是動物蛋白。如：每天食用250毫升牛奶、1～2顆雞蛋、30公克瘦肉及一些豆製品，可以再吃肝或魚，就能夠滿足寶寶對蛋白質的基本需求量。

注意進食過量

人們總以為吃得多，身體才會健壯。但是進食過量對寶寶非常不利，主要有以下的害處：

1 增加胃腸道負擔：過量進食後，胃腸道要分泌更多的消化液和增加蠕動，如果超過寶寶的消化能力就會引起功能紊亂，發生嘔吐、腹瀉，嚴重還可能發生水、電解質紊亂和全身中毒症狀。

2 造成肥胖症：長期進食過量，造成營養過剩，體內脂肪堆積，造成肥胖症。

3 影響智慧發育導致脂肪腦：因攝入的熱量過多，糖可轉變為脂肪沉積在體內，也沉積在腦組織，使腦溝變淺，腦迴減少，形成「肥腦」，神經網路發育欠佳，使智慧下降。經常過食，使腦處於相對缺血的狀態，對於語言、記憶、思考能力下降。而且大腦負責消化吸收的中樞高度興奮，而抑制了其他功能，也影響智慧的發育，必須養成適量進食的習慣。

醫師指點

睡前吃得過飽的害處有：睡覺易做噩夢，影響消化吸收，造成夜間磨牙，發生遺尿現象，造成睡眠差、易驚醒、煩躁不安。

少吃零食

　　寶寶的胃容量還小，而活動量卻很大，消化快，所以還未到吃飯時間就餓了。可給寶寶適量點心和水果，但太甜太油膩的糕點、糖果、巧克力等要斟酌取用，因這類食物含糖量高，脂肪多，不易消化吸收，不適合經常食用。正餐前1小時內不宜給零食，以免影響寶寶正常進餐。吃完零食後，最好讓寶寶喝幾口溫開水清潔口腔，防止齲齒。

注意進食習慣

　　有的寶寶吃飯時愛把飯菜含在口中，不嚼亦不吞嚥，俗稱「含飯」。這種現象常發生在嬰幼兒期，最大可達6歲，多數見於女孩，以父母餵飯者為多見。發生原因是父母沒有從小讓寶寶養成良好的飲食習慣，不按時添加輔食，寶寶沒有機會訓練咀嚼功能。寶寶常因吃飯過慢過少，得不到足夠的營養素，全身營養狀況差，甚至出現某種營養素缺乏的症狀，生長發育亦遲緩。

醫 師 指 點

父母只能耐心的慢慢訓練，可讓寶寶與其他小朋友同時進餐，模仿其他小朋友的咀嚼動作，隨著年齡的增長慢慢進行矯正。

宜食的健腦食品

　　1 常食核桃可健腦：儘管核桃補腦，也不可多食。據研究，每人每日吃2顆為宜。用芝麻或花生仁、核桃仁製成的醬料，味道香醇又能健腦強身，適合寶寶常食用。

　　2 常食蔥蒜能補腦：科學家研究發現，常食蔥蒜能降血脂、血糖、血壓，補腦，促進血液循環，有助防治

血壓升高所致的頭暈,而且多食蔥蒜會使大腦保持靈活,促使腦細胞更加活躍。

增智不可缺碘

醫學研究顯示,孕婦補充碘,可使寶寶出生後在智力發育上有明顯的提高。因為胎兒處於3～5個月的腦發育臨界期時,一定要依賴媽媽體內充足的甲狀腺素,倘若母體缺碘,可能導致胎兒甲狀腺素合成不足,嚴重影響大腦的正常發育。如果缺碘量太大,缺碘期較長,即使寶寶在生下後馬上獲得足夠的碘元素,母體內缺碘所致的損害也很難得到恢復和改善,容易發生先天性智力不足。

懷孕期只要多攝入含碘高的食物,如:海帶、紫菜、髮菜、淡菜、海魚等,即可維持孕期內每天攝取量0.115毫克以上的碘。

缺鋅導致智力損傷

鋅缺乏時,除了人體的生長發育、免疫功能、味覺、視覺等會受到不同程度損傷外,神經系統結構和功能發育也會受阻。學齡兒童中,缺鋅兒童的智商明顯低於鋅營養良好的兒童。尤其在胎兒和嬰兒發育的關鍵時期,鋅缺乏對大腦的損傷是無法彌補的。

富含乙醯膽鹼的食物可改善兒童智力,提高記憶力並改善大腦的條件反射功能。如:蛋黃、魚、肉、大豆、肝臟等食品。尤其是蛋黃,含卵磷脂較多,被分解後能釋放出較多的膽鹼,最好每天都能吃蛋黃、肉、豆類等食物,有利於智力發展。

大腦發育必需品

高不飽和脂肪酸在人體內不能合成,只能透過飲食供給。因此,在胎

兒孕育和嬰幼兒哺乳期間，媽媽必須攝入足量的高不飽和脂肪酸，以滿足寶寶大腦細胞發育的需要。寶寶除母乳外的副食品及斷奶後的食品，也應多攝取富含高不飽和脂肪酸，如：深海魚、肉食性動物脂肪和野菜中含量較高，缺乏會嚴重影響腦神經的發育。

正確選擇副食品

寶寶副食品的選擇要調配合理，做到甜鹹、乾稀、葷素、粗細搭配，可根據寶寶個體的需要選擇以下食物，配製成混合飲食。

1 **高蛋白**：牛奶、雞蛋、瘦肉、動物內臟、魚類、豆類、花生。

2 **高脂肪**：肥肉、油類、蛋黃、奶油、花生、芝麻、核桃。

3 **高醣**：藕粉、山芋、甜點心、米飯、水果。

4 **高鈣**：牛奶、芝麻、綠葉菜、豆腐、無花果。

5 **高鐵**：肝臟、雞蛋、瘦肉。

6 **高鉀**：馬鈴薯、紅棗、牛肉、花菜、蘑菇、巧克力、藕粉。

7 **低鈉**：花生、西瓜、番茄、牛奶、雞蛋、冬瓜、豆芽。

8 **低磷**：粉皮、茭白、萵苣、山芋。

9 **高維生素A**：肝臟、胡蘿蔔、奶油、南瓜、山芋、魚肝油。

重視早餐

對處於生長發育旺盛期的寶寶來說，早餐一定要「吃飽又吃好」。現在，許多父母常因時間匆忙，來不及為寶寶準備早餐，或缺乏營養知識，準備不合適的餐點。例如：巧克力土司＋薏仁漿；蔥抓餅或蘿蔔糕＋薏仁漿的早餐組合。

一般薏仁漿、巧克力土司的糖量偏高。可取代以牛奶＋薏仁漿半杯

（或養樂多半罐）以1：1比例調配，減少糖量，又可攝取到較多鈣質。2歲以後可改喝低脂牛奶，以減少脂肪攝取量。

　　而蔥抓餅、蘿蔔糕偏油，鈉量高、口味重，易養成嗜吃重鹹的飲食習慣。可食用較不油的蛋餅、三明治，並選擇較健康的夾層口味（如：魚鬆、起士、鮪魚、蔬菜）。

愛心提示

父母必須重視寶寶的早餐，如果寶寶早餐吃不好，營養和熱量不足，長期會影響寶寶的身體發育和精神。

養成良好生活習慣

　　1 自己吃飯：最好給寶寶一把小湯匙，滿足自己吃飯的欲求，但需經過一段時間的訓練，即使食物掉滿桌，父母也要有耐心。若寶寶用手抓食，大人也不要強行制止，這是走向獨立吃飯的必經過程。1歲半以後就能熟練的用湯匙了。

　　2 自己喝水：1歲以後，可以培養寶寶自己拿杯子喝水。剛開始，容易把水灑出，大人可以給少許水，也可幫他用手扶著杯子，約1歲半就能自己喝水了。

　　3 早晚漱口：從寶寶1歲開始早晚練習用開水漱口。訓練時，為孩子準備杯子，父母先示範，反覆幾次，寶寶很快就學會了。但必須注意不要仰頭漱口，寶寶很容易嗆到，甚至發生意外。另外，要不斷督促寶寶，每日早晚做，並逐漸養成清潔口腔的習慣。

　　4 自己睡覺：寶寶最好是單獨睡小床，否則至少有單獨用的被褥，不要與大人同睡一個被窩，有利於寶寶的健康，並有助於從小培養獨立生活的習慣。

穿衣與穿鞋

寶寶能獨自行走時，要為他穿上舒服、柔軟、便於活動、有伸縮性的衣服，褲子容易掉，最好加上背帶以便行走。此時的寶寶容易摔跤、受傷，但也沒有必要非穿長褲。除了冬春季節，盡量穿短衣短褲，讓皮膚多晒太陽。

1歲以後，寶寶正處於發育旺盛的時期，外出鞋最好選購稍大、平底的方口或高統鞋，便於寶寶的腳趾在鞋內能自由活動，又不容易脫落。到了2歲左右，可穿球鞋。

1歲多還不會走路

1歲半的寶寶若還不會走路，屬於動作發展落後，常見於一般弱智兒。寶寶不會走路原因很多，首先應考慮大腦的發育是否有問題？腿的關節、肌肉有沒有病？父母有沒有訓練寶寶走路？寶寶是否爬過？站得好不好？曾用屁股坐在地上蹭行？是否過早用學步車等，這些因素都會影響寶寶學會走路或延遲走路的時間。

寶寶一般在1歲左右就會走了，如果到了1歲還不能站穩，檢查腳弓是否為扁平足，父母可以幫他按摩，並幫助他站立跳躍。有的是腳部肌肉無力，無法支撐全身重量，大人可幫忙增加肌肉力量。如果到了1歲半還不會走路，最好請醫生檢查，以便對症治療。

培養穿脫習慣

根據寶寶的年齡特點，逐步培養穿戴衣物的能力。1歲後要鼓勵寶寶自己穿戴衣物，脫下的衣褲鞋襪要按順序整齊放在固定的地方。

父母必須仔細為寶寶講解每個動作，循序漸進，如：12～14個月寶寶

能抓起帽子戴在頭上，但過1～2個月才能戴正。寶寶在學穿鞋初期分不清左右，穿襪時不會扯後跟，父母需先做示範動作，再讓寶寶自己練習，逐漸培養自我管理的能力。

可以給寶寶講解衣物的名稱、顏色及各種穿衣動作，以提高寶寶獨立穿衣的興趣，及早掌握與穿衣有關的語言和技能。

培養清潔衛生習慣

　　1歲半的寶寶能主動參與盥洗活動，而且學習積極性很高昂。從這時後開始，要逐漸讓寶寶知道清潔衛生的內容，逐步培養自己動手做好清潔衛生的習慣和能力。

１清潔衛生的內容

　　(1)保持皮膚清潔：早晚洗臉，勤洗手，飯前便後用肥皂洗手；睡前洗澡；定期洗頭、勤剪指甲。

　　(2)口腔衛生：開始培養飯後漱口、早晚刷牙的習慣。

　　(3)用手帕擦拭：用手帕擦手、擦臉、擦鼻涕，不要讓寶寶把鼻涕擦在衣袖上，保持整潔衛生的習慣。

　　(4)養成好習慣：養成不吃手指、不挖鼻孔、不摳耳朵、不隨地亂吐痰、不隨地大小便。

２操作方法

　　(1)洗手：溼潤雙手擦肥皂，兩手互搓手背、手心、洗手指，用水清洗兩三遍，擦乾。

　　(2)洗臉：讓寶寶閉上眼睛，用毛巾從眼內側到外側輕輕依次擦洗雙眼、嘴、鼻子、臉額部，清洗毛巾，洗雙耳的耳廓、耳後、脖子、頸部，清洗毛巾、擦乾。

(3)洗屁股：先洗會陰部（小便處），後洗臀部（大便處），以防引起泌尿道和陰道感染。

(4)擤鼻涕：用手帕或衛生紙蓋住鼻子，先按住一個鼻孔，讓另一個鼻孔輕輕出氣，排出鼻涕，再清理另一個鼻孔。

❸ 教養方法

(1)從配合開始：盥洗時，先讓寶寶配合妳的動作，使熟悉步驟。

(2)激起興趣：用愉快、輕鬆的語言或兒歌誘導寶寶活動，在遊戲中讓寶寶理解語言，學會技巧，培養能力，養成習慣。如幫寶寶洗手時可邊洗邊唱兒歌：「搓搓手心一、二、三，搓搓手背三、二、一，手指頭洗仔細，小手腕別忘記。」

(3)耐心細緻：對於每個內容都要反覆提醒、督促、反覆練習，不怕麻煩、不怕弄溼衣服，讓寶寶在愉快的情緒中養成正確的清潔衛生習慣。

❹ 注意事項

洗手、洗臉最好用流動水，洗手、洗臉後的水不能再用來洗屁股。洗臉時可不用肥皂，以免刺激眼睛而不願再洗臉。

培養當助手

現在，寶寶那雙會走路的小腳丫，將帶領他探索每天的新奇發現，最初的獨立傾向也在探索和發現中悄悄萌發芽。

模仿父母、同伴是寶寶學會獨立的重要途徑，大人穿衣脫鞋是寶寶最容易模仿的活動之一。寶寶可以解開自己的衣扣、鬆開鞋帶，不要把這看作是調皮，也不要怕添麻煩，因為寶寶能夠學會自己脫衣脫鞋是值得高興的進步！

在照料寶寶時，讓他用自己的能力來幫助妳。為寶寶洗澡時，可以鼓勵他自己解帶、脫鞋：「我們一起來為寶寶脫鞋，先拉一拉這根帶子，對，把它解開，再鬆開鞋，往下用力，好了，鞋子脫掉了。」這對寶寶來

說，也是很好的手眼協調鍛鍊。舉凡穿衣、脫襪都可以進行。

這時的寶寶會很樂意為妳「效勞」，拿報紙、搬小凳等，不妨多讓寶寶嘗試，不僅訓練了寶寶的動作，更可以促進語言理解和記憶能力，因為妳對寶寶的口頭說明要靠他自己去理解執行。當完成指令時，說一聲「謝謝你」，會讓他體會到成功的喜悅。因此，要多與寶寶共同活動，讓他做妳的「小助手」。

培養睡眠習慣

這個時期寶寶活動量大，為了讓他晚上睡得好，身體得到充分休息，父母應做好睡前準備。睡前不應讓寶寶做劇烈的運動，不讓寶寶興奮過度影響入睡。可以和寶寶一起聽柔和的音樂或讓寶寶獨自玩些安靜的遊戲和玩具。

如果暫時還不想睡，不要勉強，更不要用恐嚇打罵的方法強迫入睡，這種做法會強烈刺激寶寶的神經系統，使失去睡眠的安全感，容易做噩夢、睡眠不安，影響大腦的休息。在睡前嚇唬寶寶還會形成惡性循環，使在成長過程中害怕貓、狗等小動物，不敢獨睡，不敢走進黑暗的房子，性格變得膽小懦弱。如果用打針來嚇唬寶寶，以後就會對治病形成恐懼心理，影響對治療疾病的配合。如果經常用些「鬼神」來嚇唬寶寶，寶寶會覺得世上真的有「鬼神」，而產生謬誤的觀念。

入睡前最好室內燈光調暗，電視、收音機的聲音要放低，大人說話的聲音也要放輕，拉好窗簾。睡覺前應為寶寶洗手、洗臉、洗屁股，使他知道洗乾淨才能上床，床是睡覺的地方，應該保持清潔，並逐步形成洗乾淨就上床，上了床就想睡的習慣。上床前要讓寶寶解空大小便，以免尿床，睡眠時應脫去外衣，最好換上寬鬆的衣服，使肌肉放鬆，睡得舒服。上床後就不允許孩子再玩耍嬉鬧，讓他知道上了床就該安靜的睡覺，就容易進入夢鄉。

注意夜間尿床

寶寶夜間尿床是讓父母非常頭疼的事，這並非不可改變。夜間尿床是因為這個年齡的寶寶，在熟睡時不能察覺到體內發生的信號。所以父母可為寶寶制定合適的生活習慣，盡量避免會導致其夜間尿床的因素，如晚餐不能太稀，少喝湯水，入睡前1小時不要喝水，上床前要先排空膀胱等，入睡後可以定時叫醒寶寶排尿，一般隔3小時左右需排1次尿，也有些寶寶晚上可以不排尿，父母要掌握好排尿的規律。夜間排尿時，一定要寶寶清醒後讓他坐盆排尿，很多5～6歲、甚至大孩子尿床，都是由於幼兒時夜間經常在朦朧狀態下排尿而形成的習慣。

一般寶寶透過以上的辦法，可以逐漸改善尿床。也有些寶寶剛開始可能不配合，一叫醒他就哭鬧，不肯排尿，這時父母一定要有耐心，注意觀察其排尿時間、規律，在他想排尿之前叫醒他，時間長了形成習慣就不會尿床了。即使偶爾被褥尿溼了，也不要責備，以免傷害寶寶的自尊心，造成心理緊張，使得症狀加重。

維持室內空氣流通

多讓寶寶呼吸新鮮空氣，極有益於生長發育和健康。很多父母生怕寶寶受涼，家中門窗緊閉，室內空氣污濁，極不流通。長時間待在這種環境裡，使寶寶抗病能力變弱，各種呼吸道和消化道疾病乘虛而入，嚴重影響健康。父母要多帶寶寶到戶外活動，呼吸新鮮空氣。

 愛心提示

注意在春、夏、秋季大部分時間，以及冬季無風晴朗的日子，居室要經常開門開窗保持通風。如果外面風很大，也可先把寶寶帶到別的房間，再打開門窗通風換氣。

避免噪音

　　噪音是非節律性的音響，人體正常允許的音量不
能超過50分貝，當音量達到115分貝時，便會損壞大腦
皮層的調節功能。如果寶寶經常生活在噪音中，會容
易感到疲倦，嚴重的還會干擾其注意力，影響空間知
覺和語言能力，長時間在一定程度上會阻礙寶寶的智力發展。

　　相反的，和諧性、節律性的聲音，如悅耳的音樂、美妙的鳥語、潺潺
的流水，都能使寶寶提高大腦功能，使其心情愉快。因此，要給寶寶創造
好的聽覺環境，平時不要在寶寶面前大聲吵鬧、喧譁；家庭日常使用的電
視機、音響的音量要適中；也可在居室鋪上地毯，在桌椅腿底釘膠皮，可
減少噪音；不需常帶寶寶逛街、逛商店，以免過大的噪音影響健康。

注意保護視力

　　１檢查：當發現寶寶的視力有下列情況時，應到醫院
進行視力檢查：

　　(1)眼睛位置異常：單眼或雙眼斜視，一隻眼睛大，一
隻眼睛小。

　　(2)視物姿勢異常：眼睛距離物體很近，經常皺眉、眯眼、歪頭偏臉。

　　(3)立體視覺欠缺：如穿珠困難。

　　(4)無急性眼病，但經常用手揉眼，自訴頭痛、頭暈、眼痛。

　　(5)對周圍環境的探索突然變得漫不經心。

　　(6)家族中有弱視、斜視、高度近視等視力異常者。

　　２方法：檢查3歲前寶寶的視力可把大小不同、顏色鮮豔的玩具（如
布娃娃、積木、玻璃球等），放在不同距離的地方（5公尺、2公尺、1公
尺），遮住寶寶一隻眼，讓他指出玩具的位置或走過去拿起。

　　３防治：幼兒時期是視覺發育的關鍵階段，也是預防和治療視覺異常

的最佳時期。在日常就應該注意以下事項：

(1)飲食均衡：應吃蛋黃、肝、綠色蔬菜、水果等，以攝入足夠的維生素A及β－胡蘿蔔素。

(2)姿勢端正：眼與書應保持適當距離（33公分）；另外，要選用字跡大小適合的書。

(3)室內光線明亮：自然光不足時，應該開燈（照明最好用日光燈，免使眼睛受刺激）。不要讓寶寶常看電視，偶爾看也別超過10分鐘，電視機的螢幕中心位置應低於寶寶的視線。

(4)經常進行戶外遊戲：可加強體能訓練，對於消除視覺疲勞很有效。

預防發生意外事故

1～2歲的寶寶最容易發生事故，如：交通事故、溺水、燙傷、誤服異物等。而且對周圍的事物似懂非懂，事事好奇，跑來跑去，喜歡觸摸，模仿大人做事。因此父母要隨時注意，例如：過馬路時，解釋紅綠燈信號及斑馬線的意義；熱水瓶要放在寶寶碰不到的地方，經常告誡這個燙手，不能動；吃飯時，要把熱粥熱湯往中間放，不要鋪桌巾，以防寶寶在桌邊亂抓時燙傷。

愛心提示

溺水事故也經常發生，如掉進小水窪、洗衣機、浴缸內都可能致命，河邊、海邊的溺水事故更容易發生。因此，用完洗衣機、浴缸後要將水放光。

不能剪眼睫毛

一根睫毛的壽命不過3個月左右，因此，給寶寶剪眼睫毛並不會使眼睫

毛長得更長，此外，剪眼睫毛也不利於健康。眼睫毛具有防止灰塵進入眼內，保護眼睛的作用，如果剪掉使眼睛失去了保護，灰塵等容易侵入眼睛裡，而引起各種眼病。

便秘的處理

寶寶便秘很痛苦，可用手指蘸些熱肥皂水插入肛門，慢慢撥動硬便，用手指帶出來；或用灌腸藥等，也可促進排便順暢。

寶寶大便乾燥可服些輕瀉劑，服藥後12～24小時後可排便。最好的辦法是預防便祕，給寶寶的飲食中加些玉米、萵苣、韭菜等纖維素含量多的食物。要有耐心、不要用威嚇的口氣訓練寶寶坐盆，有些寶寶因為不喜歡坐盆而不排便，使糞便在直腸變成硬塊；還有的父母讓寶寶坐馬桶解便，寶寶的兩腳不能接觸地面，也造成大便不易排出。

大便有血的處理

在寶寶的糞便中發現血絲時，需要考慮兩個主要問題。首先，要確定糞便中異常顏色的原因；其次，是消除擔心和害怕心理。輕微腹瀉的寶寶，常拉出像血一樣的糞便，事實上這是食物或藥物中的顏色所染上，如草莓或櫻桃果凍、淺紅色的藥物等。無法確知時，可化驗糞便，就可以消除父母的疑慮。

如果糞便裡的紅色物質確實是血，而且以條紋出現，糞便又非常硬，或在排便中顯出疼痛，就可能是肛裂出血。可用熱水洗澡，調節飲食量，再配合藥物治療，多吃水果和蔬菜使糞便軟化，促使肛裂癒合。

若是由病毒或細菌引起的腹瀉血性糞便，寶寶可能會發高燒，不僅大

便有血，偶爾還有膿、黏液和未消化的食物。兒科醫生會仔細觀察是否有脫水的症狀，再做抽血及糞便檢驗，以確定病因，對症治療。

帶寶寶看病的學問

1 敘述病情簡潔俐落：醫生需了解主要症狀，發病時間、部位、程度、伴隨的症狀。如：間斷發燒3天、腹痛1小時、咳嗽1週等，而不要說：從奶奶家回來就發燒、從我下班回家他就肚子痛。因為醫生無法知道孩子是哪天從奶奶家回來，妳是幾點鐘下班回家。

2 回答問題要具體：父母不要把自己的猜測和想法當作病情告訴醫生，如：覺得寶寶咳嗽可能是感冒了，看病時不是告訴醫生咳嗽的時間和程度，而是告訴醫生「這孩子咳嗽3天了」，寶寶是不是感冒應由醫生判斷。

3 先向照護者詢問病情：寶寶在幼稚園或由長輩照顧，父母必須先了解病況。如果幾位家人一起帶孩子看病，最好由一位最了解病情者敘述，讓醫生清楚明白。

4 據實回答家族遺傳史：患有神經系統疾病時，醫生可能會詢問家族中遺傳病的情況。父母應據實回答，既不要含糊其辭，也不要憑想像編造，聽不懂可請醫生解釋後再回答。

5 主動告知特殊情況：應主動告訴醫生寶寶過去病史，如：肝、腎疾病、血液病等，以及對某種藥物過敏，協助醫生了解，開立正確的藥物。

6 慢性病或複診情況：盡量在相同醫院看診，若需轉院，盡量帶病歷或紀錄，以供醫生參考，同時也避免重複檢查。

暑樂媽咪孕兒寶典

愛心提示

如果寶寶腹瀉，可以留取一點大便標本帶到醫院。一旦醫生戴上了聽診器檢查，就不要再說話，保持安靜，有利於醫生聽診。

暑熱症的家庭護理

暑熱症又稱為「小兒夏季熱」。主要表現為發燒，並伴有多渴、多飲、多尿和少汗的「三多一少」症狀，到秋涼後則可退燒而自癒。遇有這種情況，首先要去就診，讓醫生檢查和做些必要的化驗，排除其他感染性疾病時，就可以按如下的方法進行護理。

①降溫：首先是改變環境溫度，可暫時在異地居住或讓寶寶待在有冷氣的房間，置身於適宜的溫度下，有的即可退熱。暑熱症的護理可採用溫水浴，方法是：以34～35℃的溫水沐浴，每日2～3次，每次20～30分鐘，分別在上、下午及晚上臨睡前進行，宜至體溫下降和恢復正常後逐漸減少和停止，進行時應注意避免受涼。患兒發燒較高時，用冷毛巾溼敷頭部，也可用溫水作全身揩擦。若出現高燒抽搐時，就要找醫生進行處理。

②注意營養：由於寶寶長期發燒，身體消耗較大，應給予易消化、富有熱量、蛋白質及維生素B群、維生素C的流質食物或半流質食物，並喝些西瓜汁及清涼飲料。

③適當防治：對於暑熱症，西醫以對症治療為主，若伴有感染可以用抗生素治療，但不宜長期使用。對本病的預防主要是增強寶寶體質，住室要通風透涼。可在病情好轉時，於當年秋季用太子參煎湯給寶寶喝，並於明年盛夏前多喝些清涼飲料，如綠豆湯、烏梅汁等，有助於防止次年發病或減輕病情。

11111111111111111

502

治療猩紅熱

1 發病原因：猩紅熱是由A群乙型溶血性鏈球菌(Group A Streptococcus)感染所致的一種細菌性傳染病。多見於3～8歲兒童。冬春季發病較多，由於這種細菌含有紅疹毒素，所以得病後皮膚出現紅疹。

2 病狀表現：感染後2～3天出現發燒症狀，數小時後全身皮膚猩紅，布滿細小紅疹，在皮膚皺褶處皮疹密集，同時伴有咽喉痛、頭痛、嘔吐，也可能有腹痛、全身不適。檢查可見患兒咽部紅，扁桃腺腫大，有膿性滲出物。舌質鮮紅，舌面乳頭肥大突出如草莓狀，稱為草莓舌。持續2～3天體溫下降，皮疹逐漸消退，疹退後皮膚無色素沉著。2週左右可有脫皮，一般多為細屑樣，嚴重病例可有大片脫皮。

學齡前兒童和學齡兒童受A群乙型溶血性鏈球菌感染後，可能會有其他的併發症，常見的如急性腎小球腎炎（發生在猩紅熱2週以後），輕症只在尿常規化驗發現有少量蛋白和血尿；重症可有水腫、少尿和血尿，也可能有血壓升高。因此對猩紅熱患兒在發病2週時，應做尿常規化驗，以便早期發現，及時治療。此外，併發化膿性傷害多見於體弱兒和幼兒，常見如頸部淋巴結炎，表現為發燒、頸部淋巴結腫大疼痛、全身不適等，也可發生化膿性中耳炎。

3 治療方法：患兒要隔離以防止傳染給他人，同時也減少再感染其他疾病的可能，須臥床休息。在發燒期間，宜給清淡、易消化食物，多喝水，燒退後可恢復正常飲食。一般患兒不必住院治療，可用盤尼西林注射、或口服clindamycin或cophalosperin（均為抗生素）治療。用藥後1～2天體溫可下降，皮疹消退，這時不可停藥，因體內細菌未完全殺滅，一般應治療10天，等症狀完全消失，咽部紅腫消退才可停藥。如給予盤尼西林或其他有效的抗生素經24小時之後，可中止呼吸道隔離措施。

4 注意事項：集體發生猩紅熱時，部分寶寶可能只表現化膿性扁桃腺

炎而沒有皮疹，其傳染性相同，同樣應隔離治療。同班孩子和其他密切接觸者做喉嚨培養，給予預防性投藥，以預防疾病的散播。

預防流行性日本腦炎

日本腦炎是由日本腦炎病毒引起的急性中樞神經系統傳染病，經蚊蟲媒介傳播，流行於夏秋季節，具有典型的季節性，尤以兒童多見。臨床特徵為高燒、意識障礙、驚厥、腦膜炎、腦炎等，重者引起呼吸衰竭。人對日本腦炎普遍易感，感染後可獲持久的免疫力。各年齡段均可發病，主要在10歲以下，尤以2～6歲兒童發病率為最高。

日本腦炎患者的病程可分為以下4個時期：

1 初熱期：發病開始的3～4日內，相當於病毒血症期，起病急驟，一般無明顯的前驅症狀，表現為發燒，體溫驟升到39℃左右，伴有頭痛、嗜睡、嘔吐、精神萎靡及食欲不振等。

2 急性期：病程4～10日，表現為高燒、嗜睡、昏睡或昏迷、驚厥、肢體痙攣、錐體束症、不自主的運動、不對稱的肢體癱瘓。多數患者在發病7～10日，體溫開始下降，病情逐漸改善，進入恢復期。

3 恢復期：本期多數患者能在2週後順利恢復，體溫逐漸正常，各種神經、精神症狀好轉、消失而痊癒。昏迷的患者常經過短期「精神呆滯」的階段而逐漸清醒。嚴重的病例因腦部病變較重，常恢復較慢，可有神智遲鈍、痴呆、精神或行為異常、失語、吞嚥困難、肢體癱瘓或不自主的運動等表現，需1～3個月逐漸恢復正常。

4 後遺症期：少數患者在發病半年後仍留有意識障礙、痴呆、失語、癱瘓、錐體外繫等後遺症。經持續調養治療，部分患者仍能恢復。

預防日本腦炎的關鍵，是做好滅蚊及疫苗注射的工作和對動物宿主的管理。日本腦炎病人的病情發展較快，需住院治療。

及時預防接種

寶寶1歲之後，父母仍須按時帶孩子接種疫苗，讓保護力更完整，各項疫苗注射時程如下表：

疫苗	施打時程
日本腦炎疫苗	15個月第一劑，兩週後第二劑 隔年（27個月）第三劑
五合一疫苗	18個月第四劑
六合一疫苗	18個月第四劑
肺炎鏈球菌	1～2歲間第四劑
A型肝炎疫苗	2歲第一劑 2.5歲第二劑

日本腦炎疫苗

日本腦炎疫苗是透過三斑家蚊傳染的疾病，患者產生高燒、頭痛、嘔吐、抽筋，甚至昏迷等症狀，易留下後遺症，如癱瘓、智力低下等。

寶寶在滿15個月大時，要連續注射2針日本腦炎疫苗，兩劑間隔14天，在2歲3個月大時，仍要加強1針才能維持身體的免疫力，預防日本腦炎的發生。日本腦炎疫苗誘導體內產生抗體需1個月，所以寶寶具體注射日本腦炎疫苗的時間，可根據台灣日本腦炎的流行時間提早於每年3月施打。

日本腦炎疫苗比較安全，注射後可能出現局部輕度紅腫，有些寶寶會有38℃以上的發燒反應，根據情況應去醫院診治。

治療手腳受傷

1手指扎刺：竹、木、鐵、玻璃、植物等，都可能刺傷皮膚，扎刺後，要將刺挑出，且要消毒以防感染。將鑷子或縫衣針在火上（打火機或火柴）燒一燒。將傷口周邊皮膚擦洗乾淨，順扎入的方向將刺挑出或拔出；刺挑出後，用手擠出幾滴血，再塗些酒精。如果扎得深或很髒，要請醫生處理，並注射破傷風抗毒素預防針。

2手指割破：要注意止血後預防感染。止血時要注意將受傷的手指高舉過心臟高度，另外一隻手用兩隻手指捏緊受傷指的指根。把傷口周圍用清水或酒精洗乾淨，用紗布將傷口周圍擦乾，可在傷口上塗碘酒，或使用OK繃包紮。不可用藥棉或有絨毛的布塊直接蓋在傷口上。包紮後的傷口，不要再沾水，第2天可打開看，如發現傷口周圍紅腫，應請醫生處理。

3手指挫傷：手指挫傷是手關節的扭挫傷，或手指頭碰撞硬物時發生。手指挫傷後，可用冰冷物敷在傷處，每次10～15分鐘，可以消腫；如果已受傷3～4個小時，就不能冰敷了。冰敷後，可貼敷消腫止痛貼劑，為了使傷指減少活動，避免再受傷害，可用厚紙裹住傷指。消腫後，可輕輕按摩，並緩緩活動；如果腫痛嚴重，可能有骨裂或骨折，應用較厚的紙片裹住傷指，再請醫生診治。手指夾傷或砸傷如無出血，也可如上處理。

4腳扭傷：扭傷後，外踝可能出現腫脹、皮下發青等，先冰敷使腫脹減輕，讓寶寶臥床減少活動，足部抬高，墊上棉墊，使傷腳高過心臟（腳下垂會加重腫脹）。若症狀無緩解，必須就醫，由醫生診治是否骨折或韌帶撕裂。

第5章 飲食

NEWSTART 新起點

全方位提供中醫藥膳食譜、素食食
譜、寶寶食譜，讓準媽媽從懷孕、
產後調理、養育寶寶沒煩惱。

中醫藥膳食譜

孕前食譜

酸子薑炒鱔片

做法

1. 生薑、酸蕎頭洗淨切片，加糖3/4匙，醃半小時，減去酸味。紅辣椒洗淨切片，備用。

2. 黃鱔放入滾水中，汆燙後立即撈起。用清水沖洗刮去黏液，在鱔背上切斜花，加 **C** 組調味料醃10分鐘（小提醒：因為鱔背比鱔肚的肉厚，所以，煮時要掌控時間，才不至於厚肉未熟、薄肉過熟。）

3. 下油約2湯匙，爆炒 **B** 組紅辣椒、生薑、酸蕎頭、蒜茸，再放入黃鱔炒熟即可。

材料

A	黃鱔	400克
B	生薑	10克
	酸蕎頭	6隻
	紅辣椒	2隻
	蒜茸	適量
C	胡椒粉	少許
	鹽	5克
	太白粉	1/2茶匙
	醋	1/2茶匙
	麻油、糖	各1茶匙
	醬油	1/2茶匙

本品功效

鱔魚性溫，入肝、脾、胃三經，能補虛勞、強筋骨、祛風濕，營養豐富，補中益血，對虛弱與產後之人有很好的補益作用。

砂仁鯽魚

做法

1. 砂仁洗淨,舂碎。鯽魚去鱗及內臟,洗淨抹乾,拌勻❸組調味料塗勻魚身,再將砂仁放在魚身上,隔水蒸12分鐘。

2. 熱鍋下油1湯匙,爆香薑絲及蔥絲,平鋪放在魚上,淋入少許醬油即可趁熱進食。

材料

A	鯽魚	1條
	砂仁	5克
	薑絲	1湯匙
	蔥絲	2湯匙
B	鹽	1/4茶匙
	太白粉	1/2茶匙
	料酒	2茶匙
	醬油	少許

本品功效

味辛,性溫,歸脾腎經。可利濕止嘔,醒脾和胃。可緩和妊娠嘔吐,對胎動不安也能有所改善。

炒芙蓉魚片

做法

1. 淨南薺用刀拍碎抹成泥,將鯛魚切厚片,用太白粉、蛋清少許抓勻。

2. 剩餘蛋清放入碗中,加南薺泥、蔥末、薑末、雞精粉、鹽、太白粉、高湯,用筷子攪打均勻。

3. 熱鍋放入油,燒至五六成熟時,將魚片散開下鍋,用筷子撥散,可將魚片以漏勺瀝淨油,再倒入❸項蛋清拌炒至湯汁收盡,即可。

材料

A	鯛魚片	175克
B	蛋清	15克
	淨南薺、太白粉	各10克
C	雞精粉	2克
	鹽	5克
	高湯	75克
	蔥末	2克
	薑末	適量
	油	500克

紅棗北耆燉鱸魚

做法

1. 魚去鱗及內臟，洗淨抹乾。
2. 北耆洗淨，紅棗去核洗淨。
3. 魚、北耆、薑、料酒同放入燉盅內，注入開水，隔水燉3小時，下鹽調味即可趁熱供食。

材料

A	鱸魚	1條
	北耆（黃耆）	25克
	紅棗	4個
B	薑	2片
	料酒	1茶匙
	開水	3杯
	鹽	適量

本品功效

北耆是黃耆的一種，具有補氣增血的作用，懷孕前後皆可食用。此藥膳是治療妊娠水腫及胎動不安的最佳食品。

欖香四季豆

做法

1. 烏欖洗淨去核，切小粒；將雞肉用**B**組調味料拌勻。
2. 四季豆撕去筋，洗淨斜切細段，放入開水煮3分鐘，撈出浸冷水再瀝乾。
3. 用1湯匙油爆香薑粒，將四季豆下鍋炒透，加入鹽煮至水分收乾，裝碟。
4. 燒熱炒鍋，下油2湯匙放入雞肉炒熟，加入烏欖炒勻，鋪在四季豆上即可。

材料

A	四季豆	300克
	雞肉	150克
	烏欖	5粒
B	醬油	1湯匙
	糖	1茶匙
	太白粉（或玉米粉）	1/2茶匙
	胡椒粉、麻油	各少許
C	薑粒	少許
	清水	1/4杯
	油	3湯匙

本品功效

橄欖又分歐洲產和中國產，歐洲產叫烏欖，味甘澀、性平，有開胃消滯、解腥止痢、消炎退腫之功。若孕婦害喜胃口不佳，可起提振食慾之效。

四物燉豆皮

做法

1. 將豆皮切成條狀，每條折成四疊挽成一個結，香菇泡軟。
2. 將豆皮結、香菇和 **B** 組藥材放入燉鍋，加入 **C** 料酒、鹽煮沸。
3. 移至小火燉1小時即可。

材料

A
- 豆皮 250克
- 香菇 10克

B
- 當歸、枸杞 各25克
- 人參 20克
- 紅棗 10顆

C 料酒、鹽 .... 各適量

本品功效

四物是補血的基本要方。能活血、補血、調經，使用範圍甚廣，屬於血液虧少之疾病皆可應用。適用於一切血虛體弱所致之月經不調、更年期障礙、產前產後諸病。

養血安胎湯

做法

1. 雞洗淨，放入滾水中煮3分鐘，取出放入燉盅待用。**B** 組石蓮子、川續斷、菟絲子放入小紗布袋後，放瓦煲內，加清水5杯，煎30分鐘。
2. 將煎汁加入燉盅內，再放薑、阿膠，加蓋隔水燉3小時，下鹽調味即可趁熱食用。

材料

A 雞 1隻

B
- 石蓮子、川續斷 各12克
- 菟絲子、阿膠 各18克

C
- 薑 2片
- 鹽 .... 適量

本品功效

阿膠滋陰養血，止血安胎。孕婦身體虛弱，腰酸腿疼，習慣性流產，用阿膠配以川續斷、菟絲子、肉桂、白朮、砂仁等藥，即可達到健體安胎的作用。

當歸枸杞鯽魚湯

做法

1. 鯽魚洗淨拭乾，在魚背處橫切一刀，每隔1.5公分斜切成十字刻花，將1湯匙鹽均勻抹在魚身上，醃製15分鐘，備用。

2. 當歸洗淨切成片，薑片切成絲，枸杞和黃耆洗淨瀝乾，香菜切成約0.6公分的長段，蔥切成細絲。

3. 將當歸、黃耆、枸杞、1湯匙料酒和4碗清水下鍋，先大火煮沸，改小火燜煮25分鐘。

4. 往魚腹塞入少許薑絲，將鯽魚放入湯鍋內，倒入熬好的當歸湯攪勻，大火煮沸，再改小火續煮35分鐘，起鍋前加1/4湯匙鹽調味，灑上香菜與蔥絲即可食用。

材料

A
鯽魚	1條
當歸	1支
枸杞	15克
黃耆	10片

B
薑	5片
香菜	6克
鹽	1/4湯匙
料酒	1茶匙
蔥	適量

本品功效

黃耆、枸杞、當歸湯是溫補湯，其中當歸可以補血行血，黃耆可以補氣補虛，而枸杞可以補陽，此湯為婦人妊產疾患之常用良藥，尤宜於有瘀有寒者。

枸杞煲紅棗

做法

1. 枸杞、紅棗清洗乾淨。
2. 麥芽糖、枸杞、紅棗同入鍋內，加清水煮熟服用。

材料

麥芽糖	60克
枸杞	30克
紅棗	20顆

本品功效

紅棗可以補氣健脾，而枸杞可以補陽，此湯具有增強免疫力之功能。

枝竹豆包湯

做法

1. 枝竹洗淨，浸軟切段。
2. 紅棗洗淨，去核。
3. 豆包洗淨，放入湯鍋，加入枝竹、紅棗煮1小時半，下鹽調味即成。

材料

枝竹	100克
豆包	4個
紅棗	4個
鹽	適量

本品功效

紅棗補中益氣，養血安神，而豆包乃黃豆製品含有豐富的植物性蛋白質，易於人體吸收，能提升身體的元氣，增強免疫力。

百合粥

做法

1. 將米淘淨，放入鍋內，再加入洗淨的百合與適量清水。
2. 鍋用大火煮沸，再改用小火煨熬，待百合與米熟爛時，加入白糖拌勻即可趁熱食用。

材料

百合	60克
米	250克
白糖	100克

本品功效

百合能潤肺止咳，清心安神，對虛煩性失眠多夢，有一定療效。

人參湯圓

做法

1. 人參加水泡軟切片，再小火烘脆，研成細粉；植物油熬熟，濾渣待涼；麵粉放乾鍋內炒黃，黑芝麻炒香，搗碎待用。
2. 將Ⓑ組玫瑰蜜、櫻桃蜜與炒好的麵粉拌勻，用麵杖在桌子上壓成泥狀，加入白糖，撒入人參粉拌勻，點入植物油調和，再揉成餡心備用。
3. 將糯米粉和勻，點水淋濕成濕潤的粉團，搓成長條，分成小團（每個重12克），然後捏成小酒杯形，包入餡心，做成湯圓。
4. 待鍋內清水燒沸時，將湯圓下鍋，小火煮至湯圓浮在水面後2～3分鐘即成。

材料

Ⓐ	人參	5克
	黑芝麻	30克
Ⓑ	玫瑰蜜	15克
	櫻桃蜜	15克
	麵粉	15克
Ⓒ	植物油	30克
	白糖	150克
	糯米粉	500克

本品功效

人參大補元氣。黑芝麻補益肝腎強身，並可潤燥滑腸，亦可通乳，可治孕婦便秘及產後乳汁缺乏的婦女。

砂仁粥

做法

1. 先將砂仁研成細末。
2. 粳米淘洗乾淨。
3. 粳米同清水一起放入鍋內，煮成粥後調入砂仁末攪勻，再略煮即成。

材料

砂仁	10克
粳米	100克
清水	適量

本品功效

砂仁，主要功用是行氣、調中、和胃及醒脾，可治消化不良、腹脹、妊娠惡阻等。

玉米發糕

做法

1. 乾紅棗洗淨後，注入溫水浸泡約一個小時。
2. 乾酵母放入盆內，加溫水溶開，慢慢倒入Ⓑ組玉米粉、低筋麵粉和紅糖，調成稀稠適中的麵糊。
3. 不沾模具內放上約一半的葡萄乾，將麵糊倒入模具內約5分滿，稍待約40分鐘發酵，等麵糊發至模具9分滿。
4. 表面再放上泡好的紅棗和葡萄乾，放入蒸鍋蒸35～40分鐘即成。

材料

Ⓐ	乾紅棗	20顆
	葡萄乾	20克
Ⓑ	玉米粉	150克
	低筋麵粉	250克
	紅糖	40克
Ⓒ	乾酵母	5克
	溫水	約280c.c.

本品功效

食用玉米發糕有健脾、補血之效。

月子&產後食譜

熟地牛骨湯

做法

1. 熟地、牛脊骨加水煲湯。
2. 湯好後盛在碗內，用鹽、蔥調味。

材料

熟地	30克
牛脊骨	500克
蔥、鹽	適量

本品功效

有強筋骨、滋陰、補血之功效，強身健體，久服延年。

黨參當歸豆包湯

做法

1. 先將豆包洗淨切丁，放置燉盅內加水2碗。
2. 待水煮至一碗半時放入黨參、當歸同煮數分鐘，適量調味即可。

材料

豆包	2個
黨參	30克
當歸	15克
鹽	適量

本品功效

本藥膳有養血、益氣、潤澤皮膚與腸胃、補腎功效，可改善血虛心悸、貧血、氣虛自汗等症。

草決明海帶湯

做法

1. 海帶切絲與草決明放入砂鍋中。
2. 加3碗清水煎至1碗餘,去渣飲湯,可連服用15～16日。

材料

海帶	20克
草決明	10克

本品功效

海帶味鹹,性寒,入肝、胃經,有軟堅散結、清熱消痰的功用。草決明味甘、苦性微寒,入肝、胃經,有潤腸通便、清肝明目的功用。二味合用,具有化痰通絡、平肝熄風的功效。本湯性寒滑利,氣虛便清者,不宜服用。

生魚耆棗湯

做法

1. 紅棗去核,各藥分別洗淨。
2. 鮮魚去鱗、腸雜,洗淨。
3. 各料置鍋加水6碗,煲3小時湯成,加鹽調味。

材料

新鮮生魚	1條(約500克)
北耆	30克
防風	30克
黨參	30克
紅棗	6顆

本品功效

紅棗、北耆、防風、黨參,分別提神、補氣血,生魚生肌肉去腐淤、生新血,故本湯屬全家可合飲之太平湯水之一。家人有血弱氣虛者,如產後、病後需氣血調補,此湯適合平時每星期飲用1次,有病者、產後、手術後可以隔天1次。

紅棗人參湯

做法

1. 將紅棗、人參放入鍋內，加入適量水燉煮。
2. 煮至棗皮皺紋消失即可食用。

材料

紅棗 ⋯⋯⋯⋯⋯⋯⋯⋯⋯⋯⋯⋯ 10個
人參 ⋯⋯⋯⋯⋯⋯⋯⋯⋯⋯⋯⋯ 9克

本品功效

人參含多種維生素、氨基酸和醣類；紅棗有益氣養血功效，為產後身體虛弱、滋補養生食品。

首烏雞湯

做法

1. 將食材分別洗淨。
2. 用6碗清水，將所有材料一起放入砂鍋內，煮約4小時，量調味即可。分2～3次吃肉飲湯，每週1～2次。

材料

雞 ⋯⋯⋯⋯⋯⋯⋯⋯⋯⋯⋯⋯ 半隻
何首烏 ⋯⋯⋯⋯⋯⋯⋯⋯⋯⋯ 30克
淮山 ⋯⋯⋯⋯⋯⋯⋯⋯⋯⋯⋯ 9克
烏豆 ⋯⋯⋯⋯⋯⋯⋯⋯⋯⋯ 1200克
生薑 ⋯⋯⋯⋯⋯⋯⋯⋯⋯⋯⋯ 2片

本品功效

本湯可治肝腎陰虛，具有黑髮、補精髓、強壯筋骨的功效。症見眩暈、眼花、頭痛、手足麻木、視物模糊、頭髮白、苔少、脈細數、舌質嫩紅。外感發熱者，不宜服用。首烏忌鐵器，注意不宜用鐵鍋等鐵質物品盛煮。

芎芷魚頭湯

做法

1. 海帶洗淨，與蔥、生薑切片放入鍋中加15杯水，大火煮沸，即改用小火煮15分鐘，將海帶取出切條，加入醬油、蒜泥攪拌均勻即可排盤。
2. 魚頭洗淨，一切為二，熱湯燙過後，塗上少許料酒醃5分鐘。
3. 荸薺洗淨去外皮，切對半，再和魚頭放入Ⓐ項的海帶湯鍋中一起燉煮。
4. 白芷、川芎另加一杯水煮沸後，去渣取汁倒入魚頭鍋，煮至味出，加入香菜、胡椒即可，魚湯搭配海帶食用。每日1碗，連服5～7日。

材料

	草魚或鰱魚頭	1個
	川芎	3克
Ⓐ	白芷	3克
	海帶	1條（約30公分）
	荸薺	20顆
	薑	3片
Ⓑ	蒜、醬油	適量
	香菜、芹菜、蔥	少許
	胡椒、料酒、鹽	適量

本品功效

適用於頭痛、神經衰弱者；身體衰弱，病後或久病致使元氣喪失者；婦女月經不調者。本湯料藥性平和，老少皆宜，常服治病兼養身。

當歸黑豆湯

做法

1. 將豆包切塊，洗淨後用6碗水煮，放半條蔥、少許薑及大蒜。
2. 放入浸好的黑豆，以小火煮1小時；另將當歸用2碗水煮成1碗，注入湯內，再放入香菇，用中火煮半小時即可。分2～3次份量食用，每日或隔日1次。

材料

A	豆包	300克
	當歸	6克
	黑豆	12克
	香菇	6朵
B	蔥	半條
	薑、大蒜	少許

本品功效

本湯可治心悸，具有補血養心、健脾功效。症見心悸、心慌、面色蒼白、失眠多夢、口淡無味、舌質淡紅、苔白、脈虛弱。心悸見口乾苦，煩熱易饑，潮熱盜汗，屬陰虛火旺者，不宜服用本湯。

王瓜根肝糊湯

做法

1. 將食材全部洗淨，牛肝在開水裡燙一下，稍硬即可，切成豆粒大的細丁。
2. 洋蔥、胡蘿蔔切成細丁，老薑剁碎。在深鍋內放雞湯，隨即將全部食材及王瓜根加入，用小火慢煮，直到全熟而湯成糊狀時，加適量鹽、胡椒調味即可。

材料

A	王瓜根	10克
	牛肝	200克
	洋蔥	150克
	胡蘿蔔	150克
B	老薑	1塊
	雞湯	約5碗
	鹽、胡椒	適量

本品功效

王瓜根微帶苦味，可用黃精或青葙子15克代替。具有強肝生血、催乳作用，適用於產婦夏季乳汁稀少者。

赤豆粉葛鯪魚湯

做法

1. 粉葛去皮切塊，貴杞骨先用開水川燙一下，再用冷水沖洗乾淨。
2. 鯪魚洗淨去鱗與內臟，下油鍋煎香。
3. 紅豆洗淨，陳皮浸軟去瓤，將水和陳皮下砂鍋煮開，再加入所有用料，大火煲10分鐘，轉小火煲3小時，加適量鹽調味即成。

材料

鯪魚	1條（約500克）
粉葛	250克
貴杞骨	500克
陳皮	1片
紅豆	100克

本品功效

此藥膳潤腸去燥，除煩安神。

桂花糖藕

做法

1. 藕洗淨泥沙，分段時須在藕節正中切斷，以免穿孔。
2. 在藕段的頭距節約3公分處切斷，將藕倒置，防孔內貯水。保留切下的一段做蓋用。
3. 糯米淘淨，用清水浸泡2小時，再用筷子幫忙灌入藕孔，邊灌邊用手輕拍，灌滿後用竹籤或牙籤將藕蓋釘住，下鍋放適量清水燒開，轉小火燉約1個半小時即熟。
4. 將蓮藕取出待涼，切成2公分厚圓薄片排扣盤內，撒上糖桂花即可。

材料

粗鮮藕	2段
糯米	150克
糖桂花	50克

本品功效

蓮藕含鐵量高，對缺鐵性貧血的人頗為適宜。

阿膠粥

做法
1. 將糯米洗淨入鍋熬熟，再加入阿膠。
2. 待阿膠完全溶化後即可食用，服食時加入適量紅糖。

材料
阿膠	25克
糯米	150克
紅糖	適量

本品功效
阿膠是滋補陰血良品，尤其適宜婦女產後進補，如經期出血過多、產後失血及體虛乏力，進食時機四季皆宜。

藿香粥

做法
1. 藿香煎汁，另用粳米煮粥。
2. 粥成後加入藿香汁調勻煮沸，1日內分3次服完。

材料
藿香	15克（鮮品30克）
粳米	100克

本品功效
感受暑濕之邪所致，產婦除嘔吐外，還伴有全身乏力、頭暈、胸悶等症狀時，可選用本粥，效果卓著。

百合麵餅

做法

1. 取百合適量，曬乾研為細末。
2. 用麵粉加40度左右的溫開水、少量鹽拌成麵團，麵粉和水比例為4：1。
3. 將百合粉和入麵團可製成麵條，也可下鍋煎餅，供早晚餐或點心食用。

材料

百合	適量
中筋麵粉	400克
水	100克

本品功效

補益氣血，清心安神。可輔治身熱，煩躁等。

莎木面粥

做法

1. 莎木面、砂糖、粳米同時放入砂鍋，加適量水，用小火煮至米爛粥稠即可取食。
2. 注意不宜久煮，需現煮現吃、不宜存放。每日早晚趁熱服食。

材料

莎木面	30克
粳米	50克
砂糖	適量

本品功效

莎木為棕櫚科植物，是西穀椰子的木髓部提出的澱粉，又叫莎面、西國米、莎弧米。莎木面味甘性濕，與粳米、砂糖為粥，功專脾胃，善於補益、香甜可口，是很好的營養品。夏秋季可用於消化不良、產後體虛的產婦。

預防胎漏藥方
1. 腎虛胎漏，胎動不安。

鹿角末豉湯

做法

以水200毫升煮豆豉，取汁約100毫升，加入鹿角末攪勻，分2次服用。

材料

豆豉	30克
鹿角末	1克

鹿茸枸杞雞湯

做法

鹿茸用打火機燒去外圍的茸毛，用清水洗淨。雞腿切塊，入熱水滾燙，撈起瀝乾。將全部材料放入燉盅加冷開水，文火隔水燉4小時，加鹽少許調味，空腹食用。

材料

枸杞	40克
鹿茸	5克
雞腿	150克
鹽	適量

2. 氣血虛弱胎漏，胎動不安。

雌烏雞糯米粥

做法

將雞洗淨後，切細煮爛，再入米及蔥、椒、鹽煮粥，空腹食用。

材料

雌烏雞	1隻
糯米	100克
蔥白	3莖
花椒／鹽	少許

鱸魚煲苧麻根

做法

將鱸魚去鱗及內臟，洗淨切成魚片，與洗淨的苧麻根一起放入陶瓷罐內加水1,000毫升，煲至鱸魚熟透，吃魚飲湯，每日1次，連服5～7天有效。

材料

鱸魚.............................250克
苧麻根...........................30克

3. 血熱胎漏，胎動不安。

天門冬紅糖水

做法

天門冬洗淨，加水約1,000毫升，煎取500毫升，加入紅糖，燒沸，每日溫服1次，連服數天。

材料

天門冬（連皮）...... 50克（鮮品150克）
紅糖.............................適量

增乳藥方
1.症狀氣血不足，如臉色蒼白、氣短倦怠、全身無力、食少便溏者。

當歸補血蔥白湯

做法
以3碗水煎服，一天兩次，早晚飲用。

材料
當歸 10克
黃耆 15克
蔥白 2節

人參當歸湯

做法
以3碗水煎服，一天兩次，早晚飲用。

材料
人參 10克
黃耆 15克
當歸 10克
熟地 10克
生麥芽 60克
路路通 10克
甘草 8克

黃耆當歸湯

做法
將材料以3碗水煎服，一天兩次，早晚飲用。

材料
黃耆 15克
黨參 12克
當歸 12克
麥冬 12克
桔梗 9克
通草 9克

增乳藥方

2. 症狀心情抑鬱，表現為乳房脹滿、疼痛或有腫塊、胸悶、便乾、食少者，
　　可服用下列藥品及藥膳。

湧泉散

服用
研成細末，每次3克，每日2～3次。

材料

王不留行	20克
當歸	20克
穿山甲	20克
川芎	12克

當歸川芎湯

做法
以3碗水煎服，一天兩次，早晚飲用。

材料

當歸	10克
川芎	6克
生麥芽	30克
漏蘆	10克
王不留行	15克
瓜蔞	10克
通草	10克
陳皮	7克

黃耆黨參湯

做法
將材料以3碗水煎服，一天兩次，早晚飲用。

材料

黃耆	30克
黨參	15克
當歸	15克
白芷	6克
通草	10克
穿山甲	9克
王不留行	6克
川芎	6克
花粉	9克

增乳藥方

3. 如果乳汁分泌不足，不能滿足寶寶需要，可選用以下飲食方法增乳。

紅糖花生湯

做法

先將花生煮熟，再加黃酒、紅糖略
煮，連湯全食；或煮粥一同食用，
每日1次。

材料

花生	60克
黃酒	25克
紅糖	25克

鯉魚大棗湯

做法

鯉魚洗淨與大棗同煮，清燉成湯，
每日1次。

材料

鯉魚	1條（約500克）
大棗	10顆

鯽魚通草湯

做法

將鯽魚及通草煎成濃湯，不加鹽食
用，每日1次。

材料

鯽魚	1條（約500克）
通草	10克

乳腺炎調理方

Ⅰ 號方

做法

材料一同搗爛敷患處，每日換2次。
同時飲服馬蘭頭鮮汁，或以馬蘭頭
汁加水及甜酒煮沸溫服，每日2次。

材料

馬蘭頭.............................適量
鹽、醋.............................少許

Ⅱ 號方

做法

一同搗爛外敷患處，每日換2次。

材料

鮮金針菜.............................適量
醋.............................適量

Ⅲ 號方

做法

鮮蔥洗淨搗爛，加入冷開水少量取
汁，用紗布吸取蔥汁，包敷乳房。
外加熱毛巾敷，經常更換。

材料

鮮蔥.............................適量
冷開水.............................少許

IV 號方

做法

將鹿角片用紗布包好，入粳米加水適量，文火煎煮成粥。取出鹿角片包，放糖調味，食粥。以上為1日量，2～3次食完，連服1週。

材料

鹿角片	30克
粳米	150克

V 號方

做法

先把中藥煎取藥汁。白木耳與黑木耳先用水泡發，與藥汁一起入鍋，大火燒沸，移至小火燉熬2～3小時（若藥液少，可適量加水），至木耳熟爛、汁稠為度，加紅糖少量調勻食用。

材料

白木耳	20克
黑木耳	20克
青皮	10克
鮮馬齒莧	30克
通草	3克

VI 號方

做法

將魚去除鱗及內臟，藥物塞入腹中，用線縫好以水燉煮。

材料

鯽魚	1條
生黃耆	15克
黨參	10克
白芍	10克
陳皮	5克

豐胸妙方
大建中湯

做法

前3味加水煎，去藥渣取汁。另將膠飴蒸化備用，用飴糖沖服，每日服食3次。

功效

豐乳、強體、治消瘦。

說明

本方對氣血不足，體弱消瘦而胸乳不豐者有療效。內用飴糖甘溫入脾，《千金要方》謂其可以「補虛冷，益氣力」。黨參亦能補氣益中，蜀椒、乾薑能溫中祛寒。諸藥合用，服之可令氣血旺盛，形體充盈，乳房豐滿、健康。

材料

蜀椒	9克
乾薑	15克
黨參	6克
膠飴	60克

四物湯

做法

以上4味，加水煎取汁。飯前服用，每日3次。

功效

豐乳，並治臉色無華。

說明

《本草綱目》記載此方用熟地能「填骨髓，長肌肉，生精血，補五臟內傷不足，通血脈。」還能治月經不調；當歸可補血活血調經，是婦科要藥。四藥配伍能補益、疏通氣血，使胸部發育豐滿。

材料

當歸	10克
白芍	10克
川芎	6克
熟地	15克

清心蓮子飲

做法

先將黃芩蜜炙過、車前子炒一下，再與其他藥共研成細末。空腹服用，每次服6～15克，每天3次。

功效

豐腴乳房、消除體臭。

材料

石蓮肉	24克
白茯苓	24克
黃耆	24克
人參	24克
黃芩	30克
麥冬	30克
地骨皮	30克
車前子	30克
甘草	30克

說明

本方適於精神不振、胸悶煩躁、失眠尿頻、舌苔厚膩者服用。中醫認為，肝經及乳，人的情緒與精神狀況與肝也有密切關係，肝經不舒則溼熱鬱結，影響精神狀況，也間接影響乳房。本方舒肝行氣、養陰清熱利溼，達到豐乳保健目的。

六君子湯

做法

將藥材共同加水煎之，濾渣。飯前服用，每日3次。

功效

豐乳健體。

材料

人參	15克
白朮	10克
茯苓	12克
陳皮	12克
半夏	12克
甘草（炙）	3克

說明

本方適於脾胃虛弱，四肢乏力，臉色萎黃者服用。透過健脾益氣、燥溼化痰、調理脾胃功能，使人形體豐盈，胸乳發育成長。

茶療健美方

健美茶Ⅰ～Ⅵ號方

（無論選用哪號方劑，都要研成細末、分成7份，每日飲服1份）

Ⅰ號方

功效

消積利溼，適用於飲食、排便、睡眠均正常的近期肥胖者。

材料

山楂	7克
澤瀉	7克
萊菔子	7克
麥芽	7克
神曲	7克
夏枯草	7克
陳皮	7克
炒二丑（黑白）	7克
草決明	7克
雲茯苓	7克
紅豆	7克
藿香	7克
茶葉	7克

Ⅱ號方

功效

平肝熄風、理氣化溼，適用於肝陽上亢、性情急躁的肥胖者。

材料

生首烏	10克
夏枯草	10克
山楂	10克
澤瀉	10克
石決明	10克
萊菔子	10克
茶葉	10克

Ⅲ 號方

功效

健脾燥溼、利尿消腫,適用於伴有下肢浮腫的肥胖者。

材料

蒼白朮	10克
澤瀉	10克
雲茯苓	10克
車前子	10克
豬苓	10克
防己	10克
茶葉	10克

Ⅳ 號方

功效

消積通便,適用於想改善大便祕結的肥胖者。

材料

大黃	20克
積實	20克
白朮	20克
甘草	20克
茶葉	20克

Ⅴ 號方

功效

健脾祛溼,適用於無任何不適、一切正常的肥胖者。

材料

法半夏	5克
雲茯苓	5克
陳皮	5克
川芎	5克
枳殼	5克
大腹皮	5克
冬瓜皮	5克
制香附	5克
炒澤瀉	5克
車前草	5克
炒蒼白朮	5克
茵陳	5克
茶葉	5克

VI號方

功效
軟化血管、降脂，適用於伴有三酸甘油脂過高的肥胖者。

材料
Ⅰ號方加山楂 40克

荷葉減肥茶

做法
沸水沏飲。

功效
化食導滯、降脂減肥，適用於高血脂症、肥胖症。

材料
鮮荷葉 5克
山楂 5克
生薏仁 3克

決明茶

做法
沸水沏飲。

功效
適用於大便乾、口舌乾燥者。

材料
草決明 6克
茶葉 6克

山楂蒲黃飲

做法

加水煎煮，前2味山楂與玉竹先煮20分鐘後，加蒲黃攪勻後飲汁。每日1～2次。

功效

適用於冠心病患者。

材料

山楂	10克
玉竹	6克
蒲黃	3克

芹菜飲

做法

洗淨後用開水燙一下，搗爛絞汁飲用。每日1～2次。

功效

適用於目赤腫痛、頭暈頭痛及有高血壓的患者。

材料

鮮芹菜（帶根去葉）	適量

枸杞飲

做法

加水適量煎取200毫升，分2次服。

功效

適用於腰部酸痛、咽乾顴紅等陰虛的患者。

材料

枸杞	10克
何首烏	10克
炒澤瀉	10克
廣陳皮	10克

瘦身妙方
冬瓜粥

做法
蓬萊米、冬瓜洗淨，連皮切成小塊，一起置於砂鍋內煮成粥。每日早晚2次食用，常食有效。

功效
利尿消腫、清熱止渴。

材料
冬瓜（新鮮連皮）............... 80～100克
蓬萊米..................................100克

荷葉粥

做法
蓬萊米洗淨，加水煮粥。快熟時將鮮荷葉洗淨覆蓋粥上，燜約15分鐘，揭去荷葉，粥呈淡綠色，再煮沸片刻即可。食用酌加白糖，隨時可食。

功效
清暑、生津、止渴、降脂減肥。

材料
鮮荷葉..........................1張（約200克）
蓬萊米..................................100克
白糖 ....適量

什錦烏龍粥

做法

材料洗淨,將生薏仁和冬瓜子一起放入鍋內加水煮熟,再放入用粗紗布包好的乾荷葉及烏龍茶,續熬7～8分鐘,取出紗布包即可食用。

功效

健脾消脂。

材料

生薏仁	30克
冬瓜子	20克
乾荷葉	適量
烏龍茶	適量

薏仁粥

做法

薏仁洗淨,置於砂鍋內加適量清水,先用大火燒沸後,再用小火續熬,待薏仁熟爛後,加入白糖即可食用。

功效

補脾和胃、利溼止瀉,對有水溼腫滿、脾虛不運等症的肥胖者效果好。

材料

薏仁	30克
白糖	適量

紅豆粥

做法

紅豆先浸泡半日,淘去雜質,與洗淨的蓬萊米一起放入鍋中,以小火煮煨至熟即可。

功效

紅豆清熱利尿、散血消腫。常服對溼熱久蓄的肥胖腫脹有一定效果。

材料

紅豆	25克
蓬萊米	100克

三色糯米飯

做法

紅豆、薏仁洗淨，一起放入鍋內先蒸20分鐘，然後放入洗淨的糯米及冬瓜子，加水蒸熟，起鍋後撒上黃瓜丁即可食用。

功效

健脾利尿、減肥。

材料

紅豆	25克
薏仁	25克
糯米	50克
冬瓜子	25克
黃瓜	適量

銀耳蓮子百合湯

做法

銀耳泡水待發後，去蒂洗淨切小塊備用；百合先泡清水15分鐘，再用開水川燙，可去除微酸味。將百合與蓮子加清水煮滾，加入銀耳，用小火續煮，添加冰糖即可。

材料

蓮子	50克
百合	50克
銀耳（白木耳）	50克

功效

適用於心脾不足的心悸、失眠，及肺陰虛的低熱乾咳的肥胖症者。銀耳療效比同燕窩，百合與蓮子益脾胃、養心神、潤肺腎、去熱止咳。

茯苓烙餅

做法

將茯苓粉、在來米粉加上白糖與水，調成糊狀，開小火置平鍋內煎烙成薄餅。

材料

茯苓粉	80克
在來米（研末成粉）	80克
白糖	適量
橄欖油	適量

功效

經常食用可補氣益胃、健脾消腫。

新制雙朮法

做法

選白、蒼二朮堅實而肥鮮者，以米泔水（洗米時第二次濾出的灰白色混濁液體）浸之，再換水浸至透。去皮切片，用黃耆、沙參、生薑、半夏煎濃汁浸白朮。紅棗、龍眼、砂仁煎濃汁浸蒼朮。各用瓷盤隔布鋪蓋溼米，以砂鍋蒸透，曬乾，再浸再蒸，汁盡為止。

材料

白朮	500克
蒼朮	500克
黃耆	250克
沙參	250克
生薑	250克
半夏	250克
紅棗	250克
龍眼	250克
砂仁	250克

功效

減肥。

說明

本方功用主治見清朝《五氏醫存》：「肥人多痰，大半因溼。」「欲治此痰，當早健其脾，使不傷溼，痰無由生。」本方炮製蒼朮、白朮，具有補脾益氣、燥溼利水之功效。加入少量乾薑、高良薑、茱萸等溫中之品，使脾氣得健，水溼得以運化，而奏減肥之功效。

冬瓜食療方

做法
作羹或作醃菜，經常食用見效。

材料
冬瓜 .... 適量

功效
輕身減肥。

說明
冬瓜味甘，微寒無毒，《名醫別錄》記載能「除小腹水脹又利小便」，長期食用，可消除體內多餘的水分，達到減肥目的。

大柴胡湯

做法
將各藥材加清水煎汁，取200毫升。
每次服100毫升，早晚各1次。

材料

黃芩	9克
芍藥	9克
柴胡	12克
半夏	12克
生薑	6克
枳實	6克
紅棗	6克
大黃	6克
薏仁	6克

功效
減肥、利尿、消脂。

說明
此方和解樞機，兼攻裏實。適用於實證而生肥胖者，或軀體魁梧腹壁肥厚，上腹角成鈍角，肋緣下緊張、壓痛，胸肋苦滿溼著，即所謂實胖者，由於多食甘肥、運動不足，以致皮下脂肪堆積，常伴有便祕，脈象沉遲有力者，用此方時，便祕者大黃可後下，無便祕者諸藥同煎。

澤瀉湯

做法

將2味藥材以清水煎汁200毫升。每次服100毫升，1日2次。

材料

澤瀉	15～30克
白朮	10～30克

功效

健脾化溼、減肥。

說明

澤瀉經過臨床實驗證明，確能減肥降脂，與他方共用（如防己黃耆湯）更增其效。

治肥化痰飲

做法

製各藥為精末，作1服。薑3片，竹瀝35毫升，水煎，濾清取汁。每日食後，以藥汁吞三補丸15丸。

材料

苦參	4.5克
半夏	4.5克
白朮	7.5克
陳皮	3克

功效

化痰、燥濕、減肥。本方適用於濕痰雍盛而致肥胖者。三補丸是用黃芩、黃柏、黃連3味調配而成，能治上焦積熱，泄五腑之火。兩者結合，可燥濕去痰，達到減肥的作用。竹瀝為中藥之一，係竹莖用火烤灼而流出的黃色澄清汁液。

白金丸

做法

各藥材研為末，煉蜜為丸。每日3次，每次6克，餐後口服，20天為1療程，連服2～3個療程。

材料

白礬	適量
郁金	適量

功效

祛痰安神，降脂減肥。此方祛痰安神、降脂減肥，用治高脂血症、脂胖症有效。少數病人服藥後出現輕微的噁心、胃部不適等胃腸刺激症狀，一般不需要處理，均可自行消失。

海藻虎杖飲

做法

加水適量煎煮，取汁飲用，每日1～2次。

材料

海藻	4克
虎杖	6克
陳皮	6克

功效

消脂、減肥。

素食食譜 NEWSTART 新起點／臺安醫院營養課提供

自製調味料醬汁

素高湯

做法

將所有材料洗淨，高麗菜切成大片、胡蘿蔔切塊、玉米切段放入鍋中，加水約八杯，用小火熬成素高湯。

材料

黃豆芽	100克
高麗菜	1¼棵
玉米	1根
胡蘿蔔	1根
海帶芽	20克
甘蔗	1節

常用量匙
1大匙＝15c.c.
1茶匙＝5c.c.
1/2茶匙＝2.5c.c.

杏仁醬

做法

杏仁豆放入烤箱（120℃），在烤的過程中需偶爾翻動，使杏仁豆接觸的溫度均勻，烤約30分鐘至杏仁豆呈淺黃色（不要烤焦），取出磨成醬。可使用的輾碎機有下列幾種：(1)果汁機（視刀片而定）(2)食物調理機

材料

杏仁豆	2½杯（300克）

營養成分分析（供應份數：約30大匙）

營養成分	熱量1814大卡	熱量比例
醣類（克）	33.2	7%
蛋白質（克）	56	12%
脂肪（克）	162	81%
膳食纖維（克）	27.5	

腰果醬

做法

將Ⓐ組中所有材料放入果汁機中打成質地勻細的泥狀，然後倒入鍋內，用小火煮，並依序加入Ⓑ組的調味料，需不停攪拌，以防燒焦，煮至稠狀即可。

材料

Ⓐ
- 生腰果 1/2杯
- 水 2杯
- 新鮮檸檬汁 2大匙
- 玉米粉 2大匙

Ⓑ
- 鹽 1/2茶匙
- 洋蔥粉 1茶匙
- 大蒜粉 1/2茶匙
- 蜂蜜 2茶匙

營養成分分析（供應份數：約15大匙）

營養成分	熱量442大卡	熱量比例
醣類（克）	53.5	48%
蛋白質（克）	10	9%
脂肪（克）	21	43%
膳食纖維（克）	1.7	

番茄醬

做法

新鮮番茄洗淨切塊，用果汁機或食物調理機打成泥狀，倒入鍋內用小火慢煮成稠狀，需不停攪拌，再加入其他所有材料拌勻，離火，冷卻後，倒入密封容器內，冷藏即可。

材料

- 新鮮番茄（中） 2個
- 番茄糊 1/4杯
- 新鮮檸檬汁 2大匙
- 蜂蜜 1大匙
- 甜羅勒 1/2茶匙
- 蒜粉 1/2茶匙
- 洋蔥粉 1/2茶匙
- 鹽 1/2茶匙

營養成分分析（供應份數：約15大匙）

營養成分	熱量238大卡	熱量比例
醣類（克）	51.6	87%
蛋白質（克）	6	10%
脂肪（克）	0.9	3%
膳食纖維（克）	4	

洋蔥蜂蜜杏仁醬

做法

將所有材料混合拌勻，裝入密封罐內，冷藏即可。可塗抹在麵包或饅頭上，搭配食用。

材料

原味杏仁醬	1杯
洋蔥（切碎）	1/4杯
蜂蜜	2大匙
鹽	1/3茶匙

營養成分分析（供應份數：約20大匙）

營養成分	熱量873大卡	熱量比例
醣類（克）	49.7	23%
蛋白質（克）	22.7	10%
脂肪（克）	64.8	67%
膳食纖維（克）	0.5	

白芝麻醬

做法

1. 白芝麻雜質多，使用細的濾網用水沖洗。
2. 將洗淨的白芝麻放入炒鍋中，用小火邊炒邊翻，直到變乾燥及聞到香味即可熄火。
3. 待芝麻完全涼後，放入乾燥的果汁機內打成粉末，再加入其餘材料打成醬即可，可塗麵包、饅頭。

材料

白芝麻	2杯
冷開水	1/2杯
蜂蜜	4大匙
鹽	1/2茶匙

營養成分分析（供應份數：24大匙）

營養成分	熱量63大卡	熱量比例
醣類（克）	53.5	22%
蛋白質（克）	1.58	11%
脂肪（克）	4.7	67%
膳食纖維（克）	1.7	

食材Memo

　白芝麻富含天然油脂，其主要成分為亞麻油酸，有助產婦子宮收縮、荷爾蒙正常的分泌；更是植物性食物中含鈣量最高的食材，同時含有維生素及多種礦物質，尤其對失眠及預防骨質疏鬆有幫助。

孕前食譜

主食類
麵包披薩

做法

1. 將Ⓐ中所有材料混合，塗在半圓麵包或土司麵包上。
2. 麵包放入烤箱（預熱溫度160℃）烤約25分鐘，或烤至素起士融化即可，需趁熱食用。

材料

Ⓐ
- 素起士 3/4杯
- 黑橄欖（切碎）.......................... 2大匙
- 青蔥（切碎）.............................. 1/2杯
- 新鮮大番茄（切丁）.................. 1/2杯
- 新鮮洋菇（切碎）...................... 1/2杯

Ⓑ 全麥土司或全麥半圓麵包 6片

調理Tips

可依個人喜好選用食材替換，如：甜椒、洋蔥、胡蘿蔔、玉米粒、鳳梨片等。可在麵包底先抹一層自製番茄醬，再鋪上食材及素起士片，增添風味。

營養成分分析（供應份數：約6人份）

營養成分	熱量169大卡	熱量比例
醣類（克）	29.1	69%
蛋白質（克）	5.6	13%
脂肪（克）	3.3	18%
膳食纖維（克）	3.4	

芋頭餐包

做法

1. 將A組芋頭去皮切小塊放入電鍋蒸熟，趁熱加鹽1/2茶匙，用叉子壓碎成泥（如太乾可加少許熱開水），分成數等份，作外皮用。
2. 炒鍋加水約2大匙，加入B組香菇炒香後，依序加入胡蘿蔔、高麗菜及調味料炒勻，待涼後，作內餡用。
3. 全麥吐司用果汁機打碎成麵包屑，備用。
4. 將(2)項的內餡包入芋頭外皮內，做成月餅狀，然後沾麵包屑，放入烤箱（預熱溫度150℃），烤約15分鐘或麵包屑烤至金黃色即可。

材料

- **A**
  - 芋頭（去皮）................ 約1200克
  - 鹽 1/2茶匙
- **B**
  - 高麗菜 .... （切碎）2杯
  - 紅蘿蔔 .... （切碎）1杯
  - 香菇................ （泡軟切碎）1/2杯
- **C** 全麥吐司（麵包屑）................ 3片
- **D**
  - 香菇調味料 1/2茶匙
  - 醬 2大匙

調理Tips

餡料使用的食材，可多作變化，如韭菜、豆包、大白菜等都是不錯的搭配。

營養成分分析（供應份數：10個）

營養成分	熱量198大卡	熱量比例
醣類（克）	40.9	83%
蛋白質（克）	5.1	10%
脂肪（克）	1.6	7%
膳食纖維（克）	4.0	

小米蕃薯粥

做法

小米洗淨，蕃薯去皮洗淨切丁，放入電鍋內鍋，加水約7杯，外鍋放水1杯，煮至蕃薯熟軟即可。食用前，可撒些枸杞配色。

材料

小米	1杯
蕃薯（中）	3條
水	7杯
枸杞（隨意）	酌量

營養成分分析（供應份數：約10碗）

營養成分	熱量146大卡	熱量比例
醣類（克）	31.3	86%
蛋白質（克）	2.9	8%
脂肪（克）	1.0	6%
膳食纖維（克）	2.2	

調理Tips

喜愛甜味者，煮小米粥時可加入桂圓肉或椰棗一起煮，是進補體力的主食。

墨西哥玉米餅

做法

1. 先將❹中煮熟的玉米粒加水1½杯，用果汁機打勻，備用。
2. 將❺中酵母粉溶在溫水1/2杯後，與❻中食材及打碎的玉米粒拌勻，揉成麵糰。
3. 將麵糰分成數等份小麵糰，捍成薄餅，醒約10分鐘後，放入不沾平底鍋，煎至兩面呈金黃色，作成玉米餅，備用。
4. 炒鍋內加水約2大匙，加入❼中的洋蔥炒香後，依序加入煮熟的花豆、番茄及❽調味料。
5. 煮至入味後，再加入青椒、甜紅椒略炒一下，作成花豆餡料。
6. 取玉米餅一片，包入花豆餡料一起食用，美味可口。

材料

❹	玉米粒（煮熟）	1杯
	水	1½杯
❺	酵母粉	1½大匙
	溫水	1/2杯
❻	黃色玉米粉	4杯
	全麥麵粉	2杯
	鹽	1/2茶匙
❼	花豆（煮熟）	2杯
	番茄（丁）	1杯
	洋蔥（丁）	1/2杯
	青椒（丁）	1/2杯
	甜紅椒（丁）	1/2杯
❽	鹽	1/2茶匙
	番茄糊	3大匙
	新鮮檸檬汁	1大匙
	蜂蜜	1茶匙
	香菇調味料	1/4茶匙

調理Tips
玉米餅未食用完，可分裝儲存冷凍庫，食用前放入平底鍋加熱即可。

營養成分分析（供應份數：約24人份）

營養成分	熱量129大卡	熱量比例
醣類（克）	28.5	90%
蛋白質（克）	2.2	7%
脂肪（克）	0.4	3%
膳食纖維（克）	1.0	

三寶壽司

做法

1. 先將Ⓐ組煮熟的糙米飯，加入檸檬汁1大匙拌勻，備用。
2. 胡蘿蔔、涼薯去皮洗淨，切成長條狀；小黃瓜洗淨切成長條狀。
3. 取一張海苔，鋪在竹簾上，上面鋪勻糙米飯1平碗、小黃瓜、胡蘿蔔、涼薯條及2大匙碎杏仁豆，然後捲成壽司條狀，每條切成7等份即可。

材料

Ⓐ
- 糙米飯（煮熟）...........................4平碗
- 新鮮檸檬汁................................1大匙

Ⓑ
- 海苔片..4張
- 小黃瓜..1條
- 胡蘿蔔..1根
- 涼薯..1/2個
- 杏仁豆（烤過、切碎）..................1/2杯

調理Tips

糙米飯加少許檸檬汁，不僅可增加微酸風味，亦可延長保鮮時間。

營養成分分析（供應份數：4條，每條切7等份）

營養成分	熱量355大卡	熱量比例
醣類（克）	54.1	61%
蛋白質（克）	10.2	11%
脂肪（克）	10.9	28%
膳食纖維（克）	9.8	

什錦炒麵

做法

1. 先將**B**組洋蔥、胡蘿蔔去皮洗淨切絲：香菇泡軟、高麗菜洗淨切絲，備用。
2. 全麥麵條煮成半熟，撈出，瀝乾水分，備用。
3. 炒鍋加水約1/2杯，放入香菇炒香，依序加入洋蔥、胡蘿蔔、高麗菜及調味料**C**至食材煮軟後，倒入全麥麵條拌勻，最後淋入**D**中的太白粉水芶薄芡即可。

材料

A 全麥麵條（煮半熟）.....................3杯

┌ 香菇...................................3朵
│ 洋蔥.................................1/2個
B 胡蘿蔔（中）.......................1/2根
└ 高麗菜.............................1/4顆

┌ 鹽...................................1/2茶匙
C 醬油.................................1大匙
└ 香菇調味料.......................1/4茶匙

D ┌ 太白粉.............................2大匙
└ 水...................................4大匙

調理Tips

此道炒麵用水炒方式，不含精製提煉油，需要控制體重時，一平碗的炒麵可替代2份主食。

營養成分分析（供應份數：約5人份）

營養成分	熱量253大卡	熱量比例
醣類（克）	51.5	81%
蛋白質（克）	8.8	14%
脂肪（克）	1.3	5%
膳食纖維（克）	2.7	

五穀根莖類
翠玉皇帝豆

做法

1. 將 **Ⓐ** 組皇帝豆洗淨、入沸水中煮軟撈起，備用。

2. 菠菜洗淨切碎，胡蘿蔔去皮洗淨切成小丁。

3. 炒鍋內加水約1/2杯，煮滾後，依序加入胡蘿蔔丁煮軟，再加入皇帝豆、鹽，入味後，放入菠菜，起鍋前，再加入 **Ⓑ** 組太白粉水，勾薄芡即可。

材料

Ⓐ	皇帝豆	300克
	菠菜（切碎）	1/2杯
	胡蘿蔔（小）	1/2根
Ⓑ	鹽	1/2茶匙
	太白粉	1大匙
	水	3大匙

營養成分分析（供應份數：約6人份）

營養成分	熱量428大卡	熱量比例
醣類（克）	73.6	69%
蛋白質（克）	28.7	27%
脂肪（克）	2.1	4%
膳食纖維（克）	19.6	

食材Memo

皇帝豆富含醣類、蛋白質、維生素C及鐵質等多種營養素，有助調節體內的生理機能。菠菜含豐富的鐵質、維生素C、葉酸、β-胡蘿蔔素及纖維質，可改善缺鐵性貧血，增強身體新陳代謝，但其含草酸較高，最好與含鈣豐富的食物分開時間食用、避免形成草酸鈣，影響鈣的吸收及利用。

核桃漢堡餅

做法

1. 將Ⓐ組中的腰果與水，用果汁機打勻，備用。
2. 將Ⓑ組中的全麥土司用果汁機或食物調理機打碎，備用。
3. 將(1)、(2)項及Ⓒ組中的所有材料混合拌勻，每次取約4平大匙的量作成漢堡餅形狀，可用平底不沾鍋煎或放入烤箱預熱175℃，將餅煎烤至兩面呈金黃色即可。

材料

Ⓐ
- 生腰果 1/4杯
- 水 3/4杯

Ⓑ
- 全麥土司 2片
- 糙米飯（煮熟）............... 1杯
- 核桃（切碎）.................. 1/4杯
- 鹽 1/2茶匙
- 醬油 1½大匙

Ⓒ
- 洋蔥（切碎）.................. 1/2個
- 美芹（切碎）.................. 1根
- 洋香菜（切碎）............... 1大匙
- 全麥麵粉 2大匙

健康Focus

一份核桃漢堡餅約含116大卡熱量，相當一份主食和一份油脂，需要體重控制者，可依飲食計畫自行替換食用。

營養成分分析（供應份數：約8片）

營養成分	熱量932大卡	熱量比例
醣類（克）	120	52%
蛋白質（克）	26.8	11%
脂肪（克）	38.4	37%
膳食纖維（克）	9.6	

全麥水餃

做法

1. 高麗菜洗淨切碎，加入少許鹽搓揉後，去掉水分，備用。
2. 豆包洗淨切碎，冬粉用熱水泡軟，瀝乾水分後切碎，胡蘿蔔去皮切碎，香菇泡軟，擠去水分切碎，備用。
3. 將(1)項與(2)項材料混合，再加入榨菜末與 **C** 組調味料一起拌勻，作成水餃肉餡。
4. 取適量的餡包入全麥水餃皮內，可用水煮或蒸的方式，煮熟即可。

材料

A 全麥水餃皮 約60張

B
- 高麗菜 1/2棵
- 豆包 8片
- 冬粉 1小包
- 胡蘿蔔（中）................................ 1/2根
- 香菇 4朵
- 榨菜（末）.................................... 3大匙

C
- 醬油 3大匙
- 鹽 2茶匙

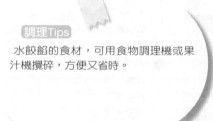

調理Tips

水餃餡的食材，可用食物調理機或果汁機攪碎，方便又省時。

營養成分分析（供應份數：約60粒）

營養成分	熱量2539大卡	熱量比例
醣類（克）	338	53%
蛋白質（克）	182	29%
脂肪（克）	51	18%
膳食纖維（克）	19.2	

鄉村蔬菜濃湯

做法

1. 先將Ⓐ組中的高麗菜洗淨切小片，馬鈴薯、洋蔥去皮洗淨切小丁，番茄洗淨切丁，美芹、四季豆洗淨切小段，洋香菜洗淨切碎，備用。
2. 紅腰子豆煮軟，備用。
3. 除紅腰子豆、四季豆外，先將其他材料放入鍋中，加水約4～5杯，煮滾後，放入Ⓒ組中所有調味料，然後改為小火煮約20分鐘，再加入2種豆子，繼續煮約15分鐘即可。

材料

	材料	份量
Ⓐ	高麗菜	1/4顆
	馬鈴薯	1個
	番茄	1個
	美芹	2根
	洋蔥	1/2個
	月桂葉	1片
	四季豆	100克
Ⓑ	紅腰子豆	3/4杯
Ⓒ	鹽	3/4茶匙
	義大利調味料	1/2茶匙
	甜蘿勒	1/2茶匙

食材Memo

紅腰子豆是墨西哥菜的常用食材，富含蛋白質、葉酸、鉀、鐵及纖維質，可降低膽固醇，減少糖尿病、中風和心血管疾病罹患率。

營養成分分析（供應份數：約8人份）

營養成分	熱量458大卡	熱量比例
醣類（克）	85	74%
蛋白質（克）	23	20%
脂肪（克）	3	6%
膳食纖維（克）	14	

芋頭濃湯

做法

1. 先將Ⓐ組中的芋頭、胡蘿蔔去皮洗淨切丁，洋菇洗淨切丁，香菇泡軟去蒂切丁，金針花洗淨切段，蓮子洗淨，備用。
2. 把Ⓑ組中的腰果與水，用果汁機打成質地勻細的腰果奶，備用。
3. 將蓮子、胡蘿蔔、香菇放入鍋內，加水約6杯，煮滾後，加入芋頭，待蓮子、芋頭煮軟後，再加入新鮮洋菇及(2)項的腰果奶，需不停的攪拌，避免燒焦，最後加入金針花、鹽即可。

材料

Ⓐ	芋頭（中）……………………………	1個
	胡蘿蔔（小）…………………………	1根
	新鮮洋菇……………………………	100克
	香菇…………………………………	5朵
	蓮子…………………………………	100克
	金針花………………………………	3/4杯
Ⓑ	腰果…………………………………	1/4杯
	水……………………………………	1杯
Ⓒ	鹽…………………………………	1茶匙

調理Tips

「鹽」等調味料，最好等芋頭煮軟後再加入。若太早加入，會造成芋頭不易煮爛，影響口感。

營養成分分析（供應份數：約10人份）

營養成分	熱量1333大卡	熱量比例
醣類（克）	243	73%
蛋白質（克）	43	13%
脂肪（克）	21.2	14%
膳食纖維（克）	31	

蛋白質類
香味豆腐

做法

1. 豆腐從中間片成兩半,再取印花模型蓋出形狀,排放盤中。

2. 在豆腐表面淋上 **B** 組番茄醬(做法請見第545頁),並在豆腐中間撒上巴西里,醬油膏淋在旁邊,入蒸籠中蒸5～10分鐘即可。

材料

A
┌ 傳統豆腐 3塊
└ 印花模型 1個

B
┌ 番茄醬 6大匙
├ 醬油 6大匙
└ 巴西里 3大匙

營養成分分析（供應份數：約6人份）

營養成分	熱量276大卡	熱量比例
醣類（克）	13.5	20%
蛋白質（克）	21	32%
脂肪（克）	15	48%
膳食纖維（克）	2.7	

食材Memo

巴西里又稱洋香菜,不只是用作菜餚的盤飾,其實它含有多量的維生素 C、β－胡蘿蔔素,及植物性化合物(Phytochemicals)。這些營養素及植物化合物能強化免疫系統、預防癌症和心臟病。

瓜鑲素肉

做法

1. 將Ⓐ組大黃瓜削去外皮,切成圓筒狀,把中間的籽去除,用沸水煮熟後,取出排列在盤上。

2. 炒Ⓑ組豆包末並加入Ⓒ組香菇粉,再加入蒟蒻絲,並將醬油、香蒜粉、杏仁醬(做法請見第544頁)等調味拌勻,加入太白粉做成黏稠餡料。

3. 將(2)項的材料裝入瓜盅中,放入蒸鍋中蒸6分鐘,起鍋前撒上香菜末即可盛盤食用。

材料

Ⓐ 　大黃瓜 3/4條

Ⓑ ┌ 豆包末 30克
　 └ 蒟蒻絲 1/3包

Ⓒ ┌ 香菇粉 1½茶匙
　 │ 香蒜粉 3茶匙
　 │ 香菜末 1大匙
　 │ 醬油 1½大匙
　 │ 杏仁醬 2大匙
　 └ 太白粉 3茶匙

食材Memo

豆包的蛋白質含量高,熱量低,不含膽固醇,且和其他黃豆產品一樣含有豐富的植物性雌激素——異黃酮素,經常攝取有助減輕婦女更年期症狀,及降低乳癌罹患率。

營養成分分析（供應份數：約6人份）

營養成分	熱量426大卡	熱量比例
醣類（克）	15	14%
蛋白質（克）	24	23%
脂肪（克）	30	63%
膳食纖維（克）	10.2	

絲絲入扣

做法

1. 將Ⓐ組豆包、胡蘿蔔、香菇洗淨切絲，備用。
2. 先將香菇爆香，放入豆包、黃豆芽及胡蘿蔔絲，拌炒片刻加入60c.c.水，最後再加入Ⓑ組調味料炒約1分鐘即可。

材料

	豆包	75克
	黃豆芽	120克
Ⓐ	香菇	90克
	胡蘿蔔	90克
	鹽	1½茶匙
Ⓑ	芝麻醬	2大匙
	水	60c.c.

食材Memo

黃豆芽在發芽時會產生酵素，有助於腸胃消化，更富含維生素C能強化血管，促進鐵質吸收，常食用可攝取維生素B1、B2、C、鈣、磷、鐵等營養素。

營養成分分析（供應份數：約6人份）

營養成分	熱量426大卡	熱量比例
醣類（克）	15	14%
蛋白質（克）	24	23%
脂肪（克）	30	63%
膳食纖維（克）	13.5	

肉桂香豆包

做法

1. 將Ⓐ組豆包烤過,切大塊絲,備用。
2. 蘋果切大塊條,泡冷開水加入少許鹽,備用。
3. 將豆包絲加入蘋果條,再加入Ⓑ組肉桂粉、蜂蜜、鹽拌勻即可。

材料

Ⓐ
- 豆包.................................9塊
- 蘋果.................................2顆
- 青蔥.................................120克

Ⓑ
- 肉桂粉...............................1茶匙
- 蜂蜜.................................2茶匙
- 鹽...................................1/2茶匙

食材Memo
蘋果富含果糖、鉀及膳食纖維中的果膠,有助健胃整腸、降低血壓。

營養成分分析（供應份數:約6人份）

營養成分	熱量1024.8大卡	熱量比例
醣類（克）	36	14.1%
蛋白質（克）	85.2	33.2%
脂肪（克）	60	52.7%
膳食纖維（克）	6.54	

塔香茄子

做法

1. 將 Ⓐ 組中的茄子洗淨，先對半切、再切成段，水開大火煮，煮軟瀝起（不可過水），放入盤子備用。
2. 豆干洗淨切末，起鍋放水加入醬油，再加入豆干末，煮滾後加香菇精調味，備用。
3. 紅甜椒洗淨切小丁，九層塔洗淨切末、汆燙備用。
4. 將豆干末放在茄子上，再加上紅甜椒及九層塔即可。

材料

Ⓐ	茄子	3條
	豆干	200克
	九層塔	150克
	紅甜椒	1顆
Ⓑ	醬油	2大匙
	香菇精	1茶匙

調理Tips

挑選茄子，以外觀完整、觸感飽滿，且具深紫紅色光澤者較佳，切開，泡在鹽水中，可防止氧化，抑制色澤改變。

營養成分分析（供應份數：約6人份）

營養成分	熱量647.5大卡	熱量比例
醣類（克）	37.5	23.2%
蛋白質（克）	67	41.4%
脂肪（克）	25.5	35.4%
膳食纖維（克）	41.94	

蔬菜類
什錦茭白筍

做法

1. 將 **A** 組中的茭白筍切成粗長條，美芹洗淨切段，紅、黃甜椒及新鮮香菇洗淨，切成細絲，備用。
2. 炒鍋加水約1/2杯，待滾後，先放入茭白筍、香菇絲及少許醬油，入味後，再放入美芹、紅、黃甜椒及 **B** 組調味料拌炒即可起鍋。

材料

A	茭白筍	5根
	美芹	1根
	紅甜椒	1/4個
	黃甜椒	1/4個
	新鮮香菇	1朵
B	醬油	1茶匙
	鹽	1/2茶匙
	香菇調味料	1/8茶匙

食材Memo

茭白筍富含維生素A、C等營養素，常食可促進新陳代謝、預防高血壓、減輕便秘。

營養成分分析（供應份數：約4人份）

營養成分	熱量108大卡	熱量比例
醣類（克）	18.6	69%
蛋白質（克）	6.6	24%
脂肪（克）	0.8	7%
膳食纖維（克）	8.4	

魚香茄子

做法

1. 將 Ⓐ 組中的茄子去蒂洗淨、切段約5公分長，表面稍微用刀劃幾下，放入滾水中燙軟撈起，排列在盤中，備用。
2. 金針、木耳泡軟，洗淨切碎。
3. 炒鍋內放水約1/3杯，待滾後，放入蒜末炒香，依序放入金針、木耳略炒，加入 Ⓑ 組調味料拌勻，淋在茄子上面，撒些蔥末即可。

材料

Ⓐ	茄子	3條
	黑木耳	3朵
	金針（乾）	60克
	青蔥（末）	2大匙
	蒜（末）	2大匙
Ⓑ	新鮮檸檬汁	1大匙
	蜂蜜	1茶匙
	醬油	1大匙
	鹽	1/4茶匙

食材Memo

茄子含有多種維生素及礦物質，可助預防高血壓及動脈硬化，但體質虛冷、腸胃功能不佳者，不宜多吃。

營養成分分析（供應份數：約4人份）

營養成分	熱量215大卡	熱量比例
醣類（克）	41.7	78%
蛋白質（克）	7.3	13%
脂肪（克）	2.1	9%
膳食纖維（克）	15.6	

杏仁四季豆

做法

1. 將Ⓐ組中所有材料用果汁機打勻，作成杏仁沙拉醬，備用。
2. Ⓑ組四季豆去頭尾及老絲，洗淨切段，紅甜椒洗淨切小丁。
3. 四季豆在沸水中燙過，撈出瀝乾水分，待涼，放入盤中，然後淋上杏仁醬（做法請見第544頁），再撒上紅甜椒丁即可。

材料

Ⓐ
- 杏仁醬 2大匙
- 檸檬汁 1大匙
- 蜂蜜 1大匙
- 洋蔥粉 1/2大匙
- 香蒜粉 1/2茶匙
- 鹽 1/2茶匙
- 水 1/2杯

Ⓑ
- 四季豆 600克
- 紅甜椒 1個

食材Memo

四季豆富含醣類、蛋白質、鈣、磷、鐵、及維生素B1、B2、C等營養素，可增強免疫功能。

營養成分分析（供應份數：約8人份）

營養成分	熱量395大卡	熱量比例
醣類（克）	70.5	57%
蛋白質（克）	16.9	14%
脂肪（克）	15.8	29%
膳食纖維（克）	17.4	

繽紛時蔬

做法

1. 將Ⓐ組中的綠、白花椰菜洗淨，切成小朵，紅、黃甜椒去蒂及籽，切成小
   片狀，備用。
2. 將洋蔥蜂蜜杏仁醬（做法請見第546頁）及鹽加入適量的水調和，再將(1)
   項的食材放入鍋中，拌炒均勻即可。

材料

Ⓐ	綠花椰菜	120克
	白花椰菜	120克
	紅甜椒	80克
	黃甜椒	80克
Ⓑ	洋蔥蜂蜜杏仁醬	4大匙
	鹽	1茶匙

食材Memo
甜椒可增添料理色彩、甜味，亦含大
量維生素C和β-胡蘿蔔素。

營養成分分析（供應份數：約4人份）

營養成分	熱量276大卡	熱量比例
醣類（克）	20	29%
蛋白質（克）	4	6%
脂肪（克）	20	65%
膳食纖維（克）	9.6	

咖哩蔬菜

做法

1. 將Ⓐ組馬鈴薯、胡蘿蔔去皮洗淨切薄片。
2. 白花菜洗淨切成小朵，毛豆煮軟備用。
3. 炒鍋內加水約1杯，待水滾之後，依序加入馬鈴薯、白花菜、胡蘿蔔及Ⓑ
   組調味料，至食材煮軟入味後，再放入毛豆拌勻盛盤即可。

材料

```
      ┌ 白花椰菜 ........................................ 1/2棵
      │ 馬鈴薯 ........................................... 1個
Ⓐ   ┤ 胡蘿蔔（中）................................... 1/2根
      └ 毛豆 ............................................. 1/4杯
      ┌ 鹽 ................................................ 1/2茶匙
Ⓑ   ┤ 鬱金香粉 ....................................... 1大匙
      └ 香菇調味料 ................................... 1/4茶匙
```

食材Memo

花椰菜屬於十字花科蔬菜，富含維生素C、β-胡蘿蔔素、葉酸、鈣、硒、纖維質等營養素、此外還含有吲哚（Indoles）等植物化合物。常食用能增強免疫力，預防中風和癌症。

營養成分分析（供應份數：約4人份）

營養成分	熱量277大卡	熱量比例
醣類（克）	48.9	71%
蛋白質（克）	15.4	22%
脂肪（克）	2.2	7%
膳食纖維（克）	12.7	

孕期食譜

主食類
紫米珍珠丸子

做法

1. 長糯米、紫糯米洗淨，浸泡約1小時後，瀝乾水分，拌勻備用。
2. 豆腐搗碎，包入紗布內，擠去水分，備用。
3. 將❸組材料放入食物調理機打碎後，倒入容器內，加入❹組豆腐及❺組調味料，一起拌勻，揉成3公分左右的圓球，沾上糯米，排列在鋪有紗布的蒸盤，放入蒸籠內，大火蒸約20分鐘即可。

材料

Ⓐ	長糯米	1杯
	紫糯米	1/2杯
Ⓑ	香菇末	1/4杯
	荸薺	1/2杯
	胡蘿蔔	1/3根
	芹菜	1/2杯
Ⓒ	老豆腐	2杯
Ⓓ	醬油	2大匙
	鹽	1茶匙
	蜂蜜	1大匙
	太白粉	2大匙

調理Tips

在製作過程中，注意要將水分擠乾和控制蒸的時間，否則丸子不易成型。

營養成分分析（供應份數：約20粒）

營養成分	熱量1552大卡	熱量比例
醣類（克）	275	71%
蛋白質（克）	67.3	17%
脂肪（克）	20.4	12%
膳食纖維（克）	13.6	

養生粥

做法

1. 將 **A** 中的洋蔥、胡蘿蔔去皮洗淨切絲；高麗菜洗淨、香菇泡軟切絲；芹菜去葉洗淨切末，備用。

2. 炒鍋加水約2大匙，放入香菇炒香，依序加入洋蔥、胡蘿蔔、高麗菜，煮軟後，加入水約8杯，煮滾後，放入 **B** 中的燕麥片煮熟，再放入杏仁醬（做法請見第544頁）及 **C** 調味料拌勻，最後加入芹菜末即可。

材料

	材料	份量
A	洋蔥	1/4個
	香菇	5朵
	胡蘿蔔（中）	1/2根
	高麗菜	1/4個
B	水	8杯
	燕麥片	2杯
	杏仁醬	2大匙
	芹菜末	1/4杯
C	鹽	1/2茶匙
	醬油	1大匙

調理Tips

切洋蔥前先泡水，可避免刺激眼睛流淚；如洋蔥煮久一點，亦可增加湯汁鮮甜度。

營養成分分析（供應份數：約10碗）

營養成分	熱量132大卡	熱量比例
醣類（克）	17.2	52%
蛋白質（克）	4.1	12%
脂肪（克）	5.2	36%
膳食纖維（克）	1.3	

西班牙飯

做法

1. 先將糙米洗淨，浸泡水中約30分鐘後，瀝去水分，備用。
2. 洋蔥去皮洗淨切丁，青椒、番茄洗淨切丁，備用。
3. 使用厚底不沾平底鍋加水約1/4杯，先炒洋蔥呈透明狀後，加入番茄、黑橄欖繼續炒勻，然後加入糙米、水1½杯及●調味料拌勻，加蓋，先開大火煮沸後，改用小火煮至糙米飯熟後，再加入青椒拌炒均勻即可。

材料

	洋蔥（中）.............	1/2個
	青椒......................	1/4杯
A	番茄......................	1杯
	黑橄欖（片）.........	2大匙
	水........................	1/4杯
B	糙米......................	3/4杯
	水........................	1½杯
	鹽........................	1/2茶匙
C	鬱金香粉...............	1/2茶匙
	醬油......................	1/2大匙
	香菇調味料............	1/4茶匙

食材Memo

鬱金香粉富含薑黃素，具抗發炎、抗氧化的作用，有助降低膽固醇，預防某些癌症發生。

營養成分分析（供應份數：約4碗）

營養成分	熱量156大卡	熱量比例
醣類（克）	32.4	83%
蛋白質（克）	3.7	9%
脂肪（克）	1.3	8%
膳食纖維（克）	2	

雜糧飯糰

做法

1. 將 Ⓐ 中的食材混合洗淨,加入適量的水浸泡約30分鐘後,瀝去浸泡的水,再加水約2杯,放入電鍋內鍋,外鍋加水約1½杯,蒸熟,備用。
2. 豆包切小丁,海苔片剪成4長條,備用。
3. 炒鍋內加水2大匙,放入豆包丁、醬油2大匙,煮至入味,收乾湯汁,盛出備用。
4. 先取1/4碗雜糧飯放入三角飯糰模型內,然後放入1湯匙豆包丁及1茶匙碎杏仁豆,上面再加1/4碗雜糧飯,用模型蓋壓緊,然後倒扣出來,取1片海苔圍繞三角飯糰,兩面沾適量芝麻即可。

材料

Ⓐ
- 大薏仁 ………………………………… 1/2杯
- 紫米 …………………………………… 1/2杯
- 燕麥片 ………………………………… 1/2杯
- 糙米 …………………………………… 2杯
- 米豆 …………………………………… 1/2杯
- 水 ……………………………………… 2杯

Ⓑ
- 生豆包(烤過、切小丁)………………… 6片
- 杏仁豆(烤過、壓碎)………………… 1/2杯

Ⓒ
- 海苔片 ………………………………… 4張
- 白芝麻(烤過)………………………… 1/2杯

Ⓓ 醬油 …………………………………… 2大匙

調理Tips

　如沒有三角飯糰模型,可將豆包丁及碎杏仁豆包入飯糰內,做成圓球形飯糰亦可。

營養成分分析(供應份數:約12個)

營養成分	熱量218大卡	熱量比例
醣類(克)	25.8	47%
蛋白質(克)	10.1	19%
脂肪(克)	8.3	34%
膳食纖維(克)	6.3	

紫米糕

做法

1. 將 Ⓐ 組紫米、紅豆洗淨,浸泡水約4小時後,瀝去水分,與洗淨的白糯米拌勻,放入電鍋內鍋,加水約4杯,外鍋加水2杯,蒸熟,備用。

2. 椰棗去籽後與桂圓肉分別切成細丁,與(1)項紫糯米飯及蜂蜜一起拌勻,放入模型內,再倒扣在盤中,或用冰淇淋杓盛出排列在盤中即可。

材料

Ⓐ	紫米	2杯
	白糯米	1½杯
	紅豆	1/2杯
	水	約4杯
Ⓑ	椰棗（去籽）	約10粒
	桂圓肉（乾）	1/2杯
	蜂蜜	1/4杯

調理Tips

此道甜點製作過程簡單,適合家庭自製。如買不到椰棗,可用葡萄乾或紅棗替代,也非常適合坐月子時食用。

營養成分分析（供應份數：約16人份）

營養成分	熱量222大卡	熱量比例
醣類（克）	47.5	86%
蛋白質（克）	5.6	10%
脂肪（克）	1.1	4%
膳食纖維（克）	1.8	

五穀根莖類
蘑菇馬鈴薯泥

做法

1. 將Ⓐ組馬鈴薯去皮洗淨切塊，蒸熟後壓成泥狀，與豆奶和鹽拌勻，用冰淇淋杓舀成一球球排在盤中，備用。
2. 蘑菇洗淨切片，燙熟，巴西里洗淨切碎，備用。
3. 將Ⓒ中的生腰果加水打成腰果奶，倒入鍋中，加入Ⓓ中所有調味料和蘑菇煮成濃汁，淋在馬鈴薯泥上，撒上巴西里末即可。

材料

Ⓐ	馬鈴薯（中）	4個
	豆奶	1杯
	鹽	1/2茶匙
Ⓑ	新鮮洋菇	6朵
	巴西里（末）	2大匙
Ⓒ	生腰果	1/2杯
	水	2杯
Ⓓ	醬油	2大匙
	太白粉	2茶匙
	洋蔥粉	2茶匙
	鹽	1/4茶匙
	啤酒酵母粉	1大匙

調理Tips

馬鈴薯，發芽部分有茄鹼，如食用過多，易引起腹痛、頭暈、腹瀉等中毒症狀。在煮之前，應將發芽部分削去或棄之不用。

營養成分分析（供應份數：約6人份）

營養成分	熱量1061大卡	熱量比例
醣類（克）	145.8	55%
蛋白質（克）	43.6	16%
脂肪（克）	33.7	9%
膳食纖維（克）	14.1	

蔬菜芙蓉

做法

1. 先將Ⓐ組中的材料放入果汁機中打勻，備用。
2. 將Ⓑ組中各種蔬菜洗淨切成細絲，放入容器，加入(1)項綠豆仁混合物及調味料拌勻。
3. 用湯匙將(2)項混合物入平底鍋，用中小火煎至兩面呈金黃色即可。

材料

Ⓐ
- 綠豆仁（浸泡、去皮）......................2杯
- 水..1杯
- 芝麻（烤過）................................1大匙

Ⓑ
- 青椒...1/2個
- 紅甜椒..1/2個
- 豌豆莢..10片
- 青蔥...3根
- 胡蘿蔔..1條
- 洋蔥...1/2個
- 綠豆芽..1杯

Ⓒ
- 香蒜粉..1茶匙
- 洋蔥粉..1茶匙
- 鹽..1茶匙

調理Tips

使用全麥麵粉或馬鈴薯泥替代綠豆仁作成蔬菜餅，口感亦不錯。

營養成分分析 (供應份數：約12個)

營養成分	熱量1355大卡	熱量比例
醣類（克）	231.3	68%
蛋白質（克）	90	27%
脂肪（克）	7.8	5%
膳食纖維（克）	24.1	

雪蓮子豆燒芋頭

做法

1. 雪蓮子豆煮熟，芋頭、胡蘿蔔去皮洗淨切丁，分別煮軟，洋香菜洗淨切碎，備用。
2. 美芹洗淨，去除老絲切丁，在沸水中汆燙一下，撈出，瀝乾水分，備用。
3. 將 **B** 組材料的腰果與水，用果汁機打勻成腰果奶，備用。
4. 炒鍋內加水約1杯，將雪蓮子豆、芋頭、胡蘿蔔及(3)項中的腰果奶放入，煮沸後，加入 **C** 組的醬油及鹽，改小火，繼續煮約5分鐘，起鍋前，加入美芹丁、洋香菜拌勻即可。

材料

A
- 雪蓮子豆 1/2杯
- 芋頭（中）................................. 1個
- 美芹 1/2杯
- 胡蘿蔔 1/2根
- 洋香菜 1/3杯

B
- 腰果 1/4杯
- 水 2杯

C
- 醬油 1大匙
- 鹽 3/4茶匙

調理Tips

雪蓮子豆，富含醣類、蛋白質等營養素，是埃及人菜餚中常用的一種食材。

營養成分分析（供應份數：約8人份）

營養成分	熱量1075大卡	熱量比例
醣類（克）	198.5	74%
蛋白質（克）	29.5	11%
脂肪（克）	18.2	15%
膳食纖維（克）	17.9	

南瓜濃湯

做法

1. 南瓜的皮洗淨切半去籽,切成小塊,洋香菜洗淨切碎,備用。
2. 將**B**組的腰果倒入果汁機,加水1杯,打至質地勻細的腰果奶,備用。
3. 切好的南瓜放入大鍋中,加水約4～5杯,煮沸後,改為小火煮至南瓜成泥狀,然後加入腰果奶、鹽拌勻,稍煮一下,即可起鍋(食用前可灑些洋香菜)。

材料

組	材料	分量
A	南瓜(中)	1個
	洋香菜(切碎)	2大匙
B	新鮮腰果	1/4杯
	水	1杯
C	鹽	3/4茶匙

調理Tips

南瓜洗乾淨,連皮一起吃,可增加纖維質及其他營養素的攝取。

營養成分分析 (供應份數:約8人份)

營養成分	熱量1069大卡	熱量比例
醣類(克)	198	74%
蛋白質(克)	41	15%
脂肪(克)	13	11%
膳食纖維(克)	29	

玉米蔬菜濃湯

做法

1. 先將Ⓐ組中的腰果與水，用果汁機打勻成腰果奶，備用。
2. 馬鈴薯、胡蘿蔔、洋蔥去皮洗淨切小丁，美芹洗淨切小丁，洋香菜洗淨切碎，備用。
3. 湯鍋內加水約5杯，煮滾後，加入Ⓑ組所有材料，用小火續煮至胡蘿蔔、馬鈴薯變軟。
4. 將Ⓒ組中的玉米粒放入果汁機中，加水1杯稍打一下，倒入（3）項馬鈴薯混合物中，繼續煮約10分鐘，需不停攪拌，然後加入（1）項的腰果奶略煮一下即可（如要湯濃稠，可減少水的份量）。

材料

組	材料	份量
Ⓐ	生腰果	1/4杯
	水	2杯
Ⓑ	馬鈴薯（中）	2個
	美芹	1根
	洋蔥	1/2個
	胡蘿蔔（中）	1/2根
	洋香菜	2大匙
	鹽	1茶匙
	月桂葉	1片
Ⓒ	玉米粒	2杯
	水	1杯

調理Tips

使用新鮮玉米粒，用果汁機打成的玉米醬，可減少「罐頭玉米醬」額外添加的鹽及糖分攝取。

營養成分分析（供應份數：約8人份）

營養成分	熱量840大卡	熱量比例
醣類（克）	151	72%
蛋白質（克）	23	11%
脂肪（克）	16	17%
膳食纖維（克）	19	

蛋白質類
豆腐羹

做法

1. 番茄、毛豆放入水中汆燙，撈起番茄切成小丁，備用。
2. 大白菜、豆腐洗淨，切成小丁備用。
3. 核桃洗淨拍碎，備用。
4. 鍋中加3碗水，加入大白菜及豆腐、核桃煮開後放入番茄、毛豆煮約2分鐘，再放入醬油、鹽調味，最後以太白粉水勾芡即成。

材料

A
番茄	90克
豆腐	180克
毛豆	30克
大白菜	90克
核桃	6個

B
鹽	1茶匙
醬油	1½大匙

C
太白粉	1½大匙
水	適量

食材Memo

番茄富含維生素C、類胡蘿蔔素、茄紅素等多種營養素，可以阻止膽固醇的合成及降低血管粥狀硬化。番茄最好煮熟並加入一些堅果及種子等天然油脂，能幫助茄紅素釋放，加速人體吸收利用。

營養成分分析（供應份數：約6人份）

營養成分	熱量480大卡	熱量比例
醣類（克）	27	23%
蛋白質（克）	25.2	21%
脂肪（克）	30	56%
膳食纖維（克）	3.3	

豆腐煲

做法

1. 豆腐洗淨、切長方形薄片，香菇泡軟，紅蘿蔔洗淨切薄片。
2. 盤中以豆腐1片、紅蘿蔔1片、香菇1片的方式放入，如此排成2排加入**B**組調味料，入蒸鍋蒸10分鐘後取出。
3. 青江菜汆燙瀝乾，圍在盤邊即可，可酌量淋上杏仁醬調味。

材料

A
豆腐	240克
紅蘿蔔	12片
香菇	12朵
青江菜	6棵

B
鹽	1茶匙
醬油	3茶匙
香菇粉	1½茶匙
杏仁醬	2大匙

健康Focus

要辨識豆腐是否不含防腐劑或添加物，可將一塊豆腐放在室溫下3、4小時，如果產生酸味、且觸摸有黏液感，即是新鮮的豆腐。

調理Tips

杏仁醬做法請見第544頁說明。

營養成分分析（供應份數：約6人份）

營養成分	熱量426大卡	熱量比例
醣類（克）	15	14%
蛋白質（克）	24	23%
脂肪（克）	30	63%
膳食纖維（克）	8.7	

碧綠三絲

做法

1. 豆干洗淨，切絲備用。
2. 蘆筍洗淨，切段備用。
3. 將(1)、(2)項與胡蘿蔔加水一起燜煮，並淋上腰果醬（做法請見第545頁）即可。

材料

- Ⓐ
  - 豆干......................................90克
  - 蘆筍......................................60克
  - 胡蘿蔔..................................60克
- Ⓑ 腰果醬..................................2大匙

營養成分分析（供應份數：約6人份）

營養成分	熱量384大卡	熱量比例
醣類（克）	6	6%
蛋白質（克）	22.2	23%
脂肪（克）	30	71%
膳食纖維（克）	5.1	

食材Memo

腰果富含油脂，其中多為單元及多元不飽和脂肪酸，此外還含蛋白質、鉀、磷及硒等營養素，為天然優質的油脂攝取來源。

香菇豆皮卷

做法

1. 香菇泡軟去蒂切絲，胡蘿蔔去皮洗淨切絲，金針菇洗淨切段，筍絲洗淨，備用。
2. 炒鍋內加水約1杯，煮沸後，放入(1)項中的材料，加入Ⓑ組中的調味料，用小火煮至入味後，將醬汁倒入另一容器內，備用。鍋內留下的材料，加入Ⓒ組中的太白粉水勾薄芡，備用。
3. 豆皮6張，每張抹勻醬汁，然後一張張重疊，最上面鋪勻香菇、胡蘿蔔、金針菇及筍絲，從底部往上，兩側往內摺，捲成長方形。
4. 將豆皮卷排在不沾烤盤上，放入烤箱，溫度設170℃（預熱5分鐘），烤約40分鐘呈金黃色，取出放涼，切斜片裝入盤中。

材料

Ⓐ
- 豆皮 6張
- 香菇 6朵
- 胡蘿蔔（小）.......... 1根
- 金針菇 60克
- 筍絲 50克

Ⓑ
- 醬油 2大匙
- 鹽 1/2茶匙
- 蜂蜜 1大匙

Ⓒ
- 太白粉 2大匙
- 水 3大匙

健康Focus

研究顯示，100公克的黃豆約含150～200毫克的普林，加工製成豆腐等製品後，僅含普林100毫克以下，因此，有痛風的患者仍可適量食用。

營養成分分析（供應份數：約6人份）

營養成分	熱量438大卡	熱量比例
醣類（克）	64.4	59%
蛋白質（克）	27.2	25%
脂肪（克）	8	16%
膳食纖維（克）	9.7	

海苔豆腐卷

做法

1. 先將Ⓐ組中的荸薺、洋蔥去皮洗淨切碎，韭黃洗淨切碎，備用。

2. 將Ⓑ組中的豆腐壓碎，加入麵粉、鹽及(1)項中的材料拌勻，作成豆腐泥，備用。

3. 拌好的豆腐泥分成16份，每份作成約5公分的長條，外層用海苔捲成條狀，兩邊沾上烤熟的芝麻，排列在烤盤內，放入烤箱（預熱溫度約170℃），烤約20分鐘即可。食用時，可沾番茄醬或醬油膏。

材料

Ⓐ	荸薺	5粒
	洋蔥	3大匙
	韭黃	1/4杯
Ⓑ	老豆腐	2杯
	麵粉	1/4杯
	鹽	1/2茶匙
Ⓒ	海苔（切成16小條）	2張
	白芝麻（烤過）	3大匙

食材Memo

荸薺富含黏液質，可生津潤肺化痰，荸薺中的粗蛋白、澱粉能促進大腸蠕動，粗脂肪可改善便秘。

營養成分分析（供應份數：約16個）

營養成分	熱量492大卡	熱量比例
醣類（克）	52	42%
蛋白質（克）	33	27%
脂肪（克）	17	31%
膳食纖維（克）	5	

蔬菜類
涼拌海帶絲

做法

1. 將Ⓐ組中的海帶絲洗淨切段，放入滾水中汆燙過，撈出，瀝乾水分，待涼後，備用。

2. 胡蘿蔔去皮，小黃瓜、紅甜椒三種材料洗淨切細絲，用少許鹽醃一下，擠去多餘水分，與海帶絲及Ⓑ組中所有的調味料一起拌勻，即成一道好吃的涼拌菜。

材料

Ⓐ
海帶絲	600克
小黃瓜	1條
紅甜椒	1/2個
胡蘿蔔（中）	1/3根

Ⓑ
新鮮檸檬汁	3大匙
蜂蜜	1大匙
蒜末	2大匙
鹽	1/2茶匙

調理Tips

這道涼拌菜除使用海帶絲外，海帶根、海帶芽亦是不錯的選擇。

營養成分分析（供應份數：約6人份）

營養成分	熱量227大卡	熱量比例
醣類（克）	45	79%
蛋白質（克）	7.2	13%
脂肪（克）	2.1	8%
膳食纖維（克）	21	

桔汁高麗菜芽

做法

1. 高麗菜芽去掉外層老葉洗淨，每個切成四等分，胡蘿蔔去皮洗淨，切絲。將高麗菜芽及胡蘿蔔絲分別放入滾水中汆燙後，撈出，瀝乾水分，備用。

2. 炒鍋內加水約1/3杯，煮滾後，放入柳橙汁、鹽及**C**組的太白粉水，然後放入高麗菜芽，胡蘿蔔絲拌勻，盛入盤中，灑上杏仁片即可。

材料

A	高麗菜芽	300克
	胡蘿蔔	1/2根
	杏仁片（烤過）	1大匙
B	水	1/3杯
	新鮮柳橙汁	1/2杯
	鹽	1/2茶匙
C	太白粉	1½大匙
	水	3大匙

調理Tips

此道菜加了少許柳橙汁，可減少鹽的使用量，同時添增水果酸甜風味。

營養成分分析（供應份數：約4人份）

營養成分	熱量311大卡	熱量比例
醣類（克）	50.8	65%
蛋白質（克）	8.6	11%
脂肪（克）	8.1	24%
膳食纖維（克）	2.9	

什錦甜豆

做法

1. 先將Ⓐ組中的甜豆去頭尾及絲洗淨，涼薯去皮洗淨切片，胡蘿蔔去皮洗淨切片，烤過腰果切碎，備用。
2. 炒鍋內加水約2/3杯，煮沸後，依序放入胡蘿蔔、涼薯片、甜豆、鹽、及醬油調味料同炒。
3. 最後加入太白粉水芶薄芡，盛盤前灑上碎腰果即可。

材料

Ⓐ
- 甜豆..300克
- 涼薯..120克
- 胡蘿蔔（中）..................................1/2根
- 腰果（烤過）20克..............................20克
- 鹽 1/2茶匙

Ⓑ
- 醬油..1茶匙
- 太白粉..1大匙
- 水 3大匙

食材Memo

甜豆的營養價值很高，富含維生素A、C、B1、B2、菸鹼酸、鉀、鈉、磷、鈣等，並且含有豐富的蛋白質，適合懷孕婦女食用。

營養成分分析（供應份數：約6人份）

營養成分	熱量1000大卡	熱量比例
醣類（克）	54.5	55%
蛋白質（克）	19.6	20%
脂肪（克）	11	25%
膳食纖維（克）	14.4	

塔香海茸

做法

1. 將🅐組海茸、九層塔洗淨,切成寸段長,備用。
2. 大蒜拍碎,先爆香,加入海茸拌炒片刻,加30c.c.水,再加入杏仁醬（做法請見第544頁）燜煮2分鐘。
3. 最後加入醬油2大匙拌勻,起鍋前加入九層塔炒一下即可。

材料

🅐
- 海茸 ……………………………… 400克
- 九層塔 …………………………… 40克
- 大蒜 ……………………………… 20克

🅑
- 醬油 ……………………………… 2大匙
- 杏仁醬 …………………………… 2大匙

營養成分分析 (供應份數：約4人份)

營養成分	熱量276大卡	熱量比例
醣類（克）	20	29%
蛋白質（克）	4	6%
脂肪（克）	20	65%
膳食纖維（克）	13.2	

食材Memo

杏仁富含油脂,多為單元及多元不飽和脂肪酸,此外還含維生素E、銅、鎂、精氨酸等營養素,為天然優質的油脂來源。

銀蘿髮菜

做法

1. 白蘿蔔削外皮，切成約2公分的厚度，挖球器在中挖出一個圓洞備用。
2. 髮菜用清水泡開，剪短後瀝乾水份，加芝麻醬拌勻，填入白蘿蔔圓洞。
3. 將填好料的白蘿蔔放於盤中，入蒸鍋蒸煮20分鐘，打開鍋蓋撒上枸杞再蒸2分鐘。
4. 蒸好後，將盤中蒸出來的湯汁倒入鍋中，加素高湯1杯（做法請見第544頁）燒開加入鹽調味，以太白粉水勾芡，淋於銀蘿髮菜上。

材料

A
- 白蘿蔔 ……………………………………400克
- 髮菜 …………………………………… 8克
- 枸杞 …………………………………… 10粒

B
- 芝麻醬 …………………………………2大匙
- 素高湯 …………………………………1杯
- 鹽 …………………………………… 1/2茶匙
- 太白粉 …………………………………4茶匙

調理Tips

素高湯湯汁鮮美，可替代味精，可一次準備多量，待涼後分裝入冷凍庫貯存。需要時取出解凍，加入菜餚或湯裡增加鮮度。

營養成分分析（供應份數：約4人份）

營養成分	熱量276大卡	熱量比例
醣類（克）	20	29%
蛋白質（克）	4	6%
脂肪（克）	20	65%
膳食纖維（克）	11.6	

月子食譜

主食類
雜糧飯

做法
1. 將 Ⓐ 組所有材料混合洗淨。
2. 加入適量的水浸泡約30分鐘後,將浸泡的水倒掉,再加水約2杯,放入電鍋,外鍋加水約2杯,蒸熟即可。

材料

Ⓐ
大薏仁	1/2杯
紫米	1/2杯
米豆	1/2杯
糙米	1½杯

Ⓑ 水 約2杯

營養成分分析（供應份數:約6人份）

營養成分	熱量222大卡	熱量比例
醣類（克）	44	80%
蛋白質（克）	7	12%
脂肪（克）	2	8%
膳食纖維（克）	4	

調理Tips
❶用電鍋蒸煮雜糧飯,開關跳上後,勿馬上掀蓋,外鍋可再加少許水,按下開關,等第二次開關跳上後,燜約5～10分鐘即可。

❷可依個人喜好,選用其他全穀類、豆類,如:燕麥粒、蕎麥、黃豆、紅豆等替代食譜使用的食材。

紅豆紫米粥

做法

1. 先將Ⓐ組紫米洗淨，浸泡水約30分鐘，瀝去水分，備用。
2. 紅豆、紅棗洗淨，備用。
3. 鍋內放入紅豆、紫米，加水約8杯，先開大火。
4. 煮滾後，改中小火，煮至紅豆、紫米軟後，再加入紅棗繼續煮約2～3分鐘，起鍋前加入蜂蜜拌勻即可。

材料

Ⓐ	紫米	1杯
	紅豆	2杯
	紅棗	約10粒
Ⓑ	水	8杯
	蜂蜜	1/2杯

調理Tips

蜂蜜須於起鍋前再加入，否則紅豆不易熟透。紅豆、紫米先煮軟後，再加入紅棗，口感較好。

營養成分分析（供應份數：約12碗）

營養成分	熱量188大卡	熱量比例
醣類（克）	37.2	79%
蛋白質（克）	8.4	18%
脂肪（克）	0.6	3%
膳食纖維（克）	4.3	

甜八寶飯

做法

1. 白糯米、紫米洗淨,浸泡水約30分鐘,瀝去水分,備用。
2. 紫米、白糯米放入電鍋,內鍋加水約2杯,外鍋加水約1杯,蒸熟成糯米飯,趁熱加入椰棗丁、蜂蜜1/4杯拌勻,備用。
3. 紅豆、花豆、蓮子分別煮軟,且分別各加2大匙蜂蜜拌勻,紅棗在滾水中略煮一下即可撈出,白芝麻用小火炒過或烤過,備用。
4. 取一大碗容器或模型,在底部先排列紅棗、紅豆、花豆、蓮子,再壓上糯米飯,然後倒扣在盤中,灑上白芝麻即可。

材料

- **A**
  - 紫米 ……………………………… 1杯
  - 白糯米 …………………………… 1杯
- **B**
  - 紅豆 ……………………………… 1/2杯
  - 花豆 ……………………………… 1/2杯
  - 蓮子 ……………………………… 1/2杯
  - 紅棗 ……………………………… 約10粒
- **C**
  - 椰棗(去籽,切小丁)………… 3/4杯
  - 蜂蜜 ……………………………… 1/4杯
  - 白芝麻(炒過)………………… 2大匙

調理Tips
八寶飯使用的食材減半,增加水分約8杯,放入鍋中一起煮,就變成好吃的八寶粥,老少咸宜。

營養成分分析 (供應份數:約12碗)

營養成分	熱量195大卡	熱量比例
醣類(克)	40.3	83%
蛋白質(克)	5.6	11%
脂肪(克)	1.3	6%
膳食纖維(克)	2.8	

香烤番茄通心麵

做法

1. 彩色蔬菜通心粉煮熟後，撈出，瀝乾水分，備用。

2. 紅番茄洗淨切小丁；洋蔥去皮洗淨切小丁，備用。

3. 將 **Ⓐ** 中的腰果加水1杯放入果汁機打成質地勻細狀，加入 **Ⓑ** 中的番茄、洋蔥、蒜末及調味料繼續打成醬後，與通心粉拌勻，倒入烤盤內，放入烤箱（預熱溫度170℃），烤約20分鐘即可。

材料

Ⓐ	腰果	1/2杯
┌	紅番茄（中）	3個
│	洋蔥	1/2個
Ⓑ	蒜頭（末）	1茶匙
│	鹽	1/2茶匙
└	水	1杯
Ⓒ	彩色蔬菜通心粉	1/2包

調理Tips

如果不用烤箱，可將拌好的通心粉放入不沾平底鍋，用小火煮至留少許湯汁即可。

營養成分分析（供應份數：約6人份）

營養成分	熱量254大卡	熱量比例
醣類（克）	42.9	68%
蛋白質（克）	9.7	15%
脂肪（克）	4.9	17%
膳食纖維（克）	2.8	

星洲炒飯

做法

1. 洋蔥、胡蘿蔔去皮洗淨切丁，香菇泡軟切丁，備用。
2. 炒鍋內加水約2大匙，放入香菇丁炒香後，依序加入洋蔥、胡蘿蔔、青豆仁、玉米粒煮軟後，加入糙米飯一起炒。
3. 再放入適量❶組的鹽及醬油繼續翻炒，熄火，拌入芝麻、碎杏仁及青蔥末即可。

材料

❹	糙米飯（煮熟）	6碗
	洋蔥（切丁）	1/2杯
	胡蘿蔔（切丁）	1/2杯
❸	香菇	3朵
	青豆仁	1/3杯
	玉米粒	1/3杯
	黑芝麻（炒過）	1大匙
❹	杏仁豆（烤過，壓碎）	2大匙
	青蔥（末）	1大匙
❹	鹽	酌量
	醬油	1大匙

> **調理Tips**
>
> 洗米時，只要用手輕撥水中的米，換水2～3次即可。不要用手搓米，以免養份流失。糙米泡水約30分鐘，瀝去水分換新水，再依糙米：水＝1：1.2放入電鍋蒸熟，會使糙米飯鬆軟可口。

營養成分分析（供應份數：約8人份）

營養成分	熱量176卡	熱量比例
醣類（克）	39.9	68%
蛋白質（克）	6.9	12%
脂肪（克）	5.2	20%
膳食纖維（克）	5.1	

五穀根莖類
馬鈴薯煎餅

做法

1. 馬鈴薯連皮用絲瓜布刷洗乾淨，入蒸籠內蒸至半熟，取出待涼，備用。
2. 將馬鈴薯刨成細絲，加入少許鹽拌勻，一次取約3大平匙的量作成薯餅狀，依序排在烤盤上，放入烤箱（預熱170℃）烤成金黃色即可。
3. 亦可用不沾平底鍋將兩面煎成金黃色，可沾番茄醬（做法請見第545頁）或單獨趁熱食用。

材料

馬鈴薯（中）	4個
鹽	1/2茶匙
番茄醬	3/4杯

營養成分分析（供應份數：約12塊）

營養成分	熱量727大卡	熱量比例
醣類（克）	152	84%
蛋白質（克）	23.6	13%
脂肪（克）	2.8	3%
膳食纖維（克）	13.5	

調理Tips

馬鈴薯煎餅，一次可多量製備，兩面煎成微黃，待涼後，分裝放入冷凍庫儲存，食用時取出解凍，放入烤箱或用平底鍋煎熟即可。

起士通心粉

做法

1. 通心粉放入沸水中煮熟，瀝去水分，備用。
2. 將Ⓑ組材料中的生腰果與水放入果汁機中打勻，然後依序加入紅甜椒、檸檬汁、洋蔥粉、香蒜粉及鹽，繼續打至質地勻細，備用。
3. 煮熟的通心粉與(2)項的腰果混合物拌勻，倒入不沾烤盤內，用鋁箔紙封好，放入烤箱（預熱180℃），烤約30分鐘後，將鋁箔紙除去，在上面灑些麵包屑，再次進入烤箱，烤約15分鐘即可。

材料

Ⓐ	蔬菜通心粉	2杯
Ⓑ	生腰果	1/3杯
	水	2杯
	紅甜椒	1/2個
	新鮮檸檬汁	2大匙
	洋蔥粉	1茶匙
	香蒜粉	1/4茶匙
	鹽	1茶匙
Ⓒ	全麥麵包屑	1½杯

調理Tips

材料中使用生腰果與水用果汁機打成的腰果奶，可用「無糖豆奶」替代，亦別有一番風味。

營養成分分析（供應份數：約8人份）

營養成分	熱量1304卡	熱量比例
醣類（克）	225	69%
蛋白質（克）	52	16%
脂肪（克）	21.8	15%
膳食纖維（克）	5.9	

豆腐燕麥漢堡餅

做法

1. 先將 **A** 組中的豆腐包入乾淨紗布內，擠去水分，放入容器內，然後加入其它所有材料及 **B** 組的調味料一起拌勻，每次取約4大平匙的量，作成一個個漢堡餅，放入盤內，備用。

2. 將漢堡餅放入不沾平底鍋，用小火煎至兩面呈金黃色即可。

材料

A
老豆腐	....	2杯
燕麥片	....	2杯
洋蔥（切碎）	....	1/2杯
杏仁豆（切碎）	....	1/4杯

B
醬油	....	1大匙
義大利調味料	....	1茶匙
匈牙利紅椒粉	....	1茶匙
鹽	....	3/4茶匙

調理Tips

豆腐燕麥漢堡餅可多量製備，煎至微黃成型、待涼後用保鮮袋分裝，放入冷凍庫，可存放約2星期。食用前取出解凍，放入烤箱或用平底鍋煎熟即可。

營養成分分析（供應份數：約16片）

營養成分	熱量1240卡	熱量比例
醣類（克）	147	47%
蛋白質（克）	64.5	21%
脂肪（克）	43.8	32%
膳食纖維（克）	14.4	

薏仁蔬菜濃湯

做法

1. 洋蔥、胡蘿蔔、馬鈴薯去皮，洗淨切丁，番茄、美芹洗淨切丁，小薏仁、月桂葉洗淨，備用。
2. 先將洋蔥、胡蘿蔔、小薏仁、月桂葉一起放入鍋內，加水約6杯，用小火慢煮。
3. 待小薏仁煮軟後，加入番茄、美芹，煮滾後，再加入鹽即可。

材料

A
洋蔥	1個
胡蘿蔔	1根
番茄	2個
美芹	1根
馬鈴薯	2個
小薏仁	3/4杯
月桂葉	2片

B 鹽 1茶匙

調理Tips

小薏仁不易煮爛，將其浸泡水中約1小時後，更換新水再煮，可縮短烹煮時間，使其柔軟可口。

營養成分分析（供應份數：約8人份）

營養成分	熱量939卡	熱量比例
醣類（克）	199	85%
蛋白質（克）	24.7	10%
脂肪（克）	5	5%
膳食纖維（克）	25.7	

補氣養生湯

做法

1. 乾香菇洗淨泡軟，去蒂，山藥去皮洗淨切小段，紅棗、枸杞洗淨，備用。
2. 豆包洗淨瀝乾水分，放入烤箱，烤成金黃色，每片切成6小片，備用。
3. 將蔘鬚、當歸、紅棗、枸杞放入電鍋內鍋，加入香菇、山藥、豆包及水6碗，外鍋加水2杯，煮至按鈕跳起，加少許鹽調味即可。

材料

乾香菇	5朵
紫山藥	120克
有機豆包	2片
蔘鬚	2根
當歸	3片
黃耆	5片
紅棗	10粒
枸杞	2大匙

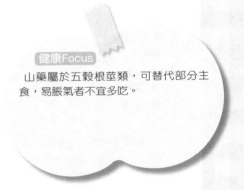

健康Focus

山藥屬於五穀根莖類，可替代部分主食，易脹氣者不宜多吃。

營養成分分析（供應份數：約6人份）

營養成分	熱量486卡	熱量比例
醣類（克）	63.8	53%
蛋白質（克）	32.1	26%
脂肪（克）	11.4	21%
膳食纖維（克）	11.7	

蛋白質類
炒豆腐

做法
1. 豆腐搗碎，包入紗布內，擠掉水分，備用。
2. 炒鍋加熱，放入豆腐、醬油及其他材料，用小火炒至湯汁收乾即可。

材料
Ⓐ 老豆腐 11/2杯

Ⓑ
- 紫菜（碎片）.................... 1/2杯
- 蔥花 1/2杯
- 醬油 1大匙
- 鹽 1/2茶匙
- 鬱金香粉 1/4茶匙

調理Tips

此道菜應選用含水分較少的傳統豆腐來製作，炒出來的成品，鬆軟可口，適合老年人或小孩食用。

營養成分分析（供應份數：約5人份）

營養成分	熱量368卡	熱量比例
醣類（克）	29.5	32%
蛋白質（克）	34.9	38%
脂肪（克）	12.3	30%
膳食纖維（克）	4.1	

香菇素排

做法

1. 將香菇、豆包切碎，備用。
2. 炒鍋內加水約3/4杯、香菇、醬油及調味料煮滾，然後加入豆包，偶爾翻動，使豆包能吸收湯汁，用小火煮至湯汁收盡，但需注意避免豆包黏在鍋底燒焦。
3. 準備一個不鏽鋼便當盒（或選擇自己喜歡的模型），盒底鋪上一層玻璃紙，將(2)項材料放入，壓緊蓋好，用電鍋蒸約一小時，待涼後切片，即可成為一道主菜。

材料

豆包	10片
香菇（泡軟）	10～12朵
醬油	1/3杯
水	3/4杯
蜂蜜	1大匙
鹽	1/4茶匙

食材Memo

香菇富含維生素B1、B2、鉀、鐵等營養素、屬高鹼性食物。此外還含有鳥核酸，為香菇風味的主要成分。

營養成分分析（供應份數：約15人份）

營養成分	熱量1554卡	熱量比例
醣類（克）	71.8	18%
蛋白質（克）	182.3	47%
脂肪（克）	59.8	35%
膳食纖維（克）	13	

木須三絲

做法

1. 將Ⓐ組木耳、青蒜洗淨切絲。
2. 豆包絲加少許水泡軟，瀝乾，備用。
3. 起油鍋爆香青蒜，加入木耳、金針菇及豆包絲拌炒至全熟，加Ⓑ組調味料即可。

材料

Ⓐ	金針菇	…………………………………	75克
	木耳	…………………………………	75克
	青蒜	…………………………………	3根
	豆包絲	…………………………………	90克
Ⓑ	洋蔥蜂蜜杏仁醬（做法見第546頁）		.3大匙
	鹽	…………………………………	1茶匙

營養成分分析（供應份數：約6人份）

營養成分	熱量609卡	熱量比例
醣類（克）	7.5	5%
蛋白質（克）	43.5	29%
脂肪（克）	45	67%
膳食纖維（克）	9.9	

健康Focus

菇類低卡、低脂、富含膳食纖維，可預防便秘，促進腸胃蠕動，有助於產後恢復體態。

三色燒黃豆

做法

1. 黃豆洗淨，先浸泡一個晚上，再放入電鍋中加水煮軟，撈出瀝乾備用。
2. 洋蔥及番茄、豆干洗淨，切成小丁。
3. 將洋蔥放入鍋中爆香，再放入番茄、豆干及煮軟的黃豆，加水30c.c.小火燜煮15分鐘，最後加鹽調味即可。

材料

黃豆	60克
豆干	80克
紅番茄	240克
洋蔥	360克
鹽	1½茶匙

營養成分分析（供應份數：約6人份）

營養成分	熱量582卡	熱量比例
醣類（克）	30	21%
蛋白質（克）	48	33%
脂肪（克）	30	46%
膳食纖維（克）	18	

健康Focus

建議多用植物性蛋白質替代動物來源的食材，可降低血膽固醇、預防血管硬化、強化骨質及預防某些癌症。

高麗橙汁豆腸

做法

1. 高麗菜剝片洗淨、切小片；大蒜剝皮切片。
2. 豆腸洗淨切小段。
3. 起鍋大蒜爆香，放入高麗菜、豆腸、水30c.c.煮軟，再加入柳橙汁拌勻。

材料

高麗菜	300克
豆腸	180克
柳橙汁	1½大匙
大蒜	36克
鹽	1½茶匙

食材Memo

高麗菜富含維生素A、B1、C及鈣、鉀、硫等多種營養素，有助清血、減輕便秘。

營養成分分析（供應份數：約6人份）

營養成分	熱量582卡	熱量比例
醣類（克）	31.5	22%
蛋白質（克）	46.5	32%
脂肪（克）	30	46%
膳食纖維（克）	9	

蔬菜類
燴芥菜心

做法

1. 將🅐組材料的芥菜心洗淨切成大片,放入沸水中氽燙撈出,瀝去水分,備用。
2. 紅甜椒洗淨切細絲,金針菇洗淨切段,玉米粒洗淨備用。
3. 炒鍋加少許水,煮沸後,放入芥菜心片、紅甜椒絲、金針菇、玉米粒、鹽,入味後,加入太白粉水勾薄芡即可。

材料

🅐	芥菜心	600克
	紅甜椒	1/2個
	金針菇	50克
	玉米粒	1/4杯
🅑	鹽	1茶匙
	太白粉	1大匙
	水	4大匙

調理Tips

芥菜心,本身稍具苦味,在沸水中稍微氽燙即可去除,但勿燙太久,以免影響菜的色澤。

食材Memo

芥菜屬十字花科蔬菜,富含鐵、鈣及抗癌物質,尤其維生素C、β-胡蘿蔔素更是豐富,可幫助降低心臟病及某些癌症罹患率,並能增強免疫能力。

營養成分分析（供應份數：約6人份）

營養成分	熱量222卡	熱量比例
醣類（克）	40.1	72%
蛋白質（克）	6.9	12%
脂肪（克）	3.8	16%
膳食纖維（克）	12.8	

芝麻芥藍

做法

1. 小芥藍菜洗淨，放入沸水中燙軟撈出、瀝乾水分，切段排入盤中。
2. 炒鍋內放入 **B** 組中的醬油、鹽、蜂蜜及水2大匙，一同煮沸。
3. 再加入 **C** 組糯米粉水，芶薄芡淋在小芥藍菜上，撒上芝麻即可。

材料

A	小芥藍菜	600克
	白芝麻（炒熟）	1大匙
B	醬油	1大匙
	鹽	1/2茶匙
	蜂蜜	1茶匙
	水	2大匙
C	糯米粉	1大匙
	水	2大匙

營養成分分析（供應份數：約6人份）

營養成分	熱量840卡	熱量比例
醣類（克）	38.4	52%
蛋白質（克）	17	23%
脂肪（克）	8	25%
膳食纖維（克）	11.4	

食材Memo

芥藍菜富含維生素A、C、鐵及鈣，100克煮熟的芥藍菜約含250毫克鈣質，是素食者攝取鈣質的良好來源。

腰果綠花菜

做法

1. 將Ⓐ組中的綠花菜洗淨切成小朵，紅甜椒洗淨切小丁，分別在沸水中汆燙，撈出瀝乾水分，備用。

2. 將Ⓑ組中所有材料，放入果汁機打勻，倒入鍋內，用小火煮至稠狀，需不停攪拌，以免燒焦，作成腰果沙拉醬。

3. 將綠花菜排入盤中，上面淋(2)項中的腰果醬，灑上紅甜椒丁即可（或將腰果醬與綠花菜拌勻，盛入盤中，上面灑些紅甜椒丁）。

材料

Ⓐ
綠花菜（大）	1棵
紅甜椒	1/2個

Ⓑ
生腰果	20克
水	2/3杯
洋蔥粉	1/2茶匙
鹽	1/2茶匙
太白粉	2大匙
水	4大匙

調理Tips

汆燙綠花菜時，避免烹煮時間過長，否則會影響脆感及顏色。

營養成分分析（供應份數：約4人份）

營養成分	熱量300卡	熱量比例
醣類（克）	38.4	51%
蛋白質（克）	13.6	18%
脂肪（克）	10.3	31%
膳食纖維（克）	9.6	

海苔醬

做法

1. 先將每張海苔分成4等分，備用。
2. 炒鍋內加水約1杯、醬油、蜂蜜用小火煮勻，然後將海苔片分數次放入鍋中，煮至湯汁收乾，熄火，再加入炒過的白芝麻拌勻即可。
3. 可配飯、粥或夾饅頭食用。

材料

海苔 ………………………………………… 15張
水 …………………………………………… 1杯
醬油 ………………………………………… 3大匙
黑糖或蜂蜜 ………………………………… 1½大匙
白芝麻（炒過）…………………………… 3大匙

調理Tips

海苔勿煮太爛，口感較好，待涼後，裝入玻璃罐冷藏，可儲存一星期。

營養成分分析（供應份數：約16大匙）

營養成分	熱量20卡	熱量比例
醣類（克）	2.6	52%
蛋白質（克）	1.3	26%
脂肪（克）	0.5	22%
膳食纖維（克）	0.4	

白木耳拌海帶芽

做法

1. 海帶芽、白木耳入清水中泡漲，撈出瀝乾水份。
2. 調檸檬汁、糖、香菇精，拌勻後，再與海帶芽、白木耳混合攪拌。
3. 食用時撒上白芝麻即可。

材料

海帶芽...40克
熟芝麻...2茶匙
白木耳...6克
檸檬汁...4大匙
香菇精...4茶匙
蜂蜜...4大匙

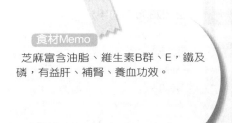

食材Memo

芝麻富含油脂、維生素B群、E，鐵及磷，有益肝、補腎、養血功效。

營養成分分析（供應份數：約4人份）

營養成分	熱量320卡	熱量比例
醣類（克）	50	62%
蛋白質（克）	8	10%
脂肪（克）	10	28%
膳食纖維（克）	2.8	

嬰幼兒成長食譜

 NEWSTART 新起點／臺安醫院營養課提供

4～6 個月寶寶副食品

柳丁汁

做法

1. 新鮮柳丁洗淨後切半，用榨汁器榨汁並用濾網除去果肉、籽。
2. 取30c.c.的果汁和30c.c.的開水混合即可。

材料

新鮮柳丁 1顆
冷開水 .... 適量

營養成分分析（供應份數：1人份）

營養成分	熱量15大卡	熱量比例
醣類（克）	3.75	100%
蛋白質（克）	0	0%
脂肪（克）	0	0%
鈣（毫克）	9.6	
鐵（毫克）	0.1	

營養Tips

　　蔬菜汁及水果汁是寶寶副食品的首選，建議選用當季、口感較好的蔬果，用開水稀釋1倍後再餵食。黏稠粥類食品可以從稀粥餵食，依寶寶情況逐漸增加濃稠度，注意寶寶排便是否有拉肚子、或皮膚出疹情形，表示寶寶不適應這類食物，應先停食再觀察。

葡萄汁

做法

1. 將葡萄洗淨，去皮去籽。
2. 以乾淨的紗布包起，或放在濾網中，用湯匙壓擠出汁。
3. 加入1倍冷開水稀釋葡萄汁即可。

材料

紅葡萄..30克
冷開水..20c.c.

營養成分分析（供應份數：約1人份）

營養成分	熱量19大卡	熱量比例
醣類（克）	4.4	93%
蛋白質（克）	0.2	4%
脂肪（克）	0.1	0.1%
鈣（毫克）	1.2	
鐵（毫克）	0.06	

蘋果汁

做法

1. 蘋果洗淨，去皮去籽。
2. 磨成泥。
3. 以濾網濾掉果渣，加入1倍冷開水稀釋即可。

材料

蘋果..100克
冷開水..適量

營養成分分析（供應份數：約1人份）

營養成分	熱量55大卡	熱量比例
醣類（克）	13.4	98%
蛋白質（克）	0.1	1%
脂肪（克）	0.1	2%
鈣（毫克）	3	
鐵（毫克）	0.1	

蔬菜湯

做法

1. 將紅蘿蔔、高麗菜、洋蔥洗淨，切絲。
2. 加入2碗水煮開。
3. 將三種蔬菜用小火煮10分鐘，等湯汁滲出紅蘿蔔的顏色即可。
4. 放涼後，將菜湯過篩即成。

材料

紅蘿蔔	1/3條
高麗菜	1大片
洋蔥	1/2個
水	2碗

營養成分分析（供應份數：約1人份）

營養成分	熱量111大卡	熱量比例
醣類（克）	21.8	79%
蛋白質（克）	3.1	11%
脂肪（克）	1.3	10%
鈣（毫克）	90.5	
鐵（毫克）	1.03	

南瓜稀粥

做法

1. 白米粉加水熬成米糊。
2. 南瓜蒸熟後磨成泥，放入米糊中熬煮即可。

材料

白米粉	20克
南瓜	20克
水	1/2杯

營養成分分析（供應份數：約1人份）

營養成分	熱量83大卡	熱量比例
醣類（克）	18.3	88.2%
蛋白質（克）	2	9.6%
脂肪（克）	0.2	2.2%
鈣（毫克）	2.8	
鐵（毫克）	0.1	

蔬菜麥糊

做法

1. 將青江菜洗淨，整束放入湯鍋中加足量的水蓋過蔬菜。
2. 煮至沸騰後轉小火，續煮3分鐘後關火。
3. 湯汁降溫後，取60c.c.菜湯與2匙麥粉調勻成麥糊即可。

材料

青江菜...................................1束
麥粉......................................2大匙

營養成分分析（供應份數：約1人份）

營養成分	熱量34大卡	熱量比例
醣類（克）	7.5	88.2%
蛋白質（克）	1	11.8%
脂肪（克）	0	0%
鈣（毫克）	140.4	
鐵（毫克）	3.3	

紅蘿蔔馬鈴薯清湯

做法

1. 紅蘿蔔、馬鈴薯洗淨，去皮後切小塊。
2. 紅蘿蔔塊煮熟熬湯、馬鈴薯蒸熟；莧菜洗淨煮熟後，攪成汁過濾。
3. 將紅蘿蔔湯、莧菜汁與馬鈴薯泥混合即可。

材料

紅蘿蔔...................................30克
馬鈴薯...................................45克
莧菜......................................50克

營養成分分析（供應份數：約1人份）

營養成分	熱量58.6大卡	熱量比例
醣類（克）	10.7	73%
蛋白質（克）	2.6	17.8%
脂肪（克）	0.6	9.2%
鈣（毫克）	88.4	
鐵（毫克）	2.8	

7～9個月寶寶副食品
豆腐豌豆粥

做法

1. 白米磨碎，豆腐泡在水裡10分鐘。
2. 豌豆汆燙後，磨碎泡水。
3. 米和昆布湯一起煮至熟。
4. 飯煮熟後，放入豆腐和豌豆再煮熟即可。

營養Tips

一開始不要給寶寶吃蛋白、蝦蟹貝類、脂肪等，給寶寶攝取豆腐、穀粉、白肉魚、全熟蛋黃的蛋白質較佳。

材料

泡好的白米	15克
豆腐	20克
豌豆	5克
昆布熬煮的高湯	90c.c.

營養成分分析（供應份數：約1人份）

營養成分	熱量78大卡	熱量比例
醣類（克）	14.3	73.3%
蛋白質（克）	3.4	17.5%
脂肪（克）	0.8	9.2%
鈣（毫克）	31	
鐵（毫克）	0.6	

山藥豆腐派

做法

將蒸爛的山藥加入嫩豆腐一起攪碎，接著加入麵粉與水，再一併蒸熟即可。

材料

嫩豆腐	半份
山藥	15克
麵粉	7克
水	20c.c.

營養成分分析（供應份數：約1人份）

營養成分	熱量172.3大卡	熱量比例
醣類（克）	17.5	40.6%
蛋白質（克）	13.2	30.7%
脂肪（克）	5.5	28.7%
鈣（毫克）	10.3	
鐵（毫克）	1.0	

番茄燉豆腐

做法

1. 番茄去蒂，表面劃十字，滾水汆
   燙後，去皮去籽，切末。
2. 豆腐洗淨，放入碗中搗成泥。
3. 將番茄和豆腐放入鮮菇高湯，煮
   至沸騰即可。

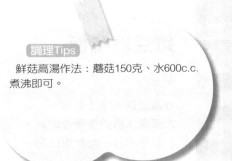

調理Tips

鮮菇高湯作法：蘑菇150克、水600c.c.
煮沸即可。

材料

大番茄	一顆
嫩豆腐	70克
鮮菇高湯	600c.c.

營養成分分析（供應份數：約1人份）

營養成分	熱量56.5大卡	熱量比例
醣類（克）	5	35.4%
蛋白質（克）	3.5	24.8%
脂肪（克）	2.5	39.8%
鈣（毫克）	101.5	
鐵（毫克）	1.5	

豆漿麵包糊

做法

1. 吐司麵包去邊，撕成碎片。
2. 豆漿倒入鍋中，加入吐司碎片煮開。
3. 煮滾後，用湯匙搗碎使其成為糊狀即可。

材料

豆漿	100c.c.
吐司麵包	2片

營養成分分析（供應份數：約1人份）

營養成分	熱量163.5大卡	熱量比例
醣類（克）	30	73.4%
蛋白質（克）	7.5	18.3%
脂肪（克）	1.5	8.3%
鈣（毫克）	14.3	
鐵（毫克）	0.5	

10〜12個月寶寶副食品
嫩豆腐稀飯

做法

1. 嫩豆腐洗淨後磨碎。
2. 菠菜、香菇汆燙後切絲。
3. 全部食材一起熬煮即可。

材料

軟飯………………………………40克
嫩豆腐……………………………20克
菠菜、香菇……………………各10克
高湯……………………………1/2杯

營養Tips

這時期的寶寶多數已長門牙，開始嘗試餵食3餐時，可以給他比7〜9個月咀嚼期稍硬的食材，多訓練寶寶牙齒咀嚼、咬合與磨碎食物。

營養成分分析（供應份數：約1人份）

營養成分	熱量59.7大卡	熱量比例
醣類（克）	9.9	66.3%
蛋白質（克）	3	20.1%
脂肪（克）	0.9	13.6%
鈣（毫克）	36.5	
鐵（毫克）	0.7	

紫藕清湯

做法

1. 將蓮藕削皮洗淨切小丁；紅蘿蔔、香菇切丁、松子切細碎備用。
2. 所有材料加水煮熟，待滾加入適量太白粉水即可。

材料

蓮藕………………………………50克
紫菜（新鮮）……………………3克
紅蘿蔔……………………………10克
香菇………………………………5克
松子………………………………10克
鹽………………………………1/8茶匙

營養成分分析（供應份數：約1人份）

營養成分	熱量126.9大卡	熱量比例
醣類（克）	11.7	36.9%
蛋白質（克）	3.6	11.3%
脂肪（克）	7.3	51.8%
鈣（毫克）	16.8	
鐵（毫克）	3.4	

海苔拌稀飯

做法

1. 烘烤海苔後弄成碎片。
2. 胡蘿蔔去皮、汆燙後剁碎。
3. 把軟飯、海苔、胡蘿蔔一起攪拌即可。

材料

軟飯	40克
海苔	1張
胡蘿蔔	10克
昆布湯	1/2杯

營養Tips

海苔富含蛋白質、胡蘿蔔素、核黃素、維生素A、E、B12、鈣等礦物質，可稱為「維生素的寶庫」。鐵、鈣等礦物質，可稱為「維生素的寶庫」。不過，乾海苔的鹽分和味精含量很高，不宜長期連續食用，尤其是幼兒和高血壓患者。

營養成分分析（供應份數：約1人份）

營養成分	熱量44.2大卡	熱量比例
醣類（克）	9.5	86%
蛋白質（克）	1.1	10%
脂肪（克）	0.2	4%
鈣（毫克）	18.2	
鐵（毫克）	0.1	

哈密瓜吐司豆奶餅

做法

1. 哈密瓜去皮去籽後，切成1公分大小。
2. 吐司去邊，切成1公分大小。
3. 將吐司、哈密瓜倒入豆奶中。
4. 放入烤箱約3分鐘即可。

材料

吐司	半片
哈密瓜	30克
豆奶	50c.c.

營養成分分析（供應份數：約1人份）

營養成分	熱量176.2大卡	熱量比例
醣類（克）	34.5	78.3%
蛋白質（克）	5.5	12.5%
脂肪（克）	1.8	9.2%
鈣（毫克）	15.9	
鐵（毫克）	0.8	

國家圖書館出版品預行編目資料

孕媽咪喜樂寶典 / 鄭鄭編.-- 初版.
臺北市：時兆, 2013.11
　　　面；　　　公分
ISBN 978-986-6314-41-4(平裝)

1.妊娠 2.分娩 3.育兒 4.產後照顧 5.婦女健康

429.12　　　　　　　102018126

孕媽咪
喜樂寶典

編　　　者	鄭鄭
董 事 長	李在龍
發 行 人	周英弼
出 版 者	時兆出版社
客服專線	0800-777-798
電　　話	886-2-27726420
傳　　真	886-2-27401448
地　　址	台灣台北市105松山區八德路2段410巷5弄1號2樓
網　　址	http://www.stpa.org
電　　郵	service@stpa.org
文字編校	由鈺涵
封面設計	時兆設計中心、邵信成
美術編輯	時兆設計中心、林俊良
法律顧問	洪巧玲律師事務所　電話：886-2-27066566
商業書店	總經銷　聯合發行股份有限公司　TEL.886-2-82422081
基督教書房	總經銷　TEL.0800-777-798
網路商店	http://store.pchome.com.tw/stpa
I S B N	978-986-6314-41-4
定　　價	新台幣290元
出版日期	2013年11月　初版1刷

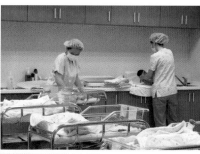